2026
버스운전자격시험
적중기출문제집

교통안전시설 일람표

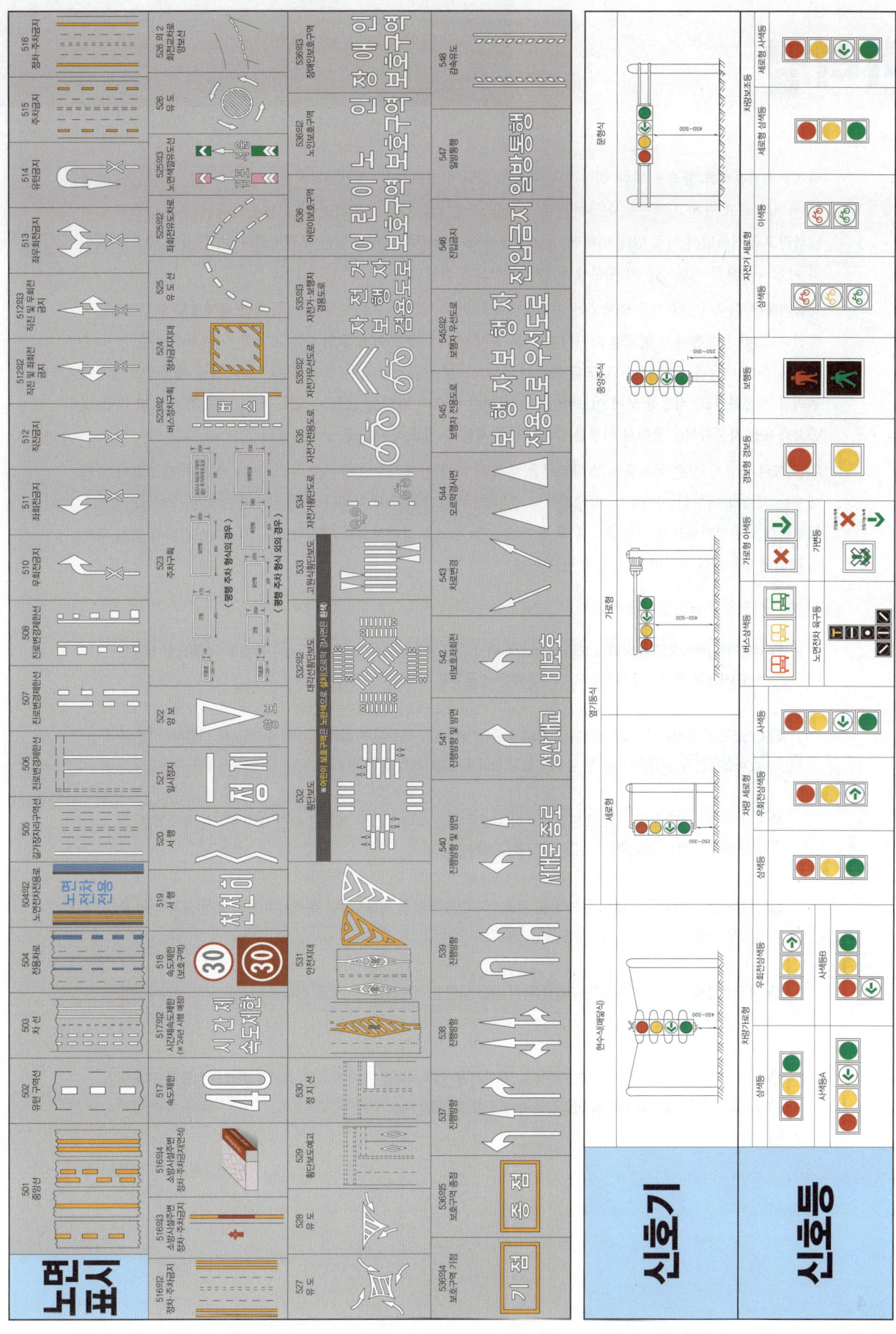

머리말

버스운전자격시험 합격을 위한 핵심을 모두 담아내려 하였다. 버스운전자격시험을 취득하려는 사람들이 어떻게 하면 빠르고 쉽게 자격증을 취득하는데 도움을 줄 수 있는가를 고민하며 책을 만들었다. **이론은 간명하게 전달**하려고 노력하면서 이로 인해 이해의 정도가 **떨어지지 않도록** 내용의 양을 조절하였다. 즉 합격에 필요한 지식과 이해의 필요를 위한 분량의 배분을 적절하게 하도록 하였다.

적중기출문제는 시험에 자주 출제되는 기출테마에 대한 주제를 위주로 만들었으며, **최근 출제경향에 부합**되도록 하였다. 그리고 이론에는 **별표를 표시**하여 이론 중에서 어느 부분이 중요한지를 파악할 수 있도록 하는 동시에, 강약을 두어 내용을 공부할 수 있도록 하였다. 그리고 잘 외워지지 않는 중요부분은 **두문자를 제공**하여 암기에 편의를 제공하였고, **적절한 곳에 어드바이스**를 통하여 학습의 방향을 잡을 수 있도록 하였다. 각 파트별 기출 및 중요내용을 **지문형식**을 통해서 이론을 암기내지 숙지할 수 있도록 내용을 구성하였다.

QR코드로 제공된 것은 독자들이 스마트폰을 통하여 보다 입체적으로 공부할 수 있도록 하였다. 블로그나 카페에서는 교재의 제한된 공간보다 입체적으로 공부할 수 있기 때문에 이해나 암기에 보다 수월할 수 있을 것이다. **앞부분의 막판암기노트**는 시험장에서 꼭 확인해야 할 내용을 압축적으로 정리하였다. 기출지문정리와 함께 마지막 정리에 활용하면 합격에 큰 도움이 될 것이다.

이 책의 특징을 소개하면 다음과 같다.

❶ 내용을 평면적으로 설명하기 보다는 내용에 중요도 표시를 하였으며, 독립 주제나 학습이 더 필요한 내용은 + STUDY를 통하여 교재 학습에 강약을 주면서 공부할 수 있도록 하였다.

❷ QR코드를 통하여 이론의 어려운 주제나 중요한 부분을 스마트폰과 함께 공부할 수 있도록 하였다. 이를 통해 버스운전자격시험의 어려운 부분을 보다 쉽고 공부할 수 있을 것이다.

❸ 뒷 부분에는 **최종모의고사 2회분**을 수록하여 본문 학습 후에 스스로 제한된 시간 내에 문제를 풀고 최종 점검과 부족한 점을 보완할 수 있도록 내용을 구성하였다.

❹ 각 단원별 말미에는 "**기출지문정리**"를 제공하여 이론학습 후 중요지문을 통해서 이론을 더욱 공고히 할 수 있도록 하였다. 암기에도 활용하면 좋을 것이다.

❺ 책 앞부분의 "**막판암기노트**"는 시험장에서 최종 점검할 내용과 암기사항을 정리하였다. 마지막 정리에 활용하면 좋을 것이다.

❻ 책의 중간 중간 잘 외워지지 않는 내용은 '두문자'를 제공하여 암기에 도움을 주려고 하였고 적절한 곳에 어드바이스를 통해서 학습의 방향을 잡을 수 있도록 하였다.

2026년 1월 교통지식연구회

시험소개

1 버스운전자격시험제도 소개

(1) 개념
버여객자동차운수사업법령이 개정·공포(12년 2월 1일)됨에 따라 노선 여객자동차 운송사업(시내·농어촌·마을·시외), 전세버스 운송사업 또는 특수여객자동차운송사업의 사업용 버스 운전업무에 종사하려는 운전자는 12년 8월 2일부터 시행되는 버스운전 자격제도에 의해 자격시험에 합격 후 버스운전 자격증을 취득하여야 한다.

(2) 자격취득 대상자
여객자동차운송사업의 운전업무에 종사하려는 자는 버스운전 자격을 취득하신 후 운전하여야 한다.

(3) 시험과목 및 합격기준

시험과목	문항수
교통 및 운수 관련법규 및 교통사고 유형	25문항
자동차관리 요령	15문항
안전운행 요령	25문항
운송서비스	15문항

(4) 시험 시간(회차별)

1회차	09:20 ~ 10:40
2회차	11:00 ~ 12:20
3회차	14:00 ~ 15:20
4회차	16:00 ~ 17:20

2 자격취득절차 안내

(1) 응시조건
아래의 항목이 모두 충족된 경우에만 시험 응시가 가능하다. 그리고 기준은 시험접수마감일 기준이다.
1) 연령 : 만 20세 이상
2) 제1종 보통 이상의 운전경력 1년 이상의 사람
❶ 1종 보통 이상의 운전경력 1년 이상
❷ 운전면허 보유기간의 기준이며, 취소 및 정지기간은 제외
3) 국토교통부령이 정하는 운전적성 정밀검사 기준에 적합할 것(시험 접수일 기준)

* 법 개정으로 운전적성 정밀검사를 받지 않더라도 시험에 응시할 수 있다. 다만, 취업하기 전까지는 정밀검사를 받아야 한다.

4) 여객자동차운수사업법 제24조 제3항 및 제4항의 결격사유에 해당하지 않는 사람

(2) 시험접수
1) 인터넷 접수 : 버스운전자격시험 홈페이지
* 사진(최근 6개월 이내, 반명함, 3cm×4cm)은 그림파일(jpg)로 스캔하여 등록 권장
2) 방문 접수 : 전국 18개 자격시험장 방문 접수
* 인터넷접수 온라인 결제로 진행, 방문접수 시 현장에서 결제 (11,500원)
3) 상설·비상설 시험장

CBT 상설시험장	정밀검사장 활용 CBT 비상설 시험장
서울 구로, 수원, 대전, 대구, 부산, 광주, 인천, 춘천, 청주, 전주, 창원, 울산, 화성(13개 지역)	서울 노원, 상주, 제주, 의정부, 홍성(5개 지역)
♣ 매일 4회(오전2회, 오후2회)	♣ 매주 화, 목 오후 2회
♣ 대전, 부산, 광주는 수요일 오후 항공 CBT 시행	

(3) 시험응시
1) 시험 예약 당시 지정한 시험장 : 시험 시작 20분 전까지 시험등록
2) 시험과목(4과목, 총 80문제) : 교통 및 운수관련법규 및 교통사고 유형(25문항), 자동차관리요령(15문항), 안전운행요령(25문항), 운송서비스(15문항)

(4) 자격증 교부
1) 신청대상 및 기간 : 버스운전자격시험 필기시험에 합격한 사람으로서 합격자[총점의 60%이상(총 80문항 중 48문항 이상)을 얻은 사람] 발표일로부터 30일 이내 인터넷 혹은 방문신청
2) 신청서류 및 발급
❶ 교부 수수료 : 10,000원
❷ 버스운전자격증 발급신청서 1부(인터넷의 경우는 생략)
❸ 자격증 방문 발급 : 한국교통안전공단 전국 14개 지역별 접수·교부

◉ QR코드를 통한 시험소개와 공부방법 소개

막판 암기 노트

1. 여객자동차운송사업의 종류 및 운행형태
① **노선버스 운송사업**
ㄱ. 시내버스 운송사업 : 광역급행형, 직행좌석형, 좌석형 및 일반형
ㄴ. 농어촌 버스운송사업 : 직행좌석형, 좌석형 및 일반형
ㄷ. 마을버스 운송사업
ㄹ. 시외버스 운송사업 : 고속형, 직행형 및 일반형
② **구역 여객자동차운송사업의 종류 및 운행형태**
ㄱ. 전세버스운송사업 : 운행계통을 정하지 않고 전국을 사업구역으로 1개의 운송계약형태
ㄴ. 특수여객 자동차운송사업 : ㄱ과 동일
ㄷ. 수요응답형 여객자동차운송사업 : 농촌과 어촌을 기점 또는 종점으로 하여 운행을 탄력적으로 운용하는 사업

2. 자동차 표시 내용(차체면에 항구적인 방법으로 표시)
- 시외**우등고속**버스(우등고속)
- 시외**고속**버스(고속)
- 시외**우등직행**버스(우등직행)
- 시외**직행**버스(직행)
- 시외**우등일반**버스(우등일반)
- 시외**일반**버스(일반)
- **전세**버스운송사업용자동차(전세)
- 한정면허를 받은 여객자동차운송사업용자동차(한정)
- 특수여객자동차운송사업용자동차(장의)
- 마을버스운송사업용자동차(마을버스)

3. 교통사고 시 운전자 조치의 순서
탈출 → 인명구조 → 후방방호 → 연락 → 대기

4. 교통사고 시 국토교통부장관 또는 시·도지사에 지체 없이 보고해야 하는 경우
① 전복 사고
② 화재가 발생한 사고
③ 사망자가 2명 이상, 사망자 1명과 중상자 3명 이상, 중상자 6명 이상의 사람이 죽거나 다친 사고

5. 교통사고 발생 시 운송사업자의 보고 의무
① 24시간 이내에 사고의 일시·장소 및 피해사항 등 사고의 개략적인 상황을 관할 시·도지사에게 보고한다.
② ①에서 보고한 후 72시간 이내에 사고보고서를 작성하여 관할 시·도지사에게 제출하여야 한다.

6. 버스운전업무 종사자격요건
① 사업용자동차 운전에 적합한 운전면허 보유
② 20세 이상으로 운전경력 1년 이상
③ 운전적성정밀검사기준에 적합
④ ①~③의 요건을 갖춘 후 버스운전자격시험 합격 후 자격취득을 취득하거나 교통안전체험에 관한 이론 및 실기교육을 이수하고 자격증을 취득

7. 정밀검사의 종류
① **신규검사**
ㄱ. 신규로 여객자동차 운송사업용 자동차를 운전하려는 자
ㄴ. 여객자동차 운송사업용 자동차 운전업무에 종사하다가 퇴직한 자로서 신규검사를 받은 날부터 3년이 지난 후 재취업하려는 자(재취업일까지 무사고 운전한 경우는 제외)
ㄷ. 신규검사의 적합판정을 받은 자로서 운전 적성정밀검사를 받은 날부터 3년 이내에 취업하지 아니한 자(다만, 신규검사를 받은 날부터 취업일까지 무사고로 운전한 사람은 제외)
② **특별검사**
ㄱ. 중상 이상의 사상(死傷)사고를 일으킨 자
ㄴ. 과거 1년간 "도로교통법 규칙"에 따른 운전면허 행정처분기준에 따라 계산한 **누산점수가 81점 이상**인 자
ㄷ. 질병, 과로, 그 밖의 사유로 안전운전을 할 수 없다고 인정되는 자인지 알기 위하여 운송사업자가 신청한 자
③ **자격유지검사**(검사대상이 된 날부터 3개월 이내에 받아야 함)
ㄱ. **65세 이상 70세 미만**인 사람(자격유지검사의 적합판정을 받고 3년이 지나지 아니한 사람은 제외)
ㄴ. **70세 이상**인 사람(자격유지검사의 적합판정을 받고 1년이 지나지 아니한 사람은 제외)

8. 운수종사자의 교육

구분	교육대상자	시간	주기
신규교육	새로 채용한 운수종사자(사업용자동차를 운전하다가 퇴직한 후 2년 이내에 다시 채용된 사람은 제외)	16	
보수교육	무사고·무벌점 기간이 5년 이상 10년 미만인 운수종사자	4	격년
보수교육	무사고·무벌점 기간이 5년 미만인 운수종사자		매년
	법령위반 운수종사자	8	수시

막판 암기 노트

| 수시 교육 | 국제행사 등에 대비한 서비스 및 교통안전 증진 등을 위하여 국토교통부장관 또는 시·도지사가 교육 받을 필요를 인정하는 운수종사자 | 4 | 필요 시 |

9. 여객자동차운수사업의 구분에 따른 자동차의 차령

차종	사업의 구분	차령
승합 자동차	전세버스운송사업용 또는 특수여객자동차운송사업용	11년
	시내·농어촌·마을·시외운송사업용	9년

10. 운전자가 신호를 하려는 지점
① 급차로 변경을 하지 않으며, 일반도로에서 차로를 변경하는 경우에는 그 행위를 하려는 지점에 도착하기 전 **30미터**
② 고속도로에서는 **100미터 이상**의 지점에 이르렀을 때에 신호기를 작동해야 한다.

11. 안전표지의 종류
① **주의표지** : 도로상태가 위험하거나 도로 또는 그 부근에 **위험물이 있는 경우**에 필요한 안전조치를 할 수 있도록 이를 도로사용자에게 알리는 표지이다.
② **규제표지** : 도로교통의 안전을 위하여 **각종 제한·금지 등의 규제**를 하는 경우에 이를 도로사용자에게 알리는 표지이다.
③ **지시표지** : 도로의 통행방법·통행구분 등 도로교통의 안전을 위하여 **필요한 지시**를 하는 경우에 도로사용자가 이를 따르도록 알리는 표지이다.
④ **보조표지** : 주의표지·규제표지 또는 지시표지의 **주기능을 보충**하여 도로사용자에게 알리는 표지이다.
⑤ **노면표시** : 도로교통의 안전을 위하여 각종 주의·규제·지시 등의 내용을 노면에 기호·문자 또는 선으로 도로사용자에게 알리는 표시이다.

12. 도로에 따른 승합자동차의 통행차로
① 고속도로 이외의 도로
  ㉠ 경형·소형·승합자동차 : **왼쪽차로**(오른쪽 차로도 통행가능)
  ㉡ 대형승합자동차 : 오른쪽차로
② 고속도로
  ㉠ 편도 2차로 이상 : 2차로(1차로는 앞지르기차로)
  ㉡ 편도 3차로 이상
   ○ 경형·소형·중형 승합자동차 : **왼쪽차로**(오른쪽 차로도 통행가능, 1차로는 앞지르기 차로)
   ○ 대형승합자동차 : 오른쪽 차로

※ 모든 차는 지정된 차로의 오른쪽 차로로 통행할 수 있다.
※ **오른쪽차로** : 고속도로의 경우 1차로와 왼쪽 차로를 제외한 나머지 차로

13. 승합자동차의 최고속도
① 일반도로
  ㉠ 주거·상업·공업지역 : 매시 50km 이내
  ㉡ 지정한 노선 또는 구간의 일반도로/편도1차로 : 매시 60km 이내
  ㉢ 편도 2차로 이상 : 매시 80km 이내
※ 일반도로의 최저속도는 제한없음
② 고속도로
  ㉠ 편도 2차로 이상 고속도로
   ○ 지정·고시하지 않은 노선 또는 구간 : 매시 100km 이내
   ○ 지정·고시한 노선 또는 구간 : 매시 120km 이내
  ㉡ 편도 1차로 : 매시 80km
※ **고속도로의 최저속도는 매시 50km**
③ 자동차전용도로 : 매시 90km 이내
※ 자동차전용도로의 최저속도는 매시 30km

14. 이상 기후 시의 운행 속도

이상기후 상태	운행 속도
○ 비로 노면이 젖어 있는 경우 ○ 눈이 20mm 미만 쌓인 경우	최고속도의 20/100을 줄인 속도
○ 폭우·폭설·안개 등으로 가시거리가 100m 이내인 경우 ○ 노면이 얼어붙은 경우 ○ 눈이 20mm 이상 쌓인 경우	최고속도의 50/100을 줄인 속도

15. 앞지르기 금지 장소
① 교차로, ② 터널 안, ③ 다리 위
④ 도로의 구부러진 곳, 비탈길의 고갯마루 부근 또는 가파른 비탈길의 내리막 등 시·도경찰청장이 안전표지로 지정한 곳

16. 교통정리가 없는 교차로에서의 양보운전
① **교통정리를 하고 있지 아니하는 교차로에 들어가려고 하는 차의 운전자** : 이미 교차로에 들어가 있는 다른 차가 있을 때에는 그 차에 진로를 양보하여야 한다.
② **동시에 교차로에 진입할 때의 양보운전**
  ㉠ 운전자는 그 차가 통행하고 있는 도로의 폭보다

막판 암기 노트

교차하는 도로의 폭이 넓은 경우에는 서행하여야 하며, **폭이 넓은 도로로부터 진입하는 차**에 진로를 양보해야 한다.
ⓒ 동시에 진입하려고 하는 경우에는 **우측도로에서 진입하는 차**에 진로를 양보해야 한다.
ⓒ 좌회전하려고 하는 경우에는 **직진하거나 우회전하려는 차**에 진로를 양보해야 한다.

17. 서행해야 하는 장소
① 교통정리를 하고 있지 아니하는 교차로
② 도로가 구부러진 부근
③ 비탈길의 고갯마루 부근
④ 가파른 비탈길의 내리막
⑤ 시·도경찰청장이 안전표지로 지정한 곳

18. 차마의 운전자가 일시정지를 이행하여야 할 경우
① 차마의 운전자는 보도와 차도가 구분된 도로에서 도로 외의 곳을 출입할 때
② 철길건널목을 통과하려는 경우
③ 보행자가 횡단보도를 통행하고 있을 때
④ 보행자전용도로의 통행이 허용된 차마의 운전자
⑤ 모든 차의 운전자는 교차로나 그 부근에서 긴급자동차가 접근하는 경우
⑥ 교통정리를 하고 있지 아니하고 좌우를 확인할 수 없거나 교통이 빈번한 교차로
⑦ 시·도경찰청장이 일시정지 표지로 지정한 곳
⑧ 교통약자(어린이, 맹인, 장애인, 노인 등)의 교통사고 위험상황이거나 도로를 횡단하는 경우
⑨ 차량신호등이 적색등화의 점멸되는 경우 정지선이나 횡단보도에 있을 때

19. 정차 및 주차의 금지
① 교차로·횡단보도·건널목이나 보도와 차도가 구분된 도로의 보도(노상주차장은 제외)
② 교차로의 가장자리 또는 도로의 모퉁이로부터 5m 이내인 곳
③ 안전지대가 설치된 도로에서는 그 안전지대의 사방으로부터 각각 10m 이내인 곳
④ 버스여객자동차의 정류지(停留地)임을 표시하는 기둥이나 표지판 또는 선이 설치된 곳으로부터 10m 이내인 곳
⑤ 건널목의 가장자리 또는 횡단보도로부터 10m 이내인 곳
⑥ 다음의 곳으로부터 5미터 이내인 곳

㉠ 소방용수시설 또는 비상소화장치가 설치된 곳
㉡ 소방시설로서 대통령령으로 정하는 시설이 설치된 곳

20. 차의 등화 시기
① **전조등·차폭등·미등과 그밖의 등화를 켜야 하는 경우**
　㉠ **밤**(해가 진 후부터 해가 뜨기 전까지)**에 도로에서 차를 운행하거나** 고장이나 그 밖의 부득이한 사유로 **정차 또는 주차시키는 경우**
　㉡ **안개가 끼거나 비 또는 눈이** 올 때에 도로에서 차를 운행하거나 정차 또는 주차하는 경우
　㉢ **터널 안**을 운행하거나 고장 또는 그 밖의 부득이한 사유로 터널 안 도로에서 차 또는 노면전차를 정차 또는 주차하는 경우
② **밤에 도로에서 차를 운행하는 경우** : 전조등, 차폭등, 미등, 번호등과 실내조명등
③ **도로에서 정차 또는 주차하는 경우** : 차폭등 및 미등

21. 범칙행위 및 범칙금액(승합차 기준)
① **범칙금액 13만원**
　○ 속도위반(60km/h 초과) → 벌점 60점
② **범칙금액 9만원** : 안전표지가 설치된 곳에서의 정차·주차 금지 위반
③ **범칙금액 7만원**
　○ 중앙선 침범·통행구분 위반
　○ 신호·지시 위반
　○ 운전 중 운전자가 볼 수 있는 위치에 영상 표시 및 영상표시장치 조작, 휴대전화사용
　○ 운행기록계 미설치 자동차운전금지 등의 위반
　○ 횡단·유턴·후진 위반
　○ 앞지르기 방법 위반
　○ 앞지르기 금지시기·장소 위반
　○ 횡단보도 보행자 횡단방해(어린이 보호구역에서의 일시정지 위반을 포함)
④ **범칙금액 5만원**
　○ 도로를 통행하고 있는 차마에서 밖으로 물건을 던지는 행위(모든 차마 동일)
　○ 통행금지·제한 위반
　○ 일반도로 전용차로 통행 위반
　○ 고속도로·자동차전용도로 안전거리 미확보
　○ 앞지르기의 방해금지 위반
　○ **교차로 관련** 위반
　○ 보행자 통행방해 또는 보호 불이행

막판 암기 노트

○ 정차·주차금지 위반(안전표지가 설치된 곳에서의 정차·주차금지 위반은 제외)
○ 주차금지 위반
○ 도로에서의 시비·다툼 등으로 인한 차마의 통행 방해행위

22. 어린이보호구역 및 노인장애인보호구역의 과태료 부과기준(승합자동차 기준)

위반행위 및 범칙금액	과태료 금액	범칙 금액
1. 신호·지시 위반 2. 횡단보도 보행자 횡단 방해	14만원	13만원
3. 속도위반		
○ 60km/h 초과	17만원	16만원
○ 40km/h 초과 60km/h 이하	14만원	13만원
○ 20km/h 초과 40km/h 이하	11만원	10만원
○ 20km/h 이하	7만원	6만원
4. 정차·주차 금지 위반		
○ 어린이보호구역의 위반	13만원	13만원
○ 노인·장애인보호구역의 위반	9만원	9만원

23. 교특법상 사고운전자가 형사처벌 대상이 되는 경우

① 사망사고
② 차의 교통으로 업무상과실치상죄 또는 중과실치상죄를 범하고 피해자를 구호하는 등의 조치를 하지 아니하고 도주하거나, 피해자를 사고장소로부터 옮겨 유기하고 도주한 경우
③ 차의 교통으로 업무상과실치상죄 또는 중과실치상죄를 범하고 음주측정 요구에 불응한 경우(운전자가 채혈 측정을 요청하거나 동의한 경우는 제외)
④ 신호·지시 위반 사고
⑤ 중앙선침범 사고, 횡단, 유턴 또는 후진 중 사고
⑥ 과속(20km/h 초과) 사고
⑦ 앞지르기의 방법·금지시기·금지장소 또는 끼어들기의 금지 위반하거나 고속도로에서의 앞지르기 방법 위반 사고
⑧ 철길건널목 통과방법 위반 사고
⑨ 횡단보도에서 보행자 보호의무 위반 사고
⑩ 무면허 운전중 사고
⑪ 주취·약물복용 운전중 사고
⑫ 보도침범, 통행방법 위반 사고
⑬ 승객추락방지의무 위반 사고
⑭ 어린이보호구역 내 어린이 보호의무 위반 사고
⑮ 민사상 손해배상을 하지 않은 경우
⑯ 자동차의 화물이 떨어지지 아니하도록 필요한 조치를 하지 아니하고 운전한 경우
⑰ 중상해(생명에 대한 위험, 불구, 불치나 난치의 질병) 사고를 유발하고 형사상 합의가 안 된 경우

24. 승차제한
자동차(고속버스운송사업용 자동차 제외) 승차인원은 승차정원 110% 이내(고속도로에서는 승차정원을 넘어서 운행할 수 없음)

25. 고속도로 등에서 고장 등의 조치
① 고장자동차를 고속도로 등(고속도로 또는 자동차전용도로)이 아닌 다른 곳으로 옮겨 놓는 등의 필요한 조치를 하여야 한다.
② 밤에는 고장자동차의 표지와 함께 사방 500m 지점에서 식별할 수 있는 적색의 섬광신호·전기제등 또는 불꽃신호를 추가로 설치하여야 한다.

26. 운전이 금지되는 술이 취한 상태의 기준
혈중알코올농도 0.03% 이상

27. 제1종 보통면허로 운전할 수 있는 차의 종류
① 승용자동차
② 승차정원 15인 이하의 승합자동차
③ 적재중량 12톤 미만의 화물자동차
④ 건설기계(도로를 운행하는 3톤 미만의 지게차에 한정)
⑤ 총중량 10톤 미만의 특수자동차
⑥ 원동기장치자전거

28. ABS(Anti-lock Brake System)의 특성
① 급제동 시에도 핸들조향이 가능하다.
② 옆으로 미끄러지는 위험은 방지할 수 없다.
③ 접지면이 부족한 자갈길이나 평평하지 않은 도로 등에서는 일반 브레이크 차량보다 제동거리가 더 길어진다.
④ 앞바퀴 고착에 의한 조향능력 상실 방지
⑤ 바퀴의 미끄러짐이 없는 제동효과 얻을 수 있음
⑥ 자동차의 방향 안전성과 조종 성능 확보
⑦ 노면이 비에 젖더라도 우수한 제동효과를 얻을 수 있음

29. 머리지지대(헤드레스트)의 기능과 조절
① 머리지지대는 사고 발생 시 머리와 목을 보호하는 역할을 한다.
② 머리지지대의 높이는 머리지지대 중심부분과 운전자의 귀 상단이 일치하도록 조절한다.

막판 암기 노트

③ 운전석에서 머리지지대와 머리 사이는 주먹 하나 사이가 될 수 있도록 한다.

30. 전자제어 현가장치 시스템(ECS : Electronically controled suspension)

① **개념** : 차고센서로부터 ECS ECU(Electronic control unit)가 자동차 높이의 변화를 감지하여 에어 스프링의 압력과 자동차 높이를 조절하는 전자제어 서스펜션 시스템을 말한다.

② **주요기능**
  ㉠ 주행 중에 에어소모가 감소한다.
  ㉡ 차량 하중 변화에 따른 차량 높이 조정이 신속하게 자동으로 이루어진다.
  ㉢ 도로 기타 주행조건에 따라 운전자의 스위치 조작으로 차량의 높이를 조정할 수 있다.
  ㉣ 안전성이 확보된 상태에서 **차량의 높이 조정 및 닐링**(Kneeling ; 차체의 앞부분을 내려가게 만드는 차체 기울임 시스템) **기능**을 할 수 있다.
  ㉤ **자기진단 기능**을 가지고 있어 안전하고 정비가 용이하다.

31. 진동과 소리로 아는 고장의 전조현상

① **주행 전 차체에 이상한 진동이 느껴지는 경우** : 엔진에서의 고장이 주원인이다.
② **엔진회전수에 비례하여 쇠가 마주치는 소리가 나는 경우** : 밸브장치의 밸브 간극의 조정이 잘못된 경우가 많다.
③ **가속페달을 힘껏 밟는 순간 끼익! 소리가 나는 경우** : 팬벨트 또는 V벨트의 이완으로 인한 풀리와의 미끄러짐으로 발생한다.
④ **클러치를 밟을 때 '달달달' 소리와 함께 차체가 떨리고 있는 경우** : 클러치 릴리스 베어링의 고장으로 정비공장에서 교환한다.
⑤ **차를 세우려고 할 때 바퀴에서 '끼익!' 하는 소리가 나는 경우** : 브레이크 라이닝의 마모가 심하거나 라이닝에 결함이 있을 때 일어나는 현상
⑥ **핸들이 어느 속도에 이르면 극단적으로 흔들리는 경우** : 앞바퀴 불량으로 **앞차륜 정렬**(휠 얼라인먼트)이 맞지 않거나 바퀴 자체의 휠 밸런스가 맞지 않을 때 주로 일어난다.
⑦ **주행 중 하체 부분에서 비틀거리는 흔들림이 일어나거나 커브를 돌았을 때 휘청거리는 느낌이 들 때** : 바퀴의 **휠너트**의 이완이나 타이어의 공기가 부족할 때 발생한다.
⑧ **비포장도로의 험한 노면 상을 달릴 때 '딱각 딱각' 하는 소리나 '쿵쿵' 하는 소리가 날 때** : 현가장치인 **쇽업소버**의 고장으로 볼 수 있다.

32. 냄새와 열로 판단하는 고장의 전조현상

① **고무 같은 것이 타는 냄새가 날 때** : 대개 엔진실 내의 전기 배선 등의 피복이 녹아 벗겨져 합선에 의해 전선이 타면서 나는 냄새로, 보닛을 열고 그 부위를 발견 해야 한다.
② **단내 같은 냄새가 심하게 나는 경우** : 주브레이크의 간격이 좁든가, 주차브레이크가 완전히 풀리지 않았을 경우에 발생하거나 긴 언덕길을 내려갈 때 **계속 브레이크를 밟는 경우**에도 이러한 현상이 발생한다.
③ **바퀴마다 드럼에 손을 대보면 어느 한쪽만 뜨거울 경우** : 브레이크 라이닝 간격이 좁아 브레이크가 끌리기 때문이다.

33. 자동변속기의 오일 색깔에 따른 상태

① **정상** : 투명도가 높은 붉은 색
② **갈색** : 가혹한 상태에서나 혹은 장시간 사용한 경우
③ **검은색을 띨 때** : 클러치 디스크의 마멸분말에 의한 오손이나 기어가 마멸된 경우
④ **니스 모양으로 된 경우** : 매우 높은 고온에 오일이 노출된 경우
⑤ **백색** : 오일에 수분이 다량으로 유입된 경우

34. 타이어의 종류와 특징

① **튜브리스 타이어**(튜브없는 타이어)
  ㉠ 타이어 내부의 공기가 직접 림에 접촉하고 있기 때문에 주행 중에 발생하는 **열의 발산이 좋아 발열이 적다**.
  ㉡ 펑크 수리가 간단하고 **못에 찔려도 공기가 급격하게 새지 않으나** 유리 조작으로 손상되는 경우 수리하기가 어렵다.

② **레디얼 타이어**
  ㉠ 접지면적이 크고 타이어의 수명이 길고, 트레드가 하중에 의한 변형이 적다.
  ㉡ 회전할 때에 구심력이 좋고, 스탠딩웨이브 현상이 잘 일어나지 않는다.
  ㉢ 고속으로 주행 시 **안전성이 크나, 승차감이 좋지 않다**.

③ **스노타이어**
  ㉠ 천천히 출발해야 한다.
  ㉡ 구동 바퀴에 걸리는 하중을 크게 해야 한다.

35. 완충장치의 스프링

① **판스프링** : 버스나 화물차에 사용하며, 구조가 간단하고 진동의 억제작용과 내구성이 크다. 그러나 작은 진동의 흡수가 곤란하여 승차감이 좋지 않다.

막판 암기 노트

② **코일 스프링**(승용차에 많이 사용) : 진동에 대한 감쇠작용을 못하며, **구조가 복잡하다**. 그러나 에너지 흡수율이 판스프링보다 크고 유연하다.

③ **토션바 스프링** : 코일 스프링과 같이 진동의 감쇠작용이 없어 **쇽 업쇼버를 병용**한다.

④ **공기 스프링** : 노면의 작은 진동도 흡수하므로 승차감이 우수하고, 차체의 높이를 일정하게 유지할 수 있어 **대형버스에 사용**된다.

36. 쇽업소버와 스태빌라이저

① **쇽업소버** : 노면에서 발생한 스프링의 진동을 흡수하여 승차감이 좋다.

② **스태빌라이저** : 토션바의 일종으로서 차체의 기울기를 감소시키는 장치로 커브 길에서 자동차가 선회할 때 **차체가 기울어지는 것을 감소시켜 롤링을 방지**하여 준다.

37. 휠 얼라이먼트

① **역할** : 충격이나 사고, 부품 마모, 하체 부품의 교환 등에 의한 이들 **각도의 변화를 수정하는 일련의 작업을 휠 얼라이먼트**(차륜 정렬)라고 한다.

② **기능**
  ㉠ 조향핸들의 조작을 확실하게 하고 안전성을 줌 : 캐스터의 작용
  ㉡ 조향핸들에 복원성을 부여 : 캐스터와 조향축(킹핀) 경사각의 작용
  ㉢ 조향핸들의 조작을 가볍게 함 : 캠버와 조향축(킹핀) 경사각의 작용
  ㉣ 타이어 마멸을 최소로 함 : 토인의 작용

38. 휠 얼라이먼트의 각종 용어 정리

① **캠버**(Camber) : 자동차를 앞에서 보았을 때 앞바퀴가 수직선에 대해 어떤 각도를 두고 설치되어 있는 것을 말한다. **조향핸들의 조작을 가볍게 하고, 앞 차축의 휨을 방지**한다.

② **캐스터**(Caster) : 자동차 앞바퀴를 옆에서 보았을 때 앞차축을 고정하는 조향축(킹핀)이 수직선과 어떤 각도를 두고 설치되어 있는 것을 말한다. **조향바퀴에 방향성을 부여하고, 직진방향으로의 복원성을 준다**.

③ **토인**(Toe-in) : 자동차 앞바퀴를 위에서 내려다보면 양쪽 바퀴의 중심선 사이의 거리가 앞쪽이 뒤쪽보다 약간 작게 되어 있는 것으로 **타이어의 마멸과 토 아웃을 방지**한다.

④ **조향축**(킹핀)**의 경사각** : 캠버처럼 **조향핸들의 조작을 가볍게** 한다. 그리고 캐스터와 함께 앞바퀴에 복원성을 주어 직진방향으로 쉽게 되돌아가게 한다.

39. 감속브레이크의 종류와 특징

① **엔진 브레이크** : 엔진의 회전저항을 이용하여 제동력이 발생한다.

② **제이크 브레이크** : 연료분사의 차단과 강제로 배기밸브를 개방하여 **엔진의 출력을 저하시켜 제동력을 발생시킨다**.

③ **배기 브레이크** : 배기 파이프 내의 압력을 배기밸브 스프링 장력과 평형이 될 때까지 높게 하여 제동력을 얻는다.

④ **리타더 브레이크** : 유압을 이용하여 **동력이 전달되는 회전방향과 반대로 터빈을 작동시켜** 제동력이 발생한다.

40. 종합검사의 대상과 유효기간

차종	구분	차령	유효기간
경형·소형 승합자동차	사업용	4년 초과	1년
중형 승합자동차	사업용	2년 초과	차령 8년까지는 1년, 이후부터는 6개월
대형 승합자동차	사업용	2년 초과	차령 8년까지는 1년, 이후부터는 6개월

41. 자동차 정기검사의 유효기간

차종	차령	유효기간
경형·소형의 승합자동차	4년 이하	2년
	4년 초과	1년
중형 승합자동차 및 사업용 대형승합자동차	8년 이하	1년
	8년 초과	6월

42. 튜닝검사의 구조·장치 변경승인 불가항목

① 총중량이 증가되는 튜닝
② 승차정원 또는 최대적재량의 증가를 가져오는 승차장치 또는 물품적재장치의 튜닝
③ 튜닝 전보다 성능 또는 안전도가 저하될 우려가 있는 경우의 튜닝

43. 정기검사 또는 종합검사 미시행에 따른 과태료

① **정기검사를 받아야 하는 기간만료일부터 30일 이내인 경우** : 4만원

② **정기검사를 받아야 하는 기간만료일부터 30일을 초과 114일 이내인 경우** : 4만원에 31일째부터 계산하여 3일 초과시마다 2만원을 더한 금액

③ **정기검사를 받아야 하는 기간만료일부터 115일 이상인 경우** : 60만원

막판 암기 노트

44. 보험이나 공제에 가입하지 아니한 경우

① **책임보험이나 책임공제에 미가입하는 경우** : 자동차 운행으로 다른 사람이 사망하거나 부상한 경우에 피해자(피해자가 사망한 경우에는 손해배상을 받을 권리를 가진 자)에게 책임보험금을 지급할 책임을 지는 책임보험이나 책임공제에 미가입한 경우 → **사업용 자동차**
  - ㉠ 가입하지 아니한 기간이 10일 이내인 경우 : 3만원
  - ㉡ 가입하지 아니한 기간이 10일을 초과한 경우 : 3만원에 11일째부터 1일마다 8천원을 가산한 금액
  - ㉢ 최고 한도금액 : 자동차 1대당 100만원

② **피해자의 재물손해를 위한 보험이나 책임공제에 미가입하는 경우** : 책임보험 또는 책임공제에 가입하는 것 외에 자동차의 운행으로 다른 사람의 재물이 멸실되거나 훼손된 경우에 피해자에게 사고 1건당 2천만원의 범위에서 사고로 인하여 피해자에게 발생한 손해액을 지급할 책임을 지는 보험업법에 따른 보험이나 여객자동차 운수사업법에 따른 공제에 미가입한 경우 → **사업용 자동차**
  - ㉠ 가입하지 아니한 기간이 10일 이내인 경우 : 5천원
  - ㉡ 가입하지 아니한 기간이 10일을 초과한 경우 : 5천원에 11일째부터 1일마다 2천원을 가산한 금액
  - ㉢ 최고 한도금액 : 자동차 1대당 30만원

45. 동체시력의 특성

① 동체시력은 물체의 **이동속도가 빠를수록** 상대적으로 저하된다.
② 동체시력은 **연령이 높을수록** 더욱 저하되고, 정지시력과 어느 정도 비례관계를 가진다.
③ 동체시력은 **조도**(밝기)**가 낮은 상황**에서 쉽게 저하되며, 장시간 운전에 의한 피로상태에서도 저하된다.

46. 시야 : 정상적인 시력을 가진 사람의 시야범위는 180°~200°이다(WHO는 운전에 요구되는 최소한의 기준으로 한쪽 눈의 시야가 140° 이상일 것을 요구).

47. 명순응과 암순응

① **명순응** : 섬광회복력은 운전자의 시각기능을 섬광을 마주보기 전 단계로 되돌리는 신속성을 말하는데, 명순응은 밝은 빛(섬광)을 봤을 때 빛을 적게 받아들여 어두운 곳까지 볼 수 있게 하는 과정을 말한다.
② **암순응** : 불빛이 사라지면 다시 동공은 어두운 곳을 잘 보려고 빛을 많이 받아들이기 위해 확대되는 과정을 암순응이라고 한다. 암순응은 명순응보다 회복이 느리다.

48. 자동차의 물리적 현상

① **원심력**
  - ㉠ 원심력의 성질 : 원심력은 속도가 빠를수록, 커브가 작을수록, 또 차의 중량이 무거울수록 커지게 되는데, 특히 속도의 제곱에 비례해서 커진다.
  - ㉡ 원심력을 줄이는 방법 : 커브에 진입하기 전에 속도를 줄인다.

② **스탠딩 웨이브**(Standing wave) **현상**
  - ㉠ 개념 : 타이어의 회전속도가 빨라지면 타이어의 **변형**(주름)**이 복원되지 않고** 그 물결이 회복되지 않는 현상이다.
  - ㉡ 예방
    ⓐ 속도를 낮추고 타이어의 공기압을 높인다.
    ⓑ 마모된 타이어나 재생타이어를 사용하지 않는다.

③ **수막현상**(Hydroplaning)**의 예방**
  - ㉠ 고속으로 주행하지 않는다.
  - ㉡ 마모된 타이어를 사용하지 않는다.
  - ㉢ 공기압을 평소보다 조금 높게 한다.
  - ㉣ 배수효과가 좋은 타이어(리브형 타이어)를 사용한다.

④ **페이드**(Fade) **현상** : 비탈길에 내려가면서 **브레이크의 반복·사용**으로 마찰열이 라이닝에 축적되어 브레이크의 제동력이 저하되는 현상이다.

⑤ **워터 페이드**(Water fade) **현상**
  - ㉠ 의의 : 브레이크 마찰재가 물에 젖어 마찰계수가 작아져 브레이크의 제동력이 저하되는 현상이다.
  - ㉡ 예방 : 브레이크 페달을 반복해 밟으면서 천천히 주행하면 마찰열에 의하여 서서히 브레이크가 회복된다.

⑥ **베이퍼 록**(Vapour lock) **현상**
  - ㉠ 개념 : 긴 내리막길에서 풋 브레이크를 지나치게 사용하면 브레이크액의 기화로 페달을 밟아도 스펀지를 밟는 현상이 되어 브레이크가 작동하지 않는 현상이다.
  - ㉡ 예방 : 엔진브레이크를 사용하여 저단기어를 유지하면서 풋 브레이크 사용을 줄인다.

⑦ **모닝 록**(Morning lock) **현상**
  - ㉠ 개념 : 습도가 높은 날 장기간 주차한 후에는 브레이크 드럼에 미세한 녹이 발생하는 현상이다.
  - ㉡ 예방 : 아침에 운행하기 전 브레이크를 몇 차례 밟아주거나, 서행하면서 브레이크를 몇 번 밟아준다.

49. 내륜차와 외륜차

① 내륜차와 외륜차는 소형차에 비해서 **대형차**(버스나 트럭)**일수록 크다.**

막판 암기 노트

② 자동차가 전진 중 회전할 경우에는 **내륜차**에 의해, 또 후진 중 회전할 경우에는 **외륜차**에 의한 교통사고의 위험이 있다.

③ **내륜차에 의한 사고위험** : 전진(前進)주차 도중 차의 뒷부분이 주차되어 있는 차와 충돌하거나, 커브길 진입 도중 차의 뒷부분이 이륜차, 소형자동차, 보행자와 충돌할 수 있다.

④ **외륜차에 의한 사고위험**
  ㉠ 후진주차를 위해 주차공간으로 진입 도중 차의 앞부분이 다른 차량이나 물체와 충돌할수 있다.
  ㉡ 버스가 1차로에서 좌회전하는 도중에 차의 뒷부분이 2차로에서 주행 중이던 승용차와 충돌할 수 있다.

50. 정지거리 및 공주거리

① **공주시간과 공주거리** : 운전자가 자동차를 정지시켜야 할 상황임을 지각하고 **브레이크 페달로 발을 옮겨 브레이크가 작동을 시작하는 순간까지의 시간**을 공주시간이라고 한다. 이때까지 자동차가 진행한 거리를 공주거리라고 한다.

② **제동시간과 제동거리** : 운전자가 **브레이크에 발을 올려 브레이크가 막 작동을 시작하는 순간부터 자동차가 완전히 정지할 때까지의 시간**을 제동시간이라 한다. 이때까지 자동차가 진행한 거리를 제동거리라고 한다.

③ **정지시간**(공주시간+제동시간)**과 정지거리**(공주거리+제동시간) : 위험을 인지하고 자동차를 정지시키려고 시작하는 순간부터 자동차가 완전히 정지할 때까지의 시간을 정지시간이라고 하고 그 시간동안 이동한 거리를 정지거리라고 한다.

51. 여객자동차운수사업자의 의무

① **안전장치의 설치의무** : 하차문이 있는 노선버스(시외직행, 시외고속 및 시외우등고속은 제외)
② 농어촌버스 및 수요응답형 여객자동차의 경우 냉방장치를 설치 아니할 수 있다.
③ **안내방송장치의 설치의무** : 시내버스 및 농어촌버스 및 수요응답형 여객자동차
④ **손잡이대의 설치의무** : 시내버스, 농어촌버스, 마을버스 및 일반형시외버스 및 수요응답형 여객자동차
⑤ 앞바퀴 재생타이어 설치 금지의무
⑥ **앞바퀴 튜브리스 타이어를 사용 의무** : 시외우등고속버스, 시외고속버스 및 시외직행버스, 전세버스
⑦ **운전석의 격벽시설 설치의무** : 시내일반버스와 수요응답형 여객자동차

52. 준공영제

① **개념** : 버스준공영제는 노선버스 운영에 공공개념을 도입한 형태로 **운영은 민간, 관리는 공공영역에서 담당**하게 하는 운영체제를 말한다.

② **준공영제의 특징**
  ㉠ 버스의 소유·운영은 각 버스업체가 유지
  ㉡ 버스노선 및 요금의 조정, 버스운행 관리에 대해서는 지방자치단체가 개입
  ㉢ 지방자치단체의 판단에 의해 조정된 노선 및 요금으로 인해 발생된 운송수지 적자에 대해서는 지방자치단체가 보전
  ㉣ 노선체계의 효율적인 운영
  ㉤ 표준운송원가를 통한 경영효율화 도모
  ㉥ 수준 높은 버스 서비스 제공

53. 버스운임의 결정과 버스요금체계의 유형

① **버스운임의 결정과 신고관청**
  ㉠ 노선 운송사업

구 분	운임의 결정	신 고
시내버스	시·도지사(광역급행형 : 국토교통부장관)	시장·군수
농어촌버스	시·도지사	시장·군수
시외버스	국토교통부장관	시·도지사
고속버스	국토교통부장관	시·도지사
마을버스	시장·군수	시장·군수

  ㉡ 구역 운송사업

구 분	운임의 결정	신 고
전세버스	자율요금	
특수여객		

② **버스요금체계의 유형과 요금체계**
  ㉠ **시내버스 : 단일운임제**(거리무관 일정요금) 단, 시(읍)계 외 지역 : 구역제·구간제·거리비례제
  ㉡ **시외버스 : 거리운임제**(거리운임요율×운행거리)+**거리체감제**(거리운임요율제에 기본구간 10km 기준 최저 기본운임으로 거리체감제를 병용)
  ㉢ 농어촌버스 : 단일운임제(거리무관 일정요금), 단, 시(읍)계 외 지역 : 구역제·구간제·거리비례제
  ㉣ 마을버스 : 거리운임제(거리무관 일정요금)
  ㉤ 전세버스, 특수여객 : 자율요금

54. 간선급행버스체계(BRT)

'땅위의 지하철'로 불리며 도심과 외곽을 잇는 주요 간선도로에 버스전용차로를 설치하여 급행버스를 운행하게 하는 대중교통시스템을 말한다.

55. 버스정보시스템(BIS : Bus Information System)과 버스운행관리시스템(BMS : Bus Manageme-nt System)

구분	BIS	BMS
정의	이용자에게 버스 운행상황 정보제공	버스 운행상황 관제
제공 매체	정류소 설치 안내기, 모바일 등	상황판, 차량단말기
제공 대상	버스이용승객	버스운전자, 버스회사, 시·군
기대 효과	버스이용승객에게 편의 제공	배차관리, 안전운행, 정시성 확보
데이터	정류소 출발·도착 데이터	일정주기데이터, 운행기록데이터

56. 전용차로 유형별 특징

① 가로변버스전용차로의 내용
  ㉠ 시행구간의 버스 이용자수가 승용차 이용자수 보다 많아야 효과적임
  ㉡ 우회전하는 차량을 위해 교차로 부근에서는 일반차량의 버스전용차로 이용을 허용해야 함
  ㉢ 버스전용차로에 주·정차하는 차량을 근절시키기 어려움

② 역류버스전용차로의 내용
  ㉠ 일반차량과 반대방향으로 운영하기 때문에 차로분리시설과 안내시설 등의 설치가 필요
  ㉡ 가로변버스전용차로에 비해 시행비용이 많이 소요
  ㉢ 일방통행로에 대중교통수요 등으로 인해 버스노선이 필요한 경우에 설치
  ㉣ 시행준비가 까다롭고 투자비용이 많이 소요

③ 중앙버스전용차로의 내용
  ㉠ 버스의 운행속도를 높이는데 도움이 되며, 승용차를 포함한 다른 차량들은 버스의 정차로 인한 불편을 피할 수 있음
  ㉡ 버스의 잦은 정류소의 정차 및 갑작스런 차로변경은 다른 차량의 교통흐름을 단절시키거나 사고 위험을 초래할 수 있음
  ㉢ 일반 차량의 중앙버스전용차로 이용 및 주·정차를 막을 수 있어 차량의 운행속도 향상
  ㉣ 안전시설이 필요하기 때문에 설치비용이 많이 소요되는 단점이 있음
  ㉤ 차로수가 많을수록 중앙버스전용차로 도입이 용이함
  ㉥ 만성적인 교통 혼잡 발생 구간 또는 좌회전하는 대중교통 버스노선이 많은 지점에 설치하면 효과가 큼

57. 여객자동차 운수사업법의 중대한 교통사고

① 전복(顚覆) 사고
② 화재가 발생한 사고
③ 사망자 2명 이상 발생한 사고
④ 사망자 1명과 중상자 3명 이상이 발생한 사고
⑤ 중상자 6명 이상이 발생한 사고

58. 심폐소생술

① 심폐소생술의 순서
  ㉠ 의식확인 및 주변 도움 요청(119신고, 자동제세동기)
  ㉡ 가슴압박 30회(분당 100~120회/ 약 5cm 이상의 깊이)
  ㉢ 기도개방 및 인공호흡 2회 : 성인, 소아, 영아의 가슴이 충분히 올라올 정도로 2회(1회당 1초간) 실시
  ㉣ 가슴압박 및 인공호흡 무한 반복 : 30회 가슴압박과 2회 인공호흡 반복(30:2)

② 가슴압박 방법
  ㉠ 가슴의 중앙인 흉골의 아래쪽 절반부위에 손바닥을 위치시킨다.
  ㉡ 양손을 깍지 낀 상태로 손바닥의 아래 부위만을 환자의 흉골부위에 접촉시킨다.
  ㉢ 시술자의 어깨는 환자의 흉골이 맞닿는 부위와 수직이 되게 위치시킨다.
  ㉣ 양쪽 어깨 힘을 이용하여 분당 100~120회 정도의 속도로 5cm 이상 깊이로 강하고 빠르게 30회 눌러준다.

③ 기도개방 및 인공호흡 방법
  ㉠ 한 손으로 턱을 들어올리고, 다른 손으로 머리를 뒤로 젖혀 기도를 개방시킨다.
  ㉡ 머리를 젖힌 손의 검지와 엄지로 코를 막는다.
  ㉢ 가슴 상승이 눈으로 확인될 정도로 1초 동안 인공호흡을 2회 실시한다.

차 례

PART 1 교통 및 운수관련법규와 교통사고 유형

CHAPTER 1 여객자동차 운수사업법
01 여객자동차운수사업 … 18
02 운수종사자의 자격요건 및 관리 … 21
03 보칙 및 벌칙 … 24

CHAPTER 2 도로교통법령
01 총칙 … 28
02 보행자 및 차마의 통행방법 … 30
03 운전자 및 고용주의 의무 … 37
04 고속도로의 특례와 교통안전교육 … 41
05 운전면허 및 범칙금 … 43
06 안전표지 … 50

CHAPTER 3 교통사고처리특례법
01 처벌의 특례 … 52
02 특례배제의 유형 … 53
03 교통사고 처리의 이해 … 61
04 주요 교통사고의 유형 … 62

PART 1 단원별 기출지문정리 … 66

PART 1 적중모의고사
01 제1회 적중모의고사 … 70
02 제2회 적중모의고사 … 74
03 제3회 적중모의고사 … 78
04 제4회 적중모의고사 … 82

PART 2 자동차관리요령

CHAPTER 1 자동차관리
01 자동차 점검 … 88
02 자동차 관리요령 … 89
03 압축천연가스(CNG) 자동차 … 90
04 운행 시 자동차 조작요령 … 92
05 기타 상황별 주행요령 … 94

CHAPTER 2 자동차장치와 응급조치
01 자동차 키 및 도어 … 95
02 운전석 및 안전장치 … 95
03 계기판의 용어와 경고음 … 96
04 스위치 … 97
05 상황별 자동차 응급조치 … 98
06 장치별 자동차 응급조치 … 100

CHAPTER 4 자동차 구조 및 특성
01 동력전달장치 … 102
02 완충(현가)장치 … 104
03 조향장치 … 105
04 제동장치 … 107

CHAPTER 5 자동차 검사
01 자동차 검사 … 110
02 튜닝검사와 신규검사 … 111
03 자동차보험 및 공제 미가입에 대한 과태료 … 113

PART 2 단원별 기출지문정리 … 114

PART 2 단원별 적중모의고사
01 제1회 적중모의고사 … 116
04 제4회 적중모의고사 … 118
03 제3회 적중모의고사 … 120
04 제4회 적중모의고사 … 122

차 례

PART 3 안전운행 요령

CHAPTER 1 교통사고 요인론
01 교통사고 요인론 126
02 운전자 요인과 안전운행 127
03 교통약자 등과의 도로공유 130
04 자동차 요인과 안전운행 132
05 도로요인과 안전운행 135

CHAPTER 2 안전운전의 기술
01 안전운전/방어운전의 기본기술 141
02 시가지·고속도로 등의 방어운전 143
03 야간·안개·악천후 등의 운전 146
04 경제운전 147
05 기본운행수칙과 계절별 안전운전 149
06 고속도로 교통안전 153

PART 3 단원별 기출지문정리 155

PART 3 단원별 적중모의고사
01 제1회 적중모의고사 158
02 제2회 적중모의고사 163
03 제3회 적중모의고사 167
04 제4회 적중모의고사 171

PART 4 운송서비스

CHAPTER 1 여객운수종사자의 자세와 규범
01 여객운송업 서비스 176
02 직업윤리 177
03 운수종사자의 준수사항 178
04 운전예절 및 운전자 주의사항 181

CHAPTER 2 교통시스템에 대한 이해
01 버스준공영제 183
02 버스요금제도 185
03 BRT, BIS, BMS 185
04 버스전용차로, 교통카드 등 187

CHAPTER 3 응급조치 방법 등
01 운전자 상식 190
02 응급상황 대처요령 191

PART 4 단원별 기출지문정리 195

PART 4 단원별 적중모의고사
01 제1회 적중모의고사 198
02 제2회 적중모의고사 200
03 제3회 적중모의고사 203
04 제4회 적중모의고사 205

♣ 두문자 정리 208

부록 최종모의고사

CHAPTER 1 최종모의고사
01 제1회 최종모의고사 210
02 제2회 최종모의고사 222

CHAPTER 2 정답 및 해설
01 제1회 정답 및 해설 233
02 제2회 정답 및 해설 237

교통 및 운수관련법규와 교통사고 유형

CHAPTER 1 여객자동차운수사업법령

CHAPTER 2 도로교통법령

CHAPTER 3 교통사고처리특례법

PART 1 단원별 기출지문정리

PART 1 단원별 적중모의고사

CHAPTER 1 — 여객자동차운수사업법 핵심정리

01 여객자동차운수사업

❶ 목적(법 제1조) ★

(1) 여객자동차 운수사업에 관한 질서 확립
(2) 여객의 원활한 운송
(3) 여객자동차 운수사업의 종합적인 발달 도모
(4) 공공복리 증진

✿ 궁극의 목표인 공공복리를 증진하기 위해 여객의 원활한 운송과 운수사업의 질서확립과 종합적 발달을 도모하는 것입니다.

❷ 정의(법 제2조)

(1) **여객자동차운송사업** : 다른 사람의 수요에 응하여 자동차를 사용하여 **유상(有償)으로 여객을 운송**하는 사업이다.

(2) **여객자동차터미널** : 도로의 노면, 그 밖에 **일반교통에 사용되는 장소가 아닌 곳**으로서 승합자동차를 정류시키거나 여객을 승하차시키기 위하여 설치된 시설과 장소이다.

(3) **노선** : 자동차를 정기적으로 운행하거나 운행하려는 구간을 말한다.

(4) **운행계통** : 노선의 기점(起點)·종점(終點)과 그 기점·종점 간의 **운행경로·운행거리·운행횟수 및 운행대수를 총칭**한 것이다.

(5) **관할관청** : 관할이 정해지는 국토교통부장관, 대도시권광역교통위원회나 특별시장·광역시장·특별자치시장·도지사 또는 특별자치도지사를 말한다.

✿ 두문자 : 국대특광특특도

(6) **정류소** : 여객이 승차 또는 하차할 수 있도록 노선 사이에 설치한 장소이다.

❸ 여객자동차운송사업의 종류

(1) **노선여객자동차운송사업**(자동차를 정기적으로 운행하려는 구간을 정하여 여객을 운송)의 **운행형태**

1) **시내버스 운송사업** ★
   ① **개념 및 운행형태** : 주로 특별시·광역시·특별자치시 또는 시의 **단일행정구역에서 운행계통을** 정하고 국토교통부령으로정하는 자동차를 사용하여 여객을 운송하는 사업으로 광역급행형, 직행좌석형, 좌석형(이상 시내좌석버스) 및 일반형(시내일반버스) 등으로 구분한다.
   ② **자동차의 종류** : 중형 이상 승합자동차

2) **농어촌 버스운송사업**
   ① **개념 및 운행형태** : 주로 군(광역시의 군 제외)의 단일 행정구역에서 운행계통을 정하고 국토교통부령으로 정하는 자동차를 사용하여 여객을 운송하는 사업으로 **직행좌석형, 좌석형 및 일반형**으로 구분한다.
   ② **자동차의 종류**
   ㉠ 중형 이상 승합자동차
   ㉡ 소형 이상의 승합자동차(관할관청의 필요인정 시)

3) **마을버스 운송사업**
   ① **개념 및 운행형태** : 주로 시·군·구의 단일 행정구역에서 기점·종점의 특수성이나 사용되는 자동차의 특수성 등으로 인해 **다른 노선 여객자동차운송사업자가 운행하기 어려운 구간을 대상**으로 한다.
   ② **자동차의 종류 : 중형승합자동차**, 소형 및 대형 승합자동차(소형·대형은 관할관청의 필요 인정 시)

4) **시외버스 운송사업**
   ① **개념 및 운행형태** : 운행계통을 정하고 국토교통부령으로 정하는 자동차를 사용하여 여객을 운송하는 사업으로서 시내버스운송사업, 농어촌버스운송사업, 마을버스운송사업에 속하지 아니하는 사업으로 운행형태에 따라 **고속형, 직행형 및 일반형**으로 구분한다.

② **자동차의 종류** : 중형 혹은 대형승합자동차
(2) **구역 여객자동차운송사업의 운행형태**(사업구역을 정하고 그 구역 안에서 여객을 운송하는 사업)

1) **전세버스운송사업**
   ① **운행형태** : 운행계통을 정하지 않고 전국을 사업구역으로 1개의 운송계약을 하는 형태이다.
   ② 기관 또는 시설 등의 장과 1개의 운송계약에 따라 그 소속원만의 **통근·통학목적**으로 자동차를 운행하는 경우에는 운행계통을 정하지 아니한 것으로 본다(운임의 수령주체와 관계없이 개별 탑승자로부터 현금이나 회수권 또는 카드결제 등의 방식으로 운임을 받는 경우는 제외).

2) **특수여객 자동차운송사업**
   ① **운행형태** : 운행계통을 정하지 않고 **전국을 사업구역**으로 1개의 운송계약을 하는 형태이다.
   ② **자동차의 종류** : 특수형승합자동차 또는 승용자동차(일반장의자동차 및 운구전용 장의자동차로 구분)를 사용하여 장례에 참여하는 자와 시체(유골을 포함)를 운송하는 사업을 말한다.

> **+ STUDY 수요응답형 여객자동차운송사업**
>
> i) 농촌과 어촌을 기점 또는 종점, ii) 대중교통수단이 부족하여 교통불편이 발생하는 경우, iii) 수요응답형 면허의 규제특례로 운행 등 실증과정을 거친 지역에서 "시·도지사"가 필요하다고 인정하는 경우 중에서 어느 하나에 해당하는 경우 운행계통·운행시간·운행횟수를 여객의 요청에 따라 탄력적으로 운용하는 사업을 말한다.

❹ 여객자동차운송사업의 운행형태(규칙 제8조)

(1) **시내버스운송사업 및 농어촌버스운송사업의 노선구역**

1) **시내버스운송사업과 농어촌버스운송사업** : 특별시·광역시·특별자치시·시 또는 군의 단일 행정구역을 운행하는 사업이다. → 다만, 관할도지사는 둘 이상의 시·군을 하나의 운행계통으로 운행하게 할 수 있음

2) **광역급행형 시내버스운송사업** : 행정구역의 경계로부터 **50km를 초과하지 않는 범위**에서 대도시권 중 둘 이상의 시·도를 운행하는 사업이다.

(2) **시내버스운송사업 및 농어촌버스운송사업의 운행형태**

1) **광역급행형** : 시내좌석버스를 사용하고 주로 **고속국도, 도시고속도로 또는 주간선도로를 이용하여 기점 및 종점으로부터 5km 이내의 지점에 위치한 각각 4개 이내의 정류소**에만 정차하면서 운행하는 형태이다.

2) **직행좌석형** : 시내좌석버스를 사용하여 각 정류소에 정차하되, **둘 이상의 시·도에 걸쳐 노선이 연장**되는 경우 지역주민의 편의, 지역 여건 등을 고려하여 정류구간을 조정하고 해당 노선 좌석형의 총 정류소 수의 2분의 1 이내의 범위에서 정류소 수를 조정하여 운행하는 형태이다.

3) **좌석형** : 시내좌석버스를 사용하여 각 정류소에 정차하면서 운행하는 형태이다.

4) **일반형** : 시내일반버스를 주로 사용하여 각 정류소에 정차하면서 운행하는 형태이다.

(3) **마을버스운송사업의 운행형태 및 노선구역** : 고지대(高地帶) 마을, 외지 마을, 아파트단지, 산업단지, 학교, 종교단체의 소재지 등을 기점 또는 종점으로 하여 특별한 사유가 없으면 그 마을 등과 가장 가까운 철도역(도시철도역 포함) 또는 노선버스 정류소(시내버스, 농어촌버스, 시외버스의 정류소) 사이를 운행하는 사업을 말한다. → 5km 이내에서 연장 가능

(4) **시외버스운송사업의 운행형태**

1) **고속형**(중간정차를 하지 않는 경우) : 시외고속버스 또는 시외우등고속버스를 사용하여 **운행거리가 100km 이상이고, 운행구간의 60% 이상을 고속국도로 운행**하며, 원칙상 기점과 종점의 중간에서 정차하지 아니하는 운행형태를 말하나 예외적으로 이용자의 편의를 위하여 중간정차가 가능하다.

2) **직행형** : 시외(우등)직행버스를 사용하여 기점 또는 종점이 있는 특별시·광역시·특별자치시 또는 시·군의 행정구역이 아닌 **다른 행정구역에 있는 1개소 이상의 정류소**에 정차하면서 운행하는 형태를 말한다.

3) **일반형** : 시외(우등)일반버스를 사용하여 각 정류소에 정차하면서 운행하는 형태이다.

❺ 자동차 표시(법 제17조, 규칙 제39조)

(1) 자동차 표시 위치 : 자동차의 바깥쪽 외부에서 알아보기 쉬운 차체 면에 항구적인 방법으로 표시하며, 구체적인 표시방법 및 위치 등은 관할관청이 정한다.

(2) 자동차 표시 내용 ★★

1) **시외버스의 경우** : 시외우등고속버스, 시외고속버스, 시외우등직행버스, 시외직행버스, 시외우등일반버스, 시외일반버스

✿ 시외버스의 경우 "시외"와 "버스"를 제외한 단어를 표시하는 것으로 암기하면 됩니다.

2) **전세버스운송사업용 자동차** : 전세
3) **한정면허를 받은 여객자동차 운송사업용 자동차** : 한정
4) **특수여객자동차운송사업용 자동차** : 장의
5) **마을버스운송사업용 자동차** : 마을버스

❻ 교통사고 시의 조치

(1) 운송사업자의 교통사고 시 조치 : 운송사업자는 천재지변이나 교통사고 등으로 여객이 죽거나 다쳤을 때 국토교통부령으로 정하는 바에 따라 신속하게 유류품(遺留品)을 관리하고, 사업용 자동차의 운행을 재개할 수 없는 경우에는 **대체 운송수단을 확보하고 여객에게 제공하는 필요한 조치**를 취하여야 한다. 다만, 여객이 동의하는 경우에는 그러하지 아니하다.

1) 신속한 응급수송수단의 마련
2) 가족이나 그 밖의 연고자에 대한 **신속한 통지**
3) 유류품의 보관
4) 목적지까지 여객을 운송하기 위한 **대체운송수단의 확보와 여객에 대한 편의의 제공**
5) 그 밖에 **사상자의 보호** 등 필요한 조치

(2) 운송사업자의 보고 : 운송사업자는 사업용 자동차에 의해 아래의 중대한 교통사고가 발생한 경우 지체없이 **국토교통부장관 또는 시·도지사에게** 보고하여야 한다. ★

1) **전복** 사고
2) **화재**가 발생한 사고
3) **사망자가 2명 이상, 사망자 1명과 중상자 3명 이상, 중상자 6명 이상**의 사람이 죽거나 다친 사고

(3) 운송사업자의 보고 의무 : 운송사업자는 중대한 교통사고가 발생하였을 때에는 24시간 이내에 사고의 일시·장소 및 피해사항 등 사고의 개략적인 상황을 관할 시·도지사에게 보고한 후 72시간 이내에 사고보고서를 작성하여 관할 시·도지사에게 제출하여야 한다. ★★

❼ 운수종사자 현황 통보(법 제22조, 규칙 제44조)

(1) 운송사업자의 운수종사자 현황통보 : 운송사업자는 운수종사자(운전업무 종사자격을 갖추고 여객자동차운송사업의 운전업무에 종사하는 자)에 대한 다음 사항을 각각의 기준에 따라 시·도지사에게 알려야 한다.

1) **신규채용하거나 퇴직한 운수종사자의 명단**(신규 채용한 운수종사자의 경우에는 보유하고 있는 운전면허의 종류와 취득일자를 포함) : 신규채용일이나 퇴직일부터 7일 이내
2) **전월 말일 현재의 운수종사자 현황** : 매월 10일까지
3) **전월 각 운수종사자에 대한 휴식시간 보장내역** : 매월 10일까지

(2) 시·도지사의 한국교통안전공단에 통보 : 시·도지사는 통보받은 운수종사자 현황을 취합하여 한국교통안전공단에 통보하여야 한다.

(3) 새로 채용한 운수종사자에 대한 교육

1) 운송사업자는 새로 채용한 운수종사자(사업용 자동차를 운전하다 퇴직한 후 2년 이내에 다시 채용된 자는 제외)에 대하여 운전업무를 시작하기 전에 교육을 받게 하여야 한다.
2) 운수종사자 교육을 실시한 운수종사자 연수기관 등은 교육을 받은 운수종사자 현황을 **매월 10일까지 국토교통부장관에게 보고하여야** 한다.

02 운수종사자의 자격요건 및 관리

❶ 버스운전업무 종사자격(법 제24조)

(1) 여객자동차운송사업(버스)의 운전업무 종사 자격요건
[아래의 1) ~ 3)의 요건을 모두 갖추어야 함] ★★

1) 사업용자동차를 운전하기에 적합한 운전면허를 보유하고 있을 것

2) 20세 이상으로서 다음의 요건 중 어느 하나의 요건을 갖출 것
   ① 해당 사업용 자동차 운전경력이 1년 이상일 것
   ② 버스운전자 양성기관에서 **교육과정을 이수한 자**
   ③ 운전을 직무로 하는 군인이나 의무경찰대원으로서 일정 요건을 갖춘 자

3) 국토교통부장관이 정하는 운전적성에 대한 **정밀검사기준에 적합할 것**

4) 1)~3)의 요건을 갖춘 사람이 한국교통안전공단이 시행하는 **버스운전자격시험에 합격한 후 자격증을 취득할 것**

5) 1)~3)의 요건을 갖춘 사람이 교통안전체험에 관한 연구·교육시설에서 안전체험, 교통사고 대응요령 및 여객자동차 운수사업법령 등에 관하여 실시하는 **이론 및 실기교육을 이수하고 자격증을 취득할 것**

❖ 3) ~ 5)의 업무는 국토교통부장관이 한국교통안전공단에 업무를 위탁

(2) 운전자격을 취득할 수 없는 사람 ★

1) 다음의 어느 하나에 해당하는 죄를 범하여 금고(禁錮) 이상의 실형을 선고받고 그 집행이 끝나거나(집행이 끝난 것으로 보는 경우를 포함) 면제된 날부터 2년이 지나지 않은 사람

   ① 「특정강력범죄의 처벌에 관한 특례법」에 따른 죄
   (제2조제1항 각 호에 따른 죄) : 살인, 약취·유인, 강간과 추행죄, 성폭력범죄, 아동·청소년의 성보호 관련 죄, 강도 관련 죄, 범죄단체 등 조직등

   ② 「특정범죄가중처벌 등에 관한 법률」에 따른 죄
   (제5조의2부터 제5조의5까지, 제5조의8, 제5조의9및 제11조에 따른 죄) : 약취·유인, 도주차량운전자, 상습강도·절도죄, 강도상해, 범죄단체 등 조직, 보복범죄, 위험운전치사상 등

   ③ 「마약류관리에 관한 법률」에 따른 죄

   ④ 「형법」 제332조(제329조부터 제331조까지의 상습범으로 한정), 제341조에 따른 죄 또는 그 각 미수죄, 제363조에 따른 죄 : 상습절도죄, 상습강도죄 또는 그 미수죄, 상습장물죄 등

2) 1)의 어느 하나에 해당하는 죄를 범하여 금고 이상의 형의 집행유예를 선고받고 그 **집행유예기간 중에 있는 사람**

3) 버스운전 자격시험일 전 5년간 다음의 어느 하나에 해당하는 사람

   ① 「도로교통법」제93조에 해당(**음주운전 혹은 약물·과로운전 등**)하여 운전면허가 취소된 사람

   ② 「도로교통법」 제43조(**무면허운전금지**)를 위반하여 운전면허를 받지 아니하거나 운전면허의 효력이 정지된 상태로 같은 법 제2조 제21호에 따른 자동차 등을 운전하여 벌금형 이상의 형을 선고받거나 같은 법 제93조제1항제19호(이 법이나 이 법에 따른 명령 또는 처분을 위반한 경우)에 따라 운전면허가 취소된 사람

   ③ 운전 중 고의 또는 과실로 3명 이상이 사망(사고 발생일부터 30일 이내에 사망한 경우를 포함)하거나 20명 이상의 사상자가 발생한 교통사고를 일으켜 운전면허가 취소된 사람

4) 버스운전자격시험일 전 3년간 다음에 해당하는 처분을 받은 자

   ① 「도로교통법」상 **음주운전**에 해당하여 행하여진 운전면허효력 정지처분

   ② 「도로교통법」상 **공동위험행위나 난폭운전**에 해당하여 행하여진 운전면허 취소처분

(3) 운전적성정밀검사의 종류 ★★★

1) 신규검사

① 신규로 여객자동차 운송사업용 자동차를 운전하려는 자

② 여객자동차운송사업용 자동차 또는 「화물자동차 운수사업법」에 따른 화물자동차운송사업용 자동차의 운전업무에 종사하다가 **퇴직한 자로서 신규검사를 받은 날부터 3년이 지난 후 재취업하려는 자** → 다만, 재취업일까지 무사고운전을 한 경우는 제외

③ 신규검사의 적합판정을 받은 자로서 운전적성정밀검사를 받은 날부터 **3년 이내에 취업하지 아니한 자** → 다만, 신규검사를 받은 날부터 취업일까지 무사고로 운전한 사람은 제외한다.

2) 특별검사

① 중상 이상의 사상(死傷)사고를 일으킨 자

② 과거 1년간 「도로교통법 시행규칙」에 따른 운전면허 행정처분기준에 따라 계산한 **누산점수가 81점 이상**인 자

③ 질병, 과로, 그 밖의 사유로 안전운전을 할 수 없다고 인정되는 자인지 알기 위하여 **운송사업자가 신청한 자**

3) 자격유지검사

① **65세 이상 70세 미만인 사람** → 자격유지검사의 적합판정을 받고 3년이 지나지 아니한 사람은 제외

② **70세 이상인 사람** → 자격유지검사의 적합판정을 받고 1년이 지나지 아니한 사람은 제외

❷ 버스운전자격의 취득

버스운전자격시험에 합격한 사람 **또는 교통안전체험교육**(집합교육으로 교육시간은 24시간)을 수료한 사람은 합격자발표일 또는 수료일로부터 **30일 이내에 운전자격증 발급신청서**(전자문서를 포함)에 사진 1장을 첨부하여 해당 시험시행기관(한국교통안전공단)에 운전자격증의 발급을 신청하여야 하고, 신청을 받은 시험시행기관은 버스운전자격증을 발급하여야 한다.

+ STUDY 교통안전체험교육

❶ 교통안전체험교육의 신청

한국교통안전공단이 정하는 신청서와 운전적성정밀검사를 받은 사실을 증명할 수 있는 서류를 첨부하여 한국교통안전공단에 제출하여야 한다

❷ 교통안전체험교육은 집합교육으로 실시하며, 교육시간은 24시간으로 한다.

(1) 이론교육 : 소양교육 → 8시간

(2) 실기교육 → 12시간
 1) 차량점검 및 기초주행 → 3시간
 2) 목표제동 및 제동거리 → 1시간
 3) 미끄럼 주행 → 1시간
 4) 인지반응 및 위험 회피 → 1시간
 5) 차량점검 및 응급조치 요령 → 1시간
 6) 도로유형별 안전운행 → 3시간
 7) 정속주행 → 2시간

(3) **종합평가** : 필기시험, 기능시험, 주행시험 → 4시간

❸ 운송사업자의 운전자격증명 관리

(1) 운전자격증명의 발급의 신청

운송사업자 또는 운수종사자로부터 운전업무 종사자격을 증명하는 증표의 발급신청을 받은 한국교통안전공단이나 운전자격증명 발급기관은 운전자격증명을 발급하여야 한다.

(2) 운전자격증의 재발급

1) **재발급 대상** : 운전자격증 또는 운전자격증명의 기록사항에 착오가 있거나 변경된 내용이 있어 정정을 받으려는 사람과 운전자격증 등을 잃어버리거나 헐어 못쓰게 된 사람이 재발급의 대상이다.

2) 해당 서류를 첨부하여 한국교통안전공단 또는 운전자격증명 발급기관에 신청하여야 한다.

(3) **운전자격증명의 게시의무**[게시하지 않은 경우 운행정지(5일)]

여객자동차운송사업용 운수종사자는 해당 사업용 자동차 안에 **본인의 운전자격증명을 항상 게시**하여야 한다 (만일 이를 게시하지 않으면 운송사업자에게 행정처분으로 운행정지 5일을 부과함, 과징금은 10만원 ★).

(4) 퇴직운수종사자의 운전자격증명의 반납과 운전자격증명 제출 : 운수종사자가 퇴직하는 경우에는 본인의 운전자격증명을 운송사업자에게 반납하여야 하며, 운송사업자는 지체 없이 해당 운전자격증명 발급기관에 그 운전자격증명을 제출하여야 한다.

❹ 운전자격의 취소 및 효력정지의 처분기준

✿ 여객자동차운수사업법상의 처분기준입니다. chapter 2의 도로교통법의 처분기준과 구별하여 학습하시기 바랍니다.

(1) 일반기준

1) 위반행위가 둘 이상일 때 : 각각의 처분기준이 다른 경우에는 그 중 **무거운 처분기준**에 따른다. 다만, 둘 이상의 처분기준이 모두 자격정지인 경우에는 각 처분기준을 합산한 기간을 넘지 않는 범위에서 무거운 처분기준의 2분의 1 범위에서 가중할 수 있다.

2) 위반행위의 횟수에 따른 행정처분의 기준 : 최근 1년간 같은 위반행위로 행정처분을 받은 경우에 행정처분의 기준의 적용은 같은 위반행위에 대하여 **최초로 행정처분일과 그 처분 후의 위반행위가 다시 적발된 날**을 기준으로 한다.

3) 자격정지처분을 받은 사람이 가중이나 감경사유의 어느 하나에 해당하는 경우 : 위 1)과 2)의 내용에 따른 처분을 2분의 1의 범위에서 늘리거나 줄일 수 있다. → [늘리는 경우에도 그 가중된 기간은 6개월을 초과할 수 없다. 위의 1)도 동일].

4) 자격정지처분을 받은 사람이 정당한 사유 없이 기일 내에 운전자격증을 반납하지 않을 때 : 해당 처분을 2분의 1의 범위에서 가중처분한다. 만일 가중처분을 받은 사람이 기일 내에 운전자격증을 반납하지 않을 때에는 **자격취소처분**을 한다.

(2) 자격취소와 자격정지의 개별기준

1) 자격취소 ★★

① **피성년후견인**

② **파산선고**를 받고 복권되지 아니한 자

③ 이 법을 위반하여 징역 이상의 실형을 선고받고 그 집행이 끝나거나(끝난 것으로 보는 경우도 포함) 면제된 날부터 **2년이 지나지 아니한 자**

④ 이 법을 위반하여 징역 이상의 형의 집행유예를 선고받고 그 **집행유예 기간 중인 자**

⑤ 법 제24조 제3항에 해당하는 경우[02. ❶. (2)에 해당]

⑥ **부정한 방법**으로 버스운전자격을 취득한 경우

⑦ 교통사고와 관련하여 **거짓이나 그 밖의 부정한 방법**으로 보험금을 청구하여 금고 이상의 형을 선고받고 그 형이 확정된 경우

⑧ 운전업무와 관련하여 버스운전자격증을 **타인에게 대여**한 경우

⑨ 「도로교통법」 위반으로 사업용 자동차를 운전할 수 있는 **운전면허가 취소**된 경우

⑩ **다음의 금지행위로 1년간 세 번의 과태료 처분을 받은 사람이 같은 위반행위를 한 경우**

㉠ 정당한 사유 없이 여객의 **승차를 거부**하거나 여객을 중도에서 내리게 하는 행위

㉡ **부당한 운임 또는 요금**을 받는 행위

㉢ 일정 장소에 장시간 정차하여 여객을 유치하는 행위

㉣ **문을 완전히 닫지 아니한 상태**에서 자동차를 출발시키거나 운행하는 행위

㉤ **여객이 승하차하기 전에 자동차를 출발시키거나 승·하차할 여객이 있는데도 정차하지 아니하고 정류소를 지나치는 행위**

㉥ **안내방송**을 하지 아니하는 행위(국토교통부령으로 정하는 자동차 안내방송시설이 설치되어 있는 경우만 해당)

㉦ 자동차 안에서 **흡연**을 하거나 휴식시간을 준수하지 않고 운행하는 행위

2) 자격정지

① **교통사고로 다음의 어느 하나에 해당하는 수의 사람이 죽거나 다치게 한 경우** ★

㉠ 사망자 2명 이상 → 자격정지 60일

㉡ 사망자 1명 및 중상자 3명 이상 → 자격정지 50일

㉢ 중상자 6명 이상 → 자격정지 40일

② **자격정지 15일** : 전세버스운송사업의 운수종사자가 대열운행(같은 목적지로 이동하는 2대 이상의 차량이

고속도로, 자동차전용도로 등에서 도로교통법 제19조에 따른 안전거리를 확보하지 않고 줄지어 운행하는 것을 말함)을 한 경우

③ **자격정지 5일**
  ㉠ 법 제26조제4항을 위반하여 운행기록증을 식별하기 어렵게 하거나, 그러한 자동차를 운행한 경우
  ㉡ 정당한 사유 없이 법 제25조(운수종사자의 교육)에 따른 교육을 받지 않은 경우

(3) 관할관청의 조치

1) 관할관청의 경감·가중 : 관할관청은 처분기준을 적용할 때 **처분기준의 2분의 1의 범위**에서 경감하거나 가중할 수 있다.

2) 통지의무 : 관할관청은 처분을 하였을 때에는 그 사실을 **처분대상자, 한국교통안전공단에 각각 통지**하고 처분대상자에게 운전자격증 등을 반납하게 해야 한다.

3) 폐기 및 반환의무 : 관할관청은 운전자격증 등을 반납 받은 경우 **운전자격 취소처분**을 받은 자가 반납한 운전자격증 등은 폐기하고, 운전자격 정지처분을 받은 자가 반납한 운전자격증 등은 보관한 후 자격정지기간이 지난 후에 돌려주어야 한다.

4) 등록말소와 기재 : 관할관청이 운전자격증 등을 폐기한 경우 **한국교통안전공단은 운전자격 등록을 말소**하고 운전자격 등록대장(전자문서 포함)에 기재한다.

❺ 운수종사자의 교육(법 제25조, 규칙 제58조)

(1) 교육의 종류 및 내용(운전업무 <u>시작 전 교육</u>) ★★

구분	교육대상자	시간	주기
신규 교육	새로 채용한 운수종사자(사업용자동차를 운전하다가 퇴직한 후 2년 이내에 다시 채용된 사람은 제외)	16	
보수 교육	무사고·무벌점 기간이 **5년 이상 10년 미만**인 운수종사자	4	격년
	무사고·무벌점 기간이 **5년 미만**인 운수종사자		매년
수시 교육	법령위반 운수종사자	8	수시
	국제행사 등에 대비한 서비스 및 교통안전 증진 등을 위하여 국토교통부장관 또는 시·도지사가 교육받을 필요를 인정하는 운수종사자	4	필요 시

(2) 교육과목
1) 여객자동차 운수사업 관계 법령 및 도로교통 관계 법령
2) 서비스의 자세 및 운송질서의 확립
3) 교통안전수칙
4) 응급처치 방법
5) 차량용 소화기 사용법 등 차량화재 발생시 대응방법
6) 「지속가능 교통물류 발전법」에 따른 경제운전
7) 그 밖에 운전업무에 필요한 사항

(3) 기타
1) 교육은 **운수종사자 연수기관, 한국교통안전공단, 연합회 또는 조합**이 한다.
2) 운송사업자는 종업원 중에 교육훈련담당자를 선임하여야 하나, 자동차 **면허 대수가 20대 미만**인 운송사업자의 경우에는 교육훈련 담당자를 선임하지 아니할 수 있다.
3) **해당 연도의 신규교육 또는 수시교육을 이수한** 운수종사자(법령위반 운수종사자는 제외)는 해당 연도의 **보수교육을 면제**한다.
4) 교육실시기관은 **매년 11월 말까지** 조합과 협의하여 다음 해의 교육계획을 수립하여 시·도지사 및 조합에 보고하거나 통보하여야 하며, **그 해의 교육결과를 다음 해 1월 말까지** 시·도지사 및 조합에 보고하거나 통보하여야 한다.

03 보칙 및 벌칙

❶ 자가용자동차의 유상운송 등

(1) 자가용자동차를 유상운송용으로 제공·임대하거나 알선할 수 경우

1) 출·퇴근시간대(오전 7시부터 오전 9시까지 및 오후 6시부터 오후 8시까지를 말하며, 토요일, 일요일 및 공휴일인 경우는 제외) 승용자동차를 함께 타는 경우
2) 천재지변, 긴급수송, 교육목적을 위한 운행, 그 밖의 국토교통부령으로 정하는 사유에 해당하는 사유로 **시장·군수·구청장의 허가를 받은 경우**

(2) **자가용자동차가 노선을 정하여 운행하거나 이를 알선할 수 있는 경우**

1) **학교, 학원, 유치원**, 「영유아보육법」에 따른 어린이집, **호텔, 교육·문화·예술·체육시설**('유통산업발전법'에 따른 대규모점포에 부설된 시설은 제외), **종교시설, 금융기관 또는 병원** 이용자를 위하여 운행하는 경우
2) **대중교통수단이 없는 지역** 등 대통령령으로 정하는 사유에 해당하는 경우로서 특별자치도지사·특별자치시장·시장·군수·구청장(자치구)의 허가를 받은 경우

(3) **자가용자동차 사용의 제한 또는 금지**

시장·군수 또는 구청장은 자가용자동차를 사용하는 자가 다음의 어느 하나에 해당하면 **6개월 이내의 기간을** 정하여 그 자동차의 사용을 제한하거나 금지할 수 있다.

❷ 운수사업에 사용되는 자동차의 차령 등

(1) 여객자동차운수사업에 따른 자동차의 차령 ★

차 종	사업의 구분		차 령
승용자동차	특수여객자동차 운송사업용	경형·소형·중형	6년
		대형	10년
승합자동차	전세버스운송사업용 또는 특수여객자동차운송사업용		11년
	그밖의 사업용 ★		9년

(1) 차령의 연장

1) 시·도지사가 해당 시·도의 자동차 운행 여건 등을 고려하여 해당 시·도의 공보에 의한 차령연장 등에 관한 고시를 한 경우 아래의 요건을 충족한 자동차의 차령은 위 표에서 정한 차령 기간에 해당 고시에서 정한 기간을 더한 기간으로 한다. 다만, **그 기간은 2년을 초과하지 못한다.**

2) 차령 기간이 만료되기 전 2개월 이내 및 연장된 차령 기간에 승용자동차는 1년마다, **승합자동차는 6개월마다** 「자동차관리법」에 따른 **임시검사를** 받아 검사기준에 적합할 것
3) 운송사업자의 준수사항 중 자동차의 장치 및 설비 등의 준수사항에 위반되지 않는다고 판정될 것
4) **자동차를 공급하는 것이 현저히 곤란할 경우** : 시·도지사는 자동차의 제작·조립이 중단되거나 출고가 지연되는 등 부득이한 사유로 자동차를 공급하는 것이 현저히 곤란하다고 인정하면 **6개월의 범위에서 차령을 초과하여 운행하게 할 수 있다.**

(2) **대폐차**(차령이 만료되거나 운행거리를 초과한 차량 등을 다른 차량으로 대체하는 것)**에 충당되는 자동차**

1) **차량충당연한**(대폐차의 차령을 제한하는 제도로서 출고된 후부터의 기간) : 승용자동차는 1년, **승합자동차의 경우 3년**

2) **차량충당연한의 기산일**

① **제작연도에 등록된 자동차** : 최초의 신규등록일
② **제작연도에 등록되지 아니한 자동차** : 제작연도의 말일

(3) **차령연장**(버스에 한함)

1) 자동차의 차령을 연장하려는 여객자동차 운수사업자는 「자동차관리법」에 따른 **임시검사를 받는다.**
2) 「자동차관리법」에 따른 자동차검사대행자 또는 지정 정비사업자는 신청을 받으면 사업용자동차 임시검사 합격통지서를 **발급하여야** 한다.
3) 임시검사기준을 충족한다고 판정된 자동차에만 사업용자동차 차령조정신청서에 **임시검사 합격통지서를 첨부하여 관할관청에 제출하여야** 한다.

❸ 과징금

(1) 과징금 부과기준

국토교통부장관, 시·도지사 또는 시장·군수·구청장은 사업정지처분이 그 여객자동차 운수사업을 이용하는 사람들에게 심한 불편을 주거나 공익을 해칠 우려가 있는 때 그 사업정지 처분을 갈음하여 5천만원 이하의 과징금을 부과·징수할 수 있다.

+ STUDY 과징금의 용도

1) 벽지노선이나 그 밖에 수익성이 없는 노선으로서 법령으로 정하는 노선을 운행하여서 생긴 손실의 보전
2) 운수종사자의 양성, 교육훈련, 그 밖의 자질 향상을 위한 시설과 운수종사자에 대한 지도 업무를 수행하기 위한 시설의 건설 및 운영
3) 지방자치단체가 설치하는 터미널을 건설하는 데에 필요한 자금의 지원
4) 터미널 시설의 정비·확충
5) 여객자동차 운수사업의 경영개선이나 그 밖에 여객자동차 운수사업의 발전을 위하여 필요한 사업
6) 1)내지 5)까지의 내용 중 어느 하나의 목적을 위한 보조나 융자
7) 이 법을 위반하는 행위를 예방 또는 근절하기 위하여 지방자치단체가 추진하는 사업

(2) 업종별·위반내용별 과징금 부과기준 ★

1) 10만원 ★

① 차내에 운전**자**격증명을 항상 게시하지 않은 경우☆
② 운행하기 전에 **점**검 및 확인을 하지 않은 경우☆
③ 면허 또는 허가를 받거나 **등록한 차고지를 이용하지 아니하고** 차고지가 아닌 곳에서 **밤샘주차**를 한 경우(전세버스·특수여객은 20만원)
④ 차내**안**내방송 실시상태 불량(전세버스·특수여객 ×)
⑥ 1년에 3회 이상 6세 미만인 아이의 **무**상운송을 거절한 경우(전세버스와 특수버스 부과 ×)
⑤ 운임 또는 요금을 받고 **승**차권이나 영수증을 발급하지 않은 경우(시내·농어촌·마을버스는 부과 ×)

✿ 두문자 : **자**격**밤**/**안**무/**승**[자격(전)밤까지 안무찬 사람이 승자다.] → 10만원

2) 20만원 ★

① 신고한 운임 및 요금 등 외에 **부**당한 요금을 받은 경우(전세버스와 특수버스 부과 ×)
② 운행시간에 대하여 사업계획 변경의 **인**가를 받지 않거나 등록 또는 신고를 하지 않고 미리 운행하거나 임의로 운행시간을 준수하지 않은 경우(전세버스와 특수버스 부과 ×)

③ 사업용 **자동차의 바깥**쪽에 운송사업자의 명칭, 기호, 그밖에 국토교통부령으로 정하는 사항을 위반하여 1년에 3회 이상 **표**시하지 아니한 경우
④ **설**비기준에 적합하지 않은 **자동차**를 이용하여 운송한 경우
⑤ 자동차 안에 게시하여야 할 사항을 **게**시하지 아니한 경우
⑥ 정류소의 **주**차 또는 정차 질서를 문란하게 한 경우

✿ 두문자 : **부인표**/**설게**/**주**(부인표/설계/주범이 누구야?) → 20만원

3) 30만원 : 운수종사자의 **교육**에 필요한 조치를 하지 않은 경우

4) 40만원 : 관할관청이 단독으로 실시하거나 관할관청과 조합이 합동으로 실시하는 **청결상태 등의 검사에 대한 확인을 거부**하는 경우

5) 60만원 ★

① **천**연가스 연료를 사용하는 자동차의 점검에 대한 준수사항을 위반한 경우
② 운송할 수 있는 **소**화물이 아닌 **소**화물을 운송한 경우(시외버스만 부과)
③ 속도**제**한장치 또는 운행기록계가 장착된 운송사업용 자동차를 해당 장치 또는 기기가 정상적으로 작동되지 않은 상태에서 운행한 경우 ☆
④ 차실에 **냉**방·난방장치를 설치하여야 할 자동차에 이를 설치하지 않고 여객을 운송한 경우(특수여객 ×)

✿ 두문자 : **천제**/**냉소**[천제(전재)는 냉소적이다.] → 60만원

6) 100만원

① 차 안에 안내방송장치 및 정차신호용 버저를 작동킬 수 있는 스위치를 설치하여야 하는 자동차에 이를 설치하지 않은 경우
② 임의로 결행, 도중 회차, 노선 또는 운행계통의 단축 또는 연장 운행, 감회 또는 증회 운행 어느 하나에 해당하는 행위를 하여 사업계획을 위반한 경우(①·② 전세버스와 특수버스는 부과 ×)

7) 120만원

① 노후차의 대체 등 자동차의 변경으로 인한 자동차 말소등록 이후 6개월 이내에 자동차를 충당하지 못한 경우. 다만, 부득이한 사유로 자동차의 공급이 현저히 곤란한 경우는 제외

② 주사무소 또는 영업소 외의 지역에서 상시 주차시켜 영업(전세버스와 특수버스만 부과)

8) 180만원

① 시내일반버스의 운전자 좌석 주변에 운전자를 보호할 수 있는 구조의 격벽시설을 설치하지 않은 경우(시내·농어촌·마을버스만 부과)

② 차령 또는 운행거리를 초과하여 운행한 경우 ☆

③ 소화물 운송의 금지명령을 따르지 않은 경우(시외버스만 부과)

✿ 두문자 : 격벽/초소 → 180만원

9) 360만원

① 하차문이 있는 노선버스(시외직행, 시외고속 및 시외우등고속은 제외)에 **압력감지기 또는 전자감응장치, 가속페달 잠금장치**를 설치하지 않거나 작동되지 않은 상태에서 운행한 경우

③ 버스의 **앞바퀴**에 재생**타이어**를 사용한 경우

④ **앞바퀴**에 튜브리스**타이어**를 사용하여야 할 자동차에 이를 사용하지 않은 경우(시외버스와 전세버스만 부과)

✿ 두문자 : 타이어/잠금 → 360만원

10) 500만원 : 운수종사자의 자격요건을 갖추지 않은 사람이 운전업무에 종사(특수버스는 360만원 부과)

✿ 여러 개의 과징금 두문자 중 몇개만 확실히 암기하셔도 시험장에서 정답 고르기가 수월해집니다. 그리고 게시의무가 <u>운전자격의 게시인지(10만원)</u>, <u>게시사항을 게시하지 않은 것(20만원)</u>인지 구별하시길 바랍니다.

❹ 과태료(영 제49조) ★

(1) 위반행위별 과태료 부과기준(1회 위반 기준)

1) 5만원 : 여객이 동반하는 6세 미만인 어린아이 1명은 운임이나 요금을 받지 아니하고 운송하여야 한다는 규정을 위반하여 어린아이의 운임을 받은 경우

2) 10만원

① 자동차 안에서 흡연하는 행위

② 여객자동차운송사업에 사용되는 자동차의 바깥쪽에 운송사업자의 명칭, 기호 등 사업용 자동차의 표시를 하지 않은 경우

③ 휴식시간 미준수 운행

④ 여객이 승하차 전 출발하거나 승하차 여객이 있는 데도 정류소를 지나치는 행위

⑤ 안내방송을 하지 않은 경우

✿ 두문자 : 흡표/휴승안(흡(흑)표범 휴승안이 도둑하다) → 10만원

3) 20만원

① 중대한 사고에 조치를 하지 않거나 거짓보고를 한 경우

② 좌석안전띠가 정상적으로 작동될 수 있는 상태를 유지하지 않은 경우

③ 운송사업자가 운수종사자에게 여객의 좌석안전띠 착용에 관한 교육을 실시하지 않은 경우

④ **다음의 운수사항 준수사항을 위반한 경우**
  ㉠ 승차거부, 중도하차, 부당한 요금 등의 행위
  ㉡ 일정 장소 주차 여객 유치, 개문발차 등

✿ 두문자 : 중띠/승부유발 → 20만원

4) 50만원

① 중대한 사고 시의 조치를 하지 않은 경우

② 운수종사자 취업현황을 알리지 않은 경우

③ 휴식시간 보장내역을 알리지 않거나 거짓으로 알린 경우

④ 운수종사자의 휴식시간 보장에 관한 의무를 위반한 경우(노선·전세버스)

⑤ 요건을 갖추지 않은 운전자의 운전업무에 종사

⑥ 소속공무원의 운수사업자나 운수종사자의 검사나 질문에 불응하거나 방해 또는 기피한 경우

✿ 과태료의 액수를 모두 암기하시는 것보다는 과태료의 금액 중 10만원, 20만원을 중점적으로 암기하시고 50만원은 <u>주로 운송회사의 의무라는 것</u>을 파악하시면 보다 효율적인 학습이 될 것입니다.

CHAPTER 2 도로교통법령

01 총칙

❶ 용어의 개념 및 정리(법 제2조) ★

(1) 도로

「도로법」에 따른 도로 「유료도로법」에 따른 유료도로 「농어촌도로정비법」에 따른 농어촌도로, 그 밖에 현실적으로 불특정 다수의 사람 또는 차마가 통행할 수 있도록 공개된 장소로서 안전하고 원활한 교통을 확보할 필요가 있는 장소를 말한다.

✿ 도로교통법상의 도로는 「도로법상의 도로는 물론 농어촌도로나 유료도로를 포함한다는 사실을 정확하게 아셔야 합니다.

(2) 자동차전용도로 : 자동차만 다닐 수 있도록 설치된 도로이다.

(3) 고속도로 : 자동차의 고속 운행에만 사용하기 위하여 지정된 도로이다.

(4) 차로 ★ : 차마가 한 줄로 도로의 정하여진 부분을 통행하도록 **차선(車線)으로 구분한 차도의 부분**이다.

(5) 차도(車道) ☆ : **연석선**(차도와 보도를 구분하는 돌 등으로 이어진 선), **안전표지** 또는 그와 비슷한 **인공구조물을 이용하여 경계(境界)를 표시**하여 모든 차가 통행할 수 있도록 설치된 도로의 부분이다.

(6) 중앙선 : 차마의 통행 방향을 명확하게 구분하기 위하여 도로에 황색 실선이나 황색 점선 등의 안전표지로 표시한 선 또는 중앙분리대나 울타리 등으로 설치한 시설물, 가변차로가 설치된 경우에는 신호기가 지시하는 진행방향의 가장 왼쪽에 있는 황색 점선이다.

(7) 보도 : 연석선, 안전표지나 그와 비슷한 인공구조물로 경계를 표시하여 보행자(유모차 및 보행보조용 의자차, 노약자용 보행기 등을 이용하는 사람 및 실외이동로봇을 포함)가 통행할 수 있도록 한 도로의 부분이다.

(8) 차선 ★ : 차로와 차로를 구분하기 위하여 그 경계지점을 **안전표지로 표시한 선**이다.

(9) 길가장자리구역 : 보도와 차도가 구분되지 아니한 도로에서 **보행자의 안전을 확보하기 위하여** 안전표지 등으로 경계를 표시한 도로의 가장자리 부분이다.

(10) 교차로 : '+'자로, 'T'자로나 그 밖에 둘 이상의 도로(보도와 차도가 구분되어 있는 도로에서는 차도)가 교차하는 부분이다.

(11) 신호기 : 도로교통에 관하여 문자·기호 또는 등화를 사용하여 진행·정지·방향전환·주의 등의 신호를 표시하기 위하여 사람이나 전기의 힘으로 조작하는 장치이다.

(12) 안전지대 : 도로를 횡단하는 보행자나 통행하는 차마의 안전을 위하여 안전표지나 이와 비슷한 인공구조물로 표시한 도로의 부분이다.

(13) 횡단보도 : 보행자가 도로를 횡단할 수 있도록 안전표지로 표시한 도로의 부분이다.

(14) 안전표지 : 교통안전에 필요한 주의·규제·지시 등을 표시하는 표지판이나 도로의 바닥에 표시하는 기호·문자 또는 선 등이다.

(15) 자전거도로 : 안전표지, 위험방지용 울타리나 그와 비슷한 인공구조물로 경계를 표시하여 자전거가 통행할 수 있도록 설치된 자전거전용도로, 자전거·보행자겸용도로, 자전거전용차로, 자전거우선도로

(16) 차마 : 다음의 차와 우마를 말한다.

1) **차 ★** : **자동차, 건설기계, 원동기장치자전거, 자전거, 사람 또는 가축의 힘이나 그 밖의 동력(動力)으로 도로에서 운전되는 것**을 말하는 것이다[다만, 철길이나 가설된 선을 이용하여 운전되는 것, 유모차와 보행보조용 의자차, 노약자용 보행기, 실외이동로봇 등 너비 1m 이하인 동력이 없는 손수레, 어린이가 이용하는 놀이기구, 이륜자동차·원동기자전거 또는 자전거로서 운전자가 내려서 끌거나 들고 통행하는 것은 차마에서 제외].

2) **우마** : 교통이나 운수(運輸)에 사용되는 가축을 말한다.

(17) **노면전차** : 도시철도법에 따른 노면전차로서 도로에서 궤도를 이용하여 운행되는 차이다.

(18) **자동차★** : 철길이나 가설된 선을 이용하지 아니하고 **원동기를 사용하여 운전되는 차**(견인되는 자동차도 자동차의 일부로 봄)로서 다음의 차를 말한다.

  1) '자동차관리법'에 따른 승용자동차, 승합자동차, 화물자동차, 특수자동차, 이륜자동차 → 다만, 원동기장치자전거 제외

  2) '건설기계관리법'에 따른 덤프트럭, 아스팔트살포기, 노상안정기, 콘크리트믹서트럭, 천공기(트럭 적재식) 등

(19) **어린이통학버스** : 어린이(13세 미만인 사람)를 교육대상으로 하는 시설에서 어린이의 통학 등에 이용되는 자동차와 여객자동차운송사업의 한정면허를 받아 어린이를 여객대상으로 하여 운행되는 운송사업용 자동차이다.

(20) **주차★** : 운전자가 승객을 기다리거나 화물을 싣거나 차가 고장 나거나 그 밖의 사유로 차를 계속 정지 상태에 두는 것 또는 운전자가 차에서 떠나서 즉시 그 차를 운전할 수 없는 상태에 두는 것을 말한다.

(21) **정차★** : 운전자가 5분을 초과하지 아니하고 차를 정지시키는 것으로서 **주차 외의 정지 상태**를 말한다.

(22) **자전거등** : 자전거(전기자전거 포함)와 개인형 이동장치를 말한다.

(23) **자동차등** : 자동차와 원동기장치자전거를 말한다.

(24) **서행★** : 운전자가 차를 즉시 정지시킬 수 있는 정도의 느린 속도로 진행하는 것이다.

(25) **앞지르기** : 차의 운전자가 앞서가는 다른 차의 옆을 지나서 그 차의 앞으로 나가는 것을 말한다.

(26) **일시정지** : 차의 운전자가 그 차의 바퀴를 일시적으로 완전히 정지시키는 것을 말한다.

(27) **보행자우선도로** : 「보행안전 및 편의증진에 관한 법률」에 따른 보행자우선도로를 말한다.

(28) **모범운전자** : 무사고운전자 또는 유공운전자의 표시장을 받거나 2년 이상 사업용 자동차 운전에 종사하면서 교통사고를 일으킨 전력이 없는 사람으로서 경찰청장이 정하는 바에 따라 선발되어 교통안전 봉사활동에 종사하는 사람

❷ 교통안전시설

(1) 신호 또는 지시

1) **교통안전시설과 경찰이나 보조자의 신호** : 도로를 통행하는 보행자와 차마의 운전자는 교통안전시설이 표시하는 신호 또는 지시와 다음의 어느 하나에 해당하는 사람의 신호나 지시를 따라야 한다.

  ① **경찰** : 교통정리를 하는 국가경찰공무원, 자치경찰공무원(특별자치도)

  ② **경찰보조자** : 국가경찰공무원 및 자치경찰공무원을 보조하는 사람 → 모범운전자, 헌병, 소방공무원

  ❖ <u>교통안전시설이 표시하는 신호 또는 지시와 경찰공무원 등의 신호가 다른 경우</u> : 경찰공무원 등의 신호 또는 지시에 따라야 한다. ★

(2) 신호기가 표시하는 신호의 종류 및 의미 ★★

1) **원형등화**

  ① **녹색의 등화**

    ㉠ 차마는 직진 또는 우회전할 수 있다.

    ㉡ 비보호좌회전표지 또는 비보호좌회전표시가 있는 곳에서는 좌회전할 수 있다.

  ② **황색의 등화** ★★

    ㉠ 차마는 **정지선이 있거나 횡단보도가 있을 때**에는 그 직전이나 교차로의 직전에 정지하여야 하며, 이미 <u>교차로에 차마의 일부라도 진입한 경우</u>에는 <u>신속히 교차로 밖으로 진행</u>하여야 한다.

    ㉡ 차마는 **우회전할 수 있고** 우회전하는 경우에는 보행자의 횡단을 방해하지 못한다.

  ③ **황색등화의 점멸** : 차마는 다른 교통 또는 안전표지의 **표시에 주의하면서 진행**할 수 있다.

  ④ **적색의 등화** ★

㉠ 차마는 정지선, 횡단보도 및 교차로의 직전에서 정지하여야 한다.

㉡ **차마는 우회전하려는 경우 정치선, 횡단보도 및 교차로의 직전에서 정차한 후** 신호에 따라 진행하는 다른 차마의 교통을 방해하지 않고 우회전할 수 있다.

㉢ ㉡에도 불구하고 차마는 우회전 삼색등이 적색의 등화인 경우 우회전할 수 없다.

⑤ **적색등화의 점멸** : 차마는 정지선이나 횡단보도가 있을 때에는 그 직전이나 교차로의 **직전에 일시정지한 후** 다른 교통에 주의하면서 진행할 수 있다.

❖ 사각형등화 : "적색×표시 사각형등화가 점멸하는 경우"에 차마는 ×표가 있는 차로로 진입할 수 없고, 이미 차마의 일부라도 진입한 경우에는 신속히 그 차 밖으로 진로를 변경하여야 한다."를 제외하고 나머지인 화살표의 등화(녹색화살표의 등화, 황색화살표의 등화 등)와 사각형등화는 원형등화의 신호등 종류와 같은 논리로 진행 또는 정지하면 된다.

2) 버스 화살표 등화

① **녹색의 등화** : 버스전용차로에 차마는 직진할 수 있다.

② **황색의 등화** : 직전이나 교차로의 직전에 정지하여야 하며, **이미 교차로에 차마의 일부라도 진입한 경우에는 신속히 교차로 밖으로 진행하여야 한다.**

③ **적색의 등화** : 버스전용차로에 있는 차마는 정지선, 횡단보도 및 교차로의 직전에서 정지하여야 한다.

④ **황색등화의 점멸** : 버스전용차로에 있는 차마는 다른 교통 또는 안전표지의 표시에 주의하면서 진행할 수 있다.

⑤ **적색등화의 점멸** : 버스전용차로에 있는 차마는 정지선이나 횡단보도가 있을 때에는 그 직전이나 교차로의 직전에 일시정지한 후 다른 교통에 주의하면서 진행할 수 있다.

+ STUDY 신호등 배열 및 신호순서

❶ **4색 등화**
(1) **배열순서** : 적색 → 황색 → 녹색화살표 → 녹색
(2) **신호순서** : 녹색 → 황색 → 적색 및 녹색화살표(좌회전 및 직진등화) → 적색 및 황색등화 → 적색등화.

❷ **3색 등화**
(1) **배열순서** : 적색 → 황색 → 녹색
(2) **신호순서** : 녹색(적색 및 녹색화살표)등화 → 황색등화 → 적색등화의 순서로 한다.

02 보행자 및 차마의 통행방법

❶ 보행자

(1) 보행자의 통행

1) 보도와 차도가 구분된 도로 : 보행자는 언제나 보도로 통행하여야 한다(다만, 차도를 횡단하는 경우, 도로공사 등으로 보도의 통행이 금지된 경우나 그 밖의 부득이한 경우에는 그러하지 아니함).

2) 보도와 차도가 구분되지 아니한 도로 중 중앙선이 있는 도로(일방통행인 경우에는 차선으로 구분된 도로를 포함) : 길가장자리 또는 길가장자리구역으로 **통행**해야 한다.

3) 보도와 차도가 구분되지 아니한 도로 중 중앙선이 없는 도로와 보행자우선도로(일방통행인 경우에는 차선으로 구분되지 아니한 도로에 한정) : **도로의 전부분을 통행**할 수 있다(이 경우 보행자는 고의로 차마의 진행을 방해하여서는 아니됨).

4) 우측통행이 원칙 : 보행자는 보도에서는 우측통행을 원칙으로 한다.

(2) 차도를 통행할 수 있는 사람 또는 행렬

1) 차도를 통행할 수 있는 경우 : 학생의 대열과 그 밖에 보행자의 통행에 지장을 줄 우려가 있다고 인정되는 경우에는 차도를 통행할 수 있다. 이 경우 차도의 우측으로 통행하여야 한다.

2) 차도를 통행할 수 있는 사람 또는 행렬 ★

① 말·소 등의 큰 동물을 몰고 가는 사람

② 보행자의 통행에 지장을 줄 우려가 있는 물건을 운반 중인 사람

③ 도로에서 청소나 보수 등 작업을 하고 있는 사람

④ 군부대나 그 밖에 이에 준하는 단체의 행렬

⑤ 기(旗) 또는 현수막 등을 휴대한 행렬

⑥ 장의(葬儀) 행렬

(3) 보행자의 도로횡단(법 제10조)

1) 횡단보도, 지하도, 육교나 그 밖의 도로 횡단시설이 설치되어 있는 도로 : 보행자는 그 곳으로 횡단하여야 한다(다만, 지하도나 육교 등의 도로 횡단시설을 이용할 수 없는 지체장애인의 경우에는 다른 교통에 방해가 되지 아니하는 방법으로 도로 횡단시설을 이용하지 아니하고 도로를 횡단할 수 있음).

2) 횡단보도가 설치되어 있지 아니한 도로 : 보행자는 가장 짧은 거리로 횡단하여야 한다.

3) 모든 차의 앞이나 뒤로 횡단금지 : 보행자는 모든 차의 바로 앞이나 뒤로 횡단하여서는 아니 된다. 다만, 횡단보도를 횡단하거나 신호기 또는 경찰공무원 등의 신호나 지시에 따라 도로를 횡단하는 경우에는 그러하지 아니하다.

4) 횡단금지 : 보행자는 안전표지 등에 의하여 횡단이 금지되어 있는 도로의 부분에서는 그 도로를 횡단하여서는 아니 된다.

❷ 차마의 통행방법

(1) 차마의 통행

1) 보도와 차도가 구분된 도로

① 차마의 운전자는 보도와 차도가 구분된 도로에서는 **차도를 통행**한다.

② <u>도로 외의 곳으로 출입할 때</u> : 보도를 횡단하기 직전 **일시정지**하여 좌측 및 우측 부분 등을 살핀 후 보행자의 통행을 방해하지 아니하도록 횡단해야 한다.

2) 우측통행 : 차마의 운전자는 도로(보도와 차도가 구분된 도로에서는 차도)의 중앙(중앙선이 설치되어 있는 경우에는 그 중앙선) 우측 부분을 통행하여야 한다.

3) 도로의 중앙이나 좌측을 통행할 수 있는 경우 ★

① 도로가 일방통행인 경우

② 도로의 파손, 도로공사나 그 밖의 장애 등으로 도로의 우측 부분을 통행할 수 없는 경우

③ 도로의 우측 부분의 폭이 6미터가 되지 아니하는 도로에서 다른 차를 앞지르려는 경우(다만, 도로의 좌측 부분을 확인할 수 없는 경우, 반대 방향의 교통을 방해할 우려가 있는 경우, 안전표지 등으로 앞지르기를 금지하거나 제한하고 있는 경우에는 그러하지 아니함)

④ 도로 우측 부분의 폭이 차마의 통행에 충분하지 아니한 경우

⑤ 가파른 비탈길의 구부러진 곳에서 교통의 위험을 방지하기 위하여 시·도경찰청장이 필요하다고 인정하여 구간 및 통행방법을 지정하고 있는 경우에 그 지정에 따라 통행하는 경우

4) 진입이 금지된 장소 : 차마의 운전자는 안전지대 등 안전표지에 의하여 진입이 금지된 장소에 들어가서는 아니 된다.

5) 자전거도로 또는 길가장자리 통행금지 : 차마(자전거 등은 제외)의 운전자는 안전표지로 통행이 허용된 장소를 제외하고는 자전거도로 또는 길가장자리 구역으로 통행하여서는 아니 된다(다만, 자전거 우선도로의 경우에는 그러하지 아니함).

(2) 차로에 따른 통행구분(시행규칙 제16조) ★

차로가 설치되어 있는 경우 **그 도로의 중앙에서 오른쪽으로 2 이상의 차로**(전용차로가 설치되어 운용되고 있는 도로에서는 전용차로를 제외)가 설치된 도로 및 일방통행도로에 있어서 그 차로에 따른 통행차의 기준은 다음과 같다.

1) 고속도로 외의 도로

① <u>왼쪽차로</u> : 승용자동차, 경형·소형·중형 승합자동차

② <u>오른쪽차로</u> : 대형승합자동차, 화물자동차, 특수자동차, 건설기계, 이륜자동차, 원동기장치자전거

2) 고속도로 ★★

도로	차로 구분	통행할 수 있는 차종
고속도로	편도 2차로 1차로	앞지르기를 하려는 모든 자동차. 다만, 차량통행량 증가 등 도로 상황으로 인하여 **부득이하게 시속 80킬로미터 미만으로 통행할 수밖에 없는 경우**에는 앞지르기를 하는 경우가 아니라도 통행할 수 있다.

		2차로	모든 자동차
고속도로	편도 3차로 이상	1차로	앞지르기를 하려는 승용자동차 및 앞지르기를 하려는 **경형·소형·중형 승합자동차** (다만, 차량통행량 증가 등 도로상황으로 인하여 부득이하게 시속 80킬로미터 미만으로 통행할 수밖에 없는 경우에는 앞지르기를 하는 경우가 아니라도 통행할 수 있음)
		왼쪽 차로	승용자동차 및 **경형·소형·중형 승합자동차**
		오른쪽 차로	**대형 승합자동차**, 화물자동차, 특수자동차, 법 제2조제18호나목에 따른 건설기계

+STUDY 사용하는 용어의 의미 ★

❶ 왼쪽차로

(1) **고속도로 외의 도로의 경우** : 차로를 반으로 나누어 1차로에 가까운 부분의 차로. → 다만, 차로수가 홀수인 경우 가운데 차로는 제외

(2) **고속도로의 경우** : 1차로를 제외한 차로를 반으로 나누어 1차로에 가까운 부분의 차로. → 다만, 1차로를 제외한 차로의 수가 홀수인 경우 그 중 가운데 차로는 제외

❷ 오른쪽 차로

(1) **고속도로 외의 도로의 경우** : 왼쪽 차로를 제외한 나머지 차로

(2) **고속도로의 경우** : 1차로와 왼쪽 차로를 제외한 나머지 차로

(3) 모든 차는 위 지정된 차로의 오른쪽 차로로 통행할 수 있다.

(4) 앞지르기를 할 때에는 위 통행기준에 지정된 차로의 왼쪽 바로 옆 차로로 통행할 수 있다.

(5) 도로의 진출입 부분에서 진출입하는 때와 정차 또는 주차한 후 출발하는 때의 상당한 거리 동안은 여기에서 정하는 기준에 따르지 아니할 수 있다.

(6) 위에서 열거한 것 외의 차마(자전거, 우마)와 위험물 등을 운반하는 자동차, 사람 또는 가축의 힘이나 그밖의 동력으로 도로에서 운행되는 차는 도로의 가장 오른쪽에 있는 차로로 통행하여야 한다.

(7) 좌회전 차로가 2개 이상 설치된 교차로에서 좌회전하고자 하는 차는 그 설치된 좌회전 차로 내에서 고속도로 외의 도로의 통행기준에 따라 좌회전하여야 한다.

(8) **차로의 순위**는 도로의 중앙선쪽에 있는 차로부터 1차로로 한다. 다만, 일반통행도로에서는 도로의 왼쪽부터 1차로로 한다.

(3) 버스전용차로의 종류 및 통행할 수 있는 차 ★★

1) 버스전용차로에서 통행할 수 있는 차

① **고속도로** : 9인승 이상 승용자동차 및 승합자동차
(승용자동차 또는 12인승 이하의 승합자동차는 6명 이상이 승차한 경우로 한정)

② **고속도로 외의 도로에서 통행할 수 있는 차**

㉠ 36인승 이상의 대형승합자동차

㉡ 36인승 미만의 사업용 승합자동차

㉢ 증명서를 교부받아 어린이를 운송할 목적으로 운행 중인 어린이통학버스

㉣ 위에서 규정한 차 외의 차로서 도로에서의 원활한 통행을 위하여 시·도경찰청장이 지정한 다음의 어느 하나에 해당하는 승합자동차

• 노선을 지정하여 운행하는 **통학·통근용 승합자동차** 중 16인승 이상 승합자동차

• 관광숙박업자 또는 전세버스운송사업자가 운행하는 **25인승 이상의 외국인 관광객 수송용** 승합자동차(외국인 관광객이 승차한 경우만 해당)

• 국제행사 참가인원 수송 등 특히 필요하다고 인정되는 승합자동차

2) 다인승 전용차로 : 3인 이상 승차한 승용·승합자동차
(다인승전용차로와 버스전용차로가 동시에 설치되는 경우에는 버스전용차로를 통행할 수 있는 차는 제외)

(4) 자동차의 속도 (시행규칙 제19조) ★★★

도로 구분		최고속도	최저속도
일반 도로	1. 주거·상업·공업 지역	매시 50km 이내	제한 없음
	단, 지정한 노선 또는 구간의 일반도로	매시 60km 이내	
	2. 1. 이외의 편도 1차로	매시 60km 이내	
	3. 편도 2차로 이상	매시 80km 이내	

고속도로	편도 2차로 이상	고속도로	• 매시 100km • 매시 80km(적재중량 1.5톤을 초과하는 화물자동차, 특수자동차, 위험물 운반자동차, 건설기계)	매시 50km
		지정·고시한 노선 또는 구간의 고속도로	• 매시 120km 이내 • 매시 90km 이내 (화물자동차, 특수자동차, 위험물운반자동차, 건설기계)	
	편도 1차로		매시 80km	매시 50km
	자동차전용도로		매시 90km	매시 30km

(5) 이상 기후 시의 운행 속도 ★★★

이상기후 상태	운행속도
• 비가 내려 노면이 젖어있는 경우 • 눈이 20mm 미만 쌓인 경우	최고속도의 20/100을 줄인 속도
• 폭우·폭설·안개 등으로 가시거리가 100m 이내인 경우 • 노면이 얼어붙은 경우 • 눈이 20mm 이상 쌓인 경우	최고속도의 50/100을 줄인 속도

❖ 가변형 속도제한표지로 최고속도를 정한 경우에는 이에 따르고, 가변형 속도제한표지로 정한 최고속도와 그 밖의 안전표지로 정한 최고속도가 다를 때에는 가변형 속도제한표지에 따라야 한다.

(6) 안전거리의 확보 등(법 제19조)

1) **앞차와의 필요거리 확보** : 모든 차의 운전자는 앞차가 갑자기 정지하게 되는 경우 그 앞차와의 충돌을 피할 수 있는 필요한 거리를 확보하여야 한다.

2) **같은 방향으로 가고 있는 자전거와 일정 거리 확보** : 운전자는 같은 방향으로 가고 있는 자전거등 옆을 지날 때에는 충돌을 피할 수 있는 필요한 거리를 확보하여야 한다.

3) **진로변경을 하지 않아야 하는 경우** : 모든 차의 운전자는 차의 진로를 변경하려는 경우에 그 변경하려는 방향으로 오고 있는 다른 차의 통행에 장애를 줄 우려가 있으면 진로를 변경하여서는 아니 된다.

4) **급제동 자제** : 모든 차의 운전자는 위험방지를 위한 경우와 그 밖의 부득이한 경우가 아니면 운전하는 차를 갑자기 정지시키거나 속도를 줄이는 등의 급제동을 하여서는 아니 된다.

(7) 진로 양보의 의무(법 제20조)

1) **뒤차보다 느린 속도로 가려는 경우** : 긴급자동차를 제외한 모든 차의 운전자는 뒤에서 따라오는 차보다 느린 속도로 가려는 경우에는 도로의 우측 가장자리로 피하여 진로를 양보하여야 한다. 다만, 통행구분이 설치된 도로의 경우에는 그러하지 아니하다.

2) **좁은 도로에서 자동차가 서로 마주 보고 진행할 때**(긴급자동차 제외) : 다음의 구분에 따른 자동차가 도로의 우측 가장자리로 피하여 진로를 양보하여야 한다. ★

① **비탈진 좁은 도로에서 자동차가 서로 마주보고 진행하는 경우** : 올라가는 자동차가 양보

② **비탈진 좁은 도로 외의 좁은 도로에서 사람을 태웠거나 물건을 실은 자동차와 동승자가 없고 물건을 싣지 아니한 자동차가 서로 마주보고 진행하는 경우** : 동승자가 없고 물건을 싣지 아니한 자동차가 양보

✿ 내려가는 자동차는 후진이 어려우므로 통행우선권을 갖게 됩니다.

(8) 앞지르기 방법 등(법 제21조부터 제23조까지)

1) **좌측통행** : 모든 차의 운전자는 다른 차를 앞지르려면 앞차의 좌측으로 통행하여야 한다.

2) **안전한 속도와 방법의 앞지르기** : 앞지르려고 하는 모든 차의 운전자는 도로상황에 따라 방향지시기·등화 또는 경음기(警音機)를 사용하는 등 안전한 속도와 방법으로 앞지르기를 해야 한다.

3) **앞지르려는 차에게 방해금지** : 모든 차의 운전자는 앞지르기를 하려는 차는 차로에 따른 통행차의 기준을 준수하여 앞지르기를 하는 때에는 속도를 높여 경쟁하거나 그 차의 앞을 가로막는 등의 방법으로 앞지르기를 방해하여서는 아니 된다.

4) **앞지르기 금지** ★★

① 앞차의 좌측에 다른 차가 앞차와 나란히 가는 경우

② 앞차가 다른 차를 앞지르고 있거나 앞지르려고 하는 경우

③ 도로교통법이나 이 법에 따른 명령에 따라 정지하거나 서행하고 있는 차

④ 경찰공무원의 지시에 정지하거나 서행하고 있는 차

⑤ 위험을 방지하기 위하여 정지하거나 서행하고 있는 차

5) 앞지르기 금지 장소 ★★

① 교차로   ② 터널 안   ③ 다리 위

④ 도로의 구부러진 곳, 비탈길의 고갯마루 부근 또는 가파른 비탈길의 내리막 등 시·도경찰청장이 도로에서의 위험을 방지하고 교통의 안전과 원활한 소통을 확보하기 위하여 필요하다고 인정하는 곳으로서 **안전표지로 지정한 곳**

(9) 철길 건널목의 통과 ★

1) 일시정지 : 모든 차 또는 노면전차의 운전자는 철길 건널목을 통과하려는 경우에는 **건널목 앞에서 일시정지**하여 안전한지 확인한 후에 통과하여야 한다(다만, 신호기 등이 표시하는 신호에 따르는 경우에는 정지하지 아니하고 통과할 수 있음).

2) 철길건널목 진입금지 상황 : 모든 차 또는 노면전차의 운전자는 건널목의 차단기가 내려져 있거나 내려지려고 하는 경우 또는 건널목의 경보기가 울리고 있는 동안에는 그 건널목으로 들어가서는 아니 된다.

3) 철길건널목 통과 시 고장이 난 경우 : 즉시 승객을 대피시키고 비상신호기나 그 밖의 방법으로 철도공무원 또는 경찰공무원에게 그 사실을 알려야 한다.

(10) 교차로 통행방법 등 ★★★

1) 교차로 통행방법

① **우회전 방법** : 모든 차의 운전자는 교차로에서 우회전을 하려는 경우에는 미리 **도로의 우측 가장자리를 서행하면서 우회전**하여야 한다.

② **좌회전 방법** : 모든 차 또는 노면전차의 운전자는 교차로에서 좌회전을 하려는 경우에는 미리 **도로의 중앙선을 따라 서행하면서 교차로의 중심 안쪽을 이용하여 좌회전**하여야 한다(다만, 시·도경찰청장이 교차로의 상황에 따라 특히 필요하다고 인정하여 지정한 곳에서는 교차로의 중심 바깥쪽을 통과할 수 있음).

③ **신호를 하는 차의 진행방해 금지** : 우회전이나 좌회전을 하기 위하여 손이나 방향지시기 또는 등화로써 신호를 하는 차가 있는 경우에 그 뒤 차의 운전자는 신호를 한 앞차의 진행을 방해하여서는 아니 된다.

④ **교차로에 진입하지 않아야 하는 경우** : 모든 차의 운전자는 신호기로 교통정리를 하고 있는 교차로에 들어가려는 경우에는 진행하려는 진로의 앞쪽에 있는 차의 상황에 따라 **교차로에 정지하게 되어 다른 차의 통행에 방해가 될 우려가 있는 경우**에는 그 교차로에 들어가서는 아니 된다.

⑤ **교통정리를 하고 있지 아니하고 일시정지 또는 양보를 표시하는 안전표지가 설치되어 있는 교차로 진입 시** : 모든 차 또는 노면전차의 운전자는 교차로에 들어가려고 할 때에는 다른 차의 진행을 방해하지 아니하도록 **일시정지하거나 양보**하여야 한다.

2) 교통정리가 없는 교차로에서의 양보운전 ★★

① **이미 교차로에 진입한 차에 양보** : 교통정리를 하고 있지 아니하는 교차로에 들어가려고 하는 차의 운전자는 **이미 교차로에 들어가 있는 다른 차가 있을 때에는 그 차에 진로를 양보**하여야 한다.

② **교통정리를 하고 있지 아니하는 교차로에 들어가려고 하는 차의 운전자** : 그 차가 통행하고 있는 도로의 폭보다 교차하는 도로의 폭이 넓은 경우에는 서행하여야 하며, **폭이 넓은 도로로부터 교차로에 들어가려고 하는 다른 차가 있을 때에는 그 차에 진로를 양보**하여야 한다.

③ **교통정리를 하고 있지 아니하는 교차로에 동시에 들어가려고 하는 차의 운전자** : 우측도로의 차에 진로를 양보하여야 한다.

④ **교통정리를 하고 있지 아니하는 교차로에서 좌회전하려고 하는 차의 운전자** : 그 교차로에서 **직진하거나 우회전하려는 다른 차가 있을 때에는 그 차에 진로를 양보**하여야 한다.

3) 보행자의 보호

① 모든 차 또는 노면전차의 운전자는 보행자(자전거등에서 내려서 자전거등을 통행하는 자전거운전자를 포함)가 **횡단보도를 통행하고 있거나 통행하려고 하는 때**에는 보행자의 횡단을 방해하거나 위험을 주지 아니하도록 그 횡단보도 앞(정지선이 설치되어 있는 곳에서는 그 정지선)에서 **일시정지** 하여야 한다.

② 모든 차 또는 노면전차의 운전자는 교통정리를 하고 있는 교차로에서 좌회전 또는 우회전을 하려는 경우에는 신호기 또는 경찰공무원등의 신호 또는 지시에 따라 도로를 횡단하는 보행자의 통행을 방해하여서는 아니 된다.

③ 모든 차 또는 노면전차의 운전자는 교통정리를 하고 있지 아니하는 교차로 또는 그 부근의 도로를 횡단하는 보행자의 통행을 방해하여서는 아니 된다.

④ 모든 차 또는 노면전차의 운전자는 도로에 설치된 안전지대에 보행자가 있는 경우와 차로가 설치되지 아니한 좁은 도로에서 보행자의 옆을 지나는 경우에는 **안전한 거리를 두고 서행**하여야 한다.

⑤ 운전자는 보행자가 **횡단보도가 설치되어 있지 아니한 도로를 횡단하고 있을 때에는 안전거리를 두고 일시정지**하여 보행자가 안전하게 횡단할 수 있도록 하여야 한다.

⑥ 모든 차의 운전자는 다음의 어느 하나에 해당하는 곳에서 보행자의 옆을 지나는 경우에는 **안전한 거리를 두고 서행**하여야 하며, **보행자의 통행에 방해가 될 때에는 서행하거나 일시정지**하여 보행자가 안전하게 통행할 수 있도록 하여야 한다. ★

㉠ 보도와 차도가 구분되지 아니한 도로 중 중앙선이 없는 도로

㉡ 보행자우선도로   ㉢ 도로 외의 곳

⑦ 모든 차 또는 노면전차의 운전자는 지정된 **어린이 보호구역 내에 설치된 횡단보도 중 신호기가 설치되지 아니한 횡단보도 앞(정지선이 설치된 경우에는 그 정지선)에서는 보행자의 횡단 여부와 관계없이 일시정지**하여야 한다. ★

(11) 긴급자동차의 우선 통행 등

1) 긴급자동차의 우선 통행

① 긴급자동차는 긴급하고 부득이한 경우에는 도로의 중앙이나 좌측 부분을 통행할 수 있다.

② 긴급자동차는 도로교통법이나 이 법에 따른 명령에 따라 정지하여야 하는 경우에도 불구하고 부득이한 경우에는 정지하지 아니할 수 있다.

③ 소방차 · 구급차 · 혈액 공급차량 등의 자동차 운전자는 해당 자동차를 그 본래의 긴급한 용도로 운행하지 아니하는 경우에는 「자동차관리법」에 따라 설치된 경광등을 켜거나 사이렌을 작동하여서는 아니 된다. → 다만, 범죄 및 화재 예방 등을 위한 순찰 · 훈련 등을 실시하는 경우에는 그렇지 아니하다.

2) 긴급자동차에 대한 특례 : 긴급자동차에 대하여는 자동차의 속도제한, 앞지르기의 금지, 끼어들기의 금지, 안전거리의 확보, 횡단 등의 금지, 중앙선 침범 등의 사항을 적용하지 아니한다.

(12) 서행 또는 일시정지할 장소(법 제31조)

1) 서행해야 하는 장소 ★★

① 교통정리를 하고 있지 아니하는 교차로

② 도로가 구부러진 부근

③ 비탈길의 고갯마루 부근

④ 가파른 비탈길의 내리막

⑤ 시 · 도경찰청장이 필요하다고 인정하여 안전표지로 지정한 곳

✿ 두문자 : 교구고비지 (고기에 비지가 많다!!)

2) 일시정지하여야 하는 장소

① 교통정리를 하고 있지 아니하고 좌우를 확인할 수 없거나 교통이 빈번한 교차로

② 시 · 도경찰청장이 필요하다고 인정하여 안전표지로 지정한 곳

(13) 정차 및 주차의 금지 등 ★★★

1) 정차 및 주차의 금지

① 교차로·횡단보도·건널목이나 보도와 차도가 구분된 도로의 보도(차도와 보도에 걸친 노상주차장은 제외)

② 교차로의 가장자리 또는 도로의 모퉁이로부터 5m 이내인 곳

③ 안전지대가 설치된 도로에서는 그 안전지대의 사방으로부터 각각 10m 이내인 곳

④ 버스여객자동차의 정류지(停留地)임을 표시하는 기둥이나 표지판 또는 선이 설치된 곳으로부터 10m 이내인 곳(다만, 버스여객자동차의 운전자가 그 버스여객자동차의 운행시간 중에 운행노선에 따르는 정류장에서 승객을 태우거나 내리기 위하여 차를 정차하거나 주차하는 경우에는 그러하지 아니하다).

⑤ 건널목의 가장자리 또는 횡단보도로부터 10m 이내인 곳

✿ 두문자: **안정건**(10m 밖은 주정차하기에 안정건(권)이다!!!)

⑥ **다음의 곳으로부터 5미터 이내인 곳**

㉠ 소방용수시설 또는 비상소화장치가 설치된 곳

㉡ 소방시설로서 대통령령으로 정하는 시설이 설치된 곳

⑦ 시·도경찰청장이 도로에서의 위험을 방지하고 교통의 안전과 원활한 소통을 확보하기 위하여 필요하다고 인정하여 지정한 곳

2) 주차금지의 장소 ★★

① 터널 안 및 다리 위

② **다음의 곳으로부터 5미터 이내인 곳**

㉠ 도로공사를 하고 있는 경우에는 그 공사 구역의 양쪽 가장자리

㉡ 다중이용업소의 영업장이 속한 건축물로 소방본부장의 요청에 의하여 시·도경찰청장이 지정한 곳

③ 시·도경찰청장이 도로에서의 위험을 방지하고 교통의 안전과 원활한 소통을 확보하기 위하여 필요하다고 인정하여 **지정한 곳**

3) 경사진 곳에 정차하거나 주차하려는 자동차의 운전자: 주차제동장치를 한 후에 고임목을 설치하거나 조향장치를 도로의 가장자리 방향으로 돌려놓는 등 미끄럼 사고를 방지하기 위한 조치를 취해야 한다.

(14) 차의 등화 ★★

1) 등화를 켜야 하는 경우(법 제37조)

① **밤**(해가 진 후부터 해가 뜨기 전까지)**에 도로에서 차를 운행하거나** 고장이나 그 밖의 부득이한 사유로 도로에서 **차를 정차 또는 주차시키는 경우**

② **안개가 끼거나 비 또는 눈이 올 때**에 도로에서 차를 운행하거나 고장이나 그 밖의 부득이한 사유로 도로에서 차를 정차 또는 주차하는 경우

③ 터널 안의 운행이나 고장 또는 그 밖의 **부득이한 사유로 터널 안 도로에서 차를 정차 또는 주차**하는 경우

2) 켜야 하는 등화(영 제19조부터 제20조까지) ★★

① **도로에서 차를 운행하는 경우**

㉠ **자동차**: 자동차안전기준에서 정하는 **전**조등, **차**폭등, **미**등, **번**호과 **실**내조명등(실내조명등은 승합자동차와 여객자동차 운송사업용 승용자동차만 해당)

✿ 두문자: **전차/미번실**(전차에 번호가 없는 방)

㉡ **견인되는 차**: 미등·차폭등 및 번호등

② **도로에서 정차 또는 주차하는 경우**: 자동차(이륜자동차 제외): **차**폭등 및 **미**등

✿ 두문자: **차미**

3) 전조등의 밝기를 줄이거나 불빛의 방향을 아래로 향하게 해야 하는 경우

① **밤에 서로 마주보고 진행할 때**: 전조등의 밝기를 줄이거나 불빛의 방향을 **아래로 향하게** 하거나 잠시 전조등을 끌 것(다만, 마주보고 진행하는 차의 교통을 방해할 우려가 없는 경우에는 그러하지 아니함).

② **밤에 앞차의 바로 뒤를 따라가는 때**: 전조등 불빛의 방향을 **아래로 향하게** 하고, 전조등 불빛의 밝기를 함부로 조작하여 앞의 차 및 노면전차의 운전을 방해하지 아니할 것

③ **교통이 빈번한 곳에서 운행하는 때**: 모든 차 또는 노면전차의 운전자는 전조등 불빛의 방향을 계속 **아래로 유지**하여야 한다(다만, 시·도경찰

청장이 교통의 안전과 원활한 소통을 확보하기 위하여 필요하다고 인정하여 지정한 지역에서는 그렇지 않음).

⒂ 승차의 방법과 제한

1) **안전기준을 넘지 않는 승차** : 모든 차 또는 노면전차의 운전자는 승차 인원에 관하여 대통령령으로 정하는 운행상의 안전기준을 넘어서 승차시켜서는 아니 된다(다만, 출발지 경찰서장의 허가를 받은 경우에는 그러하지 아니함).
   ① 자동차의 승차인원은 **승차정원 이내일 것**
   ② 화물자동차의 적재중량은 구조 및 성능에 따르는 적재중량의 110퍼센트 이내일 것

2) **추락방지조치** : 모든 차의 운전자는 운전 중 타고 있는 사람 또는 타고 내리는 사람이 떨어지지 아니하도록 하기 위하여 문을 정확히 여닫는 등 필요한 조치를 하여야 한다.

3) **화물낙하 방지조치** : 모든 차의 운전자는 운전 중 실은 화물이 떨어지지 아니하도록 덮개를 씌우거나 묶는 등 확실하게 고정될 수 있도록 필요한 조치를 하여야 한다.

4) **영유아나 동물휴대 운전금지** : 모든 차의 운전자는 영유아나 동물을 안고 운전 장치를 조작하거나 운전석 주위에 물건을 싣는 등 안전에 지장을 줄 우려가 있는 상태로 운전하여서는 아니 된다.

5) **정비불량차의 운행금지** : 모든 차의 사용자, 정비책임자 또는 운전자는 「자동차관리법」, 「건설기계관리법」이나 그 법에 따른 명령에 의한 장치가 정비되어 있지 아니한 차(정비불량차)를 운전하도록 시키거나 운전하여서는 아니 된다.

03 운전자 및 고용주의 의무

❶ 운전 등의 금지(법 제43조부터 제45조까지)

(1) 무면허운전 등의 금지

누구든지 시·도경찰청장으로부터 운전면허를 받지 아니하거나 운전면허의 효력이 정지된 경우에는 자동차등(개인형 이동장치는 제외)을 운전하여서는 아니 된다.

(2) 술에 취한 상태에서의 운전금지

1) 누구든지 술에 취한 상태(**혈중알코올농도가 0.03% 이상**)에서 자동차 등을 운전하여서는 아니 된다.
2) 경찰공무원은 교통의 안전과 위험방지를 위하여 필요하다고 인정하거나, 인정할 만한 상당한 이유가 있는 경우에는 운전자가 술에 취하였는지를 호흡조사로 측정할 수 있다. → 이 경우 운전자는 경찰공무원의 측정에 응하여야 한다.
3) 경찰공무원이 술에 취하였는지를 측정한 호흡조사 결과에 불복하는 운전자에 대하여는 **그 운전자의 동의를 받아** 혈액 채취 등의 방법으로 다시 측정할 수 있다.
4) 술에 취한 상태에 있다고 인정할 만한 상당한 이유가 있는 사람은 자동차등, 노면전차 또는 자전거를 운전한 후 2) 또는 3)에 따른 측정을 곤란하게 할 목적으로 추가로 술을 마시거나 혈중알코올농도에 영향을 줄 수 있는 의약품 등 행정안전부령으로 정하는 물품을 사용하는 행위(이하 "음주측정방해행위")를 하여서는 아니 된다. → 신설규정

(3) 과로한 때 등의 운전금지

자동차등(개인용 이동장치 제외)의 운전자는 술에 취한 상태 외에 과로 질병 또는 약물의 영향과 그 밖의 사유로 정상적으로 운전하지 못할 우려가 있는 상태에서 자동차등 또는 노면전차를 운전하여서는 아니 된다.

(4) 난폭운전 금지

자동차등(개인형 이동장치 제외)의 운전자는 도로교통법 제46조의3 각호의 행위(신호 또는 지시위반, 중앙선침범, 속도위반, 횡단·유턴·후진 금지 위반, 안전거리 미확보, 진로변경금지 위반, 급제동금지 위반, 앞지르기 위반, 정당한 사유없는 소음발생)를 **연달아 하거나, 하나의 행위를 지속 또는 반복하여** 다른 사람에게 위협 또는 위해를 가하거나 교통상의 위험을 발생하게 하여서는 아니 된다.

(5) 공동위험행위의 금지

자동차등(개인형 이동장치 제외)의 운전자는 **도로에서 2명 이상이 공동으로 2대 이상의 자동차를** 정당한 사유

없이 앞뒤로 또는 좌우로 줄지어 통행하면서 위해(危害)를 끼치거나 교통상의 위험을 발생하게 하여서는 아니 된다(자동차의 동승자도 이를 주도해서는 안된다).

❷ 모든 운전자의 준수사항 등

(1) 물웅덩이의 물 튀기는 행위 : 물이 고인 곳을 운행하는 때에는 고인 물을 튀게 하여 다른 사람에게 피해를 주는 일이 없도록 할 것

(2) 일시정지하여야 하는 경우 ★

1) 어린이가 보호자 없이 도로를 횡단하는 때, 어린이가 도로에 앉아 있거나 서 있을 때 또는 어린이가 도로에서 놀이를 할 때 등 **어린이에 대한 교통사고의 위험이 있는 것을 발견한 경우**

2) **앞을 보지 못하는 사람**이 지팡이나 장애인보조견을 동반하는 등의 조치를 하고 도로를 횡단하고 있는 경우

3) **지하도나 육교 등 도로 횡단시설**을 이용할 수 없는 지체장애인이나 노인 등이 도로를 횡단하고 있는 경우

(3) 창유리의 투과율

1) 운전이 금지되는 자동차 창유리(앞면, 좌우 옆면) **가시광선 투과율의 기준**

 ① **앞면 창유리** : 70%

 ② **운전석 좌우 옆면 창유리** : 40%

2) 요인(要人) 경호용, 구급용 및 장의용(葬儀用) 자동차는 투과율을 적용하지 않는다.

(4) 적합하지 않은 장치(자율주행자동차의 신기술을 위한 장치를 장착하는 경우는 제외)

1) 교통단속용 장비의 기능을 방해하는 장치를 한 차

 2) 그 밖에 안전운전에 지장을 줄 수 있는 것

 ① 경찰관서에서 사용하는 무전기와 동일한 주파수의 무전기

 ② 긴급자동차가 아닌 자동차에 부착된 경광등, 사이렌 또는 비상등

 ③ 자동차 및 자동차부품의 성능과 기준에 관한 규칙에서 정하지 아니한 것으로서 안전운전에 현저히 장애가 될 정도의 장치

(5) 도로에서의 시비·다툼 : 도로에서 자동차등(개인형 이동장치 제외)을 세워둔 채 시비·다툼 등의 행위를 하여 다른 차마의 통행을 방해하지 아니할 것

(6) 운전석 이탈 시 잠금장치 작동 : 운전석을 떠나는 경우에는 원동기를 끄고 제동장치를 철저하게 작동시키는 등 차의 정지 상태를 안전하게 유지하고 타인이 운전하지 못하도록 필요한 조치를 할 것

(7) 안전확인 후 하차 : 운전자는 안전을 확인하지 아니하고 차 또는 노면전차의 문을 열거나 내려서는 아니 되며, 동승자가 교통의 위험을 일으키지 아니하도록 필요한 조치를 할 것

(8) 타인에 피해를 주는 소음발생행위 금지

1) 자동차등을 급출발 혹은 급가속 하는 행위

2) 자동차등의 원동기의 동력을 차의 바퀴에 전달시키지 아니하고 원동기의 회전수를 증가시키는 행위

3) 반복적이거나 연속적으로 경음기를 울리는 행위

(9) 차내 소란행위 단속

운전자는 승객이 차 안에서 안전운전에 현저히 장해가 될 정도로 춤을 추는 등 소란행위를 하도록 내버려두고 차를 운행하지 아니할 것

(10) 운전 중 휴대용 전화 사용금지 ★

휴대전화(자동차용 전화 포함)를 사용할 수 있는 경우

1) 자동차등 또는 노면전차가 **정지하고 있는 경우**

2) **긴급자동차**를 운전하는 경우

3) 각종 범죄 및 재해 신고 등 긴급한 필요가 있는 경우

4) 안전운전에 장애를 주지 아니하는 장치로서 **손으로 잡지 아니하고도 휴대용 전화**(자동차용 전화를 포함)를 사용할 수 있도록 해 주는 장치를 이용하는 경우

(11) 영상표시장치 ★

자동차 등의 운전 중에는 방송 등 영상물을 수신하거나 재생하는 장치를 통하여 **운전자가 운전 중 볼 수 있는 위치**에 영상이 표시되지 않도록 해야 한다(다만, 정지하고 있는 경우나 지리·교통정보 안내영상, 긴급상황을 안내하는 영상, 운전 시 전후좌우를 볼 수 있도록 하는 영상은 제외).

(12) 운전 중 영상표시장치의 작동금지

자동차 등의 운전 중(자동차 등이 정지하고 있는 경우 등은 제외)에는 영상표시장치를 조작하지 아니할 것

❸ 특정 운전자의 준수사항

(1) 운전자와 동승자의 좌석안전띠를 맬 의무

1) 자동차(이륜자동차 제외)의 운전자는 자동차를 운전하는 때에는 좌석안전띠를 매어야 한다.
2) 그 옆 좌석의 동승자에게도 좌석안전띠(영유아인 경우에는 유아보호용 장구를 장착한 후의 좌석안전띠)를 매도록 하여야 한다.
3) **좌석안전띠를 매지 아니하거나 동승자에게 좌석안전띠를 매도록 하지 않아도 되는 경우** ★
   ① 부상·질병·장애 또는 임신 등으로 인하여 좌석안전띠의 착용이 적당하지 아니하다고 인정되는 자가 자동차를 운전하거나 승차하는 때
   ② **자동차를 후진시키기 위하여 운전하는 때**
   ③ 신장·비만, 그 밖의 신체의 상태에 의하여 좌석안전띠의 착용이 적당하지 아니하다고 인정되는 자가 자동차를 운전하거나 승차하는 때
   ④ **경호** 등을 위한 경찰용자동차에 의하여 호위되거나 유도되고 있는 자동차를 운전하거나 승차하는 때
   ⑤ **긴급자동차**가 그 본래의 용도로 운행되는 때
   ⑥ 「국민투표법」에 의하여 **국민투표운동·선거운동** 및 국민투표·선거관리업무에 사용되는 자동차를 운전하거나 승차하는 때
   ⑦ 우편물의 집배, 폐기물의 수집 그 밖에 **빈번히 승강**하는 것을 필요로 하는 업무에 종사하는 자가 해당업무를 위하여 운전하거나 승차하는 때

   ⑧ 여객자동차 운수사업법에 의한 여객자동차운송사업용 자동차의 운전자가 **승객의 주취·약물복용 등으로** 좌석안전띠를 매도록 할 수 없거나 착용을 안내하였음에도 승객이 착용하지 않은 때

(2) 운송사업용자동차 운전자의 금지사항

1) 운행기록계 미설치거나 고장 등으로 사용할 수 없는 운행기록계가 설치된 자동차를 운전하는 행위
2) 운행기록계를 원래의 목적대로 사용하지 아니하고 자동차를 운전하는 행위
3) 승차를 거부하는 행위(사업용 승합자동차)

(3) 합승 및 승차거부 등

사업용 승용자동차 운전자의 합승행위 또는 승차거부, 신고요금 초과 징수행위 금지

❹ 어린이통학버스 (법 제51조~제53조의 3)

(1) 어린이통학버스의 특별보호 ★★

1) **어린이통학버스가 도로에 정차하여 어린이나 영유아가 타고 내리는 중임을 표시하는 점멸등 등의 장치를 작동 중일 때** : 어린이통학버스가 **정차한 차로와 그 차로의 바로 옆 차로**로 통행하는 차의 운전자는 어린이통학버스에 이르기 전에 일시정지하여 안전을 확인한 후 서행하여야 한다.
2) **중앙선이 설치되지 아니한 도로와 편도 1차로인 도로에서는 반대방향에서 진행하는 차의 운전자** : 어린이통학버스에 이르기 전에 일시정지하여 안전을 확인한 후 서행하여야 한다.
3) **모든 차의 운전자** : 어린이나 영유아를 태우고 있다는 표시를 한 상태로 도로를 통행하는 **어린이통학버스를 앞지르지 못한다.**

(2) 어린이통학버스로 신고하여 사용할 수 있는 자동차

1) **어린이통학버스를 운영하려는 자**(한정면허를 받아 어린이를 대상으로 운행하는 운송사업용 자동차는 제외) : 미리 관할 경찰서장에게 신고하고 신고증명서를 발급받고, 그 신고증명서를 어린이통학버스 안에 항상 갖추어야 한다.

2) **어린이통학버스로 신고하여 사용할 수 있는 자동차** : 승차정원 9인승(어린이 1명은 승차정원 1명) 이상의 자동차에 한하되, 그 자동차는 도색·표지, 보험가입, 소유관계 등 대통령령으로 정하는 요건을 갖추어야 한다.

3) 누구든지 어린이통학버스의 **신고를 하지 아니하거나** 「여객자동차운수사업법」에 따라 어린이를 여객대상으로 하는 **한정면허를 받지 아니하고** 어린이통학버스와 비슷한 도색 및 표지를 하거나 이러한 도색 및 표지를 한 자동차를 운전하여서는 아니 된다.

(3) 어린이통학버스 운전자 및 운영자 등의 의무사항

1) **표시의무** : 어린이나 영유아가 **타고 내리는 경우에만** 점멸등 등의 장치를 작동하여야 하며, 어린이나 영유아를 태우고 운행 중인 경우에만 **어린이 또는 영유아를 태우고 운행 중임을 표시**하여야 한다.

2) **안전벨트착용 및 확인사항** : 어린이통학버스를 운전하는 사람은 어린이나 영유아가 어린이통학버스를 탈 때에는 **승차한 모든 어린이나 영유아가 좌석안전띠를 매도록 한 후에 출발**하여야 하며, 내릴 때에는 보도나 길가장자리구역 등 자동차로부터 안전한 장소에 도착한 것을 확인한 후에 출발하여야 한다.

3) **어린이와 영유아를 태울 때에는 법에 정한 보호자를 함께 태우고 운행 의무** : 동승한 보호자는 어린이나 영유아가 승·하차 하는 때에는 자동차에서 내려서 어린이나 영유아가 안전하게 승·하차 하는 것을 확인하고 운행 중에는 어린이나 영유아가 좌석에 앉아 좌석안전띠를 매고 있도록 하는 등 어린이 보호에 필요한 조치를 하여야 한다.

4) **어린이의 승차 또는 하차를 도와주는 보호자를 태우지 아니한 어린이통학버스를 운전하는 사람** : 어린이가 승차 또는 하차하는 때에 **자동차에서 내려서** 어린이나 영유아가 안전하게 승하차하는 것을 확인하여야 한다.

5) **운행을 마친 후** : **하차확인장치를 작동**하고 어린이나 영유아가 모두 하차한 것을 확인하여야 한다.

❖ 어린이통학버스 안전교육은 강의·시청각교육 등의 방법으로 3시간 이상 실시한다.

❺ 사고발생 시의 조치

(1) 사상자 구호 등 필요한 조치

차 또는 노면전차의 운전 등 교통으로 인하여 사람을 사상하거나 물건을 손괴한 경우(이하 '교통사고')에는 그 차의 운전자나 그 밖의 승무원은 즉시 정차하여 i) 사상자를 구호하는 등 필요한 조치, ii) 피해자에게 인적사항(성명·전화번호·주소 등)을 제공하여야 한다.

(2) 교통사고 발생내용 신고의무

1) 교통사고가 발생한 차의 운전자나 그 밖의 승무원은 경찰공무원이 현장에 있을 때에는 그 경찰공무원에게, 경찰공무원이 현장에 없을 때에는 가장 가까운 국가경찰관서(지구대·파출소 및 출장소를 포함)에 다음의 사항을 지체 없이 신고하여야 한다. ★

① 사고가 일어난 곳

② 사상자 수 및 부상 정도

③ 손괴한 물건 및 손괴 정도

④ 그 밖의 조치사항 등

2) 운행 중인 차만 손괴된 것이 분명하고 도로에서의 위험방지와 원활한 소통을 위하여 필요한 조치를 한 경우에는 그러하지 아니하다.

(3) 운전자나 승무원에 대한 대기명령 : 교통사고 신고를 받은 국가경찰관서의 경찰공무원은 부상자의 구호와 그 밖의 교통위험방지를 위하여 필요하다고 인정하면 경찰공무원(자치경찰공무원은 제외)이 현장에 도착할 때까지 신고한 운전자나 그 밖의 승무원에게 현장에서 대기할 것을 명할 수 있다.

(4) 경찰공무원의 현장에서 필요한 지시 : 경찰공무원은 교통사고를 낸 차의 운전자나 그 밖의 승무원에 대하여 그 현장에서 부상자의 구호와 교통안전을 위하여 필요한 지시를 명할 수 있다.

(5) 긴급할 경우 동승자의 구호조치 후 운전 : 긴급자동차, 부상자를 운반 중인 차 및 우편물자동차 등의 운전자는 긴급한 경우에는 동승자로 하여금 사상자 구호 조치나 신고를 하게 하고 운전을 계속할 수 있다.

(6) **사고발생 시 조치에 대한 방해의 금지** : 교통사고 시 누구든지 제54조(사고발생 시의 조치)에 따른 운전자 등의 조치 또는 신고행위를 방해하여서는 아니 된다.

(7) **필요한 조사 실시** : 경찰공무원(자치경찰공무원은 제외)은 교통사고가 발생한 경우에는 필요한 조사를 하여야 한다(법령상 공소를 제기할 수 없는 경우에는 5) ~ 7)까지의 사항에 대한 조사는 생략할 수 있다).

1) 교통사고 발생일시 및 장소
2) 교통사고 피해상황
3) 교통사고 관련자, 차량등록 및 보험가입 여부
4) 운전면허의 유효 여부, 술에 취하거나 약물을 투여한 상태에서의 운전 여부 및 부상자에 대한 구호조치 등 필요한 조치의 이행 여부
5) 운전자의 과실 유무
6) 교통사고 현장상황
7) 그 밖에 차량 또는 교통안전시설의 결함 등 교통사고 유발요인 및 운행기록장치 등 증거의 수집 등과 관련하여 필요한 사항

04 고속도로의 특례와 교통안전교육

❶ 고속도로 및 자동차전용도로에서의 특례

(1) 갓길 통행금지 등(법 제60조)

1) 갓길통행 금지

① 자동차의 운전자는 고속도로 등에서 자동차의 고장 등 부득이한 사정이 있는 경우를 제외하고는 행정안전부령으로 정하는 차로에 따라 통행하여야 하며, 갓길(도로법에 따른 길어깨를 말함)로 통행하여서는 아니 된다.

② i) 긴급자동차와 고속도로 등의 보수·유지 등의 작업을 하는 자동차를 운전하거나 ii) 차량정체 시 경찰공무원 등의 신호나 지시에 따라 갓길에서 자동차를 운전하는 경우에는 갓길통행이 가능하다.

2) 앞지르기 : 자동차의 운전자는 고속도로에서 다른 차를 앞지르려면 방향지시기, 등화 또는 경음기를 사용하여 규정된 차로로 안전하게 통행하여야 한다.

(2) 횡단·통행 등의 금지 등

1) 횡단, 유턴 또는 후진의 금지

① 자동차의 운전자는 그 차를 운전하여 고속도로 또는 자동차전용도로를 횡단하거나 유턴 또는 후진하여서는 아니 된다.

② 다만, 긴급자동차 또는 도로의 보수·유지 등의 작업을 하는 자동차 가운데 고속도로나 자동차전용도로에서의 위험을 방지·제거하거나 교통사고에 대한 응급조치작업을 위한 자동차로서 그 목적을 위하여 반드시 필요한 경우에는 그렇지 않다.

2) 자동차(이륜자동차는 긴급자동차만 해당) 외의 차마의 운전자 또는 보행자는 고속도로 또는 자동차전용도로를 통행하거나 횡단하여서는 아니 된다.

(3) 고속도로 등에서의 정차 및 주차의 금지

1) 정차 또는 주차금지 : 고속도로 또는 자동차전용도로에서 차를 정차하거나 주차시켜서는 아니 된다.

2) 고속도로 또는 자동차전용도로에서 차를 정차 또는 주차시킬 수 있는 경우 ★

① 법령의 규정 또는 경찰공무원(자치경찰공무원은 제외)의 **지시에 따르거나 위험을 방지**하기 위하여 일시 정차 또는 주차시키는 경우

② 정차 또는 주차할 수 있도록 **안전표지를 설치한 곳이나 정류장**에서 정차 또는 주차시키는 경우

③ **고장이나 그 밖의 부득이한 사유**로 길가장자리구역(갓길을 포함)에 정차 또는 주차시키는 경우

④ **통행료**를 내기 위하여 정차하는 경우

⑤ **도로의 관리자**가 고속도로 또는 자동차전용도로를 보수·유지 또는 순회하기 위하여 정차 또는 주차시키는 경우

⑥ 경찰용 및 경찰용 이외의 긴급자동차가 고속도로 또는 자동차전용도로에서 범죄수사, 교통단속이나 그 밖의 **경찰임무를 수행**하기 위하여 정차 또는 주차시키는 경우

⑦ **교통이 밀리거나 그 밖의 부득이한 사유로 움직일 수 없을 때에 고속도로 또는 자동차전용도로의 차로에 일시 정차 또는 주차시키는 경우**

⑧ **소방차**가 화재진압 및 소방활동, 소방지원활동 및 생활안전활동을 수행하기 위하여 정차 또는 주차시키는 경우

(4) 고장 등의 조치(법 제66조) ★★

1) 고장이나 그 밖의 사유로 고속도로 등에서 자동차를 운행할 수 없게 되었을 때에는 **고장자동차의 표지를 그 후방에서 접근하는 자동차의 운전자가 확인할 수 있는 위치에 설치하여야 한다.**

2) 위의 고장자동차를 고속도로 등(고속도로 또는 자동차전용도로)이 아닌 다른 곳으로 옮겨 놓는 등의 필요한 조치를 하여야 한다.

3) **밤에는 고장자동차의 표지와 함께 사방 500m 지점**에서 식별할 수 있는 적색의 섬광신호·전기제등 또는 불꽃신호를 추가로 설치하여야 한다(밤에 고장이나 그밖의 사유로 운행할 수 없는 경우로 한정).

(5) 운전자의 고속도로 등에서의 준수사항

고속도로 등을 운행하는 자동차의 운전자는 교통의 안전과 원활한 소통을 확보하기 위하여 **고장자동차의 표지를 항상 비치**하며, 고장이나 그 밖의 부득이한 사유로 자동차를 운행할 수 없게 되었을 때에는 자동차를 도로의 우측 가장자리에 정지시키고 행정안전부령으로 정하는 바에 따라 그 표지를 설치하여야 한다.

❷ 특별교통안전교육

(1) 특별교통안전 의무교육(법 제73조)

1) 특별교통안전 의무교육을 받아야 하는 사람

① <u>운전면허 취소처분을 받은 사람으로서 운전면허를 다시 받으려는 사람</u>(아래 ㉠, ㉡ 제외)

㉠ 적성검사를 받지 아니하거나 그 적성검사에 불합격한 경우

㉡ 운전면허를 받은 사람이 **자신의 운전면허를 실효시킬 목적으로 시·도경찰청장에게 자진하여 운전면허를 반납**하는 경우(단, 실효시키려는 운전면허가 취소처분 또는 정지처분의 대상이거나 효력정지 기간 중인 경우는 제외)

② 술에 취한 상태에서의 운전, 공동위험행위, 난폭운전, 운전 중 고의 또는 과실로 교통사고를 일으킨 경우, 자동차 등을 이용하여 특수상해, 특수폭행, 특수협박 또는 특수손괴를 위반하는 행위에 해당하여 **운전면허효력 정지처분을 받게 되거나 받은 사람으로서 그 정지기간이 끝나지 아니한 사람**

③ 운전면허 취소처분 또는 운전면허효력 정지처분이 면제된 사람으로서 면제된 날부터 1개월이 지나지 아니한 사람

④ 운전면허효력 정지처분을 받게 되거나 받은 초보운전자로서 **그 정지기간**이 끝나지 아니한 사람

⑤ **어린이보호구역**에서 운전 중 어린이를 사상하는 사고를 유발하여 벌점을 받은 날부터 1년 이내의 사람

2) (1) 1) ②~④까지에 해당하는 사람이 다음의 어느 하나에 해당하는 사유로 특별교통안전 의무교육을 받을 수 없을 때 : 행정안전부령으로 정하는 특별교통안전 의무교육 연기신청서에 그 연기 사유를 증명할 수 있는 서류를 첨부하여 경찰서장에서 제출하여야 한다. 이 경우 특별교통안전 **의무교육을 연기받은 사람은 그 사유가 없어진 날부터 30일 이내**에 특별교통안전 의무교육을 받아야 한다.

① 질병이나 부상을 입어 거동이 불가능한 경우

② 법령에 따라 신체의 자유를 구속당한 경우

③ 그 밖에 부득이한 사유라고 인정할 만한 상당한 이유가 있는 경우

(2) 특별교통안전 권장교육(법 제73조)

다음의 어느 하나에 해당하는 사람이 **시·도경찰청장에게 신청하는 경우**에는 대통령령으로 정하는 바에 따라 특별교통안전 권장교육을 받을 수 있다. 이 경우 권장교육을 받기 전 1년 이내에 해당 교육을 받지 아니한 사람에 한정한다.

1) 교통법규 위반 등 (1) 1) ②~④ **외의 사유**로 인하여 운전면허효력 정지처분을 받게 되거나 받은 사람

2) 교통법규 위반 등으로 인하여 운전면허효력 정지 처분을 받을 가능성이 있는 사람

3) (1) 1) ②~④ 외의 사유로 특별교통안전 의무교육을 받은 사람

4) 운전면허를 받은 사람 중 교육을 받으려는 날에 **65세 이상인 사람**

(3) 특별교통안전교육(영 제38조) ★

특별교통안전 의무교육 및 특별교통안전 권장교육은 다음의 사항에 대하여 강의·시청각교육 또는 현장체험교육 등의 방법으로 **3시간 이상 48시간 이하로** 각각 실시한다.

1) 교통질서   2) 교통사고와 그 예방
3) 안전운전의 기초   4) 교통법규와 안전
5) 운전면허 및 자동차관리
6) 그 밖에 교통안전의 확보를 위하여 필요한 사항

05 운전면허 및 범칙금

❶ 운전면허 종별 운전할 수 있는 차의 종류 ★

(1) 제1종 대형면허

1) 승용자동차, 승합자동차, 화물자동차
2) 건설기계(덤프트럭, 콘크리트믹서트럭, 3톤 미만의 지게차 등)
3) 특수자동차(대형견인차, 소형견인차 및 구난차는 제외)
4) 원동기장치자전거

(2) 제1종 보통면허 ★

1) 승용자동차
2) **승**차정원 1**5**명 이하의 **승**합자동차
3) 적재중량 1**2**톤 미만의 **화**물자동차
4) 건설기계(도로를 운행하는 **3**톤 미만의 **지**게차에 한정)
5) 총중량 1**0**톤 미만의 **특**수자동차
6) 원동기장치자전거

✿ 두문자 : 오승/이화/삼지영특 (오승이와 이화가 삼지료 약속하고 연특한 아이를 낳았다)

(3) 제2종 보통면허

1) 승용자동차
2) **승차정원 10명 이하의 승합자동차**
3) 적재중량 4톤 이하의 화물자동차
4) 총중량 3.5톤 이하의 특수자동차(구난차 등은 제외)
5) 원동기장치자전거

❷ 운전면허를 받을 수 없는 사람 ★

(1) 18세 미만(원동기장치자전거의 경우에는 16세 미만)인 사람

(2) 교통상의 위험과 장해를 일으킬 수 있는 **정신질환자 또는 뇌전증 환자**로서 치매, 정신분열병, 분열형 정동장애, 양극성 정동장애, 재발성 우울장애 등의 정신질환 또는 정신 발육지연, 뇌전증 등으로 인하여 정상적인 운전을 할 수 없다고 해당 분야 전문의가 인정하는 사람

(3) **듣지 못하는 사람**(제1종 운전면허 중 대형면허·특수면허만 해당), **앞을 보지 못하는 사람**(한쪽 눈만 보지 못하는 사람의 경우에는 제1종 운전면허 중 대형면허·특수면허만 해당)이나 다리, 머리, 척추, 그 밖의 신체의 장애로 인하여 **앉아 있을 수 없는 사람**(다만, 신체장애 정도에 적합하게 제작·승인된 자동차를 사용하여 정상적인 운전을 할 수 있는 경우는 제외)

(4) 양쪽 팔의 **팔꿈치관절 이상을 잃은 사람이나 양쪽 팔을 전혀 쓸 수 없는 사람**(다만, 본인의 신체장애 정도에 적합하게 제작된 자동차를 이용하여 정상적인 운전을 할 수 있는 경우에는 그러하지 아니함)

(5) 교통상의 위험과 장해를 일으킬 수 있는 **마약·대마, 향정신성의약품 또는 알코올 중독자**로서 마약·대마·향정신성의약품 또는 알코올 관련 장애 등으로 인하여 정상적인 운전을 할 수 없다고 해당 분야 전문의가 인정하는 사람

(6) 제1종 대형면허 또는 제1종 특수면허를 받으려는 경우로서 19세 미만이거나 자동차(이륜자동차는 제외)의 운전경험이 1년 미만인 사람

(7) **운전면허취득 운전면허를 받을 수 없는 제한기간**

1) 운전면허가 취소된 날부터 5년

① 음주운전 금지, 과로·질병·약물의 영향과 그 밖의 사유로 정상적으로 운전하지 못할 우려가 있는 상태에서 운전금지, 공동위험행위의 금지 규정을 위반하여 **사람을 사상한 후 구호조치 및 사고발생에 따른 신고를 하지 아니한 경우** 또는 위의 금지된 행위로 사람을 사망에 이르게 한 경우

② 술에 취한 상태에 있다고 인정할 만한 상당한 이유가 있는 사람이 자동차등을 운전하다가 사람을 사상한 후 사고발생 시의 **필요한 조치 및 신고를 하지 아니하고 음주측정방해행위**를 한 경우

③ 술에 취한 상태에 있다고 인정할 만한 상당한 이유가 있는 사람이 자동차등을 운전하다가 **사람을 사망에 이르게 하고 음주측정방해행위**를 한 경우

2) 그 위반한 날부터 5년 : 무면허운전금지를 위반하여 1)의 금지행위를 한 경우

3) 운전면허가 취소된 날부터 4년 : 무면허운전 금지 등, 음주운전 금지, 과로한 때의 운전금지, 공동위험행위의 금지 규정에 따른 **사유가 아닌 다른 사유**로 사람을 사상한 후 사상자 구호조치 및 경찰공무원 또는 국가경찰관서에 사고 신고의무를 위반한 경우

4) 운전면허가 취소된 날부터 3년 : 음주운전 금지규정 또는 경찰공무원의 음주측정을 위반하여 운전을 하다가 2회 이상 교통사고를 일으킨 경우

5) 그 위반한 날부터 3년 : 자동차 및 원동기장치자전거를 이용하여 범죄행위를 하거나 다른 사람의 자동차 및 원동기장치자전거를 훔치거나 빼앗은 사람이 무면허운전 금지 규정을 위반하여 그 자동차 및 원동기장치자전거를 운전한 경우

6) 운전면허가 취소된 날부터 2년

① 음주운전 또는 경찰공무원의 **음주측정을 2회 이상 위반**(무면허운전금지 등을 위반한 경우 포함)한 경우

② **음주**운전 또는 경찰공무원의 **음주측정을 위반**(무면허운전금지 등을 위반 포함)하여 **교통사고를 일으킨 경우**

③ 운전면허를 받을 자격이 없는 사람이 운전면허를 받거나, 거짓이나 그 밖의 **부정한 수단으로** 운전면허를 받은 경우 또는 **운전면허효력의 정지기간 중** 운전면허증 또는 운전면허증을 갈음하는 **증명서를 발급받은 사실**이 드러난 경우

④ **공동위험행위**의 금지규정을 **2회 이상** 위반한 경우

⑤ 술에 취한 상태에 있다고 인정할 만한 상당한 이유가 있는 사람이 자동차등을 운전하여 교통사고를 일으키고 음주측정방해행위를 한 경우

⑥ 다른 사람의 자동차 등을 **훔치거나 빼앗은 경우**

⑦ 다른 사람이 부정하게 운전면허를 받도록 하기 위하여 운전면허시험에 **대신 응시**한 경우

7) 그 위반한 날부터 2년 : 공동위험행위나 무면허운전 금지규정을 3회 이상 위반하여 자동차 및 원동기장치자전거를 운전한 경우

8) 운전면허가 취소된 날부터 1년

① 1)에서 6)의 규정이 아닌 사유로 운전면허가 취소된 경우 운전면허가 취소된 날부터 1년

② 공동위험행위의 금지규정 위반으로 운전면허가 취소된 경우

✤ 적성검사를 받지 아니하여 운전면허가 취소된 사람 또는 제1종 운전면허를 받은 사람이 적성검사에 불합격되어 다시 제2종 운전면허를 받으려는 경우에는 제한기간이 적용되지 않는다.

✤ 운전면허효력 정지처분을 받고 있는 경우에는 그 정지기간

+ STUDY 특별교통안전교육을 받아야 면허를 받을 수 있는 경우

다음의 규정에 따라 운전면허 취소처분을 받은 사람은 위의 "(8) 운전면허취득 응시기간의 제한에 따른 운전면허 결격기간"이 끝났다 하여도 특별교통안전 의무교육을 받지 아니하면 운전면허를 받을 수 없다(법 제82조제3항).

1. 술에 취한 상태에서 자동차 등을 운전한 경우

2. 술에 취한 상태에서의 운전금지 또는 경찰공무원의 음주측정 거부금지 규정을 위반(자동차등을 운전한 경우로 한정)한 사람이 다시 술에 취한 상태에서의 운전금지 규정을 위반하여 운전면허 정지 사유에 해당된 경우

3. 술에 취한 상태에 있다고 인정할 만한 상당한 이유가 있음에도 불구하고 측정에 응하지 아니한 경우

4. 약물의 영향으로 인하여 정상적으로 운전하지 못할 우려가 있는 상태에서 자동차와 원동기장치자전거를 운전한 경우

5. 공동 위험행위, 난폭운전을 한 경우
6. 교통사고로 사람을 사상한 후 사상자 구호조치, 경찰공무원 또는 국가경찰관서에 사고 신고의무 규정에 따른 필요한 조치 또는 신고를 하지 아니한 경우
7. ❷ ⑵~⑸까지의 규정에 따른 운전면허를 받을 수 없는 사람에 해당된 경우
8. 운전면허를 받을 수 없는 사람이 운전면허를 받거나 거짓이나 그 밖의 부정한 수단으로 운전면허를 받은 경우 또는 운전면허효력의 정지기간 중 운전면허증 또는 운전면허증을 갈음하는 증명서를 발급받은 사실이 드러난 경우
9. 적성검사를 받지 아니하거나 그 적성검사에 불합격한 경우
10. 운전 중 고의 또는 과실로 교통사고를 일으킨 경우
11. 운전면허를 받은 사람이 자동차등을 이용하여 「형법」의 특수상해, 특수폭행, 특수협박, 특수손괴를 위반하는 행위를 한 경우
12. **운전면허를 받은 사람이 자동차 등을 범죄의 도구나 장소로 이용하여 다음의 어느 하나의 죄를 범한 경우**
  ⑴ 「국가보안법」 중 제4조부터 제9조까지의 죄 및 같은 법 제12조 중 증거를 날조·인멸·은닉한 죄
  ⑵ 「형법」 중 다음 어느 하나의 범죄
   1) 살인·사체유기 또는 방화
   2) 강도강간 또는 강제추행
   3) 약취유인 또는 감금
   4) 상습절도(절취한 물건을 운반한 경우에 한정)
   5) 교통방해(단체 또는 다중의 위력으로써 위반한 경우에 한정)
   6) 「보험사기방지 특별법」 중 제8조부터 제10조까지의 죄
13. 다른 사람의 자동차 등을 훔치거나 빼앗은 경우
14. 다른 사람이 부정하게 운전면허를 받도록 하기 위하여 운전면허시험에 대신 응시한 경우
15. 교통단속 임무를 수행하는 경찰공무원등 및 시·군 공무원을 폭행한 경우
16. 운전면허증을 부정하게 사용할 목적으로 다른 사람에게 빌려주거나 다른 사람의 운전면허증을 빌려서 사용한 경우
17. 자동차관리법에 따라 등록되지 아니하거나 임시운행허가를 받지 아니한 자동차(이륜자동차 제외)를 운전한 경우
18. 제1종 보통면허 및 제2종 보통면허를 받기 전에 연습운전면허의 취소 사유가 있었던 경우
19. 다른 법률에 따라 관계 행정기관의 장이 운전면허의 취소처분 또는 정지처분을 요청한 경우
20. 승차 또는 적재의 방법과 제한을 위반하여 화물자동차를 운전한 경우
21. 도로교통법이나 이 법에 따른 명령 또는 처분을 위반한 경우
22. 운전면허를 받은 사람이 자신의 운전면허를 실효(失效)시킬 목적으로 시·도경찰청장에게 자진하여 운전면허를 반납하는 경우(다만, 실효시키려는 운전면허가 취소처분 또는 정지처분의 대상이거나 효력정지 기간 중인 경우는 제외)

❸ 자동차 운전에 필요한 적성의 기준

(1) 시력(교정시력을 포함) ★

1) **제1종 운전면허** : 두 눈을 동시에 뜨고 잰 시력이 **0.8 이상**이고 두 눈의 시력이 각각 **0.5 이상**일 것
[다만, 한쪽 눈을 보지 못하는 사람이 보통면허를 취득하려는 경우에는 다른 쪽 눈의 시력이 0.8 이상이고, 수평시야가 120도 이상이며, 수직시야가 20도 이상이고, 중심시야 20도 내 암점(暗點)과 반맹(半盲)이 없어야 함]

2) **제2종 운전면허** : 두 눈을 동시에 뜨고 잰 시력이 **0.5 이상**일 것. 다만, **한쪽 눈을 보지 못하는 사람은 다른 쪽 눈의 시력이 0.6 이상**일 것

(2) 붉은색·녹색 및 노란색을 구별할 수 있을 것

(3) 55데시벨(보청기를 사용하는 사람은 40데시벨)의 소리를 들을 수 있을 것

(4) 정상적인 운전을 할 수 없는 신체상·정신상 장애
조향장치나 그 밖의 장치를 뜻대로 조작할 수 없는 등 정상적인 운전을 할 수 없다고 인정되는 신체상 또는 정신상의 장애가 없을 것(다만, 보조수단이나 신체장애 정도에 따라 적합하게 제작·승인된 자동차를 사용하여 정상적인 운전을 할 수 있다고 인정되는 경우에는 그러하지 아니함)

❹ 운전면허의 정지·취소처분 기준

(1) 벌점의 종합관리

1) **누산점수의 관리** : 법규위반 또는 교통사고로 인한 벌점은 행정처분기준을 적용하고자 하는 당해 위반 또는 사고가 있었던 날을 기준으로 하여 **과거 3년간의 모든 벌점을 누산하여 관리**한다.

2) 의무위반·무사고기간 경과로 인한 벌점 소멸: 처분벌점이 **40점 미만인 경우**에, 최종의 위반일 또는 사고일로부터 위반 및 사고 없이 1년이 경과한 때에는 그 처분벌점은 소멸한다.

3) 벌점 공제

① 인적 피해 있는 교통사고를 야기하고 도주한 차량의 운전자를 검거하거나 신고하여 검거하게 한 운전자(교통사고의 피해자가 아닌 경우로 한정)에게는 검거 또는 신고할 때마다 40점의 특혜점수를 부여

② 경찰청장이 정하여 고시하는 바에 따라 무위반·무사고 서약을 하고 1년간 이를 실천한 운전자에게는 실천할 때마다 10점의 특혜점수를 부여

4) 개별기준 적용에 있어서의 벌점 합산: 법규위반으로 교통사고를 야기한 경우에는 정지처분 개별기준 중 다음의 각 벌점을 모두 합산한다.

① 도로교통법이나 이 법에 의한 명령을 위반한 때(법규위반이 둘 이상인 경우에는 그 중 가장 중한 것만 적용)

② 교통사고를 일으킨 때 사고결과에 따른 벌점

③ 교통사고를 일으킨 때 조치 등 불이행에 따른 벌점

5) 벌점 등 초과로 인한 운전면허의 취소·정지

① **벌점·누산점수 초과로 면허취소**: 1회의 위반·사고로 인한 벌점 또는 연간 누산점수가 다음 표의 벌점 또는 누산점수에 도달한 때에는 그 운전면허를 취소한다.

기 간	벌점 또는 누산점수
1년간	121점 이상
2년간	201점 이상
3년간	271점 이상

② **벌점·처분벌점 초과로 인한 면허정지**: 운전면허 정지처분은 1회의 위반·사고로 인한 벌점 또는 처분벌점이 **40점 이상이 된 때부터** 결정하여 집행하되, 원칙적으로 1점을 1일로 계산하여 집행한다.

(2) 취소처분 개별기준 ★★

1) 구호조치 불이행: 교통사고로 사람을 죽게 하거나 다치게 하고, 구호조치를 하지 아니한 때

2) 음주운전

① 술에 취한 상태의 기준(혈중알코올농도 **0.03% 이상**)을 넘어서 운전을 하다가 교통사고로 사람을 죽게 하거나 다치게 한 때

② 술에 만취한 상태(혈중알코올농도 **0.08% 이상**)에서 운전한 때

③ 술에 취한 상태의 기준을 넘어 운전한 사람, 술에 취한 상태의 측정에 불응한 사람 또는 음주측정방해행위를 한 사람이 다시 술에 취한 상태(혈중알코올농도 **0.03퍼센트 이상**)에서 운전한 때

3) 음주운전 후 측정불응: 술에 취한 상태에서 운전하거나 술에 취한 상태에서 운전하였다고 인정할 만한 상당한 이유가 있음에도 불구하고 경찰공무원의 측정 요구에 불응한 때

4) 음주측정방해행위: 술에 취한 상태에 있다고 인정할만한 상당한 이유가 있는 사람이 자동차등을 운전한 후 음주측정방해행위를 한 경우

5) 다른 사람에게 운전면허증 대여(도난, 분실 제외)

① 면허증 소지자가 부정하게 사용할 목적으로 다른 사람에게 면허증을 빌려준 경우

② 면허 취득자가 부정하게 사용할 목적으로 다른 사람의 면허증을 빌려서 사용한 경우

6) 결격사유에 해당

① 교통상의 위험과 장해를 일으킬 수 있는 정신질환자 또는 뇌전증환자로서 법령(42조제1항)에 해당하는 사람

② 앞을 보지 못하는 사람(한쪽 눈만 보지 못하는 사람의 경우에는 제1종 운전면허 중 대형면허·특수면허로 한정)

③ 듣지 못하는 사람(제1종 면허 중 대형면허·특수면허로 한정)

④ 양팔의 팔꿈치관절 이상을 잃은 사람, 또는 양팔을 전혀 쓸 수 없는 사람(다만, 본인의 신체장애 정도에 적합하게 제작된 자동차를 이용하여 정상적으로 운전할 수 있는 경우에는 그러하지 아니함)

⑤ 다리, 머리, 척추 그 밖의 신체장애로 인하여 앉아 있을 수 없는 사람

⑥ 교통상의 위험과 장해를 일으킬 수 있는 마약, 대마, 향정신성 의약품 또는 알코올 중독자로서 해당 분야 전문의가 정상적인 운전을 할 수 없다고 인정하는 사람

7) **약물운전** : 약물(마약·대마·향정신성 의약품 및 「화학물질관리법 시행령」에 따른 환각물질)의 투약·흡연·섭취·주사 등으로 정상적인 운전을 하지 못할 염려가 있는 상태에서 자동차 등을 **운전한 때**

8) **공동위험행위** : 도로교통법 제46조제1항을 위반하여 공동위험행위로 **구속된 때**

9) **난폭운전** : 도로교통법 제46조3을 위반하여 난폭운전으로 **구속된 때**

10) **속도위반** : 최고속도보다 100km/h를 초과한 속도 3회 이상 운전한 때

11) **정기적성검사 불합격 또는 기간 1년 경과** : 정기적성검사에 불합격하거나 적성검사기간 만료일 다음 날부터 적성검사를 받지 아니하고 1년을 초과한 때

12) **운전면허 행정처분기간 중 운전행위** : 운전면허 행정처분 기간 중에 운전한 때

13) **수시적성검사 불합격 또는 기간 경과** : 수시적성검사에 불합격하거나 수시적성검사 기간을 초과한 때

14) **허위 또는 부정한 수단으로 운전면허를 받은 경우**

① 허위·부정한 수단으로 운전면허를 받은 때

② 법 제82조에 따른 결격사유에 해당하여 운전면허를 받을 자격이 없는 사람이 운전면허를 받은 때

③ 운전면허 효력의 정지기간 중에 면허증 또는 운전면허증에 갈음하는 증명서를 교부받은 사실이 드러난 때

15) **등록 또는 임시운행허가를 받지 않은 자동차운전** : 「등록되지 아니하거나 임시운행 허가를 받지 아니한 자동차(이륜자동차를 제외)를 운전한 때

16) **보복운전** : 자동차 등을 이용하여 형법상 특수상해, 특수협박, 특수손괴를 행하여 **구속된 때**

17) **운전면허시험 대리응시** : 운전면허를 가진 사람이 다른 사람을 부정하게 합격시키기 위하여 운전면허시험에 응시한 때

18) **연습면허 취소사유** : 제1·2종 보통면허를 받기 이전에 연습면허의 취소사유가 있었던 때(연습면허에 대한 취소절차 진행 중 제1·2종 보통면허를 받은 경우를 포함)

19) **단속경찰공무원 폭행** : 단속하는 경찰공무원 등 및 시·군·구 공무원을 폭행하여 형사입건된 때

20) **음주운전 방지장치 부착 조건부 운전면허를 받은 운전자등이 준수사항을 위반한 경우**

① 음주운전 방지장치가 설치된 자동차등을 시도경찰청에 **등록하지 않고** 운전한 경우

② 음주운전 방지장치가 **설치되지 않거나 설치기준에 부합하지 않은** 음주운전 방지장치가 설치된 자동차등을 운전한 경우

③ 음주운전 방지장치가 해체조작 또는 그 밖의 방법으로 **효용이 떨어진 것을 알면서** 해당 자동차 등을 운전한 경우

(3) 정지처분 개별기준 ★

1) 도로교통법이나 도로교통법에 의한 명령을 위반한 때

위반사항	벌점
• 속도위반(100km/h 초과)	100
• 술에 취한 상태의 기준을 넘어서 운전한 때(혈중알코올농도 0.03퍼센트 이상 0.08퍼센트 미만)	
• 자동차 등을 이용하여 형법상 특수상해 등(보복운전)을 하여 입건된 때	
• 속도위반(80km/h 초과 100km 이하)	80
• 속도위반(60km/h 초과)	60
• 정차·주차위반에 대한 조치불응(단체에 소속되거나 다수인에 포함되어 경찰공무원의 3회 이상의 이동명령에 따르지 아니하고 교통을 방해한 경우에 한함)	40
• 공동위험행위로 형사입건된 때	
• 안전운전의무위반(단체에 소속되거나 다수인에 포함되어 경찰공무원의 3회 이상의 안전운전 지시에 따르지 아니하고 타인에게 위험과 장해를 주는 속도나 방법으로 운전한 경우에 한함)	

위반사항	벌점
• 승객의 차내 **소**란행위 방치운전 • **난**폭운전으로 형사입건된 때 • 출석기간 또는 범칙금 납부기간 만료일부터 60일이 경과될 때까지 **즉**결심판을 받지 아니한 때 ✿ 두문자 : **불공안/소란즉**[불공앙에서 소란(난)을 피워 즉결심판으로 40점의 벌점을 부과하였다]	40
• **회**전교차로 통과방법위반(통행방법 위반에 한정) • 속도위반(**4**0km/h 초과 60km/h 이하) • **어**린이 통학버스 특별보호 위반 • **어**린이 통학버스 운전자의 의무위반(좌석안전띠를 매도록 하지 아니한 운전자는 제외) • 고속도로 버스**전**용차로·다인승전용차로 **통**행위반 • **통**행구분 위반(중앙선 침범에 한함) • 운전면허증 등의 제시의무위반 또는 운전자 신원확인을 위한 경찰공무원의 질문에 **불**응 • **철길**건널목 통과방법위반 • 고속도로·자동차전용도로 **갓길**통행 ✿ 두문자 : **회사어어/전통불/철길갓길**[회사 어아가 전통불을 들고 철길갓길을 걸어 벌점 30점을 부과하였다]	30
• 신호·지시위반 • **속도위반(20km/h 초과** 40km/h 이하) • 속도위반(어린이 보호구역 안에서 오전 8시부터 오후 8시까지 사이에 제한속도를 **20km/h 이내**에서 초과한 경우에 한정) • 앞지르기 금지시기·장소위반 • **적재** 제한 위반 또는 **적재물** 추락 방지 위반 • 운전 중 휴대용 **전화** 사용 • 운전 중 운전자가 볼 수 있는 위치에 **영상표시** • 운전 중 **영상표시장치** 조작 • **운행기록계 미설치** 자동차 운전금지 등의 위반	15
• 통행구분 위반(보도침범, 보도 횡단방법 위반) • 지정차로 통행위반(진로변경 금지장소의 진로변경 포함) • 일반도로 전용차로 통행위반 • 안전거리 미확보(진로변경 방법위반 포함) • 앞지르기 방법위반 • 보행자 보호 불이행(정지선위반 포함) • 노상의 시비·다툼 등으로 차마의 통행방해 • 도로를 통행하고 있는 차마에서 물건을 밖으로 던지는 행위	10

✚ STUDY 교통사고와 벌점

❶ 자동차 등의 운전 중 교통사고를 일으킨 때

(1) 인적피해 교통사고

1) **사망 1명마다**(벌점 90점) : 사고발생 시부터 72시간 이내에 사망한 때
2) **중상 1명마다**(벌점 15점) : 3주 이상의 치료를 요하는 의사의 진단이 있는 사고
3) **경상 1명마다**(벌점 5점) : 3주 미만 5일 이상의 치료를 요하는 의사의 진단이 있는 사고
4) **부상신고 1명마다**(벌점 2점) : 5일 미만의 치료를 요하는 의사의 진단이 있는 사고

(2) 교통사고 야기 시 조치 불이행

1) 벌점 15점 : 물적 피해가 발생한 교통사고를 일으킨 후 도주한 때
2) 교통사고를 일으킨 즉시 사상자를 구호하는 등 조치를 하지 아니하였으나 그 후 자진신고한 때
   ① 벌점 30점 : 고속도로, 특별시·광역시 및 시의 관할구역과 군(광역시의 군을 제외)의 관할구역 중 경찰서가 위치하는 리 또는 동 지역에서 3시간(그 밖의 지역에서는 12시간) 이내에 자진신고를 한 때
   ② 벌점 60점 : 위에 따른 시간 후 48시간 이내에 자진신고를 한 때

❷ 행정처분 기준

1) 교통사고 발생 원인이 불가항력이거나 피해자의 명백한 과실인 때는 행정처분을 하지 아니한다.
2) 자동차등 대 사람 교통사고의 경우 쌍방과실인 때는 그 벌점을 2분의 1로 감경한다.
3) 자동차등 대 자동차등 교통사고의 경우에는 그 사고 원인 중 중한 위반행위를 한 운전자만 적용한다.
4) 교통사고로 인한 벌점산정에 있어서 처분받을 운전자 본인의 피해에 대하여는 벌점을 산정하지 아니한다.

(4) 승합자동차등의 범칙행위 및 범칙금액 ★

✤ 승합자동차등 : 승합자동차, 4톤 초과 화물자동차 등
  → 괄호는 승용자동차 등

위반사항	범칙금
• **속도위반(60km/h 초과)** • 어린이통학버스 운전자의 의무위반 (좌석안전띠를 매지 않는 경우 제외)	**13만원** (12만원)

위반 항목	벌금
• 인적사항 제공의무 위반(주·정차된 차만 손괴한 것이 분명한 경우에 한정) • 속도위반(40km/h 초과 60km/h 이하) • 어린이통학버스 특별보호 위반 • 승객의 차내 소란행위 방치 운전	10만원 (9만원)
신속한 소방활동을 위한 안전표지가 설치된 곳에서의 정차·주차 금지 위반	9만원 (8만원)
• **철**길건널목 통과방법 위반 • 고속도로·자동차전용도로 **갓**길 통행 • 운행기록계 **미**설치 자동차운전금지 등의 위반 • **신**호·지시 위반 • 횡단보도 **보**행자 횡단방해(어린이 보호구역에서의 일시정지 위반을 포함) • **보**행자전용도로 통행 및 통행방법 위반 • 운전자가 볼 수 있는 위치에 **영**상 표시 • 운전 중 **영**상표시장치 조작 • **앞**지르기 방법 위반 • **앞**지르기 금지시기·장소 위반 • **긴**급자동차에 대한 양보·일시정지 위반 • **긴**급한 용도나 그 밖에 허용된 사항 외에 경광등이나 사이렌 사용 • 어린이·앞을 보지 못하는 사람(**맹**인)등의 보호위반 • 승차인원 초과·승객 또는 승하차자 **추**락방지조치위반 • **회**전교차로 통행방법 위반 • 고속도로버스 **전**용차로·다인승전용차로 통행 위반 • **중**앙선 침범·통행구분 위반 • 속도위반(20km/h 초과 **4**0km/h 이하) • 운전 중 **휴**대용전화 사용 • 횡단·**유**턴·후진 위반 ✿ 두문자 : **철길갓길/미신/보영앞긴/맹추/회전중사/휴유** [철길갓길 미신(美神) 보영앞 2배로 긴장한 맹추 회전중사는 한숨을 휴유하고 쉰 후 7만원을 납부하였다.!!]	7만원 (6만원)
• 돌, 유리병, 쇳조각, 그 밖에 도로에 있는 사람이나 차마를 손상시킬 우려가 있는 물건을 던지거나 발사하는 행위 • 도로를 통행하고 있는 밖으로 물건 투척 • 통행금지·제한 위반 • 일반도로 전용차로 통행 위반 • 고속도로·자동차전용도로안전거리 미확보 • **앞지르기의 방해금지 위반** • **교차로 통행방법 위반** • **교차로에서의 양보운전 위반** • **회전교차로 진입·진행방법 위반** • **보행자 통행방해 또는 보호 불이행** • **정차·주차금지 위반**(신속한 소방활동을 위한 안전표지가 설치된 곳에서의 정차·주차금지 위반은 제외) • **주차금지 위반 / 정차·주차방법 위반** • 경사진 곳에서의 정차·주차방법 위반 • **정차·주차위반에 대한 조치 불응** • 적재제한위반·적재물 추락방지위반 또는 영유아나 동물을 안고 운전하는 행위 • 안전운전의무 위반 • 도로에서의 시비·다툼 등으로 인한 차마의 통행방해행위 • 급발진, 급가속, 엔진 공회전 또는 반복적·연속적인 경음기 울림으로 인한 소음 발생 행위 • 자율주행자동차 운전자의 준수사항 위반 • 고속도로 지정차로 통행 위반 • 고속도로·자동차전용도로 횡단·유턴·후진 위반 • 고속도로·자동차전용도로에서 **정차·주차금지 위반** 혹은 고장 등의 조치 불이행 • 고속도로 진입 위반	5만원 (4만원)
• 특별교통안전교육의 미이수 i) 과거 5년 이내에 법 제44조를 1회 이상 위반하였던 사람으로서 다시 같은 조를 위반하여 운전면허효력 정지처분을 받게 되거나 받은 사람이 그 처분기간이 끝나기 전에 특별교통안전교육을 받지 않은 경우 → 6만원	6만원
ii) i) 외의 경우 → 4만원	4만원
• 혼잡 완화조치 위반 • 지정차로 통행위반·차로너비보다 넓은 차 통행금지 위반(진로변경금지 장소에서의 진로변경을 포함)	3만원 (3만원)

위반행위	금액
• 속도위반(20km/h 이하) • 진로변경방법 위반 • 급제동금지 위반 • 끼어들기금지 위반 • 서행의무 위반 • 일시정지 위반 • 방향전환·진로변경 및 회전교차로 진입·진출 시 신호 불이행 • 운전석 이탈 시 안전 확보 불이행 • 동승자 등의 안전을 위한 조치 위반 • 좌석안전띠 미착용 • 시·도경찰청 지정·공고사항 위반 • 경찰관의 실효된 면허증 회수에 대한 거부 또는 방해	3만원 (3만원)
• 최저속도 위반 • 일반도로 안전거리 미확보 • 등화점등·조작불이행(안개가 끼거나 비 또는 눈이 올 때는 제외) • 불법부착장치 차 운전(교통단속용 장비의 기능을 방해하는 차의 운전은 제외) • 사업용 승합자동차의 승차거부	2만원

✿ **범칙금액 Tip** : 교차로 위반(단, 회전교차로통행방법 위반은 7만원)이나 주·정차위반은 4만원이 대부분이라는 것을 참고하시면 좋겠습니다. 앞지르기 위반은 대부분 7만원이고, 앞지르기 방해 금지 위반은 4만원입니다.

(6) 승합자동차등의 어린이보호구역 및 노인장애인보호구역의 과태료·범칙금 부과기준 ★★

위반행위	과태료 금액	범칙 금액
1. 신호·지시 위반	14만원	13만원 7만(일반구역)
2. 횡단보도 보행자 횡단 방해	×	13만원 7만(일반구역)
3. 속도위반		
• 60km/h 초과	17만원	**16만원** 13만(일반구역)
• 40km/h 초과 60km/h 이하	14만원	13만원 10만(일반구역)
• 20km/h 초과 40km/h 이하	11만원	10만원 7만(일반구역)
• 20km/h 이하	7만원	6만원 3만(일반구역)
4. 통행금지·제한 위반		9만원 7만(일반구역)
5. 보행자 통행방해 또는 보호 불이행		
6. 정차·주차 금지	아래의 규정을 위반한 자의 고용주 등	5만(일반구역)
• 어린이보호구역의 위반	13만원	13만원
• 노인·장애인보호구역 위반	9만원	9만원
7. 주차 금지 위반		5만(일반구역)
• 어린이보호구역		13만원
• 노인·장애인보호구역		9만원
8. 정차·주차 방법 위반		5만(일반구역)
• 어린이보호구역		13만원
• 노인·장애인보호구역		9만원
9. 정차·주차위반에 대한 조치 불응		5만(일반구역)
• 어린이보호구역		13만원
• 노인·장애인보호구역		9만원

✿ **속도위반 암기법** : 어린이보호구역의 승합차의 범칙금 **16만원**(일반구역은 13만원)을 기준으로 속도가 낮아짐에 따라 3만원씩 차감하면 됩니다(다만, 20km 이하는 4만원 차감). 범칙금의 기준금액만 확실하게 암기하시길 바랍니다. 그리고 범칙금 금액에서 1만원을 더하면 과태료 금액이 되고, 3을 차감하면 일반 범칙금액이 됩니다.

✿ **과태료와 범칙금의 개념** : 과태료는 운전자가 아닌 '차량의 소유주(혹은 고용주)'에게 부과되는 벌금으로 기한 내에 납부하지 않으면 가산금이 부과됩니다. 그래도 계속 납부하지 않으면 압류처분을 합니다. 하지만, 과태료를 내면 다른 처벌이나 불이익이 없으므로 벌점이 따로 부과되지 않습니다(과속 카메라 등 기계적 단속장비로 적발). 범칙금은 '운전자'에게 부과되는 벌금으로 벌점도 함께 부과됩니다(보통 단속 경찰관이 직접 적발).

06 안전표지

❶ 안전표지 총론

(1) 개념

안전표지란 도로교통의 안전을 위하여 각종 주의·규제·지시 또는 보조사항을 표지판이나 도로의 노면에 표시하는 기호·문자 또는 선으로 도로사용자에게 알리는 표지를 말한다.

(2) 안전표지의 설치 장소

1) **발광형 안전표지 설치 장소** : 안개 잦은 곳, 야간교통사고가 많이 발생하거나 발생가능성이 높은 곳, 도로의 구조로 인하여 가시거리가 충분히 확보되지 않은 곳 등

2) **가변형 속도제한표지 설치 장소** : 비·안개·눈 등 악천후가 잦아 교통사고의 발생 우려 지역이나 교통혼잡이 잦은 곳 등

(3) **안전표지의 종류** ★★

안전표지란 교통안전에 필요한 주의·규제·지시 등을 표시하는 표지판이나 도로의 바닥에 표시하는 기호·문자 또는 선 등의 노면표시를 말한다.

1) **주의표지** : 도로상태가 **위험**하거나 도로 또는 그 부근에 위험물이 있는 경우에 필요한 안전조치를 할 수 있도록 이를 도로사용자에게 알리는 표지이다.

2) **규제표지** : 도로교통의 안전을 위하여 각종 제한·금지 등의 **규제**를 하는 경우에 이를 도로사용자에게 알리는 표지이다.

3) **지시표지** : 도로교통의 안전을 위하여 **필요한 지시**를 하는 경우에 도로사용자가 이를 따르도록 알리는 표지이다.

4) **보조표지** : 주의표지·규제표지 또는 지시표지의 주기능을 **보충**하여 도로사용자에게 알리는 표지이다.

✿ 암기법 : 주의표지는 '위험', 규제표지는 '규제', 지시표지는 '지시', 보조표지는 '보충'이라는 말이 들어갑니다.

✿ 교재의 2페이지에 있는 안전표지 그림을 숙지하세요. 규제표지는 그림에 사선이나 "금지"나 "제한"이 들어간 그림이 많습니다.

5) **노면표시**

① 도로교통의 안전을 위하여 각종 주의·규제·지시 등의 내용을 노면에 기호·문자 또는 선으로 도로사용자에게 알리는 표시이다.

② 노면표시에 사용되는 각종 선에서 **점선은 허용, 실선은 제한, 복선은 의미의 강조**를 말한다.

③ **노면표시의 기본색상 중**

㉠ **백색** : 동일방향의 교통류 분리 및 경계 표시한다.

㉡ **황색** : **반대방향**의 교통류분리 또는 도로이용의 제한 및 지시(중앙선표시, 노상장애물 중 도로중앙장애물표시, 주차금지표시, 정차·주차금지 표시 및 안전지대표시)를 표시한다.

㉢ **청색** : **지정방향**의 교통류분리를 표시한다(버스전용차로표시 및 다인승차량 전용차선표시).

㉣ **적색** : **어린이보호구역 또는 주거지역** 안에 설치하는 속도제한표시의 테두리선에 사용한다.

CHAPTER 3 교통사고처리특례법

핵심정리

01 처벌의 특례

❶ 총론

(1) 교통사고의 조건

1) 차에 의한 사고
2) 사람의 사상이나 물건 손괴 등의 피해의 결과 발생
3) 교통으로 인하여 발생한 사고

(2) 교통사고로 처리되지 않는 경우

1) 명백한 자살이라고 인정되는 경우
2) 확정적인 고의 범죄에 의해 타인을 사상하거나 물건을 손괴한 경우
3) (건조물 등이 떨어져) 운전자 또는 동승자가 사상한 경우
4) 축대 등이 무너져 도로를 진행 중인 차량이 손괴되는 경우
5) 사람이 건물, 육교 등에서 추락하여 운행 중인 차량과 충돌 또는 접촉하여 사상한 경우
6) 기타 안전사고로 인정되는 경우

(3) 특례의 적용

1) 교통사고처리특례법은 차의 교통으로 인한 사고가 발생하여 **운전자를 형사처벌하여야 하는 경우**에 적용되는 법이다.
2) **인적·물적 피해를 야기한 경우** : 형법 제268조에 따른 업무상과실·중과실치사상죄를 적용하고, 물적피해를 야기한 경우에는 도로교통법 제151조의 과실재물손괴죄를 적용해야 한다.
3) **교통사고처리특례법상 특례 적용** : 차의 교통으로 업무상과실치상죄 또는 중과실치상죄와 다른 사람의 건조물이나 그 밖의 재물을 손괴한 죄를 범한 운전자에 대하여는 **피해자의 명시적인 의사에 반하여 공소를 제기할 수 없다**는 의미이다.

❷ 특례의 배제

(1) 특례의 적용을 배제하는 경우(특례를 적용하지 않고 처벌하는 경우) ★

1) 차의 운전자가 업무상과실치상죄 또는 중과실치상죄를 범하고도 피해자를 구호하는 등의 조치를 하지 아니하고 **도주하거나 피해자를 사고 장소로부터 옮겨 유기하고 도주한 경우**
2) 음주운전을 하고 **음주측정 요구에 따르지 아니한 경우**(운전자가 채혈 측정을 요청하거나 동의한 경우는 제외) 와 **음주측정방해행위**를 한 경우에 다음의 어느 하나에 해당하는 행위로 인하여 같은 죄를 범한 경우에는 그러하지 아니하다.

(2) 보험 또는 공제에 가입된 경우의 특례 적용

1) **교통사고를 일으킨 차가 보험 또는 공제에 가입된 경우** : 교통사고처리특례법상의 특례적용 사고가 발생한 경우에 운전자에 대하여 공소를 제기할 수 없다.
2) **보험 또는 공제에 가입되어 있어도 공소를 제기할 수 있는 경우**(특례의 적용배제)
   ① '교통사고처리특례법상 특례 적용이 배제되는 사고'에 해당하는 경우
   ② 피해자가 신체의 상해로 인하여 **생명에 대한 위험이 발생하거나 불구 또는 불치나 난치의 질병**이 생긴 경우
   ③ 보험계약 또는 공제계약이 무효로 되거나 해지되거나 계약상의 면책 규정 등으로 인하여 보험회사, 공제조합 또는 공제사업자의 **보험금 또는 공제금 지급의무가 없어진 경우**

(3) 사고운전자가 형사처벌 대상이 되는 경우 ★★★

1) 사망사고
2) 차의 교통으로 업무상과실치상죄 또는 중과실치상죄를 범하고 피해자를 **구호하는 등의 조치를**

하지 아니하고 도주하거나, 피해자를 사고장소로 부터 옮겨 유기하고 도주한 경우

3) 차의 교통으로 업무상과실치상죄 또는 중과실치상죄를 범하고 **음주측정 요구에 불응**하거나(운전자가 채혈 측정을 요청하거나 동의한 경우는 제외)와 **음주측정방해행위**로 같은 죄를 범한 경우

4) **신호·지시 위반** 사고

5) **중앙선침범** 사고, 횡단, 유턴 또는 후진중 사고

6) **과속**(20km/h 초과) 사고

7) **앞지르기**의 방법·금지시기·금지장소 또는 **끼어들기의 금지** 위반하거나 고속도로에서의 앞지르기 방법 위반 사고

8) **철길건널목 통과방법** 위반 사고

9) 횡단보도에서 **보행자 보호의무 위반** 사고

10) **무면허운전** 중 사고

11) **주취·약물복용** 운전 중 사고

12) **보도침범, 통행방법** 위반 사고

13) **승객추락방지의무** 위반 사고

14) 어린이보호구역 내 **어린이 보호의무 위반** 사고

15) **민사상 손해배상**을 하지 않은 경우

16) **중상해**(생명에 대한 위협, 불구, 불치나 난치의 질병) 사고를 유발하고 **형사상 합의**가 안 된 경우

17) 사고운전자 가중처벌

① 사고운전자가 피해자를 구호하는 등의 조치를 하지 아니하고 도주한 경우

㉠ 피해자를 사망에 이르게 하고 도주하거나, 도주 후에 피해자가 사망한 경우에는 **무기 또는 5년 이상의 징역**

㉡ 피해자를 상해에 이르게 한 경우에는 1년 이상의 유기징역 또는 500만원 이상 3천만원 이하의 벌금

② 사고운전자가 피해자를 사고 장소로부터 옮겨 유기하고 도주한 경우

㉠ 피해자를 사망에 이르게 하고 도주하거나, 도주 후에 피해자가 사망한 경우에는 **사형, 무기 또는 5년 이상의 징역**

㉡ 피해자를 상해에 이르게 한 경우에는 **3년 이상의 유기징역**

18) **위험운전 치사상의 경우**

① **음주 또는 약물의 영향**으로 정상적인 운전이 곤란한 상태에서 자동차(원동기장치자전거 포함)를 운전하여 **사람을 사망에 이르게 한 경우**에는 무기 또는 3년 이상의 징역에 처한다.

② **음주 또는 약물의 영향**으로 정상적인 운전이 곤란한 상태에서 자동차(원동기장치자전거 포함)를 운전하여 **사람을 상해**에 이르게 한 경우 1년 이상 15년 이하의 징역 또는 1천만원 이상 3천만원 이하의 벌금에 처한다.

02 특례 배제의 유형

피해자의 명시한 의사에 반하여 공소를 제기할 수 없다는 반의사불벌죄의 특례적용이 배제되는 중대법규 위반 사고의 구체적 내용은 다음과 같다.

❶ 사망사고 ★

(1) 사망사고 의의

1) **교통사고에 의한 사망** : 교통사고가 주된 원인이 되어 교통사고 발생 시부터 30일 이내에 사람이 사망한 사고를 말한다.

2) **도로교통법령상 교통사고 발생 후 72시간 내 사망** : 벌점 90점이 부과되며, 교통사고처리특례법상 형사적 책임이 부과된다.

(2) 성립요건

1) **장소적 요건** : 모든 장소 → 도로교통법은 도로상으로 한정하고, 교통사고처리특례법은 모든 장소로 확대

2) **운전자 과실**

① **원칙** : 운전자로서 요구되는 업무상 주의의무를 소홀히 한 과실

② 예외
　㉠ 자동차 본래의 운행목적이 아닌 작업 중 과실로 피해자가 사망한 경우(안전사고)
　㉡ 운전자의 과실을 논할 수 없는 경우

3) 피해자 요건
① **원칙** : 운행 중인 자동차에 충격되어 사망한 경우
② 예외
　㉠ 피해자의 자살 등 고의사고
　㉡ 운행목적이 아닌 작업과실로 피해자가 사망한 경우(안전사고)

❷ 도주(뺑소니) 사고 ★★

(1) 도주(뺑소니)인 경우

1) 피해자 사상 사실을 인식하거나 **예견됨에도** 가버린 경우
2) 피해자를 사고현장에 **방치**한 채 가버린 경우
3) 현장의 경찰관에게 **거짓으로 진술**한 경우
4) 사고운전자를 **바꿔치기**하여 신고한 경우
5) 피해자가 이미 사망하였다고 사체 안치 후송 등의 **조치 없이 가버린** 경우
6) 피해자를 **병원까지만** 후송하고 계속 치료를 받을 수 있는 조치 없이 가버린 경우
7) 쌍방 업무상과실이 있는 경우에 발생한 사고로 **과실이 적은 차량이 도주한** 경우
8) 자신의 의사를 제대로 표시하지 못하는 나이 어린 **피해자가 '괜찮다'**라고 하여 조치 없이 가버린 경우

(2) 도주(뺑소니)가 아닌 경우

1) 피해자 **부상사실이 없거나 극히 경미**하여 구호조치가 필요하지 않아 연락처를 제공하고 떠난 경우
2) 사고운전자가 **심한 부상을 입어 타인에게 의뢰**하여 피해자를 후송 조치한 경우
3) **사고장소가 혼잡**하여 불가피하게 일부 진행 후 정지하고 되돌아와 조치한 경우

4) 사고운전자가 급한 용무로 인해 **동료에게 사고처리를 위임**하고 가버린 후 동료가 사고 처리한 경우
5) 피해자 일행의 **구타·폭언·폭행이 두려워** 현장을 이탈한 경우
6) 사고운전자가 **자기차량 사고**에 대한 조치 없이 가버린 경우

❸ 신호·지시 위반 사고

(1) 의 의

1) **신호 위반사고** : 신호기 또는 교통정리를 하는 경찰공무원 등의 신호를 위반하여 교통사고가 발생한 것을 말한다.
2) **지시 위반사고** : 통행의 금지 또는 일시정지를 내용으로 하는 안전표지가 표시하는 지시에 위반하여 교통사고가 발생한 것을 말한다.

(2) 신호·지시위반사고의 성립요건 ★

1) 장소적 요건
① 적용
　㉠ 신호기가 설치되어 있는 교차로나 횡단보도
　㉡ 경찰공무원 등의 수신호 지역
　㉢ **지시위반**(규제표지 중 통행금지·진입금지·일시정지 표지 등)이 설치된 구역 내

통행금지　　진입금지　　일시정지

② 예외
　㉠ 진행방향에 신호기가 설치되지 않은 경우
　㉡ 신호기의 고장이나 **황색 점멸신호등**의 경우
　㉢ **규제표지 외의 표지판**이 설치된 구역

2) 피해자적 요건 : 신호·지시위반 차량에 충돌되어 **인적피해**를 입은 경우 → 대물피해만 입는 경우는 공소권 없음 처리

3) 운전자의 과실
① **원칙** : 고의적, 의도적, 부주의에 의한 과실

② **예외** : 불가항력적 과실, 만부득이한 과실

4) 시설물의 설치요건 : 특별시장·광역시장·제주특별자치도지사 또는 시장·군수(광역시 군수는 제외)가 설치한 신호기나 교통안전표지 → 아파트단지 등 특정구역 내부의 소통과 안전을 목적으로 자체적으로 설치된 경우는 제외(설치권한 없는 자가 설치)

(3) 신호·지시위반 사고에 따른 행정처분 : 승합자동차의 범칙금 7만원, 벌점 15점

❹ 중앙선침범, 횡단·유턴 또는 후진 위반 사고

(1) 중앙선침범의 한계 : 사고의 예방목적으로 차체의 일부라도 걸치면 중앙선침범이 적용된다.

(2) 중앙선 침범의 적용 ★

1) 중앙선침범을 적용하는 경우(현저한 부주의)
① 커브길 과속으로 중앙선침범
② 빗길 과속으로 중앙선침범
③ 졸다가 뒤늦게 급제동으로 중앙선침범
④ 차내 잡담 혹은 휴대폰 통화 등의 부주의로 인한 중앙선침범

2) 중앙선침범을 적용할 수 없는 경우(만부득이한 경우)
① 사고를 피하기 위해 급제동하다 중앙선 침범
② 위험 회피로 인한 중앙선침범
③ 빙판길 또는 빗길에서 미끄러져 중앙선을 침범한 경우(제한속도 준수)

(3) 중앙선침범 사고의 성립요건

1) 장소적 요건

① **적용**
㉠ 황색실선이나 점선의 중앙선이 설치된 도로
㉡ 자동차전용도로나 고속도로에서의 횡단·유턴·후진

② **예외**
㉠ 중앙선이 설치되어 있지 않은 경우
㉡ 아파트 단지 내나 군부대 내의 사설 중앙선
㉢ 일반도로에서의 횡단·유턴·후진

2) 피해자 요건

① **적용**
㉠ 중앙선침범 차량에 충돌되어 **인적피해**를 입는 경우
㉡ 자동차전용도로나 고속도로에서의 횡단·유턴·후진차량에 충돌되어 인적피해를 입는 경우

② **예외** : **대물피해**만 입는 경우는 공소권 없음으로 처리

3) 운전자 과실

① **원칙** : 고의적 과실, 의도적 과실, 현저한 부주의에 의한 과실

② **예외** : 신호위반 차량에 충돌되어 피해를 입음

4) 시설물 요건

① **원칙** : 도로교통법 제13조에 의거 시·도경찰청장이 설치한 중앙선

② **예외** : 아파트단지 내 또는 군부대 등 특정구역 내부의 소통과 안전을 목적으로 자체적으로 설치된 경우는 제외

(4) 중앙선 침범 사고에 따른 행정처분

1) 중앙선 침범 : 승합자동차의 범칙금 7만원, 벌점 30점

2) 고속도로·자동차전용도로 횡단·유턴·후진위반 : 승합자동차의 범칙금 5만원

❺ 과속(20km/h 초과) 사고 ★

(1) 속도에 대한 정의

1) 규제속도 : 법정속도(도로교통법에 의한 도로별 최고·최저속도)와 **제한속도**(지방경찰청에 의한 지정속도)

2) 주행속도 : 정지시간을 제외한 실제 주행거리 평균 주행속도

3) 구간속도 : 정지시간을 포함한 주행거리의 평균 주행속도

(2) 과속 사고(20km/h 초과)의 성립요건

1) 장소적 요건

① **적용** : 도로나 불특정 다수의 사람 또는 차마의 통행을 위하여 공개된 장소로서 안전하고 원활한 교통을 확보할 필요가 있는 장소에서의 사고

② **예외** : 불특정 다수의 사람이나 차마의 통행을 위한 공개된 장소가 아닌 곳의 사고

2) 피해자 요건

① **적용** : 과속차량(20km/h 초과)에 충돌되어 인적 피해를 입는 경우

② **예외**
  ㉠ 제한속도 20km/h 이하 과속차량에 충돌되어 인적피해를 입은 경우
  ㉡ 제한속도 20km/h 초과 차량에 충돌되어 **대물피해만** 입은 경우

3) 운전자 과실

① **적용** : 제한속도 20km/h 초과하여 과속운행 중 사고 야기한 경우

② **예외**
  ㉠ 제한속도 20km/h 이하로 과속하여 운행 중 사고 야기한 경우
  ㉡ 제한속도 20km/h 초과하여 과속운행 중 대물피해만 입은 경우

4) 시설물 요건

① **적용** : 도로교통법 제3조 및 시행규칙 제8조에 의거 시·도경찰청장이 설치한 안전표지 중에서 i) **규제표지**(최고속도제한표지), ii) **노면표시** 중 속도제한표시, 어린이보호구역안 속도제한표시

규제표지 중   노면표시 중   노면표시 중
최고속도제한   속도제한   어린이보호구역 안
                            속도제한

② **예외** : 안전표지 중 **규제표지**(서행표지), **보조표지**(안전속도표지), **노면표시**(서행표시)의 위반사고에 대하여는 과속사고가 적용되지 않음

규제표지 중   보조표지 중   노면표시 중
서행표지   안전속도표지   서행표시

(3) 과속 사고에 따른 행정처분(범칙금과 벌점)

1) 60km 초과 : 13만원(벌점 60점)
2) 40km 초과 60km 이하 : 10만원(벌점 30점)
3) 20km 초과 40km 이하 : 7만원(벌점 15점)
4) 20km 이하 : 3만원

✿ 정상 날씨의 제한속도가 60km/h인 경우에 눈이 20mm 미만 쌓인 경우에는 100분의 20을 감속하여야 하므로 48km(60×0.8)로 운행해야 한다. 그리고 정상날씨의 제한속도가 80km/h인 경우에 노면이 얼어붙은 경우에는 40km(80×0.5)로 운행해야 한다. → 계산문제가 나올 수 있습니다.

❻ 앞지르기의 방법·금지시기·금지장소 또는 끼어들기 금지 위반 사고

(1) 성립 요건 ★

1) 장소적 요건

① **적용** : 앞지르기 금지장소인 교차로, 터널 안, 다리 위, 도로의 구부러진 곳, 비탈길의 고갯마루 부근 또는 가파른 비탈길의 내리막 등 시·도경찰청장이 안전표지에 의하여 지정한 곳

② **예외** : 앞지르기 금지장소 이외의 지역

2) 피해자적 요건

① 앞지르기 방법·금지 위반 차량에 충돌되어 **인적피해**를 입은 경우

② **예외**
  ㉠ 앞지르기방법·금지 위반 차량에 충돌되어 대물피해만 입은 경우
  ㉡ 불가항력적, 만부득이한 경우 앞지르기하던 차량에 충돌되어 인적 피해를 입은 경우

3) 운전자의 과실

① **적용**
  ㉠ **앞지르기 금지 위반행위** ★

- 앞차의 좌측에 다른 차가 앞차와 나란히 가고 있을 때 앞지르기
- 앞차가 다른 차를 앞지르고 있거나 앞지르고자 할 때 앞지르기
- 위험방지를 위한 정지·서행 시 앞지르기
- 실선의 중앙선침범 앞지르기
- 모든 차의 운전자는 교차로, 터널 안, 다리 위에서 앞지르기를 하는 경우
- 도로의 구부러진 곳, 비탈길의 고개마루 부근, 비탈길의 내리막길 등 시·도경찰청장이 안전표지로 지정한 곳에서 앞지르기

ⓒ **앞지르기 방법 위반행위** : 앞차의 우측 앞지르기, 2개 차로 사이로 앞지르기

② **예외** : 불가항력 상황에서 앞지르기하던 중에 사고

4) 시설물 설치요건

① **적용** : 안전표지 중 규제표지(앞지르기 금지표지)

② **예외** : 특정구역 내부의 소통과 안전을 목적으로 권한없는 사람이 설치한 안전표지

(2) 앞지르기 방법·금지위반 사고에 따른 행정처분

1) 앞지르기 방법위반 : 승합자동차의 범칙금 7만원(벌점 10점)

2) 앞지르기 금지시기·장소위반 : 승합자동차의 범칙금 7만원(벌점 15점)

3) 앞지르기 방해금지 위반 : 승합자동차의 범칙금 5만원

❼ 철길건널목 통과방법 위반 사고

(1) 건널목 통과방법 위반사고의 성립요건

1) 장소적 요건

① **적용** : 철길건널목(1, 2, 3종 불문)

② **예외** : 역구내 철길건널목의 경우

2) 피해자 요건

① **적용** : 철길건널목 통과방법 위반사고로 인적 피해를 입은 경우

② **예외** : 철길건널목 통과방법 위반사고로 대물피해만을 입은 경우

3) 운전자 과실

① **적용**

ⓐ **철길건널목 통과방법을 위반한 과실**
- 철길건널목 직전 일시정지 불이행
- 안전미확인 통행 중 사고

ⓑ **철길건널목 진입금지**
- 차단기가 내려져 있는 경우
- 차단기가 내려지려고 하는 경우
- 경보기가 울리고 있는 경우

② **예외** : 철길건널목 신호기, 경보기 등의 고장으로 일어난 사고

✤ 신호기 등이 표시하는 신호에 따르는 때에는 일시정지하지 아니하고 통과할 수 있다.

(2) 철길건널목 통과방법 위반 사고에 따른 행정처분 : 승합자동차의 범칙금 7만원(벌점30점)

❽ 보행자 보호의무 위반 사고

(1) 보행자의 여부 ★★

1) 횡단보도 보행자인 경우

① 횡단보도를 걸어가는 사람

② 횡단보도에서 원동기장치자전거나 자전거를 끌고 가는 사람

③ 횡단보도에서 원동기장치자전거나 자전거를 타고 가다 이를 세우고 **한발은 페달에 다른 한발은 지면에 서 있는 사람**

④ 세발자전거를 타고 횡단보도를 건너는 어린이

⑤ 손수레를 끌고 횡단보도를 건너는 사람

2) 횡단보도 보행자가 아닌 경우

① 횡단보도에서 원동기장치자전거나 자전거를 타고 가는 사람

② 횡단보도에 누워 있거나, 앉아 있거나, 엎드려 있는 사람

③ 횡단보도 내에서 **교통정리**를 하고 있는 사람

④ 횡단보도 내에서 **택시를 잡고** 있는 사람

⑤ 횡단보도 내에서 **화물 하역작업**을 하고 있는 사람

⑥ 보도에 서 있다가 횡단보도 내로 넘어진 사람

3) 횡단보도로 인정되는 경우와 아닌 경우

① 횡단보도 노면표시가 있으나 횡단보도표지판이 설치되지 않은 경우 → 횡단보도 ○

② 횡단보도 노면표시가 포장공사로 반은 지워졌으나, 반이 남아 있는 경우 → 횡단보도 ○

③ 횡단보도 노면표시가 완전히 지워지거나, 포장공사로 덮여진 경우 → 횡단보도 ×

(2) 횡단보도 보행자 보호의무 위반 사고의 성립요건

1) 장소적 요건

① **적용** : 횡단보도 내

② **예외** : 보행자신호가 **정지신호**(적색등화) 때의 횡단보도

2) 피해자 요건

① **적용** : 횡단보도를 **건너고 있는** 보행자가 충돌되어 **인적피해**를 입은 경우

② **예외** : i) 보행신호가 **적색등화일 때 횡단을 시작**한 보행자를 충돌한 경우, ii) 횡단보도 내에 누워 있거나, 교통정리를 하거나, 싸우고 있거나, 택시를 잡고 있거나 등 **보행의 경우가 아닌 때**에 충돌한 경우

3) 운전자 과실 ★

① **적용** : i) 횡단보도를 건너던 보행자를 충돌, ii) 횡단보도 전에 **정지한 차량을 추돌**하여 추돌된 차량이 밀려나가 보행자를 충돌한 경우, iii) **녹색등화일 때 횡단보도를 진입**하여 건너던 중 신호가 바뀐 상태에서 충돌한 경우

② **예외** : i) **보행자신호가 정지신호**(적색등화) 때 횡단보도 건너던 중 사고, ii) **횡단보도를 건너던 중 신호가 변경되어 중앙선에 서 있는 보행자를 충돌한 경우**, iii) 횡단보도를 건너고 있을 때 보행신호가 적색등화로 변경되어 돌아가고 있는 보행자를 충돌한 경우, iv) **녹색등화가 점멸되고 있는 횡단보도를 진입**하여 건너고 있는 보행자를 적색등화에 충돌한 경우

4) 시설물 설치요건

① **적용** : 도로교통법 제10조에 의거 시·도경찰청장이 설치한 횡단보도

② **예외** : 아파트 단지나 학교, 군부대 등 특정 구역 내부의 소통과 안전을 목적으로 자체 설치된 경우는 제외

(3) 보행자 보호의무위반 사고에 따른 행정처분 : 승합자동차의 범칙금 7만원, 벌점 10점

❾ 무면허 운전사고

(1) 무면허 운전의 의의

운전면허를 받지 아니하고 도로에서 운전하는 행위이다.

(2) 무면허 운전의 유형 ★

1) 운전면허를 취득하지 않고 운전하는 행위

2) 운전면허 적성검사기간 만료일로부터 1년간의 취소유예기간이 지난 면허증으로 운전하는 행위

3) 운전면허 취소처분을 받은 후에 운전하는 행위

4) 운전면허 정지기간 중에 운전하는 행위

5) 면허종별 외의 차량운전

6) 운전면허시험에 합격한 후 운전면허증을 발급받기 전에 운전하는 행위

(3) 무면허 운전 사고의 성립요건

1) 장소적 요건

① **적용** : 도로나 그 밖에 현실적으로 불특정 다수의 사람 또는 차마의 통행을 위하여 공개된 장소로서 안전하고 원활한 교통을 확보할 필요가 있는 장소(교통경찰권이 미치는 장소)

② **예외** : 현실적으로 불특정 다수의 사람 또는 차마의 통행을 위하여 공개된 장소가 아닌 곳에서의 운전(특정인만 출입하는 장소로 교통경찰권이 미치지 않는 장소)

2) 피해자적 요건

① 적용
  ㉠ 무면허운전 자동차에 충돌되어 인적사고를 입는 경우
  ㉡ 대물피해만 입는 경우도 보험면책으로 합의되지 않는 경우는 공소권 있음
② 예외 : 무면허로 운전하는 자동차에 충돌되어 대물피해를 입은 경우

3) 운전자의 과실
① 무면허운전에 해당하는 경우
② 예외 : 취소사유 상태이나 취소처분(통지) 전 운전

⑩ 음주운전 · 약물복용 운전사고

(1) 음주운전인 경우와 아닌 경우 ★

1) 불특정 다수인이 이용하는 도로와 특정인이 이용하는 주차장 또는 학교 경내 등에서의 음주운전도 형사처벌 대상이다. → 단, 특정인만이 이용하는 장소에서의 음주운전으로 인한 운전면허 행정처분은 불가하다.
  ① 호텔, 백화점, 고층건물, 아파트 내 주차장 안의 통행로뿐만 아니라 주차선 안에서 음주운전하여도 처벌 대상
  ② 공개되지 않은 통행로에서의 음주운전도 처벌대상 : 공장이나 관공서, 학교, 사기업 등의 정문 안쪽 통행로와 같이 문, 차단기에 의해 도로와 차단되는 장소의 통행로에서의 음주운전도 처벌 대상
  ③ 술을 마시고 주차장(주차선 안 포함)에서 음주운전 : 처벌 대상

2) 혈중알코올농도 0.03% 미만에서의 음주운전 : 처벌이 불가하다.

(2) 주취 · 약물복용 운전 중 사고의 성립요건

1) 장소적 요건
  ① 도로나 그 밖에 현실적으로 불특정 다수의 사람 또는 차마의 통행을 위하여 공개된 장소로서 안전하고 원활한 교통을 확보할 필요가 있는 장소
  ② 공장, 관공서, 학교, 사기업 등의 정문 안쪽 통행로와 같이 공개되지 않은 통행로로 문, 차단기에 의해 도로와 차단되고 별도로 관리되는 장소
  ③ 주차장 또는 주차선 안

2) 피해자 요건
  ① 적용 : 음주운전 자동차에 충돌되어 인적피해를 입는 경우
  ② 예외 : 대물피해만 입은 경우(보험에 가입되어 있다면 공소권 없음으로 처리)

3) 운전자 과실
① 적용
  ㉠ 음주한 상태로 자동차를 운전하여 일정거리 운행한 때
  ㉡ 혈중알코올농도가 0.03% 이상일 때 음주측정에 불응한 경우
  ㉢ 주차장 또는 주차선 안에서 운전하는 경우
② 예외 : 음주 한계 수치 0.03% 미만일 때 음주측정에 불응한 경우

⑪ 보도침범 · 보도횡단방법 위반 사고

(1) 보도침범 사고의 성립요건

1) 장소적 요건
  ① 적용 : 보도와 차도가 구분된 도로에서 보도 내의 사고(보도침범사고, 통행방법위반)
  ② 예외 : 보도와 차도 구분이 없는 도로는 제외

2) 피해자적 요건
  ① 보도상에서 보행 중 사고
  ② 예외 : 피해자가 자전거, 오토바이를 타고 가던 중 보도침범 통행 차량에 충돌된 경우의 사고는 제차로 간주되어 적용 제외

3) 운전자의 과실
① 적용
  ㉠ 고의적 과실

ⓒ 현저한 부주의에 의한 과실

② 예외

㉠ 불가항력적 과실

㉡ 만부득이한 과실

㉢ 단순 부주의에 의한 과실

4) 시설물의 설치요건

① 적용 : 보도설치 권한이 있는 행정관서에서 설치 관리하는 보도

② 예외 : 학교, 아파트단지 등 특정구역 내부의 소통과 안전을 목적으로 설치된 보도

(2) 보도침범, 횡단방법 위반사고에 따른 행정처분 : 범칙금은 7만원, 벌점은 10점이다.

⑫ 승객추락 방지의무 위반 사고(개문발차 사고)

(1) 승객추락방지의무에 해당하는 경우

1) 승객추락방지의무에 해당하는 경우 ★

① 문을 연 상태에서 출발하여 타고 있는 승객이 추락한 경우

② 승객이 타거나 또는 내리고 있을 때 갑자기 문을 닫아 문에 충격된 승객이 추락한 경우

③ 버스운전자가 개·폐 안전장치인 전자감응장치가 고장난 상태에서 운행 중에 승객이 내리고 있을 때 출발하여 승객이 추락한 경우

2) 승객추락방지의무에 해당하지 않는 경우

① 승객이 임의로 차문을 열고 상체를 내밀어 차 밖으로 추락한 경우

② 운전자가 사고방지를 위해 취한 급제동으로 승객이 차 밖으로 추락한 경우

③ 화물자동차 적재함에 사람을 태우고 운행 중에 운전자의 급가속 또는 급제동으로 피해자가 추락한 경우

(2) 승객추락방지의무위반 사고의 성립요건

1) 자동차적 요건

① 적용 : 승용, 승합, 화물, 건설기계 등 자동차만 적용

② 예외 : 이륜, 자전거 등은 제외

2) 피해자적 요건

① 적용 : 탑승객이 승하차 중 개문된 상태로 발차하여 승객이 추락함으로서 인적피해를 입은 경우

② 예외 : 적재되었던 화물의 추락사고는 제외

3) 운전자의 과실

① 적용 : 차의 문이 열려있는 상태로 발차한 행위

② 예외 : 차량이 정지하고 있는 상태에서의 추락은 제외

(3) 승객추락방지의무위반 사고에 따른 행정처분 : 범칙금 7만원, 벌점 10점

⑬ 어린이보호구역 내 어린이 보호의무 위반 사고

(1) 어린이 보호구역으로 지정될 수 있는 장소

1) 「초·중등교육법」에 의한 초등학교 및 특수학교

2) 「영유아보육법」에 따른 어린이집 중 정원 100명 이상의 어린이집

3) 「학원의 설립·운영 및 과외교습에 관한 법률」에 따른 학원 중 학원 수강생이 100명 이상인 학원

4) 「초·중등교육법」에 따른 외국인학교 또는 대안학교 등

(2) 어린이 보호의무위반 사고의 성립요건

1) 장소적 요건

① 적용 : 어린이 보호구역으로 지정된 장소

② 예외 : 어린이 보호구역이 아닌 장소

2) 피해자 요건

① 적용 : 어린이가 상해를 입은 경우

② 예외 : 성인이 상해를 입은 경우

3) 운전자의 과실

① 적용 : 어린이에게 상해를 입힌 경우

② 예외 : 성인에게 상해를 입힌 경우

03 교통사고처리의 이해

❶ 교통사고처리의 이해

(1) 용어의 정의(교통사고조사규칙 제2조) ★

1) **교통** : 차를 도로에서 운전하여 사람 또는 화물을 이동시키거나 운반하는 등 차를 그 본래의 용법에 따라 사용하는 것이다.

2) **교통사고** : 차의 교통으로 인하여 사람을 사상하거나 물건을 손괴한 것이다.

3) **대형사고** ☆ : 3명 이상이 사망(교통사고 발생일부터 30일 이내에 사망)하거나 20명 이상의 사상자가 발생한 사고이다.

4) **교통조사관** : 교통사고를 조사하여 검찰에 송치하는 등 교통사고 조사업무를 처리하는 경찰공무원이다.

5) **스키드 마크**(Skid mark) : 급제동으로 정지된 상태에서 노면에 미끄러져 생긴 타이어 마모흔적 또는 활주흔적을 말한다.

6) **요 마크**(Yaw mark) : 급핸들 등으로 인하여 차의 바퀴가 돌면서 차축과 평행하게 옆으로 미끄러진 타이어의 마모흔적이다.

7) **충돌** : 차가 반대방향 또는 측방에서 진입하여 그 차의 정면으로 다른 차의 정면 또는 측면을 충격한 것을 말한다.

8) **추돌** ☆ : 2대 이상의 차가 동일방향으로 주행 중 뒤차가 앞차의 후면을 충격한 것이다.

9) **접촉** : 차가 추월, 교행 등을 하려다가 차의 좌우 측면을 서로 스친 것이다.

10) **전도** ☆ : 주행 중 도로 또는 도로 이외의 장소에 차체의 측면이 지면에 접하고 있는 상태이다.

11) **전복** ☆ : 차가 주행 중 도로 또는 도로 이외의 장소에 뒤집혀 넘어진 것이다.

12) **추락** : 차가 도로변 절벽 또는 교량 등 높은 곳에서 떨어진 것이다.

13) **뺑소니** : 교통사고를 야기한 차의 운전자가 피해자를 구호하는 등 「도로교통법」 제54조제1항의 규정에 따른 조치를 취하지 아니하고 도주한 것이다.

❷ 수사기관의 교통사고 처리 기준

(1) 인피사고(사람을 사망하게 하거나 다치게 한 교통사고)**의 처리**

1) **기소의견으로 송치**

① **사람을 사망하게 한 교통사고의 가해자** : 「교통사고처리특례법」 제3조제1항을 적용하여 기소의견으로 송치한다.

② **부상사고로써 피해자가 가해자에 대하여 처벌을 희망하지 아니하는 의사표시가 없거나 교특법 제3조제2항 단서**(구호조치의무위반, 유기 후 도주)**에 해당하는 경우** : 같은 법 제3조제1항을 적용하여 기소의견으로 송치한다.

2) **불기소의견으로 송치** : 사람을 다치게 한 교통사고의 피해자가 가해자에 대하여 처벌을 희망하지 아니하는 의사표시를 한 때에는 같은 법 제3조제2항을 적용하여 불기소 의견으로 송치한다. → 다만, 사고의 원인행위에 대하여는 「도로교통법」 적용하여 통고처분 또는 즉결심판을 청구

3) **보험 또는 공제에 가입** : 부상사고로써 피해자가 가해자에 대하여 처벌을 희망하지 아니하는 의사표시가 없는 경우라도 교특법 제4조제1항의 규정에 따른 보험 또는 공제에 가입된 경우에는 다음의 경우를 제외하고 같은 조항을 적용하여 불기소 의견으로 송치한다. → 다만, 사고의 원인행위에 대하여는 「도로교통법」을 적용하여 통고처분 또는 즉결심판을 청구

① 교특법 제3조제2항 단서(구호조치의무위반, 유기 후 도주)에 해당하는 경우

② 피해자가 생명의 위험이 발생하거나 불구·불치·난치의 질병(중상해)에 이르게 된 경우

③ 보험 등의 계약이 해지되거나 보험사 등의 보험금 등 지급의무가 없어진 경우

④ 3)의 ①, ②, ③의 어느 하나에 해당하는 경우에는 1)의 ①, ②의 기준에 따라 처리한다.

(2) 물피사고(다른 사람의 건조물이나 그 밖의 재물을 손괴한 교통사고)**의 처리**

1) **교통사고접수 처리대장 입력 후 종결**: 피해자가 가해자에 대하여 처벌을 희망하지 아니하는 의사표시가 있는 경우 또는 보험 등에 가입된 경우에는 단순 물적피해 교통사고 조사보고서를 작성하고, 교통경찰 업무관리시스템(TCS)의 교통사고접수 처리대장에 입력한 후 종결한다.

2) **기소의견의 송치**: 피해자가 가해자에 대하여 처벌을 희망하지 아니하는 의사표시가 없거나 보험 등에 가입되지 않은 경우에는 기소의견으로 송치한다(다만, 피해액이 20만원 미만은 즉결심판을 청구하고 종결).

(3) 뺑소니 사고의 처리

1) **인피사고**: 「특정범죄가중처벌 등에 관한 법률」 제5조의3을 적용하여 기소의견으로 송치한다.

2) **물피사고**: 「도로교통법」 제148조를 적용하여 기소의견으로 송치한다(만일 주·정차된 차만 손괴한 것이 분명하고 피해자에게 인적사항을 제공하지 않은 물피뺑소니 사고에 대해서는 통고처분 또는 즉심청구를 함).

(4) 「도로교통법」 제44조 제1항의 규정을 위반(음주운전)**하여 주취운전 중 인피사고를 일으킨 운전자**: 여러 사항을 종합적으로 고려하여 「특정범죄 가중처벌 등에 관한 법률」 제5조의11의 규정의 위험운전치사상죄를 적용한다.

04 주요 교통사고의 유형

✿ 아래에 설명하는 사고의 유형은 교통사고처리특례법이 적용되지 않는 11대 중과실 사고 이외 주요교통사고 유형입니다.

❶ 안전거리 미확보

(1) 안전거리 개념

1) **안전거리**: 같은 방향으로 가고 있는 앞차가 갑자기 정지하게 되는 경우 그 앞차와의 추돌을 피할 수 있는 필요한 거리로 '정지거리보다 약간 긴 정도의 거리'이다.

2) **안전거리 미확보**

① **성립하는 경우**: 앞차가 정당한 급정지, 과실 있는 급정지라 하더라도 사고를 방지할 주의의무는 뒤차에게 있다. 앞차에 과실이 있는 경우에는 손해배상할 때 과실상계하여 처리한다.

② **성립하지 않는 경우**: 앞차가 고의적으로 급정지하는 경우에는 뒤차의 불가항력적 사고로 인정하여 앞차에게 책임을 부과한다.

(2) 안전거리 미확보 사고의 성립요건

1) **장소적 요건**: 도로에서 발생

2) **피해자 요건**

① **내용**: 동일방향 앞차로 뒤차에 의해 추돌되어 피해를 입은 경우

② **예외**: 동일방향 좌·우차에 의해 충돌되어 피해를 입은 경우(진로변경방법위반 적용)

3) **운전자과실**

① **내용**: 뒤차가 안전거리를 미확보하여 앞차를 추돌한 경우

㉠ **앞차의 정당한 급정지** → 뒤차의 과실 인정 가능

• 앞차가 정지하거나 감속하는 것을 보고 급정지하는 경우
• 전방의 돌발상황을 보고 급정지하는 경우
• 앞차의 교통사고를 보고 급정지

㉡ **앞차의 상당성있는 급정지**: i) 신호착각에 따른 급정지, ii) 초행길로 인한 급정지, iii) 전방상황 오인 급정지 → 뒤차의 과실 인정 가능

㉢ **앞차의 과실있는 급정지** → 뒤차의 과실 불인정

• 우측 도로변 승객을 태우기 위해 급정지
• 주·정차 장소가 아닌 곳에서 급정지
• 고속도로나 자동차전용도로에서 전방사고를 구경하기 위해 급정지

② **예외**: i) 앞차가 후진하는 경우, ii) 앞차가 고의로 급정지하는 경우, iii) 앞차가 의도적으로 급정지하는 경우 → 뒤차의 과실 불인정

(3) 안전거리 미확보 사고에 따른 행정처분

1) **고속도로 · 자동차전용도로 · 안전거리 미확보** : 승합자동차의 범칙금 5만원(벌점 10점)

2) **일반도로 안전거리 미확보** : 승합자동차의 범칙금 2만원(벌점 10점)

❷ 진로변경(급차로변경) 및 후진사고

(1) 진로변경(급차로 변경) 사고

1) **장소적 요건** : 도로에서 발생

2) 피해자 요건

① **적용** : 옆차로에서 진행 중인 차량이 갑자기 차로를 변경하여 불가항력적으로 충돌한 경우
→ 진로변경으로 인한 피해자 인정

② **예외**
㉠ 동일방향 앞 · 뒤 차량으로 진행하던 중 **앞차가 차로를 변경하는데 뒤차도 따라 차로변경** 하다가 앞차를 추돌한 경우
㉡ **장시간 주차하다가 막연히 출발**하여 좌측면에서 차로변경 중인 차량의 후면을 추돌한 경우
㉢ **차로 변경 후 상당 구간 진행 중인 차량**을 뒤차가 추돌한 경우 → ㉠ · ㉡ · ㉢ 피해자 인정 ×

3) **운전자 과실인정** : 사고 차량이 차로를 변경하면서 변경방향 차로 후방에서 진행하는 차량의 진로를 방해한 경우

(2) 후진 사고

1) 후진사고 성립요건

① **장소적 요건** : 도로에서 발생

② 피해자 요건

㉠ **적용** : 후진하는 차량에 충돌되어 피해를 입음

㉡ **예외** : 정차 중 노면경사로 인해 차량이 뒤로 흘러 내려가 피해를 입은 경우
→ 후진사고로 인한 피해자 인정 ×

2) 운전자 과실

① **적용**

㉠ 일반사고로 처리하는 경우
- 교통혼잡으로 후진이 금지된 곳에서 후진하는 경우
- 후방에 교통보조자를 세우고 보조자의 유도에 따라 후진하지 않는 경우
- 후방에 대한 주시를 소홀히 한 채 후진하는 경우

㉡ 차로가 설치되어 있는 도로에서 뒤에 있는 장소로 가기 위해 상당 구간을 후진하는 경우

② **예외**
㉠ 뒤차의 전방주시나 안전거리 미확보로 앞차를 추돌하는 경우
㉡ 고속도로나 자동차전용도로에서 **정지 중 노면 경사로 인해** 차량이 뒤로 흘러 내려간 경우
㉢ 고속도로나 자동차전용도로에서 긴급자동차, 도로보수 및 유지작업 자동차, 교통상의 위험방지제거 및 응급조치작업에 사용되는 자동차로 부득이하게 후진하는 경우

3) 후진에 따른 용어 정의

① **후진위반** : 후진하기 위하여 주의를 기울였음에도 불구하고 다른 보행자나 차량의 정상적인 통행을 방해하여 다른 보행자나 차량을 충돌한 경우(일반도로에서 주로 발생)이다.

② **안전운전불이행** : 주의를 기울이지 않은 채 후진하여 다른 보행자나 차량을 충돌한 경우(골목길, 주차장 등에서 주로 발생)이다.

③ **통행구분위반** : 대로상에서 뒤에 있는 일정한 장소나 다른 길로 진입하기 위해 상당한 구간을 계속 후진하다가 정상진행 중인 차량과 충돌한 경우(역진으로 보아 중앙선침범과 동일하게 취급)이다.

❸ 교차로 통행방법위반 사고

(1) 교차로 통행방법위반 사고의 성립요건

1) **장소적 요건** : 2개 이상의 도로가 교차하는 장소(교차로)

2) **피해자 요건**

　① **적용** : 교차로 통행 중에 통행방법을 위반한 차량에 충돌되어 피해를 입은 경우

　② **예외** : 신호위반 차량에 충돌되어 피해를 입은 경우

3) **운전자 과실**

　① **적용**

　　㉠ 교차로 통행방법을 위반한 과실

　　㉡ 안전운전불이행 과실

　② **예외**

　　㉠ 앞차의 후진이나 고의사고로 인한 경우

　　㉡ 신호를 위반한 경우

(2) **앞지르기와 교차로통행방법위반 사고 구분**

1) **앞지르기 금지사고** : 뒤차가 교차로에서 앞차의 측면을 통과한 후 앞차의 그 앞으로 들어가는 도중에 발생한 사고

2) **교차로 통행방법위반 사고** : 뒤차가 교차로에서 앞차의 측면을 통과하면서 앞차의 앞으로 들어가지 않고 앞차의 측면을 접촉하는 사고

❹ 신호등 없는 교차로 사고

(1) **신호등 없는 교차로 가해자 판독 방법**

1) **교차로 진입 전 일시정지 또는 서행하지 않은 경우**

　① 충돌 직전(충돌 당시, 충돌 후) 노면에 스키드마크나 요마크가 형성되어 있는 경우

　② 상대 차량의 측면을 정면으로 충돌한 경우

　③ 가해 차량의 진행방향으로 상대 차량을 밀고 가거나, 전도(전복)시킨 경우

2) **교차로 진입 전 일시정지 또는 서행하였으나, 교통상황을 확인하지 않은 경우**

　① 충돌 직전에 상대 차량을 보았다고 진술

　② 교차로에 진입할 때 상대 차량을 보지 못했다고 진술

　③ 가해 차량이 정면으로 상대 차량 측면을 충돌한 경우

3) **교차로 진입할 때 통행우선권을 이행하지 않은 경우**

　① 교차로에 이미 진입하여 진행하고 있는 차량이 있거나, 교차로에 들어가고 있는 차량과 충돌한 경우

　② 통행 우선순위가 같은 상태에서 우측도로에서 진입한 차량과 충돌한 경우

　③ 교차로에 동시 진입한 상태에서 폭이 넓은 도로에서 진입한 차량과 충돌한 경우

　④ 교차로에 진입하여 좌회전하는 상태에서 직진 또는 우회전 차량과 충돌한 경우

(2) **신호등 없는 교차로 사고의 성립요건**

1) **장소적 요건**

　① **적용** : 2개 이상의 도로가 교차하는 신호등이 없는 교차로

　② **예외** : 신호기가 설치되어 있는 교차로 또는 사실상 교차로로 볼 수 없는 장소

2) **피해자 요건**

　① **적용**

　　㉠ 신호등 없는 교차로를 통행하던 중

　　　• 후진입한 차량과 충돌하여 피해를 입은 경우

　　　• 일시정지 안전표지를 무시하고 상당한 속력으로 진행한 차량과 충돌하여 피해를 입은 경우

　　　• 신호등 없는 교차로 통행방법 위반 차량과 충돌하여 피해를 입은 경우

　② **예외** : 신호기가 설치되어 있는 교차로 또는 사실상 교차로로 볼 수 없는 장소에서 피해를 입은 경우

3) **운전자 과실**

　① 신호등 없는 교차로를 통행하면서 교통사고를 야기한 경우

　　㉠ 선진입 차량에 진로를 양보하지 않은 경우

　　㉡ 상대 차량이 보이지 않는 곳, 교통이 빈번한 곳을 통행하면서 일시정지 하지 않고 통행하는 경우

ⓒ 통행우선권이 있는 차량에 양보하지 않고 통행하는 경우

ⓔ 일시정지, 서행, 양보표지가 있는 곳에서 이를 무시하고 통행하는 경우

4) **시설물 설치요건** : 시·도경찰청장이 설치한 일시정지표지, 서행표지, 양보의 안전표지가 있는 경우

❺ 서행·일시정지 위반사고

(1) **장소적 요건** : 도로에서 발생

(2) **피해자 요건**

1) **적용** : 서행·일시정지 위반 차량에 충돌되어 피해를 입은 경우

2) **예외** : 일시정지 표지판이 설치된 곳에서 치상피해를 입은 경우 → 지시위반 사고로 처리

(3) **운전자 요건**

1) **적용** : 서행·일시정지 의무가 있는 곳에서 이를 위반한 경우

2) **예외**(지시위반사고) : 일시정지 표지판에서 치상사고 야기

(4) **시설물 설치요건**

1) **적용** : 서행장소에 안전표지 중 규제표지인 서행표지나 노면표시인 서행표지가 설치된 경우

2) **예외** : 규제표지인 일시정지 표지나 노면표시인 일시정지표시가 설치된 경우에는 지시위반사고로 처리

❻ 안전운전 불이행 사고

(1) **안전운전과 난폭운전과의 차이** ★

1) **안전운전** : 다른 사람에게 위험과 방해를 주지 않는 속도나 방법으로 운전하는 경우를 말한다.

2) **난폭운전**

① 고의나 인식할 수 있는 과실로 타인에게 현저한 위해를 초래하는 운전

② 타인의 통행을 현저히 방해하는 운전

③ **난폭운전 사례** : 급차로 변경, 좌·우로 핸들을 급조작하는 운전, 지그재그 운전, 지선도로에서 간선도로로 진입할 때 일시정지 없이 급진입하는 운전 등

✿ [난폭운전과 보복운전의 차이]
<u>난폭운전</u>은 9가지의 위반행위를 연속해서 행하거나 하나의 행위를 지속하거나 반복하여 "불특정인"에게 위협 또는 위해를 가하거나 교통상의 위험을 발생시킨 경우입니다. 이에 비해 <u>보복운전</u>은 "고의"로 자동차를 이용하여 상대방에게 위협하거나 공포를 느끼게하는 일체의 행위를 말합니다. 즉 의도를 가지고 "특정인"을 위협한 것입니다. 일반적으로 보복운전의 처벌강도가 난폭운전에 비해서 높습니다.

(2) **안전운전 불이행 사고의 성립요건**

1) **장소적 요건** : 도로에서 발생

2) **피해자 요건**

① **적용** : 통행우선권을 양보해야 하는 상대차량에게 충돌되어 피해를 입은 경우

② **예외**

ⓐ 차량 정비 중 안전 부주의로 피해를 입은 경우

ⓑ 보행자가 고속도로나 자동차전용도로에 진입하여 통행한 경우

3) **운전자 과실**

① **적용** : 자동차 장치조작 실수, 주시의무 태만, 난폭운전, 초보운전, 대화 중 운전부주의 등

② **예외** : 불가항력의 2차 사고, 과실을 논할 수 없는 사고

PART 1 — 단원별 기출지문정리 담금정리

01 시내버스 운송사업의 운행행태로는 **광역급행형, 직행좌석형,** ( ), **일반형**이 있다.

[해설] 농어촌버스도 운행형태가 동일하다.

02 시외버스 운송사업의 운행형태로는 **고속형,** ( ) **및 일반형**으로 구분한다.

03 노선버스운송사업 중에서 **소형버스**를 운행할 수 있는 사업은 마을버스운송사업과 ( )이다.

[해설] 소형버스는 다만, 관할관청의 필요 시에만 가능하다. 마을버스의 경우는 대형버스도 관할관청의 인가 시에 가능하다.

04 시외우등고속버스는 자동차의 바깥쪽 외부의 알아보기 쉬운 차체면에 ( )이라는 표시를 해야 한다.

[해설] 시외버스는 "시외"와 "버스"를 제외한 글자를 표시한다.

05 마을버스운송사업용 자동차는 ( )라는 표시를 하여야 한다.

[해설] 전세버스운송사업용자동차는 '전세', 특수여객자동차운송사업용자동차는 '장의'의 표시를 해야 한다.

06 중대한 교통사고 발생 시 운송사업자는 **국토교통부장관 또는 시·도지사에게 보고해야 하는데, 중대한 교통사고로는 전복사고, 화재사고,** 사망자 2명 이상, 사망자 ( )명과 중상자 ( )명 이상, 중상자 ( )명 이상이다.

[해설] 사망자 2명 → 자격정지 60일, 사망자 1명 및 중상자 3명 이상 → 자격정지 50일, 중상자 6명 이상 → 자격정지 40일

07 운송사업자는 **중대한 교통사고가 발생하였을 때**에는 ( )시간 이내에 사고의 개략적인 상황을 관할 시·도지사에게 보고한 후 ( )시간 이내에 사고보고서를 작성하여 ( )에게 제출하여야 한다.

08 버스운전자격을 취득하기 위해서는 한국교통안전공단이 시행하는 **버스운전자격시험에 합격**하고 ( )을 발급 받아야 한다.

[해설] 버스운전자격시험에 합격만으로 버스운전자격을 획득한 것이 아니라 자격증까지 발급받아야 한다. 그리고 시험을 보지 않고 교통안전체험교육을 수료하여도 자격을 취득할 수 있다.

09 버스운전업무에 종사하기 위해서는 i) 적합한 운전면허를 보유하고, ii) ( )세 이상으로 iii) 운전적성정밀검사에 적합할 것을 요한다.

10 사업용자동차의 운전업무에 종사하다가 퇴직한 자로서 신규검사를 받은 날부터 ( )**년이 지난 후 재취업하고자 하는 경우**와 운전적성정밀검사를 받은 날부터 ( )**년 이내 취업하지 않은 자**는 운전적성정밀 ( )검사를 받아야 한다.

11 운전적성정밀 특별검사는 i) ( ) 이상의 사상사고를 일으킨 자, ii) 과거 1년간 행정처분 벌점의 누산점수가 ( )점 이상인 자, iii) 안전운전의 우려가 있는 경우 운송사업자가 신청한 경우에 받는다.

12 압력감지기 또는 전자감응장치, 잠금장치 **미설치**, 앞바퀴 재생타이어 **사용** 혹은 튜브리스 타이어를 **사용하지 않은 경우**의 과징금은 ( )만원이다.

[해설] 과징금 360만원 두문자 **"타이어잠금"** 참조 → 27쪽

13 65세 이상 70세 미만인 사람과 ( )세 이상의 사람은 자격유지검사를 받아야 한다.

[해설] 다만, 65세 이상 70세 미만은 자격유지 적합판정을 받고 3**년이 지나지 아니한 사람**은 자격유지검사를 받지 않아도 되고, 70**세 이상인 사람은 1년이 지나지 않으면** 자격유지검사를 받지 않아도 된다.

14 운전자격증명의 게시하지 않은 경우 운송사업자에게 운행정지 ( )일의 행정처분을 명할 수 있다.

---

01 좌석형 **02** 좌석형 **03** 농어촌버스운송사업 **04** 우등고속 **05** 마을버스 **06** 1, 3, 6 **07** 24, 72, 관할 시·도지사 **08** 자격증 **09** 20 **10** 3, 3, 신규 **11** 중상, 81 **12** 360 **13** 70 **14** 5 → 과징금은 10만원

15 정당한 사유없이 **여객의 승차를 거부하거나 여객의 중도하차, 개문발차, 안내방송을 하지 않은 경우, 흡연의 행위**로 1년간 세 번의 과태료처분을 받은 사람이 다시 같은 위반행위를 한 경우는 ( )의 행정처분을 한다.

16 전세버스운송사업용 또는 특수여객자동차운송사업용의 차령은 ( )년이고, 그 밖의 사업용(시내버스, 시외버스 등)은 ( )년이다.

17 운수종사자 **신규교육시간**은 ( )시간으로 한다.

18 법령위반 운수종사자의 교육시간은 **보수교육**으로 ( )로 ( )시간을 받는다. **무사고·무벌점의 기간이 5년 미만**인 운수종사자는 주기는 ( ), 시간은 ( )시간을 교육받는다.

19 무사고·무벌점 기간이 5년 이상 10년 미만인 운수종사자의 교육시간은 ( )으로 ( )시간이다.

20 **중대한 사고**에 대한 조치를 취하지 않거나 거짓 보고, **좌석안전띠** 유지불량 혹은 관련 교육을 하지 않은 경우의 과태료는 ( )만원이다.

해설 두문자 "**중띠/승부유발**" 참조 → 27쪽

21 격벽시설의 미설치, 차령 또는 운행거리를 초과하여 운행한 경우의 과징금은 ( )만원이다.

해설 두문자 "**격벽초소**" 참조 → 27쪽

22 버스의 경우 **차령을 연장하려는 경우** 자동차관리법에 따른 ( )를 받아야 한다.

23 **차내에 운전자격증명**을 게시하지 않은 경우 **과징금**은 ( )만원, **차 바깥쪽에 사업용 자동차의 표시를 하지 않은 경우의 과태료**는 ( )만원이다.

24 운전자가 ( )분을 초과하지 않고 차를 정차시키는 것으로 주차 외의 정차상태는?( )

25 차로와 차로를 구분하기 위하여 그 경계지점을 안전표지로 표시한 선은?( )

26 차마가 한 줄로 도로의 정하여진 부분을 통행하도록 차선으로 구분한 차도의 부분?( )

27 i) 도로가 일방통행인 경우, ii) 도로의 우측 부분의 폭이 ( )m가 되지 아니한 도로는 **도로의 중앙이나 좌측**을 통행할 수 있다.

28 **유모차 및 보행보조용 의자차**를 이용하는 **사람**도 보행자에 속한다.

해설 유모차 및 보행보조용 의자차는 '차'가 아니므로, 이를 이용하는 사람은 보행자이다.

29 고속도로 외의 도로에서 ( )차로, 고속도로의 편도 2차로는 ( )차로, 편도3차로는 ( )차로가 **경형·소형·중형 승합자동차의 통행차로**이다.

해설 대형승합자동차는 고속도로 외의 도로에서는 오른쪽 차로 편도2차로의 고속도로는 2차로, 편도3차로 이상의 고속도로는 오른쪽차로가 통행차로이다. → 모든 차는 지정된 차로의 오른쪽 차로를 통행할 수 있다. 그리고 앞지르기를 할 때 위 통행기준 중 바로 옆차로를 통행할 수 있다.

30 어린이보호구역에서 통행금지·제한 위반, 보행자 통행방해 또는 보호불이행은 범칙금 ( )만원이고, 신호·지시위반, 횡단보도 보행자 횡단방해의 범칙금은 ( )만원이다.

31 다인승전용차로는 ( )인 이상이 승차한 승용·승합자동차가 통행할 수 있다.

32 운전자가 차에서 내려 편의점에서 커피를 사는 경우의 차의 상태는 ( )이다.

33 도로가 아닌 곳에서 보행자의 통행에 방해가 되는 경우에는 ( )하거나 ( )하여야 한다.

해설 i) 보도와 차도가 구분되지 아니한 도로 중 중앙선이 없는 도로, ii) 보행자우선도로, iii) 도로 외의 곳에서는 보행자와 거리를 두고 서행하여야 하며, 보행자의 통행에 방해가 되는 경우에는 "서행하거나 일시정지하여야" 한다.

34 적색의 등화에 차마가 우회전하려는 경우에는 **직전에서 ( )한 후** 신호에 따라 진행하는 다른 차마의 교통을 방해하지 않고 우회전할 수 있다.

---

15 자격취소 **16** 11, 9 **17** 16 **18** 수시, 8, 매년, 4 **19** 격년, 4 **20** 20 **21** 180 **22** 임시검사 **23** 10, 20 **24** 5, 정차 **25** 차선 **26** 차로 **27** 6 **29** 왼쪽, 2, 왼쪽 **30** 9, 13 **31** 3 **32** 주차 **33** 서행, 일시정지 **34** 정차

35 도로상태가 **위험**하거나 도로 또는 그 부근에 **위험물**이 있는 경우에 필요한 안전조치를 할 수 있도록 이를 도로사용자에게 알리는 표지는 (　) 표지이다.

36 노면표시 중 (　)색은 **반대방향**의 교통류분리 또는 도로이용의 제한 및 지시를 표시한다.

해설 동일방향의 교통류분리는 백색, **지정방향**의 교통류분리는 청색, 어린이보호구역 또는 주거지역은 적색이다.

37 일반도로의 최저속도는 (　), 고속도로에서의 최저속도는 (　)km, 자동차전용도로는 (　)km이다.

38 비탈진 좁은 도로에서 자동차가 마주보는 경우에는 (　) 자동차가 진로를 양보하여야 한다.

39 주거지역의 일반도로 편도 1차로의 최고속도는 매시 (　)km이다.

해설 국토법상 주거·상업·공업지역이 <u>아닌 경우</u>의 편도 1차로 일반도로에서는 매시 60km 이내이다.

40 **편도2차로 이상**의 **고속도로**에서는 중형 승합자동차의 최고속도는 매시 (　)km 이내이다.

41 비가 내리는 경우에 편도2차로의 일반도로에서 승합자동차는 (　)km 이하로 운행해야 한다.

해설 편도2차로의 일반도로의 제한속도는 80km 이내이고, 우천으로 20/100을 감속해야 하므로 ∵ 80km × 0.8(20% 감속) = 64km 이다. 비가 내려 노면이 젖어 있거나 눈이 20mm 미만 쌓이면 최고속도의 20/100을 감속해야 한다.

42 교차로에 동시에 진입하려고 하는 경우에는 (　)**도로에서 진입하는 차**에 진로를 양보해야 한다.

해설 교차로에 동시에 진입한 상태에서 폭이 넓은 도로에서 진입한 차량에 양보해야 하고, 좌회전하는 경우에는 직진 또는 우회전차량에 우선권이 있다.

43 눈이 20mm 이상 쌓였거나, 기후 등으로 가시거리가 100m 이내인 경우 혹은 노면이 결빙된 경우에는 최고속도의 (　)을 감속해야 한다.

44 음주운전의 기준은 혈중알코올농도 (　)% 이상이고, 술에 만취한 상태는 혈중알코올농도 (　)% 이상이다.

45 **제1종 보통면허**를 가진 운전자는 승차정원 (　)명 이하의 승합자동차, 적재중량 (　)톤 이하의 화물자동차를 운전할 수 있다.

46 승합차등의 **규정속도 60km 초과**의 벌점은 (　)점 [범칙금 (　)만원], **40km 초과 60km 이하**는(　)점 [범칙금 (　)만원]의 벌점이 부과된다.

47 안전표지가 설치된 곳에서의 승합자동차등의 **정차·주차금지위반**의 범칙금은 (　)만원이다.

48 특별교통안전 의무교육 및 권장교육은 (　)시간 이상 (　)시간 이하로 각각 실시한다.

49 **신호·지시위반**의 경우에 승합자동차의 범칙금은 (　)만원이다.

50 **고속도로의 버스전용차로를 통행**할 수 있는 차로는 (　)인승 이상 승용자동차 및 승합자동차이다. 다만 승용자동차와 12인승 이하의 승합자동차는 (　)인 이상이 승차한 경우에 한한다.

해설 그밖에 36인승 이상의 **대형승합자동차**와 36인승 미만의 사업용 승합자동차도 버스전용차로를 통행할 수 있다.

51 i) **교차로 가장자리** 또는 **도로모퉁이**로부터 (　)m 이내인 곳, ii) **안전지대의 사방**으로부터 각각 (　)m 이내인 곳, iii) **버스정류지로 표시**된 곳으로부터 (　)m 이내인 곳, iv) **건널목의 가장자리** 또는 **횡단보도**로부터 (　)m 이내인 곳은 정차와 주차가 금지된다.

해설 두문자 : 안정건 → 36쪽 참조. 소화장치나 소방시설이 설치된 곳은 5m이다.

52 터널안 및 다리 위, 도로공사구역의 양쪽 가장자리, 다중이용업소의 영업장이 속한 건축물로 시·도경찰청장이 지정한 곳은 (　)금지의 장소이다.

---

35 주의 **36** 황 **37** 제한없고, 50, 30 **38** 올라가는 **39** 50 **40** 100 **41** 64 **42** 우측 **43** 50/100 **44** 0.03, 0.08 **45** 15, 12 **46** 60, 13, 30 10 **47** 9 **48** 3, 48 **49** 7 **50** 9, 6 **51** 5, 10, 10, 10 **52** 주차

53 도로에서 버스를 운행하는 경우에 켜는 등화는?

[해설] 두문자: **전차미번실** → 36쪽 참조

54 버스운전자가 도로에서 정차 또는 주차하는 경우에 켜야 하는 등화는 (　　)과 (　　)이다.

[해설] 두문자: **차미** 참조

55 피해자를 병원까지 후송하고 계속 치료받을 수 있는 조치를 취하지 않은 경우에 도주사고가 성립(　　).

56 교통안전표지 중 **신호·지시위반이 성립**하는 표지는 (　　)표지(통행금지·진입금지·일시정지표지)가 설치된 구역에서 성립한다.

57 제한속도를 초과하여 운전하다 빗길에 미끄러져 중앙선을 침범한 경우 중앙선 침범이 (　　).

[해설] 제한속도를 준수한 경우에는 중앙선침범을 적용할 수 없으나 제한속도를 초과한 경우에는 성립한다.

58 사고운전자가 피해자를 사고 장소에서 **옮겨 유기하고 도주**하여 피해자를 상해에 이르게 한 경우는 (　　)으로 처벌된다.

[해설] 비교해야 할 내용으로 피해자를 구호하는 등의 조치를 하지 아니하고 도주하여 피해자가 상해를 입은 경우는 1년 이상의 유기징역 또는 500만원 이상 3천만원 이하의 벌금에 처한다.

59 **녹색등화일 때 횡단보도에 진입**하여 건너던 중 적색신호로 변경된 후의 사고는 보행자보호의무 위반으로 처벌(　　), 녹색등화에 횡단보도에 진입하여 건너던 중 **적색등화가 되어 되돌아가고 있는 보행자**를 충돌한 경우 보행자위반으로 처벌(　　).

60 <u>신호·지시위반 사고, 중앙선침범사고, 횡단·유턴 또는 후진 중 사고, 과속사고, 앞지르기 방법(고속도로 포함)·금지시기, 금지장소 또는 끼어들기의 금지, 보도침범, 통행방법 위반사고, 승객추락방지의무 위반 등은 교통사고처리특례법이 적용되지 않고 형사처벌된다.</u>

61 과속사고는 **규제표지, 노면표지의 속도제한표시**의 시설물에서 (　　)속도의 (　　)km/h를 초과한 것이다.

62 피해자가 부상사실이 없거나 극히 경미하여 구호조치 없이 연락처를 제공하고 떠난 경우는 **뺑소니**가 성립(　　).

63 쌍방 업무상과실이 있는 경우에 발생한 사고로 과실이 적은 차량이 도주한 경우는 **뺑소니**가 성립(　　).

64 횡단보도 내에서 교통정리를 하고 있거나, 화물 하역작업을 하는 사람은 횡단보도의 보행자에 해당(　　).

65 보도에 서있다가 횡단보도 내로 넘어진 사람은 횡단보도의 보행자에 해당(　　).

66 **범칙금이 부과되는 소음**으로는 i) 급발진·급가속 소음, ii) 엔진공회전 소음, iii) 반복적·연속적 경음기 울림으로 인한 소음이다.

67 술을 마시고 **주차장**(주차선 안 포함)에서 음주운전하거나, 공장이나 관공서, 학교 등의 **문, 차단기에 의해 도로와 차단하는 장소**의 통행로에서의 음주운전도 처벌(　　).

68 횡단보도 노면표시가 포장공사로 반은 지워졌으나, **반은 남아 있는 경우**나 횡단보도 **노면표시가 있으나 횡단보도 표지판이 설치되지 않은 경우**는 횡단보도로 인정(　　).

---

53 전조등, 차폭등, 미등, 번호등, 실내조명등　**54** 차폭등, 미등　**55** 한다　**56** 규제　**57** 성립한다　**58** 3년 이상의 유기징역　**59** 되나, 되지 않는다.　**61** 제한, 20　**62** 하지 않는다.　**63** 한다　**64·65** 하지 않는다　**67** 한다　**68** 된다

PART 1 단원별 적중모의고사

실전점검

01 제1회 적중모의고사

01 다음 용어의 정의에 대한 설명으로 틀린 것은?
① 여객자동차운송사업은 자동차를 사용하여 유상으로 여객을 운송하는 사업이다.
② 여객자동차터미널은 여객이 승차 또는 하차할 수 있도록 노선 사이에 설치한 장소이다.
③ 노선은 자동차를 정기적으로 운행하거나 운행하려는 구간이다.
④ 운행계통은 노선의 기점(起點)·종점(終點)과 그 운행경로, 운행거리, 운행횟수 및 운행대수를 총칭한 것이다.

해설 ② 정류소에 대한 설명이다.

02 운행계통을 정하지 아니하고 전국을 대상으로 1개의 운송계약에 따라 16인승 이상의 승합자동차를 대상으로 여객을 운송하는 사업은?
① 전세버스운송사업
② 특수여객자동차운송사업
③ 수요응답형 여객자동차운송사업
④ 시외버스운송사업

03 버스운전업무 종사자격으로 틀린 것은?
① 사업용 자동차를 운전하기에 적합한 운전면허를 보유하고 있을 것
② 20세 이상으로 운전경력이 1년 이상일 것
③ 교통안전체험교육을 수료할 것
④ 운전적성정밀검사 기준에 적합할 것

해설 화물운송종사자격시험 합격이나 교통안전체험교육을 수료하는 것으로 부족하고 자격증을 취득해야 한다.

04 버스운전자격 취소사유가 아닌 것은?
① 부정한 방법으로 버스운전자격을 취득한 경우
② 피성년후견인
③ 중상자 6명 이상이 발생한 교통사고를 낸 경우
④ 운전업무와 관련하여 버스운전자격증을 타인에게 대여한 경우

해설 ③ 자격정지 40일 사유이다. 도로교통법위반으로 사업용자동차를 운전할 수 있는 운전면허가 취소된 경우가 자격취소 사유이다.

05 어린이보호구역에서 승합차가 정차·주차금지 위반을 한 경우의 범칙금은?
① 11만원
② 12만원
③ 13만원
④ 14만원

06 자가용자동차를 유상운송용으로 제공 또는 임대하거나 이를 알선할 수 있는 경우가 아닌 것은?
① 출퇴근 때 승용자동차를 함께 타는 경우
② 천재지변, 긴급 수송, 교육목적을 위한 운행
③ 대학교에서 직접 소유하여 운영하는 26인승 이하의 승합자동차일 것
④ 국가 또는 지방자치단체의 소유의 자동차로서 장애인 등의 교통편의를 위하여 운행하는 경우

해설 ③ 26인승 이상의 승합자동차일 것을 요한다.

01 ② 02 ① 03 ③ 04 ③ 05 ③ 06 ③

07 운수종사자의 교육에 대한 설명으로 틀린 것은?

① 무사고·무벌점의 기간이 5년 이상 10년 미만인 운수종사자는 매년 4시간의 교육을 받는다.
② 새로 채용한 운수종사자는 16시간의 교육을 받는다.
③ 법령위반 운수종사자는 보수교육을 8시간 수시로 받는다.
④ 무사고·무벌점 기간이 5년 이상인 운수종사자는 매년 4시간의 교육을 받는다.

해설 ① 매년 받는 것이 아니라 격년으로 교육 받는다.

08 다음 여객자동차운수사업에 사용되는 자동차의 차령으로 틀린 것은?

① 특수여객자동차 운송사업용 경형·중형·소형 승용자동차 – 6년
② 전세버스운송사업용 승합자동차 – 9년
③ 시내버스운송사업용 승합자동차 – 9년
④ 시외버스운송사업용 승합자동차 – 9년

해설 전세버스운송사업용 또는 특수여객자동차운송사업용 승합자동차는 차령이 11년이고 그밖의 사업용 승합자동차는 9년이다.

09 정류소에서 주차 또는 정차 질서를 문란하게 한 경우의 과징금 액수는?

① 20만원   ② 10만원
③ 30만원   ④ 40만원

10 차마가 한 줄로 도로의 정하여진 부분을 통행할 수 있도록 차선(車線)으로 구분한 차도의 부분은?

① 교차로   ② 중앙선
③ 차로   ④ 차선

11 차마가 도로의 중앙이나 좌측부분을 통행할 수 있는 경우가 아닌 것은?

① 도로의 혼잡으로 우측부분을 통행할 수 없는 경우
② 도로가 일방통행인 경우
③ 도로 우측 부분의 폭이 차마의 통행에 충분하지 아니한 경우
④ 시·도경찰청장이 필요하다고 인정하여 통행방법을 지정한 경우

해설 ① 도로의 혼잡만의 사유로 좌측부분을 통행할 수 없다.

12 중형승합자동차의 경우 다음의 (   )안에 들어갈 내용으로 맞는 것은?

- 고속도로의 편도 1차로에서의 최고속도는 매시 (   )km 이내
- 편도 2차로 이상의 고속도로의 최고속도는 매시 (   )km 이내

① 80, 100   ② 60, 120
③ 80, 120   ④ 70, 100

해설 참고로 편도 2차로 이상 고속도로에서 대형승합자동차의 경우도 매시 100km 이내로 운행해야 한다. 지정·고시한 노선 또는 구간의 고속도로에서는 120km 이내로 운행할 수 있다.

13 교차로 통행방법에 대한 설명 틀린 것은?

① 좌회전을 하기 위하여 신호를 하는 차가 있는 경우에 이를 방해하여서는 안 된다.
② 교차로에서 교통에 방해가 될 우려가 있으면 교차로에 진입하지 말아야 한다.
③ 우회전하기 위해서는 교차로의 중심 안쪽을 이용하여 우회전하여야 한다.
④ 교통정리가 없고 일시정지나 양보를 표시하는 안전표지가 설치되어 있는 교차로에 진입 시 일시정지하거나 양보하여야 한다.

해설 ③ 우회전하기 위해서는 우측 가장자리를 서행하면서 우회전해야 한다.

07 ① 08 ② 09 ① 10 ③ 11 ① 12 ① 13 ③

14 정차 및 주차가 금지되는 장소가 <u>아닌</u> 것은?

① 교차로·횡단보도·건널목이나 보도와 차도가 구분된 도로의 보도

② 교차로의 가장자리 또는 도로의 모퉁이로부터 10m 이내인 곳

③ 안전지대가 설치된 도로에서는 그 안전지대의 사방으로부터 각각 10m 이내인 곳

④ 건널목의 가장자리 또는 횡단보도로부터 10m 이내인 곳

해설 교차로의 가장자리 또는 도로의 모퉁이로부터 5m 이내인 곳이 정차 및 주차가 금지되는 장소이다.
①·③·④ 이외에 버스여객자동차의 정류지임을 표시하는 기둥이나 표지판 또는 선이 설치된 곳으로부터 10m 이내인 곳을 정차 및 주차가 금지되는 장소로 들 수 있다.

15 자동차에서 좌석안전띠를 매지 않아도 되는 경우가 <u>아닌</u> 것은?

① 자동차를 후진시키기 위하여 운전하는 때

② 신장·비만, 그 밖의 신체의 상태에 의하여 좌석안전띠의 착용이 적당하지 아니하다고 인정되는 경우

③ 장애로 인하여 좌석안전띠의 착용이 적당하지 아니하다고 인정되는 경우

④ 긴급자동차가 사적 용도로 운행되고 있는 때

해설 ④ 긴급자동차가 그 본래의 용도로 운행되고 있는 때가 좌석안전띠를 매지 않아도 되는 때이다.

16 다음 중 서행해야 하는 장소가 아닌 곳은?

① 도로가 구부러진 부근

② 가파른 비탈길의 내리막

③ 다리 위

④ 교통정리를 하고 있지 아니하는 교차로

해설 ③ 터널 안 및 다리 위는 주차금지의 장소이다.

17 제1종 보통면허를 취득하고자 하는 경우 운전에 필요한 적성에 대한 기준 틀린 것은?

① 제1종 운전면허는 두 눈을 동시에 뜨고 잰 시력이 0.8 이상이어야 한다.

② 55데시벨의 소리를 들을 수 있을 것

③ 한쪽 눈을 보지 못하는 사람이 제1종 보통면허를 취득하려는 경우에는 다른 쪽 눈의 시력이 0.8 이상이어야 한다.

④ 붉은색, 녹색 및 파란색을 구별할 수 있어야 한다.

해설 ④ 붉은색, 녹색 및 노란색을 구별할 수 있을 것을 요한다.

18 승합자동차 등의 범칙금액이 다른 것은?

① 어린이통학버스 운전자의 의무위반(좌석안전띠를 매지 않은 경우는 제외)

② 어린이 보호구역에서 신호·지시 위반

③ 60km 초과한 속도위반

④ 어린이통학버스 특별보호 위반

해설 ①·②·③은 승합자동차등에서 범칙금액 13만원이다. ④는 10만원이다.

19 다음 안전표지의 그림을 옳게 나열한 것은?

	ㄱ	ㄴ	ㄷ
①	규제표지	규제표지	보조표지
②	주의표지	지시표지	지시표지
③	주의표지	규제표지	지시표지
④	지시표지	보조표지	규제표시

해설 ㄱ. 주의표지 중에 "미끄러운 도로"에 대한 표지이다.

14 ② 15 ④ 16 ③ 17 ④ 18 ④ 19 ③

ㄴ. 규제표지 중에 "승합자동차통행금지"에 대한 표지이다.
ㄷ. 지시표지 중 "우회로"에 대한 표지이다.

20 노면표시 기본색상의 설명으로 틀린 것은?
① 황색은 반대방향의 교통류분리 또는 도로이용의 제한 및 지시에 사용된다.
② 백색은 주거지역 안에 설치하는 속도제한표시의 테두리선에 사용된다.
③ 청색은 지정방향의 교통류 분리 표시로서 버스전용차로표시 등에 사용된다.
④ 적색은 어린이보호구역 안에 설치하는 속도제한표시의 테두리선에 사용된다.

[해설] ② 주거지역 안에 설치하는 속도제한표시의 테두리선에 사용되는 색상은 **백색이 아니라 적색**이다.

21 교통사고처리특례법(이하 '교특법'이라 함)이 적용되지 않는 중대법규위반 교통사고가 아닌 것은?
① 철길건널목 통과방법을 위반하여 인명피해가 난 경우
② 보행자보호의무 위반하여 인명피해가 난 경우
③ 무면허운전사고를 위반하여 인명피해가 난 경우
④ 제한속도를 10km 초과한 속도위반으로 인명피해가 난 경우

[해설] 20km 초과 속도위반으로 인명피해가 난 경우가 특례법이 적용되지 않는 중대법규위반 교통사고이다.

22 교특법상 도주사고가 성립하는 경우는?
① 피해자가 부상사실이 없거나 극히 경미하여 구호조치가 필요하지 않다고 판단하여 벗어난 경우
② 가해자 및 피해자 일행 또는 경찰관이 환자를 후송 조치하는 것을 보고 연락처를 주고 가버린 경우
③ 교통사고 가해운전자가 심한 부상을 입어 타인에게 의뢰하여 피해자를 후송조치한 경우
④ 쌍방 업무상 과실이 있는 경우에 발생한 사고로 과실이 적은 차량이 도주한 경우

23 특례가 배제되는 과속사고가 성립하는 경우는?
① 제한속도 20km 이하 과속차량에 충돌되어 인적손해를 입은 경우(피해자 요건)
② 제한속도 20km 초과하여 운행 중 대물피해만 입힌 경우
③ 불특정 다수의 사람 또는 차마의 통행을 위하여 공개된 장소가 아닌 경우
④ 시·도경찰청장이 설치한 규제표지로서 최고속도제한표지가 있는 곳에서의 사고

24 무면허 운전사고에 대한 설명으로 틀린 것은?
① 무면허 운전자동차에 충돌되어 인적사고를 입은 경우에 중대법규위반에 해당한다.
② 대물피해인 경우에 보험면책으로 합의되지 않는 경우 공소권이 있다.
③ 면허취소사유 상태이나 취소처분의 통지 전 운전인 경우에는 무면허운전으로 인한 사고에 해당한다.
④ 운전면허시험에 합격한 후 운전면허증을 발급받기 전에 운전하는 행위

[해설] ③ 면허취소사유 상태이나 취소처분의 통지 전 운전인 경우에는 무면허운전에 해당하지 않는다.

20 ② 21 ④ 22 ④ 23 ④ 24 ③

25 진로변경 사고가 성립하는 피해자요건은?

① 동일방향으로 진행하던 중 앞차가 차로를 변경하는데 피해자 차도 뒤따라 차로를 변경하다가 앞차를 추돌한 경우
② 피해자가 장시간 주차하다가 막연히 출발하여 좌측면에서 차로 변경 중인 차량의 후면을 추돌한 경우
③ 옆 차로에서 진행 중인 차량이 갑자기 차로를 변경하여 피해자 차가 불가항력적으로 충돌한 경우
④ 차로변경 후 상당 구간 진행 중인 피해자의 차량을 뒤차가 추돌한 경우

02 제2회 적중모의고사

01 노선 여객자동차운송사업이 아닌 것은?

① 시내버스운송사업
② 농어촌버스운송사업
③ 전세버스운송사업
④ 시외버스운송사업

해설 ③ 전세버스운송사업은 특수여객자동차운송사업과 함께 구역 여객자동차운송사업이다.

02 다음 시내버스운송사업의 올바른 운행형태는?

> 시내좌석버스를 사용하여 각 정류소에 정차하되, 둘 이상의 시·도에 걸쳐 노선이 연장되는 경우 정류구간 및 해당 노선 좌석형 총 정류소의 2분의 1 범위에서 정류소 수를 조정하여 운행하는 형태

① 광역급행형　② 직행좌석형
③ 좌석형　　　④ 일반형

03 운전적성정밀검사 중 특별검사를 받아야 하는 사람이 아닌 것은?

① 중상 이상의 사상사고를 일으킨 자
② 과거 1년간 운전면허 행정처분기준에 따라 누산점수가 81점 이상인 자
③ 질병, 과로 그밖의 사유로 안전운전을 할 수 없다고 인정되는 자인지 알기 위하여 운송사업자가 신청한 자
④ 자격유지검사의 적합판정을 받고 1년이 지난 70세 이상인 사람

해설 ④ 자격유지검사를 받아야 한다.

04 승합자동차로서 특수여객자동차운송사업용 승합자동차의 차령은?

① 6년　　② 10년
③ 11년　　④ 9년

해설 ③ 특수여객자동차운송사업용 승합자동차와 전세버스운송사업용 승합자동차의 차령은 11년이다.

05 다음 중 운송사업자가 보고해야 할 '중대한 교통사고'가 아닌 것은?

① 전도사고
② 화재가 발생한 사고
③ 사망자가 2명 이상 발생
④ 사망자 1명과 중상자 3명 이상

해설 ① 전도사고가 아니라 **전복사고**이다.
②·③·④ 이외에 "중상자 6명 이상의 사람이 죽거나 다친 사고"가 중대한 교통사고이다.

06 새로 채용한 운수종사자의 신규교육시간으로 맞는 것은?

① 16시간　　② 8시간
③ 4시간　　　④ 2시간

25 ③ ▮ 01 ③　02 ②　03 ④　04 ③　05 ①　06 ①

07 시내버스와 시외버스의 경우 임의로 '결행'이나 '노선 또는 운행계통의 단축 또는 연장 운행'을 한 경우의 과징금 액수는?

① 20만원   ② 100만원
③ 360만원   ④ 60만원

08 버스운전자격시험에 대한 설명으로 틀린 것은?

① 버스운전자격시험일 전 5년간 음주운전에 위반하여 운전면허가 취소된 사람은 버스운전자격을 취득할 수 없다.
② 버스운전자격시험일 전 5년간 고의 또는 과실로 20명 이상의 사상자가 발생한 경우 버스운전자격을 취득할 수 없다.
③ 음주운전이나 공동위험행위 금지를 2회 이상 위반한 경우 운전면허가 취소된 날부터 3년간 자격을 취득할 수 없다.
④ 교통운수관련법규, 자동차관리요령, 안전운행요령, 운송서비스가 버스운전자격시험 필기시험과목이다.

해설 ③ 2년간 취득할 수 없다. 만일 음주운전으로 2회 이상의 교통사고를 일으킨 경우에는 취소된 부터 3년간 자격을 취득할 수 없다.

09 대폐차에 충당되는 승합자동차의 차량충당연한은?

① 1년   ② 2년
③ 3년   ④ 4년

10 도로교통법상 '차'가 아닌 것은?

① 자동차
② 건설기계
③ 가축의 힘으로 도로에서 운전되는 것
④ 가설된 선을 이용하여 운전되는 것

11 차량신호등에 대한 설명으로 옳은 것은?

① 녹색의 등화일 경우에 비보호좌회전표지가 있는 곳에서는 좌회전할 수 없다.
② 황색의 등화일 경우에 차마가 교차로의 일부라도 진입한 경우라도 멈춰야 한다.
③ 적색의 등화시 횡단보도 및 교차로의 직전에서 정지해야 하나 신호에 따라 진행하는 다른 차마의 교통을 방해하지 않는 경우에는 우회전할 수 있다.
④ 황색등화가 점멸하는 경우 차마는 일단 멈추고 다음 등화 시까지 기다려야 한다.

해설 ① 녹색의 등화일 경우에 비보호좌회전표지 또는 비보호좌회전표시가 있는 곳에서는 좌회전할 수 있다.
② 황색의 등화일 경우에 차마가 교차로의 일부라도 진입한 경우에는 신속히 교차로 밖으로 진행하여야 한다.
④ 황색등화가 점멸하는 경우 차마는 다른 교통 또는 안전표지의 표시에 주의하면서 진행할 수 있다.

12 도로 및 차로에 따라 통행할 때의 주의사항을 설명한 것으로 틀린 것은?

① 모든 차는 지정된 차로의 오른쪽 차로로 통행할 수 있다.
② 앞지르기를 할 때는 통행기준의 지정된 차로의 바로 옆 왼쪽 차로를 통행할 수 있다.
③ 도로의 전·출입하는 부분에서는 상당한 거리 동안 통행기준의 차로를 따르지 아니할 수 있다.
④ 느린 속도로 진행하는 관계로 다른 차의 정상적인 통행을 방해할 우려가 있는 경우에는 통행하던 차로의 왼쪽 차로로 통행해야 한다.

해설 ④ 통행하던 차로의 오른쪽 차로로 통행해야 한다.

07 ② 08 ③ 09 ③ 10 ④ 11 ③ 12 ④

13 다른 차를 앞지르기를 금지하는 장소가 아닌 것은?

① 터널 안

② 교차로

③ 다리 위

④ 안전표지가 없는 비탈길의 고갯마루 부근

해설 ④ 도로의 구부러진 곳, 비탈길의 고갯마루 부근 또는 가파른 비탈길의 내리막 등 시·도경찰청장이 도로에서의 위험을 방지하고 교통의 안전과 원활한 소통을 확보하기 위하여 필요하다고 인정하는 곳으로서 **안전표지로 지정한 곳**이 앞지르기를 하지 못하는 곳이다.

14 다음 중 서행하여야 할 장소가 아닌 것은?

① 교통정리를 하고 있는 교차로

② 도로가 구부러진 부근

③ 가파른 비탈길의 내리막

④ 비탈길의 고갯마루 부근

해설 ① 교통정리를 하고 있지 아니하는 교차로이다.

15 도로에서 차를 운행하는 경우에 켜야 할 승합자동차의 등화로 옳은 것은?

① 전조등 및 미등

② 미등·차폭등 및 번호등

③ 전조등, 차폭등, 미등, 번호등과 실내조명등

④ 전조등, 차폭등, 미등

해설 ③ 실내조명등은 승합자동차와 여객자동차 운송사업용 승용자동차만 해당한다.

16 시외버스운송사업 자동차의 원동기 출력(자동차 총중량 1톤당)과 승차정원의 요건으로 틀린 것은?

① 시외고속버스는 20마력 이상이고, 30인승 이상인 대형승합자동차

② 시외직행버스는 중형 이상의 승합자동차

③ 시외우등고속버스는 25마력 이상이고 29인승 이하인 대형승합자동차

④ 시외일반버스는 중형 이상의 승합자동차

해설 ③ 시외우등고속버스도 시외고속버스와 같은 20마력 이상이면 된다.

17 1종 보통면허를 가진 운전자가 운전할 수 있는 차가 아닌 것은?

① 승차인원 15인 이하의 승합자동차

② 적재중량 12톤 미만의 화물자동차

③ 총중량 10톤 이하의 특수자동차

④ 도로를 운행하는 3톤 미만의 지게차

해설 ③ 총중량 10톤 **미만**의 특수자동차가 운전할 수 있는 차이다.

18 운전면허 취소처분의 기준으로 틀린 것은?

① 교통사고로 사람을 죽게 하거나 다치게 하고 구호조치를 하지 아니한 때

② 술에 취한 상태에서 운전하였다고 인정할 만한 상당한 이유가 있음에도 불구하고 경찰공무원의 측정 요구에 불응한 때

③ 면허증 소지자가 다른 사람에게 면허증을 대여하여 운전하게 한 때

④ 다리, 머리, 척추 그 밖의 신체장애로 인하여 서 있을 수 없는 사람

해설 ④ 다리, 머리, 척추 그 밖의 신체장애로 인하여 **앉아 있을 수 없는 사람**이 운전면허 취소처분의 기준이다.

19 승합자동차등의 범칙금액이 다른 범칙행위는?

① 신호·지시 위반

② 중앙선 침범, 통행구분 위반

③ 승객의 차 안 소란행위 방치 운전

④ 철길건널목 통과방법 위반

해설 ①·②·④는 범칙금이 7만원이나 ③은 10만원이다.

13 ④ 14 ① 15 ③ 16 ③ 17 ③ 18 ④ 19 ③

20 다음 설명 중 옳지 않은 것은?

① 안전표지란 도로교통의 안전을 표시하는 표지판이나 노면표시를 말한다.
② 도로교통의 안전을 위하여 도로이용자가 따라야 하는 필요한 지시를 알리는 표지를 지시표시라고 한다.
③ 노면표시에 사용되는 각종 선에서 점선은 허용, 실선은 제한, 복선은 의미의 강조를 나타낸다.
④ 청색은 동일방향의 교통류 분리 및 경계를 표시한다.

해설 ④ 동일방향의 교통류 분리 및 경계를 표시하는 것은 백색이다. 청색은 지정방향의 교통류 분리를 표시하는 것이다.

21 보험 또는 공제에 가입된 경우에도 공소를 제기할 수 있는 경우가 아닌 것은?

① 교통사고처리특례법상 특례 적용이 배제되는 사고에 해당하는 경우
② 피해자가 신체의 상해로 인하여 경상(輕傷)을 입은 경우
③ 피해자가 신체의 상해로 인하여 불구(不具) 또는 불치(不治)나 난치(難治)의 질병이 생긴 경우
④ 계약상의 면책규정 등으로 인하여 보험금 또는 공제금의 지급의무가 없어진 경우

해설 ② 피해자가 신체의 상해로 인하여 생명의 위험이 발생한 경우

22 중앙선 침범시 공소권 없는 사고로 처리되는 경우가 아닌 것은?

① 불가항력적으로 중앙선을 침범한 경우
② 사고를 피하기 위하여 급제동한 결과 중앙선을 침범한 경우
③ 교차로 좌회전 중에 일부 중앙선을 침범한 경우
④ 졸다가 뒤늦게 급제동하여 중앙선을 침범한 사고인 경우

해설 ④ 현저한 부주의에 의한 중앙선을 침범한 경우로 형사처벌 된다.

23 특례가 배제되는 중대법규위반 교통사고 중 '보행자 보호의무 위반' 사고에 대한 설명으로 옳지 않은 것은?

① 이륜차를 타고 횡단보도를 통행하던 중 사고가 난 경우 이륜차를 보행자로 볼 수 없다.
② 이륜차를 끌고 횡단보도를 보행하던 중 사고가 난 경우에는 '보행자 보호의무 위반'이 적용된다.
③ 이륜차를 타고가다 멈추고 한 발을 페달에 다른 한 발은 노면에 딛고 서있던 중 난 사고에서 운전자를 보행자로 볼 수 없다.
④ 보행신호에 횡단보도에 진입한 보행자가 중간에 녹색등화의 점멸이나 적색등화가 된 경우에 그 보행자를 충돌하여 사고가 난 경우는 '보행자 보호의무 위반'사고로 처리한다.

해설 ③ 이륜차를 타고 가다 멈추고 한 발을 페달에 다른 한 발은 노면에 딛고 서 있던 중 난 사고에서는 '보행자 보호의무 위반'이 적용된다.

24 다음 설명 중에서 옳은 것은?

① 승객추락방지의무는 승용, 승합, 화물, 건설기계 등 자동차와 이륜차, 자전거 등에서 적용된다.
② 운송사업자가 운수종사자의 현황이나 휴식시간보장을 알려야 하는 기관은 시·도지사이다.
③ 앞차가 신호를 착각하여 급정지한 경우도 정당한 급정지에 해당한다.
④ 운송사업자는 운수종사자의 현황은 매월 7일 이내, 신규채용자는 채용일로부터 7일 이내 신고하여야 한다.

해설 ① 이륜차, 자전거 등은 적용되지 않는다.
③ 정당한 급정지에 해당하지 않는다.
④ 운송사업자는 운수종사자의 현황과 휴식시간 보장내역은 매월 10일 이내 신고하여야 한다.

25 다음이 설명하는 사고의 유형은?

> 뒤차가 교차로에서 앞차의 측면을 통과하면서 앞차의 앞으로 들어가지 않고 앞차의 측면을 접촉하는 사고

① 앞지르기 금지사고
② 교차로 통행방법위반 사고
③ 급차로변경 사고
④ 일시정지 위반사고

해설 ① 참고로 앞지르기 금지사고는 뒤차가 교차로에서 앞차의 측면을 통과한 후 앞차의 그 앞으로 들어가는 도중에 발생한 사고이다.

03 제3회 적중모의고사

01 다음 여객자동차운송사업 중 주로 군(광역시의 군은 제외)의 단일 행정구역에서 운행계통을 정하여 여객을 운송하는 사업은?

① 시내버스운송사업
② 농어촌버스운송사업
③ 마을버스운송사업
④ 시외버스운송사업

02 운행형태에 따라 고속형·직행형 및 일반형 등으로 구분되는 여객자동차운송사업은?

① 시외버스운송사업
② 시내버스운송사업
③ 마을버스운송사업
④ 농어촌버스운송사업

해설 ② 시내버스운송사업은 광역급행형·직행좌석형·좌석형 및 일반형 등의 운행형태를 갖는다.

03 시외버스운송사업 자동차 중에서 원동기 출력이 자동차 중 중량 1톤당 20마력 이상이고 승차정원이 30인승 이상인 것을 요하는 것은?

① 시외우등고속버스   ② 시외고속버스
③ 시외직행버스   ④ 시외일반버스

해설 ① 시외우등고속버스는 승차정원이 29인승 이하인 대형 승합자동차이다.
③·④ 시외직행버스 및 시외일반버스는 직행형과 일반형에 사용되는 중형 이상의 승합자동차이다.

04 시내버스운송사업 및 농어촌버스운송사업의 운행형태가 아닌 것은?

① 좌석형   ② 직행좌석형
③ 고속형   ④ 일반형

해설 시내버스운송사업의 광역급행형·직행좌석형·좌석형·일반형이고, 농어촌버스운송사업은 직행좌석형·좌석형·일반형이 운행형태이다.

05 버스운송사업자가 차내에 운전자격증명을 항상 게시하지 아니한 경우의 과징금 액수는?

① 14만원 ② 12만원 ③ 10만원 ④ 8만원

24 ② 25 ② 01 ② 02 ① 03 ② 04 ③ 05 ③

06 자동차의 바깥쪽에 자동차 표시를 하여야 하는데 그 표시 내용으로 옳지 않은 것은?

① 시외우등고속버스는 '우등고속'
② 전세버스운송사업용 자동차는 '전세'
③ 특수여객자동차운송사업용 자동차는 '장의'
④ 마을버스운송사업용 자동차는 '마을'

해설 ④ 마을버스운송사업용 자동차는 '**마을버스**'이고, 한정면허를 받은 여객자동차 운송사업용 자동차는 '**한정**'이다.

07 여객자동차운송사업에 대한 설명으로 틀린 것은?

① 농촌과 어촌을 기점 또는 종점으로 하고, 운행시간 등을 탄력적으로 운영하는 사업은 수요응답형 여객자동차운송사업이다.
② 시·군·구의 단일 행정구역에서 다른 노선 사업자가 운행하기 어려운 구간을 운영하는 것은 마을버스운송사업이다.
③ 마을버스운송사업 자동차는 원칙적으로 소형승합자동차가 사용된다.
④ 농어촌버스운송사업은 운행형태에 따라 광역급행형·직행좌석형·좌석형 및 일반형으로 구분한다.

해설 ③ 마을버스운송사업 자동차는 **원칙적으로 중형승합자동차가 사용**된다. 다만, 관할관청이 필요하다고 인정하는 경우에는 소형 또는 대형승합자동차가 가능하다.

08 운송사업자가 보고해야 할 중대한 교통사고에 대한 설명으로 틀린 것은?

① 운송사업자는 중대한 교통사고가 발생한 경우 24시간 이내에 시·도지사에게 보고해야 한다.
② 사고의 일시·장소 및 피해사항 등 사고의 개략적인 상황을 보고한다.
③ 시·도지사에게 보고한 후 72시간 이내에 사고보고서를 작성하여 관할 경찰서장에게 제출하여야 한다.
④ 전복사고도 중대한 교통사고이다.

해설 ③ 시·도지사에게 보고한 후 72시간 이내에 사고보고서를 작성하여 관할 **시·도지사에게 제출**하여야 한다.

09 운수종사자의 교육에 대한 설명으로 틀린 것은?

① 해당 연도의 신규교육 또는 수시교육을 이수한 운수종사자는 해당 연도의 보수교육을 면제한다.
② 법령위반의 운수종사자는 8시간을 수시로 받는다.
③ 운수종사자에 대한 교육은 시·군, 한국교통안전공단, 운수종사자 연수기관이 한다.
④ 자동차 면허대수가 20대 미만인 운송사업자의 경우는 교육훈련 담당자를 선임하지 아니할 수 있다.

해설 ③ 운수종사자에 대한 교육은 **운수종사자 연수기관, 한국교통안전공단, 연합회 또는 조합**이 한다.

10 도로교통의 안전을 위하여 필요한 지시를 하는 경우에 이에 따르도록 알리는 표지는?

① 지시표지 ② 규제표지
③ 보조표지 ④ 주의표지

11 버스운전자가 승객을 태우기 위해 정류소에 차를 세우는 것을 무엇이라고 하는가?

① 정차 ② 서행
③ 주차 ④ 운전

해설 ① **정차** : 운전자가 5분을 초과하지 아니하고 차를 정지시키는 것으로서 주차 외의 정지 상태를 말한다.
③ **주차** : 운전자가 승객을 기다리거나 화물을 싣거나 차가 고장나거나 그 밖의 사유로 차를 계속 정지 상태에 두는 것 또는 운전자가 차에서 떠나서 즉시 그 차를 운전할 수 없는 상태에 두는 것을 말한다.

06 ④ 07 ③ 08 ③ 09 ③ 10 ① 11 ①

12 다음 설명 중에서 옳지 않은 것은?

① 자동차란 철길이나 가설된 선을 이용하지 아니하고 원동기를 사용하여 운전되는 차이다.

② 손수레를 끌고가는 사람은 보행자에 해당하지 않는다.

③ 보행보조용 의자차, 유모차는 차에 해당하지 않는다.

④ 자동차에는 「건설기계관리법」상 건설기계도 포함된다.

해설 사람이 끌고 가는 손수레는 사람의 힘으로 운전되는 것으로서 차에 해당한다. 다만, 손수레가 1m 미만인 경우에는 차로 보지 아니한다. 그리고 손수레 운전자를 다른 차량이 충격하였을 때는 보행자로 본다.

13 교통안전시설이 표시하는 신호 또는 지시와 교통정리를 위한 '경찰공무원 등'의 신호가 다른 경우 경찰공무원의 신호 또는 지시를 따라야 한다. 여기서 '경찰공무원등'이 아닌 사람은?

① 교통정리를 하는 국가경찰공무원

② 강원특별자치도의 자치경찰공무원

③ 군사훈련 및 작전에 동원되는 부대의 이동을 유도하는 헌병

④ 교통사고로 발생한 교통정체 해소를 위해 교통정리하는 사고차량 운전자

해설 경찰공무원등은 국가경찰공무원·자치경찰공무원 또는 경찰보조자이다. 여기서 경찰보조자는 i) **모범운전자**, ii) 군사훈련 및 작전에 동원되는 부대의 이동을 유도하는 **헌병**, iii) 본래의 긴급한 용도로 운행하는 소방차·구급차를 유도하는 **소방공무원**이다.

14 대형승합자동차가 통행할 수 없는 차로는?

① 고속도로 외의 도로의 오른쪽 차로

② 편도 2차로의 1차로

③ 편도 3차로 이상에서 1차로

④ 편도 3차로 이상의 왼쪽차로

해설 ③을 제외하고는 통행할 수 있는 차로이다. ②와 ④는 앞지르기 하기 위해서 통행할 수 있는 차로이나, ③의 경우는 앞지르기 조차 할 수 없는 차로이다. 앞지르기는 지정된 차로의 **왼쪽 바로 옆차로를 통행**해야 하기 때문이다.

15 고속도로의 버스전용차로를 통행할 수 있는 차가 아닌 것은?

① 6명이 탑승한 9인승 이상의 승용자동차

② 7명이 탑승한 9인승 이상의 승합자동차

③ 5명이 탑승한 12인승의 승합자동차

④ 4명이 탑승한 20인승의 승합자동차

해설 고속도로에서는 9인승 이상 승용자동차 및 승합자동차는 버스전용차로를 통행할 수 있으나, 이 경우 **승용자동차는 6명 이상이 탑승**해야 하고, **승합자동차는 12인승 이하인 경우 6명 이상이 탑승**해야 한다.

16 고속도로인 편도 3차로 이상에서 앞지르기 하려는 중형 승합자동차가 통행할 수 있는 차로는?

① 오른쪽차로 ② 2차로

③ 1차로 ④ 왼쪽차로

해설 편도 3차로에서 경형·소형·중형 승합자동차의 통행차로는 왼쪽차로이다. 그러므로 앞지르기 하기 위해서는 지정된 차로의 바로 왼쪽차로이므로 1차로이다.

17 다음 ( )에 들어갈 말로 올바른 것은?

> 승합자동차는 국토법상 주거·상업·공업지역의 편도 1차로 일반도로에서는 ( )km/h 이내로 통행해야 하며, 편도 1차로의 고속도로에서는 ( )km/h, 편도2차로 이상의 고속도로에서는 ( )km/h 이내의 속도로 운행해야 한다.

① 60, 80, 100   ② 60, 90, 100

③ 50, 100, 120 ④ 50, 80, 100

해설 주거·상업·공업지역이 아니면 60km/h 이다. 그리고 편도 2차로 이상의 일반도로는 매시 80km/h 이다.

12 ② **13** ④ **14** ③ **15** ③ **16** ③ **17** ④

18 승합자동차의 최고속도 매시 80km 이내인 도로로 묶인 것으로 올바른 것은?

① 편도 2차로 이상의 일반도로, 편도 1차로 고속도로

② 자동차 전용도로, 편도 1차로의 고속도로

③ 편도 2차로 이상의 모든 고속도로, 자동차 전용도로

④ 편도 1차로의 일반도로, 편도 2차로 이상의 지정·고시한 노선 또는 구간의 고속도로

해설 ② 자동차 전용도로 매시 90km 이내
③ 편도 2차로 이상의 모든 고속도로 매시 100km 이내, 자동차 전용도로 매시 90km 이내
④ 편도 2차로 이상의 지정·고시한 노선 또는 구간의 고속도로 매시 120km 이내

19 도로교통의 안전을 위하여 각종 제한·금지 등의 규제를 하는 경우에 이를 도로사용자에게 알리는 표지는?

① 규제표지   ② 지시표지
③ 주의표지   ④ 보조표지

20 앞지르기 방법 등에 대한 설명으로 틀린 것은?

① 모든 차의 운전자는 다른 차를 앞지르려면 앞차의 좌측으로 통행하여야 한다.

② 앞차가 다른 차를 앞지르고 있는 경우에는 앞차를 앞지르지 못한다.

③ 도로교통법에 따른 명령에 따라 서행하고 있는 차를 앞지르기 하지 못한다.

④ 소방공무원의 지시에 따라 정지하거나 서행하고 있는 차를 앞지르기 하지 못한다.

해설 ④ 경찰공무원의 지시에 따라 정지하거나 서행하고 있는 차를 앞지르기 하지 못한다.

21 운전면허 행정처분 벌점기준에 대한 설명으로 옳지 않은 것은?

① 자동차등 대 자동차등 교통사고의 경우에는 그 사고원인에 기여한 비율을 산정하여 각자 벌점을 적용한다.

② 자동차등 대 사람 교통사고의 경우 쌍방 과실인 때는 그 벌점을 2분의 1로 감경한다.

③ 처분받을 운전자 본인의 피해에 대해서는 벌점을 산정하지 않는다.

④ 교통사고 발생원인이 피해자의 명백한 과실인 때는 행정처분을 하지 않는다.

해설 ① 자동차등 대 자동차등 교통사고의 경우에는 그 사고원인 중 중한 위반행위를 한 운전자만 적용한다.

22 고속도로 또는 자동차전용도로에서 차를 정차 또는 주차시킬 수 있는 경우가 아닌 것은?

① 자치경찰공무원의 지시에 따라 주차시키는 경우

② 정차 또는 주차할 수 있도록 안전표지를 설치한 곳

③ 통행료를 내기 위해 통행료를 받는 곳에 정차하는 경우

④ 고장으로 길가장자리(갓길 포함)에 주차시키는 경우

해설 ① 법령의 규정 또는 경찰공무원(자치경찰공무원 제외)의 지시에 따르거나 위험을 방지하는 경우에 정차 또는 주차시킬 수 있다.

23 사고운전자가 피해자를 구호하지 아니하고 도주하여 피해자가 상해에 이르게 된 경우 처벌은?

① 무기 또는 5년 이상의 징역

② 3년 이상의 유기징역

③ 1년 이상의 유기징역 또는 5백만원 이상 3천만원 이하의 벌금

④ 1년 이상 15년 이하의 징역

18 ① 19 ① 20 ④ 21 ① 22 ① 23 ③

24 특례법이 적용되는 중앙선 침범이 아닌 것은?

① 빗길에 과속으로 운행하다가 미끄러지며 중앙선을 침범한 사고
② 뒤차의 추돌로 앞차가 밀리면서 중앙선을 침범한 경우
③ 운전부주의로 핸들을 과대조작하여 반대편 도로의 갓길을 충돌한 자피사고
④ 빙판길에 미끄러지면서 중앙선을 침범한 사고

[해설] ① 비가 오는데도 과속으로 운행한 것이 중대한 과실로 인정되어 중앙선 침범으로 특례법이 적용되지 않고 처벌받는다.

25 주취·약물복용 운전 중 사고에 대한 설명으로 틀린 것은?

① 특정인만이 이용하는 장소에서의 음주운전으로 인한 경우에 행정처분을 할 수 있다.
② 호텔이나 백화점 등의 주차장 안의 통행로에서의 음주운전도 처벌대상이다.
③ 혈중알코올농도 0.03% 미만은 음주운전으로 처벌할 수 없다.
④ 비공개 통행로로 문, 차단기에 의하여 도로와 차단되고 별도로 관리되는 장소에서도 음주운전으로 처벌된다.

[해설] ① 특정인만이 이용하는 장소에서의 음주운전으로 인한 경우에는 행정처분을 할 수 없다.

04 제4회 적중모의고사

01 승합자동차등에서 운전자가 좌석안전띠를 미착용한 경우 범칙금은 얼마인가?

① 2만원 ② 3만원
③ 4만원 ④ 5만원

[해설] 참고로 일반도로 안전거리 미확보와 등화 점등·조작 불이행(안개가 끼거나 비 또는 눈이 올 때는 제외)은 2만원이다. 고속도로·자동차전용도로의 안전거리 미확보는 5만원이다.

02 시내버스운송사업 및 농어촌버스운송사업의 자동차에 대한 설명으로 틀린 것은?

① 농어촌버스운송사업의 자동차는 중형 이상의 승합자동차만 가능하다.
② 시내좌석버스는 광역급행형, 직행좌석형, 좌석형에 사용되는 것으로 좌석이 설치된 것을 말한다.
③ 시내일반버스는 일반형에 사용되는 것으로 좌석과 입석이 혼용되어 설치된 것을 말한다.
④ 농어촌버스운송사업은 운행형태에 따라 광역급행형, 직행좌석형, 좌석형 및 일반형으로 구분한다.

[해설] 농어촌버스운송사업의 경우에는 관할관청이 필요하다고 인정하는 경우에는 소형 이상의 승합자동차를 사용할 수 있다(여객자동차 운수사업법 시행규칙 별표1).

03 운송사업자의 운전자격증명 관리에 대한 설명으로 틀린 것은?

① 여객자동차운송사업용 운수종사자는 해당 사업용 자동차 안에 본인의 운전자격증명을 항상 게시하여야 한다.
② 운송사업자가 퇴직하는 경우 본인의 운전자격증명을 운송사업자에게 반납하여야 한다.
③ 운전자격증명을 게시할 때에는 승객이 쉽게 볼 수 있는 위치에 게시하여야 한다.
④ 운전자격증을 분실한 경우에는 운전자격증은 도로교통공단에 재발급을 신청하여야 한다.

[해설] ④ 자격증을 분실한 경우 **한국교통안전공단 또는 운전자격증명 발급기관**에 신청하여야 한다.

24 ① 25 ① ∎ 01 ② 02 ① 03 ④

04 버스운전자격의 처분기준으로 취소사유가 되는 위반행위가 아닌 것은?

① 버스운전자가 피성년후견인이 된 경우
② 운전업무와 관련하여 버스운전자격증을 타인에게 대여한 경우
③ 교통사고와 관련하여 거짓이나 그 밖의 부정한 방법으로 보험금을 청구하여 금고 이상의 형을 선고받고 그 형이 확정된 경우
④ 교통사고로 사망자 1명이 사망하고, 중상자 3명 이상이 발생하는 사고를 발생시킨 경우

해설 ④ 자격취소가 아니라 자격정지 50일이 처분기준이다. 그리고 사망자 2명 이상이 발생한 경우는 자격정지 60일, 중상자 6명 이상은 40일 이다.

05 운전자격의 취소 및 효력정지에 관한 설명으로 옳지 않은 것은?

① 관할관청은 처분할 때에 그 사실을 한국교통안전공단과 국토교통부에 각각 통지한다.
② 관할관청은 처분기준의 2분의 1의 범위에서 경감·가중할 수 있다.
③ 관할관청이 처분을 하였을 때에는 처분대상자에게 운전자격증 등을 반납하게 하여야 한다.
④ 관할관청이 운전자격증 등을 폐기한 경우 교통안전공단은 등록을 말소하고, 운전자격 등록대장에 그 사실을 적어야 한다.

해설 ① 관할관청은 처분을 하였을 때 처분대상자와 해당 시험기관에 통지한다.

06 시내버스운송사업과 농어촌운송사업의 공통적인 운행형태가 아닌 것은?

① 광역급행형　　② 고속형
③ 좌석형　　　　④ 일반형

해설 고속형, 직행형, 일반형은 시외버스운송사업의 운행형태이다.

07 여객자동차운수사업법상 운수종사자의 교육이 아닌 것은?

① 신규교육　　② 보수교육
③ 특별교육　　④ 수시교육

해설 운수종사자의 교육으로서 특별교육은 없다.

08 특수여객자동차운송사업용 이외의 사업용승합자동차의 차령은?

① 11년　　② 9년
③ 6년　　　④ 5년

해설 ① 특수여객자동차운송사업용과 전세버스운송사업용의 승합자동차의 차령이다.

09 서행 및 일시정지 등의 설명으로 틀린 것은?

① 서행이란 차가 즉시 정지할 수 있는 속도로 진행하는 것이다.
② 황색의 등화인 경우 차마는 정지선, 횡단보도 및 교차로의 직전에 정지한다.
③ '일시정지'는 자동차가 얼마간의 시간 동안만 정지상태를 유지하는 것이다.
④ 교통정리를 하고 있으나 좌우를 확인할 수 없거나 교통이 빈번한 교차로에서는 일시정지한다.

해설 ④ 교통정리를 하지 않고 좌우를 확인할 수 없거나 교통이 빈번한 교차로에서는 일시정지한다.

10 도로에서 정차 또는 주차하는 경우에 켜야 할 승합자동차의 등화로 옳은 것은?

① 미등 및 차폭등
② 후부 반사기를 포함한 미등
③ 미등 및 차폭등, 번호등
④ 미등, 번호등, 실내번호등

04 ④　05 ①　06 ②　07 ③　08 ②　09 ④　10 ①

11 승차의 방법과 제한에 대한 설명으로 틀린 것은?

① 고속버스 운송사업용 자동차는 모든 도로에서 승차정원의 110퍼센트 이내일 것을 요한다.

② 화물자동차의 적재중량은 구조 및 성능에 따르는 적재중량의 110퍼센트 이내일 것

③ 모든 차의 운전자는 운전 중 실은 화물이 떨어지지 않도록 덮개를 씌우거나 묶는 등 확실하게 고정해야 한다.

④ 모든 차의 운전자는 영유아나 동물을 안고 운전장치를 조작하거나 운전해서는 안 된다.

해설 ① 화물자동차의 적재중량은 구조 및 성능에 따르는 적재중량의 110퍼센트 이내이나, **모든 자동차는 승차정원 이내 일 것**을 요한다.

12 일시정지해야 할 상황을 설명한 것으로 틀린 것은?

① 보도와 차도가 구분된 도로에서 도로 외의 곳을 출입할 때에는 보도를 횡단한 후 일시정지해야 한다.

② 보행자전용도로의 통행이 허용된 차마의 운전자는 보행자 걸음속도로 운행하거나 일시정지해야 한다.

③ 운전자는 교통정리를 하고 있지 아니하고 좌우를 확인할 수 없거나 교통이 빈번한 교차로에서는 일시정지한다.

④ 운전자는 철길 건널목을 통과하려는 경우에는 철길 건널목 앞에서 일시정지한다.

해설 ① 보도와 차도가 구분된 도로에서 도로 외의 곳으로 출입할 때에는 **보도를 횡단하기 직전 일시정지**해야 한다.

13 어린이통학버스에 대한 설명으로 틀린 것은?

① 어린이통학버스가 도로에 정차하는 경우에 반대 차로를 통행하는 차의 운전자는 어린이통학버스에 이르기 전에 반드시 정지하여야 한다.

② ①의 어린이통학버스가 영유아 승하차 점멸등이 작동 중인 편도 1차로인 도로에서 반대방향의 통행 운전자는 어린이통학버스에 이르기 전 일시정지한다.

③ 모든 차의 운전자는 어린이나 영유아를 태우고 있다는 표시를 한 상태의 어린이통학버스를 앞지르지 못한다.

④ 어린이통학버스로 신고하여 사용할 수 있는 자동차는 승차정원 9인승 이상의 자동차에 한한다.

해설 ① 어린이통학버스가 정차하여 **영유아가 타고 내리는 중임을 표시하는 점멸등 등의 장치를 작동 중일 때**에 어린이통학버스가 정차한 차로와 그 차로의 바로 옆 차로를 통행하는 차의 운전자는 **일시정지**한다. 이 경우 중앙선이 설치되지 아니한 도로와 편도 1차로인 도로에서는 반대방향에서 진행하는 차의 운전자도 어린이통학버스에 이르기 전에 **일시정지하여 안전을 확인한 후 서행**하여야 한다.

14 고속도로 또는 자동차전용도로에서 차를 정차 또는 주차시킬 수 있는 경우가 아닌 것은?

① 정차 또는 주차할 수 있도록 안전표지를 설치한 곳이나 정류장에서 정차 또는 주차시키는 경우

② 부득이한 사유로 움직일 수 없을 때에 고속도로 또는 자동차전용도로의 차로에 일시 정차 또는 주차시키는 경우

③ 용변이 급하여 길가장자리구역(갓길을 포함)에 일시 정차시키는 경우

④ 통행료를 내기 위해 통행료를 받는 곳에서 정차하는 경우

해설 ③ 고장이나 그 밖의 부득이한 사유로 길가장자리구역(갓길을 포함)에 정차 또는 주차시키는 경우가 옳은 표현이다. 용변이 정차 또는 주차시키는 부득이한 사유라고 볼 수 없다.

11 ① 12 ① 13 ① 14 ③

15 특별교통안전교육을 받아야 하는 사람이 **아닌** 것은?

① 운전면허 취소처분을 받은 사람으로서 운전면허를 다시 받으려는 사람

② 운전면허 취소처분이 면제된 날부터 6개월이 지나지 않은 사람

③ 특별교통안전 권장교육은 강의·시청각교육 등의 방법으로 3시간 이상 48시간 이하로 각각 실시한다.

④ 운전면허효력 정지처분을 받게 되거나 받은 초보운전자로서 그 정지기간이 끝나지 않은 사람

해설 ② 취소·정지처분이 면제된 사람으로서 면제된 날부터 1개월이 지나지 않은 사람이 대상이다.

16 1종 보통 운전면허를 받을 수 있는 사람은?

① 18세 미만인 사람

② 양쪽 팔을 전혀 쓸 수 없는 사람

③ 한쪽 눈을 보지 못하는 사람

④ 재발성 우울장애로 정상적인 운전을 할 수 없다고 해당 전문의가 인정한 사람

해설 ③ 1종 보통면허는 받을 수 있으나 1종 대형면허·특수면허를 받을 수 없다.

17 운전면허 취소처분 기준에 해당하지 <u>않는</u> 것은?

① 수시적성검사에 불합격하거나 수시적성검사 기간을 초과한 때

② 운전면허 행정처분 기간 중에 운전한 때

③ 자동차 등을 이용하여 형법상 사기죄, 배임죄를 한 때

④ 자동차관리법에 따라 등록되지 아니하거나 임시운행 허가를 받지 아니한 자동차를 운전한 때

해설 ③ 자동차 등을 이용하여 형법상 특수상해 등을 행한 때와 자동차를 이용하여 범죄행위(살인, 사체유기, 방화, 강도, 강간, 강제추행, 약취, 유인·감금, 상습절도, 교통방해)를 한 때가 취소처분 기준이다.

18 다음 교통법규 위반 시 벌점이 가장 많은 범칙행위는?

① 공동위험행위 또는 난폭운전으로 형사입건된 때

② 40km 초과 60km 이하의 속도위반

③ 고속도로·자동차전용도로 갓길통행

④ 도로에 있는 사람이나 차마를 손상시킬 우려가 있는 물건을 던지거나 발사하는 행위

해설 ① 40점, ② 30점, ③ 30점, ④ 10점

19 진로양보의무에 대한 설명으로 **틀린** 것은? (긴급자동차 제외)

① 뒤에서 따라오는 차보다 느린 속도로 가려는 경우에는 도로의 우측가장자리로 피하여 양보해야 한다.

② 비탈진 좁은 도로에서 긴급자동차 외의 자동차가 서로 마주보고 진행할 경우 내려가는 자동차가 진로를 양보해야 한다.

③ 비탈진 좁은 도로 외의 좁은 도로에서 자동차가 마주보고 진행하는 경우에는 물건을 싣지 않은 자동차가 진로를 양보한다.

④ 비탈진 좁은 도로 외의 좁은 도로에서 사람을 태우지 않은 자동차가 사람을 태운 자동차에 진로를 양보한다.

해설 ② 비탈진 좁은 도로에서 긴급자동차 외의 자동차가 서로 마주보고 진행할 경우 올라가는 자동차가 진로를 양보해야 한다.

15 ② 16 ③ 17 ③ 18 ① 19 ②

20 중앙선 침범이 적용되는 사례가 아닌 것은?

① 좌측도로나 건물 등으로 가기 위해 회전하며 중앙선을 침범하여 발생한 사고
② 커브길 과속운행으로 중앙선을 침범한 사고
③ 제한속력 내 운행 중 빙판에서 미끄러지면서 중앙선을 침범한 사고
④ 중앙선을 침범하거나 걸친 상태로 계속 진행하다가 발생한 사고

해설 ③ 제한속력을 넘어 과속으로 미끄러져 중앙선을 침범한 사고가 중앙선 침범이 적용된다.

21 철길건널목의 통과방법위반인 것은?

① 역 구내의 철길건널목에서 발생한 물적 피해사고
② 철길건널목 신호기·경보기 등의 고장으로 일어난 사고
③ 신호기 등이 표시하는 신호에 따라 일시정지 않고 통과하다 일어난 인적피해사고
④ 철길건널목의 차단기가 내려지려고 하는 경우에 통과하다 일어난 인적피해사고

22 안전표지에 대한 설명으로 틀린 것은?

① 보조표지 - 표지들의 주기능을 보충하여 도로사용자에게 알리는 표지이다.
② 노면표시 - 도로사용자가 이에 따르도록 필요한 지시를 하는 표지이다.
③ 주의표지 - 도로의 위험과 도로 부근에 위험물이 있는 것을 알리는 표지이다.
④ 규제표지 - 각종 제한·금지 등의 규제를 도로사용자에게 알리는 표지이다.

해설 ②의 설명은 지시표지에 대한 것이다.

23 안전거리 미확보 사고에 대한 설명으로 틀린 것은?

① 안전거리는 앞차가 정지 시 앞차와의 추돌을 방지하는 필요한 거리를 말한다.
② 정지거리는 공주거리와 제동거리를 합한 거리를 말한다.
③ 공주거리는 제동하기 시작하여 정지될 때까지의 거리를 말한다.
④ 안전거리는 정지거리보다 약간 긴 정도의 거리이다.

해설 ③ 공주거리가 아니라 제동거리를 설명하는 것이다.

24 운전면허의 정지·취소처분에 대한 설명으로 틀린 것은?

① 처분벌점은 누산점수에서 이미 정지처분이 집행된 벌점의 합계치를 뺀 점수이다.
② 처분벌점이 40점 미만인 경우에 사고일로부터 위반 및 사고없이 1년이 경과한 때에는 그 처분벌점은 소멸한다.
③ 1년간 벌점 또는 누산점수가 121점 이상이면 그 운전면허를 취소한다.
④ 처분받을 운전자 본인의 피해에 대하여도 벌점을 산정한다.

해설 ④ 교통사고로 인한 벌점산정에 있어서 처분받을 운전자 본인의 피해에 대하여는 벌점을 산정하지 아니한다.

25 교통사고처리 용어에 대한 설명 틀린 것은?

① 스키드 마크(Skid mark)는 차의 급제동으로 노면에 생긴 타이어의 마모흔적이다.
② 2대 이상의 차가 동일방향 주행 중 뒤차가 앞차의 후면을 충격한 것을 추돌이라 한다.
③ 요 마크(Yaw mark)는 차축과 평행하게 옆으로 미끄러진 타이어의 마모흔적이다.
④ 도로 또는 도로 이외에서 차체의 측면이 지면에 접하는 상태는 '전복'이다.

해설 ④ '전도'에 대한 설명이다. '전복'은 차가 주행 중 도로 또는 도로 이외의 장소에서 뒤집혀 넘어진 것이다.

20 ③ 21 ④ 22 ② 23 ③ 24 ④ 25 ④

자동차관리요령

CHAPTER 1 자동차관리

CHAPTER 2 자동차장치와 응급조치

CHAPTER 3 자동차의 구조 및 특성

CHAPTER 4 자동차 검사

PART 2 단원별 기출지문정리

PART 2 단원별 적중모의고사

CHAPTER 1 자동차관리

핵심정리

01 자동차 점검

❶ 일상점검

(1) 개념

자동차를 운행하는 사람이 매일 자동차를 운행하기 전에 점검하는 것을 말한다.

(2) 주의사항

1) **점검 장소** : 평탄하고 환기가 잘 되는 장소에서 점검한다.
2) **변속 레버** : P(주차)에 위치시킨 후 주차 브레이크를 당겨 놓는다.
3) **엔진의 시동** : 엔진 시동 상태로 점검해야 하는 사항이 아니면 엔진의 시동을 끈다.
4) **화재예방** : 연료장치나 배터리 부근에서는 불꽃에 주의한다.
5) **감전예방** : 배터리나 전기배선을 만질 경우에는 **배터리의 ⊖ 단자를 분리**한다.
6) **화상예방** : 엔진을 점검할 때는 엔진을 끄고, 식은 후에 실시하여 화상을 예방한다.

❷ 안전 수칙

(1) 운행 전 안전수칙

1) **안전벨트의 착용**
   ① 안전벨트는 꼬이지 않도록 한다.
   ② 허리 부위의 안전벨트는 **골반위치**에 착용한다 (안전벨트를 복부에 착용하지 않음). → 어깨벨트는 어깨 위와 가슴 부위를 지나도록 함
   ③ 가까운 거리라도 안전벨트를 착용한다.

2) **운전석 정리 및 좌석, 핸들, 후사경의 정리**
   ① 운전석 주변을 깨끗이 하여 페달 조작이 불가능하지 않도록 한다.
   ② **바닥매트는 바닥에 고정되는 제품을 사용**한다.
   ③ 후사경을 조정하여 시계를 확보하고 주차브레이크를 해제하여 경고등의 소등 여부를 확인한다.
   ④ 높이를 조절할 수 있는 **핸들과 좌석은 반드시 출발 전에 조정하고 주행 중에는 절대로 조작하지 않는다.**

3) **올바른 운전자세** ★
   ① 운전자의 **몸의 중심과 핸들의 중심이 정면으로 일치되도록** 해야 한다.
   ② 브레이크 페달, 클러치 페달을 끝까지 밟았을 때 **무릎이 약간 굽혀지도록** 한다.
   ③ **손목이 핸들의 가장 먼 곳에 닿아야** 한다.
   ④ 운전자의 **귀 상단 또는 눈의 높이가 머리지지대 중심**에 오도록 조정한다.
   ⑤ 등은 펴서 시트에 가까이 붙이고 앉는다.

4) **일상점검의 생활화**
   ① 타이어의 적정공기압을 유지한다.
   ② 자동차 하부의 누유, 누수 등을 점검한다.
   ③ 자동차 주변에 사람이나 물건이 없는지 확인한다.
   ④ 타이어와 노면과의 접지상태와 자동차의 외관의 이상 유무를 확인한다.

5) **인화성·폭발성 물질의 차내 방치 금지**
   ① 소화기로 화재발생 시 초기에 진화한다.
   ② 여름철에는 인화성·폭발성 물질이 폭발할 수 있으므로 주의한다.

6) **소화기 사용법** ★
   ① **바람을 등지고 소화기 안전핀을 제거**한다.
   ② 소화기 **노즐을 화재발생 장소로 향하게** 한다.

③ 소화기 손잡이를 움켜쥐고 **빗자루로 쓸 듯이** 방사한다.

(2) 운행 중 안전 수칙

1) 음주·과로의 운전금지 및 주의사항

① 장시간 운전하는 경우에는 **2시간 마다** 휴식을 취하도록 한다.

② 소량의 음주라도 운전자의 반사신경이나 인식에 영향을 미치므로 절대 음주를 하지 않는다.

③ 창문 밖으로 손이나 얼굴을 내밀지 않는다.

④ 도어의 개방상태에서는 운전을 하지 않는다.

⑤ **터널 출구나 다리 위의 돌풍을 주의하고 높이 제한이 있는 도로를 주행할 때는 항상 차량의 높이를 주의한다.**

2) 주행 중에는 엔진 정지 금물

① 시동스위치를 끄는 경우에는 브레이크의 성능저하 및 핸들조작이 힘들어질 수 있기 때문이다.

② 비탈길을 내려올 때 풋 브레이크만 사용하면 제동효율이 떨어지므로 엔진브레이크를 사용한다.

(3) 운행 후 안전 수칙

1) 하차나 후진할 때에는 차 밖의 안전을 확인

① **하차할 때** : 차 밖의 주위 상황을 확인하고 차문을 연다.

② **후진할 때** : 후사경에만 의존하지 않고 직접 후방을 확인한다.

2) 주·정차, 워밍업을 할 경우

① 주·정차 또는 워밍업을 할 때에 배기관 주변의 연소되기 쉬운 물질이 있는지 확인한다.

② 차의 뒷부분이 벽 등에 닿은 상태에서 장시간 워밍업이나 고속 공회전을 하지 않도록 한다.

3) 밀폐된 공간에서 워밍업 또는 자동차 점검 금지

① 밀폐된 공간에서 시동을 걸어 놓는 경우 차 안으로 배기가스가 유입되어 위험하다.

② 워밍업 중에 엔진을 고속으로 회전시키면 연료 소모량이 증가하고 배기관을 통해 고온의 배기가스가 나온다.

4) 주차할 때의 주의사항 ★

① 반드시 주차 브레이크를 작동시킨다.

② **오르막길에서는 1단, 내리막길에서는 R(후진)로** 놓고 바퀴에 고임목을 설치한다.

③ 급경사 길에는 가급적 주차하지 않는다.

④ 습기가 많고 통풍이 잘되지 않는 차고에는 주차하지 않는다.

02 자동차 관리 요령

❶ 터보차저 ★

(1) 터보차저의 개념

배기가스를 이용한 터빈의 회전력을 이용하여 흡기를 압축시켜 혼합기체를 실린더 안으로 보내 **자동차의 출력을 높여 연비향상에 도움**을 주는 **엔진보조장치**이다.

(2) 터보차저의 점검

1) 터보차저에 이물질의 혼입을 방지한다.

2) 시동 후 오일압력이 정상으로 상승되는지 확인한다.

3) 터보차저는 운행 종료 후 충분한 공회전으로 온도를 식힌 후 엔진을 끈다.

4) 공회전 또는 워밍업 시 **무부하 상태에서 급가속 금지**한다.

(3) 터보차저의 고장 원인

윤활유의 공급부족, 엔진오일의 오염, 이물질의 유입으로 인한 압축기 날개 손상 등으로 발생한다.

(4) 점검 요령

에어클리너 엘리먼트를 장착하지 않고 고속회전 시키는 것을 삼가야 한다. 이는 압축기 날개의 손상원인이 되기 때문이다.

❷ 차량손질

(1) 세차 시기 ★
1) 겨울철 동결방지제를 뿌린 도로를 주행 시
2) 해안지대 주행 후
3) 옥외에서 장시간 주차 시
4) 매연이나 분진, 철분 등이 묻어 있는 경우
5) 타르, 모래, 콘크리트 가루 등이 묻어 있는 경우

(2) 세차할 때의 주의사항
1) 세차할 때에 **엔진룸은 물은 사용하면 안 되고, 에어를 이용하여 세척**한다.
2) 겨울철 세차 시 물기를 완전히 제거한다.
3) 기름 또는 왁스가 묻어 있는 걸레로 전면유리를 닦지 않는다.

(3) 외장 손질
1) 이물질이 퇴적되지 않도록 깨끗이 제거한다.
2) 자동차 전용세척제를 사용한다.
3) 범퍼나 차량외부의 합성수지부품이 더러워졌을 때에는 **부드러운 브러시나 스펀지**를 사용한다.
4) 마른걸레로 차체 먼지 제거를 금지한다(기스방지).
5) 차체 표면에 깊게 파인 자국이나 돌멩이 자국 등으로 노출된 금속 표면은 빨리 녹슬어 차의 표면을 크게 손상시킬 수 있다.

(4) 내장 손질
1) 내장을 아세톤, 에나멜 및 표백제 등으로 세척을 금지한다.
2) 액상방향제가 유출되어 내장이 손상되지 않도록 주의한다.
3) 실내등을 청소할 때에는 실내등이 꺼져있는지 확인하고 청소한다.

03 압축천연가스(CNG) 자동차

❶ CNG(Compressed Natural Gas ; 압축천연가스) 연료 ★★

(1) 내용
1) 천연가스는 **메탄(CH_4)을 주성분**으로 하는 천연가스를 고압으로 압축한 것으로 탄소량이 가장 작으므로 CO_2 배출량이 적다.
2) 천연가스를 액화한 것을 LNG(액화천연가스)라고 한다.
3) 순수한 천연가스는 전처리 공정을 통해 유황, 습기, 먼지 등을 제거한다.
4) 가스 상태로 엔진내부로 흡입되어 혼합기 형상이 용이하고, **희박연소가 가능**하다.
5) $-20℃ \sim -30℃$의 저온에서도 가스 상태로서 **저온 시동성이 우수**하다.
6) 불완전연소로 인한 입자상 물질의 생성이 적다.
7) 유황분을 포함하지 않으므로 SO_2 **가스를 방출**하지 않는다.
8) 탄화수소연료 중의 **탄소수가 적고 독성이 적다**.
9) 부품 재료의 내식성 등의 재료 특성은 가솔린, 경유와 유사한 특성을 갖는다.

> **+ STUDY 천연가스 형태별 분류**
>
> ❶ **CNG**(압축천연가스, Compressed Natural Gas)
> 천연가스를 고압으로 압축하여 고압 압력용기에 저장한 **기체상태의 연료**이다.
>
> ❷ **LNG**(액화천연가스, Liquified Natural Gas)
> **천연가스를 액화**시켜 부피를 현저히 작게 만들어 저장, 운반 등 사용상의 효용성을 높이기 위한 액화가스이다.
>
> ❸ **LPG**(액화석유가스, Liquified Petroleum Gas)
> LPG는 천연가스의 형태별 종류는 아니며, **석유 정제과정의 부산물로 이루어진 혼합가스**이다.

❷ CNG 자동차 점검 시 주의사항 ★

(1) 금연
가스가 누출되는 경우 주변에 담뱃불, 정전기로 인한 스파크가 발생하면 화재위험이 있으므로 금연한다.

(2) 동상이나 부종방지

압축천연가스 누출 시에는 주위의 온도가 급강하 하는 일이 발생하므로 가스가 직접 피부에 접촉하지 않도록 한다.

(3) 연결밸브의 이상 유무 확인

운전자는 가스라인과 용기밸브와의 연결부분의 이상 유무를 운행 전·후에 직접 확인한다. 그리고 승·하차 시 가스냄새가 나는지 수시로 확인하는 습관을 들여야 한다.

(4) 계기판의 'CNG' 램프가 점등

가스 연료량이 부족한 것이므로 **가스를 재충전**한다.

(5) 엔진정비 및 가스필터 교환, 연료라인 정비 시

배관 내 가스를 모두 소진시키기 위하여 **엔진이 자동으로 정지된 후** 작업을 한다.

(6) 엔진시동이 걸린 상태

엔진오일 라인, 냉각수 라인, 가스연료 라인 등의 파이프나 호스를 조이거나 풀어서는 아니 된다.

(7) 차량에 별도의 전기장치를 장착하는 경우

압축천연가스와 관련된 부품의 전기배선을 이용해서는 아니 된다.

(8) 교통사고나 화재사고가 발생 시

시동을 끈 후 계기판의 스위치 중 **메인스위치와 비상 차단스위치를 끄고** 대피한다.

(9) 가스를 충전할 경우

승객이 없는 상태에서 **엔진시동을 끄고 가스를 주입**한다. 주입이 완료된 후에는 충전도어의 닫힌 상태를 확인하여야 한다.

(10) 밀폐된 장소(지하주차장 등)**에 장시간 주·정차할 경우**

가스가 누출되면 통풍이 되지 않아 화재나 폭발의 위험이 있으므로 반드시 환기나 통풍이 잘되는 곳에 주·정차한다.

(11) 가스 주입구 도어가 열린 경우

엔진시동이 걸리지 않도록 되어 있어 임의로 배관이나 밸브실린더 보호용 덮개를 제거하지 않는다.

(12) 가스 공급라인 등 연결부에서 가스가 누출될 때의 조치요령 ★

1) 화기 접근을 금하고, **엔진시동을 끈 후 메인전원 스위치를 차단**한다.

2) 승객을 안전한 곳으로 대피시킨 후 누설부위를 비눗물 또는 가스검진기 등으로 확인한다.

3) **가스공급라인의 몸체**(스테인리스 튜브 등)**가 파열된 경우에는 교환**한다.

4) **커넥터 등 연결부위에서 가스가 새는 경우** : 누출이 멈출 때까지 반복해서 조여 준다. 그래도 계속 가스가 누출되는 경우 사람의 접근을 차단하고 실린더 내의 가스가 모두 배출될 때까지 기다린다.

❸ CNG 자동차 구조 ★★

(1) CNG 자동차 엔진의 연료장치의 구성요소

연료를 저장하는 **저장용기**, 연료의 압력과 양을 **제어하는 장치**가 구성요소이다.

(2) 연료의 흐름

천연가스 충전소의 **충전노즐** → 자동차의 **주입구**(리셉터클) 체크밸브 → 용기에 저장 → 배관라인을 따라서 고압의 상태를 저압으로 조정 → 엔진의 **연소실로 주입**

(3) 연료장치 구성품

1) CNG를 충전하기 위한 용기들이다.

2) 용기부속품으로 자동실린더 밸브, 수동실린더 밸브는 과도한 온도 또는 온도와 압력을 함께 감지하여 작동한다.

3) **압력방출장치** : 실린더의 **파열을 방지**하기 위한 가스배출용 일회용 소모성 장치이다.

4) **과류방지 밸브** : 유량이 **설계 설정값을 초과**하는 경우, 자동으로 흐름을 차단하거나 제한하는 밸브이다.

5) **리셉터클** : CNG 연료주입노즐과 결합하여 **차량에 연료를 보내주는 장치**이다.

6) **기타** : 체크밸브, 플렉시블 연료호스(fuel hose), CNG 필터, 압력조정기, 가스·공기 혼소기, 압력계 등

04 운행 시 자동차 조작요령

❶ 브레이크 조작 ★

(1) 브레이크를 여러 번(2~3회) 나눠 밟음

브레이크를 나눠 밟아 안정된 성능과 함께 뒤따라오는 차에 제동정보를 제공하여 후미 추돌을 방지할 수 있다.

(2) 내리막길에서 계속 풋 브레이크의 과다사용 금지

브레이크 파열, 브레이크의 일시적인 작동불능 등의 우려가 있다.

(3) 고속주행 상태에서 엔진브레이크를 사용

주행 중인 단보다 한 단계 낮은 저단으로 변속하면서 서서히 속도를 줄인다.

(4) 주행 중에 제동

핸들을 붙잡고 기어가 들어가 있는 상태에서 제동한다.

(5) 내리막길에서 운행

기어를 중립에 두고 탄력운행을 하지 않는다. → 엔진 및 브레이크의 효과가 없어지며, 제동공기압의 감소로 제동력이 저하된다.

❷ 상황별 주행 요령

(1) 험한 도로 주행

1) 요철이 심한 도로에서는 **감속주행** 한다.
2) 험한 도로를 주행 시 저단기어로 가속페달을 일정하게 밟고 **기어변속이나 과속은 피한다.**
3) **눈길, 진흙 길, 모랫길에 빠졌을 때**는 모래, 타이어체인, 미끄러지지 않는 물건을 바퀴 아래에 놓아 구동력을 발생시킨다.
4) 험한 도로(예 비포장도로)를 주행할 때에는 저단기어로 가속페달을 일정하게 밟고 기어변속이나 가속은 피한다.

(2) 악천후 시 주행

1) 우천 시 노면이 미끄러우므로 급제동을 피하고, **차간거리를 충분히 유지**한다.

2) 브레이크 라이닝이 물에 젖으면 제동력이 떨어지므로 **물이 고인 곳을 주행했을 때**에는 여러 번에 걸쳐 브레이크를 짧게 밟아 브레이크를 건조시킨다.
3) **안개가 끼었거나 기상조건이 좋지 않아** 시계가 불량할 경우는 속도를 줄이고, 미등 및 안개등 또는 전조등을 점등하고 운행한다.
4) 비가 내릴 때에는 노면이 미끄러우므로 **급제동을 피하고, 차간 거리를 충분히 유지**한다.
5) 노면이 젖어있는 도로를 주행한 후에는 브레이크를 건조시키기 위해 앞차와의 안전거리를 확보하고 서행하는 동안 **여러 번에 걸쳐 브레이크**를 밟아준다.
6) 폭우가 내릴 경우에는 시야확보가 어려우므로 충분한 제동거리를 확보할 수 있도록 감속한다.

(3) 차바퀴가 빠져 헛도는 경우

1) 물웅덩이, 진흙길, 모래 위 또는 빙판길에서 차바퀴가 빠져 헛도는 경우에는 진행방향을 바꾸기 위해 **핸들을 좌우로 빠르게 움직여서** 빠져나온다.
2) 변속레버를 **'1단'과 'R(후진)' 위치로 번갈아** 두면서 가속페달을 부드럽게 밟으면서 탈출을 시도한다.
3) 필요한 경우에는 납작한 돌, 나무 또는 타이어의 **미끄럼을 방지할 수 있는 물건을 타이어 밑에 놓**은 다음 자동차를 앞뒤로 반복하여 움직이면서 탈출을 시도한다. → 물건이 튀는 것을 주의
4) 진흙이나 모래 속을 빠져나오기 위해 무리하게 엔진회전수를 올리면 엔진손상, 과열, 변속기손상 및 타이어가 손상될 수 있다.

(4) 야간 운행

1) 마주 오는 자동차와 **교행할 때에는 전조등을 변환빔(하향등)으로 작동**시켜 교행하는 운전자의 눈부심을 방지한다.
2) 일반도로 운행 시 **라이트 현혹**으로 앞 식별이 되지 않으므로 주의해야 하며 **검은색의 사람 및 전방주시**를 철저히 해야 한다.

3) 차량흐름, 지형판단이 둔해지고 차량 속도감이 빨리 느껴지므로 주의 운행해야 한다.

(5) 겨울철 운행

1) 엔진시동 후에는 **적당한 워밍업**을 한 후 운행한다.
2) 눈길이나 빙판에서는 가속페달이나 핸들을 급하게 조작하면 위험하다.
3) **내리막길에서는 엔진브레이크를** 사용하면 방향조작에 도움이 된다.
4) 오르막길에서는 한번 멈추면 다시 출발하기 어려우므로 **차간거리를 유지**하면서 서행한다.
5) **겨울철에 냉각수 통에 부동액이 없거나 부동액 농도가 낮을 경우** 엔진 내부가 얼어 냉각수가 순환하지 않으면 오버히트가 발생하므로 출발시 점검한다.
6) **후륜구동차는** 뒷바퀴에 타이어체인을 장착한다.
7) 타이어체인을 장착한 경우에는 **30km/h 이내 혹은 규정속도 이하로 주행**한다.

8) 눈길 운행방법

① 앞바퀴 보다 뒤 바퀴가 큰 저항을 받기 때문에 **저속기어**로 기어변속을 하지 않고 운행한다.
② 오르막 운행 시 내리막길의 상황을 사전에 예측하여 감속운행하고 **오르막길에 사용한 저속기어를 내리막에서도 변속하지 말고 운행**하여야 한다.
③ 앞바퀴에 대한 저항은 적설량과 핸들의 움직임이 클수록 커지므로 **핸들의 움직임을 최소화**한다.
④ 눈길에서는 차로변경, 급제동, 급핸들 조작을 하여서는 안 된다.
⑤ 고속도로는 눈이 오는 즉시 제설장비가 설치되지만 **지방도로는 제설장비의 설치 시기가 늦어지기 때문에** 오르막 정상과 기온차가 크므로 고개입구에 비가 오면 정상에는 눈이 내린다는 예측운행으로 침착하게 안전운행 하여야 한다.

⑥ 장거리 운전자는 항상 기상정보, 도로상황 등 교통정보를 이용하여 교통흐름을 파악한 후 운행한다.
⑦ **교량 및 응달진 곳은** 눈이 녹지 않고 빙판길이 될 수 있으니 주의해야 한다.

9) 빙판길 운행 → 눈길운행과 운행요령이 유사함

① **최대한의 시야를 확보**한 후 운행하며, 구동력을 크게 작용하면 타이어가 잘 미끄러지므로 **2단 출발 운행**하여야 한다.
② 주행 시에는 저속운행을 하여야 하며, 가속페달을 밟아주는 정도를 미세하게 조작하여 운행한다.
③ 충분한 안전거리 확보 및 급브레이크 사용 및 기어변속은 절대 삼가며, 정지할 때는 엔진 브레이크와 저속기어를 병행 사용하여 정지시켜야 한다.
④ 미끄러운 빙판길에서는 기술이 통하지 않으므로 멀리 보고 예측운행을 하여야 한다.
⑤ 빙판길에서는 차로 변경을 되도록 삼가며 평상시 보다 2배 이상 거리를 확보한 후 미세하게 핸들을 조작하면서 차로를 변경한다.
⑥ 다져진 눈길은 쌓이는 눈길보다 더욱 더 미끄러지기 쉬우므로 쌓이는 눈길보다 조심운전을 하여야 하며 기어변속 시 미끄러짐이 심하므로 사전에 감속운행하여 충분한 안전거리 확보 및 급제동을 삼가하고 주의력을 집중시켜 운행하여야 한다.

(6) 고속도로 운행

1) 운행 전에는 연료, 냉각수, 엔진오일, 각종 벨트, 타이어 공기압 등을 점검한다.
2) 고속도로를 벗어날 경우에는 **미리 출구를 확인**하고 방향지시등을 작동한다.
3) 고속으로 운행할 경우 풋 브레이크를 많이 사용하면 과열되어 브레이크 기능이 저하되므로 엔진브레이크를 함께 사용한다.

05 기타 상황별 주행요령

❶ 터널 통과방법

(1) 선글라스를 벗고 운전한다.
(2) 터널에서는 차로변경을 하여서는 안 된다.
(3) 터널 내에서는 암순응, 명순응 현상이 심하다.
(4) 터널 통과 후 급커브 지역이 많으므로 사고 위험에 대해서 미연에 예측운행을 하여야 한다.
(5) 겨울철 차량의 하체부분에 얼어붙은 눈덩이가 떨어져 있어 사고를 불러일으킬 수 있으므로 항상 주의하여야 한다.
(6) 터널 입구에는 타이어에 묻은 눈이 떨어져 빙판이 되기 쉬우므로 주의 운행하여야 한다.

❷ 전용차로 운행방법

(1) 전용차로를 진입하기 위해서는 사전에 신호를 넣고 뒷 차량의 방해가 되지 않도록 진입한다.
(2) 가속이 되지 않은 상태에서 진입하면 뒤차에 추돌 당하기 쉬우므로 **충분한 거리를 확보하고 진입**한다.
(3) 전용차로 주행 중에는 당사 및 대형차 뒤를 운행할 때에는 시야가 확보되지 않으므로 충분한 안전거리를 유지해야 한다.
(4) 휴게소 및 인터체인지 진입 시 사전에 도로 상황을 파악하고 진입 시도를 하여야 한다.
(5) 정체되는 구간에서는 운전자의 심리상 급차로 변경 또는 급진입하는 차량이 있으므로 항상 전방주시를 철저히 하고 사각지점, I/C, 휴게소 부근에서는 방어운전 할 수 있는 마음의 자세를 갖고 운행하여야 한다.
(6) 전용차로 운행 시 눈의 주시점을 우측 승용차에 둔다.
(7) 일몰 시 소형 승합차, 승용차 등이 전용차로로 급진입을 예상해야 한다.
(8) 2, 3차로의 정체현상이 발생될 때에는 급진입할 수 있으므로 도로흐름에 맞추어 감속운행해야 한다.
(9) **분기점과 전용차로가 만나는 지점은 취약지점**이므로 전용차로를 진행 중인 차량의 흐름에 방해가 되지 않도록 급진입을 삼가고, 타 차량이 급진입할수 있다는 예상을 하며 감속운행하고 양보하는 운전을 해야 한다.

❸ 공사구간 운행방법

(1) 사전에 공사구간 표시판이 있으면 감속해야 한다.
(2) 갓길이 없으며 급커브 길인 경우 특히 조심해야 한다.
(3) 공사구간은 시작과 끝의 구간이 위험하다.
(4) 공사구간은 임시우회 도로로 선형설계가 되어 있지 않아 위험하므로 감속운행 하여야 한다.
(5) 충분한 안전거리를 확보하고 차로변경을 해서는 안 된다.
(6) 공사구간은 병목현상으로 차량정체를 대비하여 주의 운행하여야 한다.

❹ 교량 통과 방법

(1) 교량 위에는 지열을 받지 못하므로 항시 결빙되어 **빙판현상**이 발생되므로, 브레이크 조작 및 가속페달 조작에 유의 한다.
(2) 바람이 심하게 불며 강풍, 돌풍 등을 예상하여 운행한다.
(3) 교량 위에서는 온도차이가 10~25℃ 차이가 나므로 안전운행 하여야 한다.
(4) 전방주시철저, 안전거리 확보, 급제동 및 핸들조작에 유의하여야 한다.

CHAPTER 2 자동차장치와 응급조치

핵심정리

01 자동차 키 및 도어

❶ 자동차 키의 사용과 도어의 개폐

(1) 키의 관리

1) 시동키 스위치가 「ST」에서 「ON」 상태로 되돌아왔는지를 확인한다. → 시동 후에도 「ST」가 계속 작동된다면 스타터 손상 및 배선의 과부하로 화재가 발생할 수 있다.
2) 키를 차안에 두고 어린이들만 차내에 방치하지 않는다.

(2) 도어의 관리

1) 차 밖에서 도어 개폐
① 도어개폐 시 도어 잠금스위치의 해제 여부를 확인한다.
② 도어 스위치에 키를 꽂고 오른쪽으로 돌리면 열리고 왼쪽으로 돌리면 닫힌다.
③ **키 홈이 동결되어 열리지 않는 경우** : 가볍게 두드리거나 키를 뜨겁게 하여 연다.

2) 차 안에서 도어 개폐
① 주행 중에는 도어를 개폐하지 않는다.
② 도어를 개폐할 때에는 후방으로부터 오는 보행자나 오토바이 등에 주의한다.
③ **차를 떠날 때 도어 개폐** ★
  ㉠ 엔진을 정지시키고 **도어를 반드시 잠근다**.
  ㉡ **엔진시동을 끈 후 자동도어 개폐조작을 반복**하면 에어탱크의 공기압이 급격히 저하된다.
  ㉢ 장시간 자동으로 문을 열어 놓은 경우 배터리가 방전될 수 있다.
④ **화물실 도어 개폐** : 전용키를 사용하며, 도어를 열 때에는 잠금상태를 해제한 후 도어를 당겨 연다.

❷ 연료 주입구와 엔진 후드(보닛)

(1) 연료 주입구 개폐 절차

1) 연료 주입구에 키 홈이 있는 차량 : 키를 꽂아 잠금 해제시킨 후 연료주입구 커버를 연다.
2) 연료주입과 개폐절차 : 시계 반대방향으로 돌려 연료 주입구 캡을 분리하여 연료를 보충 → 연료 주입구 커버를 닫고 가볍게 눌러 원위치 → 닫혔는지 다시 확실히 확인 → 키홈이 있는 차량은 키를 이용하여 잠금

(2) 연료 주입구 개폐할 때의 주의사항

1) 연료 캡을 열 때에는 천천히 분리한다.
2) 연료 캡에서 연료가 새거나 바람 빠지는 소리가 들리면 연료 캡을 분리하기 전에 이런 상황이 멈출 때까지 대기한다.
3) 연료를 **충전할 때에는 항상 엔진을 정지**시킨다.
4) 연료 주입구 근처에 불꽃이나 화염을 없도록 한다.

(3) 엔진 후드(보닛) 개폐

1) 대형버스의 경우 자동차 후방에 엔진룸이 있다.
2) 도어를 닫은 후에는 확실히 닫혔는지 확인한다.
3) 키 홈이 장착되어 있는 경우 키를 사용하여 잠근다.
4) **엔진 시동을 끄고 키를 뽑고 나서 엔진룸을 점검**한다.

02 운전석 및 안전장치

❶ 운전석 전·후 위치 조절

(1) 좌석 쿠션 아래의 조절레버로 좌석을 원하는 위치로 조절한 후 조절레버를 놓으면 고정된다.

(2) 운전 중에는 좌석을 조작을 하지 않는다.

(3) 물건이 페달 밑으로 들어가서 브레이크, 클러치 또는 가속페달의 조작이 어려워지는 것을 예방하기 위해 **운전석 주변을 깨끗이** 한다.

❷ 머리지지대(헤드레스트) 조절 및 분리 ★

(1) 머리지지대는 사고 발생 시 머리와 목을 보호하는 역할을 한다.

(2) 머리지지대의 높이는 **머리지지대 중심부분과 운전자의 귀 상단이 일치하도록** 조절한다.

(3) 운전석에서 머리지지대와 머리 사이는 주먹 하나 사이가 될 수 있도록 한다.

❖ 머리지지대가 좌석과 일체형인 자동차도 있다.

03 계기판의 용어와 경고음

❶ 계기판 용어 ★

(1) **속도계** : 자동차의 시간당 주행거리를 나타낸다.

(2) **회전계**(타코미터) : 엔진의 분당 회전수(rpm)를 나타낸다.

(3) **수온계** : 엔진 냉각수의 온도를 나타낸다.

(4) **연료계** : 연료탱크에 남아있는 연료의 잔류량을 나타낸다. 동절기에는 **연료를 가급적 충만한 상태를 유지한다**(연료 탱크 내부의 수분침투를 방지하는데 효과적).

(5) **주행거리계** : 자동차가 주행한 총거리(km 단위)를 나타낸다.

(6) **엔진오일 압력계** : 엔진오일의 압력을 나타낸다.

(7) **공기압력계** : 브레이크 공기탱크 내의 공기압력을 나타낸다.

(8) **전압계** : 배터리의 충전 및 방전 상태를 나타낸다.

❷ 경고음, 경고등 및 표시등

(1) **수온 경고음**

1) **발생** : 엔진 냉각수 온도가 과도하게 높아지면 경고음이 울린다.

2) **조치** : 냉각수량과 벨트의 이상 유무와 엔진오일 량 및 오일 상태를 점검한다.

3) **차단** : 경고음은 주차 브레이크 노브를 당겨 놓으면 멈춘다.

(2) **냉각수량 경고음**

1) **발생** : 냉각수가 규정 이하일 경우 경고음이 울린다.

2) **조치** : 냉각계통의 누수 유무를 점검한다.

3) **차단** : 경고음은 주차 브레이크 노브를 당겨 놓으면 멈춘다.

(3) **엔진오일 압력 경고음**

1) **발생** : 엔진오일 압력이 규정 이하일 경우 경고음이 울린다.

2) **조치** : 윤활계통의 누유 유무를 점검한다.

(4) **브레이크 에어 경고음**

1) **발생** : 키 「ON」인 상태에서 AOH 브레이크 장착 차량의 에어탱크에 공기압이 $4.5±0.5kg/cm^2$ 이하가 되면 경고음이 울린다.

2) **차단** : 경고음은 주차 브레이크 노브를 당겨 놓으면 멈춘다.

[경고등 및 표시등] (자동차에 따라 다를 수 있음)

주행빔(상향등) 작동 표시등		연료잔량 경고등	
전조등이 주행빔(상향등)일 때 점등		연료의 잔류량이 적을 때 경고등이 점등	
엔진오일 압력 경고등		비상경고 표시등	
엔진오일이 부족하거나 유압이 낮아지면 경고등이 점등		비상경고등 스위치를 누르면 점멸	
배터리 충전 경고등		배기 브레이크 표시등	
벨트가 끊어졌을 때나 충전장치가 고장났을 때 경고등이 점등		배기 브레이크 스위치를 작동시키면 배기 브레이크가 작동 중임을 표시	
제이크 브레이크 표시등		엔진 예열작동 표시등	
제이크 브레이크가 작동 중임을 표시		엔진 예열상태에서 점등되고 예열이 완료되면 소등	

냉각수 경고등	WATER	수온 경고등	OVER HEAT
냉각수가 규정 이하일 경우에 경고등 점등		엔진 냉각수 온도가 과도하게 높아지면 경고등 점등	
엔진정비 지시등			CHECK ENGINE

- 키를 ON하면 약 2~3초간 점등된 후 소등
- 엔진의 전자제어장치나 배기가스 제어에 관계되는 각종 센서에 이상이 있을 때 점등

자동정속 주행표시등	

- 자동정속 주행장치를 사용하게 되면 표시등이 점등되어 작동 중임을 표시
- 작동을 해체시키면 소등

ABS(Anti-Lock Brake System) 표시등	ASR ABS

- ABS 경고등은 키 「ON」하면 약 3초간 점등된 후 소등되면 정상
- ASR은 한쪽 바퀴가 빙판 또는 진흙탕에 빠져 공회전하는 경우 공회전하는 바퀴에 일시적으로 제동력을 가해 회전수를 낮게 하고 출발이 용이하도록 하는 장치
- ASR 경고등은 차량 속도가 5~7 km/h에 도달하여 소등되면 정상

ECS 표시등 감쇠력 가변식 속업쇼버	SOFT HARD

- 배터리 릴레이 스위치를 「ON」하면 SOFT와 HARD 표시등이 점등되고 ECS 장치에 이상이 없으면 약 3초 후에 소등
- ECS의 SOFT 모드를 선택하면 SOFT 표시등이 점등 : 노면이 울퉁불퉁한 비포장 도로에서는 차 높이를 높여 차체를 보호
- ECS의 HARD 모드를 선택하면 HARD 표시등이 점등 : 고속 주행이 가능한 도로에서는 차 높이를 낮추어 공기 저항을 줄여 줌으로써 주행 안정성을 높임

04 스위치

❶ 전조등(Lighting)

(1) 전조등 스위치 조절

1) **1단계** : 차폭등, 미등, 번호판등, 계기판등

2) **2단계** : 차폭등, 미등, 번호판등, 계기판등, 전조등

(2) 전조등 사용 시기

1) **변환빔**(하향) : 마주 오는 차가 있거나 앞차를 따라갈 경우

2) **주행빔**(상향) : 야간운행 시 마주 오는 차나 앞차가 없을 때 시야 확보를 원할 경우

3) **상향점멸** : 다른 차의 주의를 환기시킬 목적으로 스위치를 2~3회 정도 당겨 올린다.

(3) 기타

1) **방향지시등이 평소보다 빠르게 작동** : 방향지시등의 전구를 교환한다.

2) **야간에 맞은편 도로로 주행 중인 차량발견 시** : 상향등을 하향등으로 신속하게 전환한다.

❷ 와이퍼(wiper)

(1) 와셔액 탱크가 비어 있는 경우 : 와이퍼를 작동시키면 와이퍼 모터가 손상된다.

(2) 겨울철에 와이퍼가 얼은 경우 : 와이퍼를 모터의 힘으로 작동시키는 경우 와이퍼 링크가 이탈하거나 모터가 손상될 수 있다. 동절기 와셔액 사용은 이를 얼어 붙여 시야를 가릴 수 있다.

(3) 엔진 냉각수 또는 부동액을 와셔액으로 사용 : 차량 도장부분의 손상은 물론 운행 도중 시야를 가려 사고를 유발할 수 있으므로 주의한다.

(4) 유리창이 건조할 경우 : 와이퍼를 작동하지 않는다.

(5) 유리창과 와이퍼 세척할 경우 : 가솔린, 신나와 같은 유기용제의 사용을 금지한다.

❸ 전자제어 현가장치 시스템(ECS : Electronically controled suspension)

(1) 개념

차고센서로부터 ECS ECU(Electronic control unit)가 **자동차 높이의 변화를 감지**하여 ECS 솔레노이드 밸브를 제어함으로써 **에어 스프링의 압력과 자동차 높이를 조절**하는 전자제어 서스펜션 시스템을 말한다.

(2) 내용 ★

1) 주행 중에 **에어소모가 감소**한다.
2) 차량 하중 변화에 따른 차량 높이 조정이 신속하게 자동으로 이루어진다.
3) 도로 기타 주행조건에 따라 운전자의 스위치 조작으로 **차량의 높이를 조정**할 수 있다.
4) 안전성이 확보된 상태에서 **차량의 높이 조정 및 닐링**(Kneeling ; 차체의 앞부분을 내려가게 만드는 차체 기울임 시스템) 기능을 할 수 있다.
5) **자기진단 기능**을 가지고 있어 안전하며 정비가 용이하다.

✿ 전기자동차 : 큐알코드의 내용은 전기자동차를 간단하게 설명한 내용입니다. 시험범위에는 포함되지 않으나 이미 전기자동차가 일반화되어 있어서, 수록하였습니다. 운행에 도움이 되셨으면 좋겠습니다.

✿ 버스의 버튼 소개와 기어조작요령 : 시험범위와 상관은 없는 내용이지만 시험 합격 후 실무를 하실 때 도움이 될 동영상이 있어서 소개합니다. 유튜브의 「버스라이프TV」에 등록된 동영상을 링크했습니다. 좋은 동영상을 제작해주심에 이 자리를 빌어 감사의 말씀을 전합니다.

05 상황별 자동차 응급조치

❶ 진동과 소리로 아는 고장의 전조현상 ★★

(1) 엔진의 점화장치부분 : 주행 전 차체에 이상한 진동이 느껴질 때는 엔진에서의 고장이 주원인이다.
→ 플러그가 나쁘거나 배선이 빠져있는 경우

(2) 엔진 이음부분 : 엔진의 회전수에 비례하여 '**쇠가 마주치는 소리**'가 날 때
→ 밸브 장치에서 나는 소리로, 밸브 간극조정으로 수리가 가능

(3) 팬벨트 : 가속 페달을 힘껏 밟는 순간 '**끼익!**'하는 소리가 나는 경우
→ 팬벨트 또는 기타의 V벨트가 이완되어 걸려 있는 풀리(pulley)와의 미끄러짐으로 발생한다.

(4) 클러치 부분 : 클러치를 밟을 때 '**달달달**' 소리와 함께 차체가 떨리고 있는 경우
→ 클러치 릴리스 베어링의 고장으로 정비공장에서 교환한다.

(5) 브레이크 부분 : 차를 세우려고 할 때 바퀴에서 '**끼익!**' 하는 소리가 나는 경우 → 브레이크 라이닝의 마모가 심하거나 라이닝에 결함이 있을 때 일어나는 현상

(6) 조향장치 부분 : 핸들이 어느 속도에 이르면 극단적으로 흔들리는 경우
→ 앞바퀴 불량으로 앞차륜 정렬(휠 얼라인먼트)이 맞지 않거나 바퀴 자체의 휠 밸런스가 맞지 않을 때 주로 일어난다.

(7) 바퀴 부분 : 주행 중 하체 부분에서 비틀거리는 흔들림이 일어나는 경우
→ 특히 커브를 돌았을 때 휘청거리는 느낌이 들 때는 바퀴의 휠 너트의 이완이나 타이어의 공기가 부족할 때 발생한다.

(8) 완충(현가)장치 부분 : 비포장도로의 험한 노면 상을 달릴 때 '**딱각딱각**' 하는 소리나 '**쿵쿵**' 하는 소리가 날 때 → 속업소버의 고장으로 볼 수 있다.

❷ 냄새와 열로서 판단하는 고장의 전조현상 ★

(1) 전기장치 부분 : 고무 같은 것이 타는 냄새가 날 때는 바로 차를 정지한다. → 대개 엔진실 내의 전기 배선 등의 피복이 녹아 벗겨져 합선에 의해 전선이 타면서 나는 냄새로, 보닛을 열고 그 부위를 발견해야 한다.

(2) 브레이크 부분 : 단내 같은 냄새가 심하게 나는 경우

1) **주브레이크**의 간격이 좁든가, **주차브레이크**를 당겼다 풀었으나 완전히 풀리지 않았을 경우
2) 긴 언덕길을 내려갈 때 **계속 브레이크를 밟는 경우**에도 이러한 현상이 발생한다.

(3) 바퀴 부분 : 바퀴마다 드럼에 손을 대보면 **어느 한 쪽만 뜨거울 경우** → 브레이크 라이닝 간격이 좁아 브레이크가 끌리기 때문

❸ 배출가스로 구분할 수 있는 고장 ★★

(1) 무색 혹은 약간 엷은 청색

완전연소 때 배출되는 가스의 색은 **정상상태**에서 무색 또는 약간 엷은 청색이다.

(2) 검은색

1) 농후한 혼합가스가 들어가 **불완전 연소**되는 경우
2) 초크 고장이나 에어클리너 엘리먼트의 막힘, 연료장치 고장 등이 원인이다.

(3) 백색(흰색)

1) 엔진 안에서 다량의 엔진오일이 실린더 위로 올라와 연소되는 경우
2) **헤드 개스킷 파손, 밸브의 오일 씰 노후 또는 피스톤 링의 마모** 등 엔진 보링을 할 시기임을 알려준다.

❖ 엔진보링 : 실린더 블록의 이상 마모의 부위를 평탄하게 연마하여, 압축압력을 정상화하기 위하여 하는 절삭작업이다.

❹ 엔진시동과 엔진의 오버히트

(1) 엔진시동이 걸리지 않는 경우

1) **시동모터가 회전 없는 경우** : 배터리 방전상태를 확인하거나, 배터리 단자의 연결상태를 점검한다.
2) **시동모터는 회전하나 시동이 걸리지 않을 때** : 연료의 유무를 점검한다.
3) **배터리가 방전되어 있을 때** ★
   ① 주차브레이크를 작동시켜 차량이 움직이지 않도록 한 후 **변속기는 '중립'**에 위치시킨다.
   ② 보조배터리를 사용하는 경우에는 **점프케이블을 연결한 후 시동**을 건다.
   ③ 타 차량의 배터리에 점프케이블을 연결하여 시동을 거는 경우에는 **타 차량의 시동을 먼저 건 후** 방전된 차량의 시동을 건다.
   ④ 시동 후 배터리가 일부 충전되면 점프케이블의 '-'단자를 먼저 분리한 후 '+'단자를 분리한다.
   ⑤ 방전된 배터리가 충분히 충전되도록 일정시간 시동을 걸어둔다.

4) **전기장치에 고장이 있을 때**
   ① 퓨즈의 단선 여부를 점검한다.
   ② <u>규정된 용량의 퓨즈를 사용하여 교체</u>
      → 만일 높은 용량의 퓨즈로 교체를 하는 경우에는 전기배선이 손상되거나 화재의 원인이 되기도 한다.

(2) 엔진 오버히트가 발생하는 경우 ★

1) **오버히트가 발생하는 원인**
   ① 냉각수가 부족하거나, 냉각수에 부동액이 들어 있지 않은 경우(추운 날씨)
   ② 엔진 내부가 얼어 냉각수가 순환하지 않는 경우

2) **오버히트 발생 징후**
   ① 운행 중 **수온계가 H 부분**을 가리키는 경우
   ② 엔진출력이 갑자기 떨어지거나 노킹소리가 들리는 경우

3) **엔진오버히트가 발생할 때의 안전조치**
   ① 비상경고등을 작동한 후 도로 가장자리로 안전하게 이동하여 정차한다.
   ② 차를 길가장자리에 이동시키고 엔진시동을 서서히 끈다. → 엔진을 즉시 끄면 수온이 급상승하여 엔진이 고착될 수 있다.
   ③ 여름에는 에어컨, 겨울에는 히터의 작동을 중지한다.
   ④ 엔진이 작동하는 상태에서 보닛(Bonnet)을 열어 엔진을 냉각시킨다.
   ⑤ 엔진을 충분히 냉각시킨 다음에는 냉각수의 양 점검, 라디에이터 호스 연결부위 등의 누수여부 등을 확인한다.
   ⑥ 특이사항이 없는 경우는 냉각수를 보충하여 운행하고, 누수나 오버히트가 발생할 만한 문제가 발견된다면 점검을 받는다.
   ⑦ 냉각수 부족으로 엔진이 과열된 경우 **차가운 냉각수를 급하게 공급하지 않는다.**
      → 엔진의 균열발생 우려

❺ 타이어의 펑크와 잭 ★

(1) 타이어의 펑크

1) 핸들이 돌아가지 않도록 **핸들을 꽉 잡고** 비상경고등을 작동시킨다. → 한쪽으로 쏠리는 현상 예방
2) 급브레이크는 밟지 않고 가속페달에서 발을 떼고 **속도를 서서히 감속시키면서 길 가장자리로 이동**한 후 주차브레이크를 당긴다.
3) 고장자동차의 표지를 설치한다.

(2) 잭의 사용

1) 잭을 사용하여 차체를 들어 올릴 때 차가 밀려나가는 것을 방지하기 위해 **교환할 타이어의 대각선에 있는 타이어에 고임목을 설치**한다.
2) 잭을 사용할 때에는 **평탄하고 안전한 장소**에서 사용한다.
3) 잭을 사용하는 동안에 시동을 걸면 위험하다.
4) 잭으로 차량을 올린 상태에서 차량 하부로 들어가면 위험하다.
5) 잭을 사용할 때에 **후륜의 경우에는 리어 액슬 아랫부분에 설치**한다.

❻ 기타 응급조치요령

(1) 풋 브레이크가 작동하지 않는 경우

고단기어에서 저단기어로 한 단씩 줄여 감속한 후에 주차브레이크를 작동하여 정지한다.

(2) 견인자동차로 견인하는 경우

1) **변속레버를 중립(N)에 놓고 구동되는 바퀴를 들어 견인**한다.
2) 차체를 들어 올릴 때 에어스프링이 이탈되지 않도록 한다(에어 서스펜션 장착 차량의 경우).

06 장치별 자동차 응급조치

❶ 엔진의 응급조치 요령

(1) 시동모터가 작동되나 시동이 걸리지 않는 경우

1) 연료가 떨어졌다. → 보충한 후 공기빼기
2) 예열작동이 불충분하다. → 예열시스템 점검
3) 연료 필터가 막혀 있다. → 교환

(2) 시동모터가 작동되지 않거나 천천히 회전하는 경우

1) 배터리가 방전되었다. → 충전 혹은 교환
2) 배터리 단자의 부식, 이완, 빠짐 현상이 있다.
   → 단자의 부식부분을 청소하고 단단히 고정
3) 접지 케이블이 이완되어 있다. → 단단히 고정
4) 엔진 오일의 점도가 너무 높다.
   → 적정 점도의 오일로 교환

(3) 저속 회전하면서 엔진이 쉽게 꺼지는 경우

1) 공회전 속도가 낮다. → 공회전 속도 조절
2) 에어클리너 필터가 오염되었다. → 청소나 교환
3) 연료필터가 막혀 있다. → 교환
4) 밸브 간극이 비정상이다. → 간극을 조정

(4) 엔진 오일의 소비량이 많다.

1) 사용하는 오일이 부적당하다. → 규정 오일로 교환
2) 엔진 오일이 누유되고 있다.
   → 오일계통을 점검하고 풀린 나사를 조임

(5) 연료소비량이 많다.

1) 연료 누출이 있다. → 연료계통과 누유부분 점검·정비
2) 타이어 공기압이 부족하다. → 적정 공기압으로 조정
3) 클러치가 미끄러진다.
   → 클러치 간극조정 혹은 클러치 디스크교환
4) 브레이크가 제동된 상태에 있다. → 라이닝간극 조정

(6) 배기가스의 색이 검다.

1) 에어클리너 필터가 오염되었다.
   → 에어클리너 필터의 청소 또는 교환
2) 밸브 간극이 비정상이다. → 밸브 간극 조정

(7) 오버히트되는 경우(엔진의 과열)

1) 냉각수가 부족하거나 누수되고 있다. → 보충 혹은 수리
2) 팬벨트의 장력이 지나치게 느슨하다.
   → **팬벨트의 장력 조정**(장력이 불량하면 워터펌프 작동이 원활하지 않아 냉각수의 순환이 불량해지고 엔진이 과열됨)
3) 냉각팬이 작동되지 않는다.
   → 냉각팬의 전기배선 등을 수리
4) 라디에이터 캡의 장착이 불완전하다. → 확실히 장착
5) 서모스탯(온도조절기 : thermostat)이 정상 작동하지 않는다. → 서모스탯 교환

❷ 조향 계통 응급조치요령

(1) 핸들이 무거운 이유와 조치

1) 앞바퀴의 공기압이 부족하다. → 적정공기압으로 조정
2) 파워스티어링 오일이 부족하다.
   → 파워스티어링 오일 보충

(2) 스티어링 휠(핸들)이 떨리는 이유와 조치 ★

1) 타이어의 무게 중심이 맞지 않는다.
   → 타이어를 점검하고 무게중심을 조정
2) 휠 너트(허브 너트)가 풀려 있다. → 규정토크로 조인다.
  ♣ 토크 : 주어진 회전축을 중심으로 회전시키는 능력
3) 타이어의 공기압이 타이어마다 다르다.
   → 적정공기압으로 조정
4) 타이어가 편마모 되어 있다. → 타이어 교환

❸ 제동 계통 응급조치요령

(1) 브레이크의 제동 효과가 나쁜 이유와 조치

1) 공기압이 과다하다. → 적정 공기압으로 조정
2) 공기누설(타이어 공기가 빠져나가는 현상)이 있다.
   → 브레이크 계통을 점검하여 풀려있는 부분을 다시 조인다.

3) 라이닝 간극 과다 또는 마모상태가 심하다.
   → 라이닝 간극 조정 혹은 라이닝 교환
4) 타이어 마모가 심하다. → 타이어를 교환

(2) 브레이크가 편제동되는 이유와 조치

1) 좌·우 타이어 공기압이 다르다. → 적정 공기압 조정
2) 타이어가 편마모 되어 있다. → 편마모된 타이어 교환
3) 좌·우 라이닝 간극이 다르다. → 라이닝 간극 조정

❹ 전기 계통 응급조치요령

◉ 배터리가 자주 방전되는 이유와 조치

1) 배터리 단자의 벗겨짐, 풀림, 부식이 있다.
   → 단지의 부식제거와 조임
2) 팬벨트가 느슨하게 되어 있다. → 팬벨트의 조정
3) 배터리액이 부족하다. → 배터리액 보충
4) 배터리의 수명이 다 되었다. → 배터리 교환

CHAPTER 3 자동차 구조 및 특성 핵심정리

01 동력전달장치

동력전달장치는 동력발생장치인 엔진에서 발생한 동력을 주행상황에 맞는 적절한 상태로 각 장치에 전달하여 주행할 수 있도록 해 주는 장치이다.

❶ 클러치와 변속기

(1) 클러치

1) 클러치의 역할

① 엔진의 작동 시 **엔진을 무부하 상태**로 유지한다.
② 기어를 변속할 때 **엔진의 동력을 일시 차단**한다.
③ 출발할 때는 엔진의 동력을 서서히 연결한다.
④ **관성운전**[주행 중 내리막길이나 신호등을 앞에 두고 가속페달에서 발을 떼면 특정속도로 떨어질 때까지 연료공급이 차단(퓨얼컷 현상)되고 관성력에 의해 주행하는 운전]이 가능하다.

2) 클러치의 구비조건

① 냉각이 잘 되어 과열하지 않아야 한다.
② 구조가 간단하고, 고장이 적어야 한다.
③ **회전력 단속작용이 확실**하며, **조작이 쉬워야** 한다.
④ **회전부분의 평형이 좋고, 회전관성이 적어야** 한다.

3) 클러치가 미끄러질 때의 영향

① 연료소비량의 증가하고 엔진이 과열된다.
② 등판 능력과 구동력이 감소하여 출발이 어렵고, 속도가 올라가지 않는다.

✦ 미끄러짐 : 가속하였을 때 엔진의 회전속도는 상승하나 출발이 안 되거나 주행속도가 올라가지 않는 현상을 말한다.

4) 클러치 차단이 잘 안 되는 원인 ★

① 클러치 페달의 자유간극이 크다.
② 릴리스 베어링이 손상되었거나 파손되었다.
③ 클러치 디스크의 흔들림이 크다.
④ 유압장치에 공기가 혼입되었다.
⑤ 클러치 구성부품이 심하게 마멸되었다.

(2) 변속기

변속기는 엔진과 추진축 사이에 설치되어 엔진의 출력을 자동차 주행속도에 알맞게 회전력과 속도로 바꾸어서 구동바퀴에 전달하는 장치를 말한다.

1) 변속기의 역할(필요성)

① **엔진과 차축 사이에서 회전력을 변환시켜 전달**한다.
② 엔진을 시동할 때 엔진을 무부하 상태로 한다.
③ 자동차를 후진시키기 위하여 필요하다.

2) 변속기의 구비조건

① 가볍고, 단단하고, 조작이 용이하고 신속·확실해야 한다.
② 작동 시 소음이 적어야 한다.
③ 연속적으로 또는 자동적으로 변속이 되어야 한다.
④ 동력전달의 효율이 좋아야 한다.

3) 자동변속기 ★

① **개념** : 클러치와 변속기의 작동이 자동차의 주행속도나 부하에 따라 자동적으로 이루어지는 장치를 말한다.
② **장·단점**(수동변속기와 비교한 장·단점)

㉠ **장점**
  • 기어변속이 자동으로 이뤄져 운전이 편리
  • 충격이나 진동이 적어 **승차감이 좋음**
  • 조작미숙으로 인한 시동 꺼지는 현상이 없음

㉡ **단점**
  • 구조가 복잡하여 가격이 비쌈

- 연료소비율이 약 10%가 많음
- 밀거나 끌어서 시동을 걸 수 없음

③ **자동변속기의 오일 색깔**

  ㉠ **정상** : 투명도가 높은 붉은 색
  ㉡ **갈색** : 가혹한 상태이거나 장시간 사용한 경우
  ㉢ **검은색을 띨 때** : 클러치 디스크의 마멸분말에 의한 오손이나 기어가 마멸된 경우
  ㉣ **니스 모양으로 된 경우** : 매우 높은 고온에 오일이 노출된 경우
  ㉤ **백색** : 오일에 수분이 다량으로 유입된 경우

❷ 타이어

(1) 주요기능 ★

1) 자동차의 하중을 지탱하는 기능을 한다.
2) 엔진의 구동력 및 브레이크의 **제동력을 노면에 전달하는 기능**을 한다.
3) 노면에서 전달되는 **충격을 완화**시키는 기능을 한다.
4) 자동차의 진행방향을 전환 또는 유지시키는 기능을 한다.

(2) 타이어의 종류와 특징 ★

1) 튜브리스 타이어(튜브없는 타이어)

  ① 타이어의 **펑크위험으로부터 운전자와 자동차를 보호**하기 위하여 개발되었다.
  ② 타이어 내부의 공기가 직접 림에 접촉하고 있기 때문에 주행 중에 발생하는 **열의 발산이 좋아 발열이 적다.**
  ③ 튜브 조립이 없으므로 **펑크 수리가 간단**하고, 작업능률이 향상된다.
  ④ 림이 변형되면 타이어와의 밀착이 불량하여 공기가 새기 쉽다.
  ⑤ 못에 찔려도 공기가 급격하게 새지 않으나, **유리 조각 등에 의해 손상되면 수리하기가 어렵다.**

2) 바이어스 타이어

  ① 바이어스 타이어의 카커스는 1 플라이씩 서로 번갈아 가면서 코드의 각도가 다른 방향으로 엇갈려 있어 코드가 교차하는 각도는 지면에 닿는 부분에서 원주방향에 대해 40° 전후로 되어 있는 타이어이다.
  ② 현재는 타이어의 주류에서 레디얼 타이어에 그 자리를 물려주고 있다.

3) 레디얼 타이어

  ① 접지면적이 크고 **타이어의 수명이 길다.**
  ② 트레드가 하중에 의한 변형이 적다.
  ③ 회전할 때에 구심력이 좋다.
  ④ **스탠딩웨이브 현상**이 잘 일어나지 않는다.
  ⑤ 고속으로 주행할 때에는 안전성이 크다.
  ⑥ 충격 흡수의 강도가 적어 **승차감이 좋지 않다.**
  ⑦ 저속으로 주행할 때는 조향 핸들이 다소 무겁다.

4) 스노타이어

  ① 눈길에서 체인을 장착하지 않고 주행할 수 있도록 제작된 타이어로 **바퀴가 고정되면 제동거리가 길어진다.**
  ② 스핀을 일으키면 견인력이 감소하므로 **천천히 출발해야** 한다.
  ③ 구동 바퀴에 걸리는 하중을 크게 해야 한다.
  ④ 트레드 부가 50% 이상 마멸되면 제 기능을 발휘하지 못한다.

(3) 타이어의 특성 ★★

1) 스탠딩 웨이브 현상(Standing Wave)

  ① **의의** : 타이어가 회전하면서 타이어의 전원주에서는 변형과 복원이 반복되는데 고속으로 주행하여 타이어의 회전속도가 빨라지면 **접지부에서 받은 타이어의 변형(주름)이 다음 접지 시점까지도 복원되지 않고** 접지의 뒤쪽에 진동의 물결이 일어나는 현상이다.

② 승용차용 타이어의 경우 **대략 150km/h 전후**의 주행속도에서 이러한 스탠딩 웨이브 현상이 발생한다.

③ 조건이 나쁠 때는 150km/h 이하의 속도에서도 발생하는 일이 있으므로 주의가 필요하다.

2) 수막 현상(Hydroplaning)

① 자동차가 물이 고인 노면을 고속으로 주행할 때 타이어는 요철용 무늬 사이에 있는 물을 배수하는 기능이 감소되어 물의 저항에 의해 노면으로부터 떠올라 **물 위를 미끄러지듯이 되는 현상이 발생**하게 되는데 이 현상을 수막현상이라 한다.

　→ 물의 압력은 속도의 두 배 그리고 유체 밀도에 비례

② 구동력이 전달되지 않는 축의 타이어는 물과의 저항에 의해 회전속도가 감소되고 구동축은 공회전과 같은 상태가 된다.

③ 자동차는 관성력만으로 활주하는 것이 되어 제동력은 물론 **모든 타이어 본래의 운동기능이 소실**되어 핸들에 의해서 자동차를 통제할 수 없게 된다.

④ **수막현상의 방지**

　㉠ **저속 주행** → 60km까지 : 수막현상 ×, 80km로 주행 : 수막현상 △, 100km로 주행 : 수막현상 ○

　㉡ 마모된 타이어를 사용하지 않음

　㉢ 공기압을 조금 높게 함

　㉣ 배수효과가 좋은 타이어를 사용함(리브형)

02　완충(현가) 장치

❶ 완충장치의 의의

(1) 개념

완충장치는 주행 중 **노면으로부터 발생하는 진동이나 충격을 완화**시켜 차체나 각 장치에 직접 전달하는 것을 방지하는 장치로 차체나 화물의 손상을 방지하고, 승차감과 자동차의 주행 안전성을 향상시킨다.

(2) 완충장치의 주요기능 ★

1) 적정한 자동차의 **높이**를 유지한다.
2) **상·하 방향이 유연하여 차체가 노면에서 받는 충격을 완화**시킨다.
3) **올바른 휠 얼라인먼트**를 유지한다.
4) 차체의 무게를 지탱한다.
5) 타이어의 **접지상태를 유지**한다.
6) **주행방향**을 일부 조정한다.

❷ 완충장치의 구성

(1) 스프링

차체와 차축사이에 설치되어 주행 중 **노면에서의 충격이나 진동을 흡수**하여 차체에 전달하지 않게 한다.

1) 판스프링 ★

① 적당히 구부린 띠 모양의 스프링 강을 몇 장 겹쳐 그 중심에서 볼트로 조인 것이다.
② **버스나 화물자동차에 사용**한다.
③ 스프링 자체의 강성으로 차축을 정해진 위치에 지지할 수 있어 **구조가 간단**하다.
④ **판간 마찰**에 의한 진동의 억제작용이 크다.
⑤ **내구성이 크다.**
⑥ 작은 진동은 흡수가 곤란하다.

2) 코일 스프링

① 스프링 강을 코일 모양으로 감아서 제작한 것으로 외부의 힘을 받으면 비틀린다.
② 판스프링과 같이 판간 마찰작용이 없기 때문에 **진동에 대한 감쇠작용을 못하며, 옆 방향 작용력**에 대한 저항력도 없다.
③ 차축을 지지할 때는 링크기구나 쇽업소버를 필요로 하고 **구조가 복잡**하다.
④ 단위중량당 에너지 흡수율이 판스프링보다 크고 유연하다.
⑤ **승용차에 많이 사용**한다.

3) 토션바 스프링

① 스프링의 힘은 바의 길이와 단면적에 따라 결정되며 코일 스프링과 같이 진동의 감쇠작용이 **없어 쇽업소버를 병용**한다.

② 비틀었을 때 탄성에 의해 원위치하려는 성질을 이용한 스프링강의 막대이다.

③ **단위중량당 에너지 흡수율**이 다른 스프링에 비해 크며 **구조도 간단**하다.

④ 설치방식에는 차체에 평행하게 설치하는 세로방식과 차체에 직각으로 설치하는 가로방식이 있다.

⑤ **세로방식**이 바의 길이에 제한이 없고 설치장소를 크게 차지하지 않는 장점이 있어 많이 사용된다.

⑥ **좌·우가 구분**되어 있어 바꾸어 설치하지 않도록 한다.

4) 공기 스프링 ★

① 공기의 탄성을 이용한 스프링으로 다른 스프링에 비해 유연한 탄성을 얻을 수 있고, **노면으로부터의 작은 진동도 흡수**한다.

② 승차감이 우수하기 때문에 **장거리 주행 자동차 및 대형버스에 사용**된다.

③ 차량무게의 증감에 관계없이 언제나 **차체의 높이를 일정하게 유지**할 수 있다.

④ 스프링의 세기가 하중에 거의 비례해서 변화하기 때문에 짐을 실었을 때나 비었을 때의 승차감에는 차이가 없다.

⑤ **구조가 복잡**하고 제작비가 비싸다.

(2) 쇽업소버 ★

1) 승차감의 향상
노면에서 발생한 스프링의 진동을 재빨리 흡수하여 **승차감을 향상**시키고 동시에 스프링의 피로를 줄이기 위해 설치하는 장치이다.

2) 진동의 흡수를 앞당김
쇽업소버는 움직임을 멈추려고 하지 않는 스프링에 대하여 **역방향으로 힘을 발생시켜 진동의 흡수를 앞당긴다.**

3) 운동에너지를 열에너지로 변환
스프링이 수축하려고 하면 쇽업소버는 수축하지 않도록 하는 힘을 발생시키고, 반대로 스프링이 늘어나려고 하면 늘어나지 않도록 하는 힘을 발생시키는 작용을 하므로 스프링의 상·하 운동에너지를 열에너지로 변환시켜 준다.

4) 좋은 감쇠력
노면에서 발생하는 진동에 대해 일정 상태까지 그 **진동을 정지시키는 힘인 감쇠력이 좋아야** 한다.

(3) 스태빌라이저 ★

1) 차체의 기울기를 감소시키는 장치
좌·우 바퀴가 동시에 상·하 운동을 할 때에는 작용을 하지 않으나 좌·우 바퀴가 서로 다르게 상·하 운동을 할 때 작용하여 **차체의 기울기를 감소시켜 주는 장치**이다.

2) 차체의 롤링 방지
커브 길에서 자동차가 선회할 때 원심력 때문에 **차체가 기울어지는 것을 감소시켜** 차체가 롤링(좌·우 진동)하는 것을 방지하여 준다.

3) 토션바의 일종
양끝이 좌·우의 로어 컨트롤 암에 연결되며 가운데는 차체에 설치된다.

03 조향장치

❶ 개 념

(1) **진행방향을 의도하는 대로 조작** : 자동차의 진행방향을 운전자가 의도하는 바에 따라서 임의로 조작할 수 있는 장치이다.

(2) **앞바퀴의 방향을 바꾸는 기능** : 조향 핸들을 조작하면 조향 기어에 그 회전력이 전달되며 조향 기어에 의해 감속하여 앞바퀴의 방향을 바꿀 수 있도록 되어 있다.

❷ 조향장치

(1) 특 징 ★

1) 조향조작이 **주행 중 충격의 영향을 받지 않아야** 한다.

2) 조작이 쉬우며, **방향 전환이 원활**해야 한다.
3) 진행방향을 바꿀 때 섀시 및 바디 **각 부에 무리한 힘**이 작용하지 않아야 한다.
4) **고속주행에서 조향조작이 안정적**이어야 한다.
5) 조향 핸들의 회전과 바퀴 선회 차이가 크지 않아야 한다.
6) 수명이 길고 정비하기 쉬워야 한다.

(2) 조향장치의 고장 원인

1) 조향 핸들이 무거운 원인
① 타이어의 공기압 부족
② 조향기어의 톱니바퀴 마모
③ 조향기어 박스 내의 오일이 부족
④ 앞바퀴 정렬 상태 불량
⑤ 타이어 마멸이 과다

2) 조향 핸들이 한쪽으로 쏠리는 원인
① 타이어 공기압 불균일
② 앞바퀴 정렬 상태 불량
③ 쇽업소버의 작동 상태 불량
④ 허브 베어링 마멸이 과다

+ STUDY 동력조향장치

❶ 필요성
자동차의 대형화 및 저압 타이어의 사용으로 앞바퀴의 접지압력과 면적이 증가하여 **신속한 조향**이 어려웠다.

❷ 기능
가볍고 원활한 조향조작을 위해 엔진 동력으로 오일펌프를 구동시켜 발생한 유압을 이용하여 **조향핸들의 조작력을 경감**시키는 장치를 말한다.

❸ 장·단점

(1) 장점
1) 조향 조작력이 작아도 된다.
2) 노면에서 발생한 충격 및 진동을 흡수한다.
3) 앞바퀴의 시미 현상(바퀴가 좌·우로 흔들리는 현상)을 방지할 수 있다.
4) 조향조작이 신속하고 경쾌하다.
5) 앞바퀴가 펑크 났을 때 조향핸들이 갑자기 꺾이지 않아 위험도가 낮다.

(2) 단점
1) 기계식에 비해 구조가 복잡하고 값이 비싸다.
2) 고장이 발생한 경우에는 정비가 어렵다.
3) 오일펌프 구동에 엔진의 출력이 일부 소비된다.

---

(3) 휠 얼라인먼트(차륜 정렬) ★★★

1) 의미와 역할
① 충격이나 사고, 부품 마모, 하체 부품의 교환 등에 따라 이들 각도가 변화하게 되면 주행 중에 각종 문제를 야기한다.
② 이 때 자동차 앞부분을 지지하는 **앞바퀴의 기하학적인 각도를 수정**하여 차륜을 정렬을 하는 작업을 휠 얼라인먼트라 한다.

2) 구성 : 휠 얼라인먼트에는 **캠버, 캐스터, 토인, 조향축**(킹핀) **경사각** 등이 있다.

2) 휠 얼라인먼트의 역할
① 주행 중 조향바퀴에 **방향성을 부여**하므로 핸들의 조작을 확실하게 하고 안전성을 준다.
→ 캐스터의 작용
② **조향핸들에 복원성**을 부여한다.
→ 캐스터와 조향축(킹핀) 경사각의 작용
③ 조향핸들의 **조작을 가볍게** 한다.
→ 캠버와 조향축(킹핀) 경사각의 작용
④ **타이어 마멸을 최소**로 한다. → 토인의 작용

3) 캠버(Camber)
① **개념** : 자동차를 앞에서 보았을 때 **앞바퀴가 수직선에 대해 어떤 각도**를 두고 설치되어 있는 것을 말한다.
㉠ 바퀴의 윗부분이 **바깥쪽으로 기울어진 상태**를 '정의 캠버'

ⓒ 바퀴의 중심선이 **수직일 때를 '0의 캠버'**
　　ⓒ 바퀴의 윗부분이 **안쪽으로 기울어진** 상태를 **'부의 캠버'**
　② **역할**
　　㉠ 하중을 받았을 때 앞바퀴의 아래쪽이 벌어지는 것(부의 캠버)을 방지한다.
　　ⓒ 조향축(킹핀) 경사각과 함께 **조향핸들의 조작을 가볍게 경(輕)** 한다.
　　ⓒ 수직 방향 하중에 의한 **앞 차축의 휨**을 방지한다.
4) **캐스터**(Caster)
　① **개념** : 자동차 앞바퀴를 옆에서 보았을 때 앞 차축을 고정하는 **조향축**(킹핀)이 수직선과 어떤 각도를 두고 설치되어 있는 것을 말한다.
　　㉠ 조향축 윗부분이 **자동차의 뒤쪽으로 기울어진** 상태를 **'정의 캐스터'**
　　ⓒ 조향축의 중심선이 수직선과 일치된 상태를 **'0의 캐스터'**
　　ⓒ 조향축의 윗부분이 앞쪽으로 기울어진 상태를 **'부의 캐스터'**
　② **역할** ★
　　㉠ 조향 시 **직진 방향으로의 복원력**을 준다.
　　ⓒ 주행 중 **조향바퀴에 방향성**을 부여한다.
5) **토인**(Toe-in)
　① **개념** : 자동차 앞바퀴를 위에서 내려다보면 양쪽 바퀴의 중심선 사이의 거리가 **앞쪽이 뒤쪽보다 약간 작게 되어 있는 것**이다.
　② **역할**
　　㉠ 앞바퀴를 평행하게 회전시킨다.
　　ⓒ 앞바퀴가 옆 방향으로 미끄러지는 것과 **타이어 마멸을 방지**한다.
　　ⓒ 조향 링키지의 마멸에 의해 **토아웃**(Toe-out) 되는 것을 방지한다.
6) **조향축**(킹핀) **경사각**

　① 조향핸들의 조작을 가볍게 **경(輕)** 한다.
　② 캐스터와 함께 앞바퀴에 **복원성**을 부여하여 직진 방향으로 쉽게 되돌아가게 한다.
　③ 앞바퀴의 **시미 현상**(바퀴가 좌·우로 흔들리는 현상)을 방지한다.
✿ 두문자 : **캠벌경힘**/**캐복방**/**토마토**/**조경복시** (캠벌경힘은 캐복방에서 토마토를 먹으면서 조경복씨(시)와 수다를 떨었다)
→ 시험에 자주 출제되는 주제입니다. 각 장치의 기능이 헷갈리고 잘 외워지지 않아 두문자를 만들어 봤습니다. 글자별로 내용을 떠올리면서 암기하시면 좋겠습니다.

04 제동장치

❶ 제동장치의 의의

(1) 개념
주행 중에 자동차의 속도를 줄이거나 정지시키고, 정차 또는 주차할 때에는 자동차가 굴러가지 않도록 고정시키기 위해 사용하는 장치이다.

(2) 종류
모든 바퀴를 고정시키는 풋 브레이크와 뒷바퀴만을 고정시키는 주차 브레이크가 있다.

❷ 공기식 브레이크 ★

(1) 의의
1) 엔진으로 공기압축기를 구동하여 발생한 **압축공기를 동력원으로 사용**하는 방식이다.
2) **버스나 트럭 등 대형차량**에 주로 사용한다.

(2) 공기식 브레이크의 구조
1) 공기압축기
　① 압력조정기와 함께 공기탱크 내의 압력을 일정하게 유지하고 필요 이상으로 압축기가 구동되는 것을 방지한다.
　② **엔진회전수의 1/2로 회전**하여 압축공기를 만든다.
　③ 실린더 헤드에 **언로더 밸브**가 설치되어 있다.

2) 공기탱크

① 사이드 멤버에 설치되어 **압축된 공기를 저장**하며 탱크 내의 공기압력은 5~7kg/cm²이다.

② 탱크 내의 **압력이 규정압력 이상이 되면** 탱크의 안전밸브에서 자동으로 대기 중에 **방출**하여 안전을 유지한다.

3) 브레이크 밸브 : 페달을 밟으면 플런저가 배출밸브를 눌러 공기탱크의 압축공기가 앞 브레이크 체임버와 릴레이 밸브에 보내져 브레이크가 작동한다.

4) 릴레이 밸브

① **브레이크 밸브에서 공기가 공급되면 배출밸브는 닫고 공기밸브를 열어 뒤 브레이크 체임버에 압축공기**를 보낸다.

② 막 위에 작용되는 공기압력이 막 아래에 작용하는 압력과 평형을 이루면 **공급밸브 스프링**에 의해 공급밸브를 닫아 **브레이크 체임버로 가는 공기를 차단**한다.

③ 브레이크 밸브의 공기가 배출되면 **배출밸브를 열어** 브레이크 체임버에 작용한 압축공기를 완전히 배출하여 브레이크 작용이 풀린다.

5) 퀵 릴리스 밸브 : 브레이크 밸브와 브레이크 체임버 사이에 설치되어 페달을 놓으면 **브레이크 밸브에서 공기가 배출**된다. 이때 공기 입구 압력이 대기압으로 되어 스프링 힘으로 밸브가 제자리로 되돌아가고 이때 배출구를 열어 **브레이크 체임버 내의 공기를 속히 배출**한다.

6) 브레이크 체임버

① 브레이크가 작동되지 않을 때는 리턴스프링에 의해 한쪽으로 밀려나 있다.

② 브레이크 **페달을 밟아** 압축공기가 들어오면 스프링 장력을 이기고 다이어프램이 푸시로드를 밀어 **브레이크 캠을 작동시켜 브레이크 작용을** 하게 된다.

③ **페달을 놓으면** 다이어프램 리턴 스프링에 의해 제자리로 돌아와 **브레이크 작용이 풀린다**.

7) 저압 표시기 : 공기식 브레이크의 공기압력이 규정보다 낮은 것을 알려주는 기기이다.

8) 체크밸브 : 탱크 내의 압력이 규정값이 되어 공기 압축기에서 압축공기가 공급되지 않을 때에는 밸브를 닫아 탱크 내의 공기가 새지 않도록 한다.

(3) 공기식 브레이크와 유압배력식 브레이크 비교

1) 자동차 중량

① **공기식 브레이크** : 자동차의 중량의 제한이 없다.

② **유압 배력식 브레이크** : 자동차 중량의 영향을 받는다.

2) 오일 및 공기의 누설

① **공기식 브레이크** : 다소 누출되어도 제동성능이 현저하게 저하되지 않아 안정성 높다.

② **유압 배력식 브레이크** : 누설되면 유압이 현저하게 저하되어 위험하다.

3) 마찰열

① **공기식 브레이크** : 베이퍼 록의 발생할 염려 없다.

② **유압식 브레이크** : 베이퍼 록이 발생한다.

4) 제동력

① **공기식 브레이크** : 페달의 밟는 양에 따라 제동력이 변화한다.

② **유압식 브레이크** : 페달의 밟는 힘에 따라 제동력이 변화한다.

5) 에너지 소비

① **공기식 브레이크** : 압축공기의 압력을 높이면 제동력이 커진다(공기압축기 구동에 많은 에너지 소모).

② **유압식 브레이크** : 에너지 소비가 많지 않다.

6) 정비성

① **공기식 브레이크** : 구조가 복잡하여 **정비가 어렵다**.

② **유압식 브레이크** : 구조가 간단하여 **정비가 용이**하다.

7) 경제성

① **공기식 브레이크** : 비교적 고가이다.

② **유압식 브레이크** : 저가이다.

❸ **ABS**(Anti-lock Brake System) ★★

(1) 개념 및 작동방법

1) 자동차 주행 중 제동할 때 타이어의 고착 현상을 미연에 방지하여 노면에 달라붙는 힘을 유지하므로 **조향능력의 상실을 방지**하여 사전에 사고의 위험성을 감소시키는 안전장치이다

2) ABS 장치는 급제동할 때 또는 미끄러운 도로에서 제동할 때에 구르던 바퀴가 잠기면서 노면 위에서 **미끄러지는 현상을 방지**하여 **핸들의 조향 성능을 유지**시켜 주는 장치이다.

3) 급제동할 때 ABS가 정상적으로 작동하기 위해서는 브레이크 페달을 힘껏 밟고 버스가 완전히 **정지할 때까지 계속 밟는다**.

(2) ABS 특성

1) 급제동 시에도 핸들조향이 가능하다.
2) 접지면이 부족한 자갈길이나 평평하지 않은 도로 등에서는 일반 브레이크 차량보다 제동거리가 더 길어진다.
3) 바퀴의 미끄러짐이 없는 제동효과와 **자동차의 안정성과 조종성능을 확보**해준다. 그러나 옆으로 미끄러지는 위험은 방지할 수 없다.
4) 앞바퀴의 고착에 의한 조향능력 상실을 방지하고 **노면이 비에 젖어도 제동효과가 우수하다**.

(3) ABS 경고등

키 스위치를 ON 하면 일반적으로 3초 동안 점등(자가진단)된 후 ABS가 정상이면 경고등은 소등된다. 만약 계속 점등된다면 점검이 필요하다.

+ STUDY 감속브레이크

❶ **개념**

(1) **풋브레이크의 보조로 제3의 브레이크**라 한다.
(2) 풋 브레이크를 자주 사용하면 베이퍼 록이나 페이드 현상이 발생하므로 안전운행을 위해 개발된 것이다.

❷ **감속브레이크의 종류**

(1) 엔진 브레이크
언덕길을 내려갈 때 가속페달을 놓거나, **저속기어를 사용하면 엔진의 회전저항을 이용**하여 제동력이 발생한다.

(2) 제이크 브레이크
일부 피스톤 내부의 연료분사를 차단하고 **강제로 배기밸브를 개방**하여 작동이 줄어든 피스톤 운동량만큼 엔진의 **출력이 저하되어 제동력이 발생**한다.

(3) 배기 브레이크
배기관 내에 설치된 밸브를 통해 배기가스 또는 공기를 압축한 후 **배기 파이프 내의 압력이 배기밸브 스프링 장력과 평형이 될 때까지 높게 하여** 제동력을 얻는다.

(4) 리타터 브레이크
1) **별도의 오일을 사용**하고 기어자체에 작은 터빈(자동변속기) 또는 **별도의 리타터용 터빈**(수동변속기)이 장착된다.
2) 유압을 이용하여 **동력이 전달되는 회전방향과 반대로 터빈을 작동**시켜 제동력이 발생한다.
3) 풋브레이크를 사용하지 않고 80~90%의 제동력을 얻을 수 있다.
4) 엔진의 저속회전 시(낮은 RPM)에서는 제동력이 낮다.

❸ **감속 브레이크의 장점** ★

(1) 풋 브레이크를 사용하는 횟수가 줄기 때문에 주행할 때의 **안전도가 향상**된다.
(2) 풋 브레이크의 사용 감소로 **운전자의 피로를 감소**시키고 브레이크 슈, 드럼 혹은 타이어의 마모를 줄일 수 있다.
(3) 눈, 비 등으로 인한 타이어 **미끄럼을 줄일 수 있다**.
(4) 클러치 사용횟수가 줄어들어 **클러치 관련 부품의 마모가 감소**한다.
(5) 브레이크 작동 시 이상 소음을 내지 않으므로 승객에게 불쾌감을 주지 않는다.

CHAPTER 4 자동차검사 [핵심정리]

01 자동차 검사

❶ 자동차 검사의 목적

(1) 자동차 결함으로 인한 **교통사고 사상자를 사전에 예방**한다.
(2) 자동차 배출가스로 인한 **대기오염을 최소화**한다.
(3) 불법개조 등 안전기준 위반 차량 색출로 **운행질서를 확립**한다.
(4) 자동차보험 미가입 자동차의 **교통사고로부터 국민 피해를 예방**한다.

✿ 교통사고 예방 + 대기오염 최소화 + 운행질서확립 + 국민피해예방

❷ 자동차종합검사(배출가스 검사 + 안전도 검사)

(1) 의의

1) **항목통합**: 자동차 정기검사와 **배출가스 정밀검사** 또는 특정경유자동차 배출가스 검사의 검사항목을 하나의 검사로 통합하였다.
2) **검사 시기**: 자동차 정기검사 시기로 통합하였다.
3) **한 번의 검사로 모든 검사가 완료되도록 함**: 자동차검사로 인한 국민의 불편을 최소화하고 편익을 도모하기 위해 시행하는 제도이다.

3) 정기검사, 정밀검사, 특정경유자동차검사를 받은 것으로 보는 종합검사

① **공통분야**: 자동차의 동일성 확인 및 배출가스 관련 장치 등의 작동 상태 확인을 **관능검사**(官能檢査, 사람의 감각기관으로 자동차의 상태를 확인하는 검사) 및 **기능검사**로 하는 공통 분야이다.
② 자동차 안전검사 분야
③ 자동차 배출가스 정밀검사 분야

(2) 종합검사의 대상과 유효기간 ★★

1) 종합검사의 대상 ★★

차 종	구 분	규 모	차 령	유효기간
승합 자동차	비사업용	경형·소형	4년 초과	1년
		중형	3년 초과	차령 8년까지는 1년, 이후부터는 6개월
		대형		
	사업용	경형·소형	4년 초과	1년
		중형	2년 초과	차령 8년까지는 1년, 이후부터는 6개월
		대형		

✿ 사업용 중·대형 승합자동차에 집중하여 암기한다면 종합검사와 아래의 정기검사의 두 검사는 "종합검사가 차령 2년 초과"라는 점만 다릅니다. 즉, 두 검사의 유효기간은 같습니다. 이 점에 착안하면 암기가 용이할 것입니다.

➕ STUDY 자동차종합검사의 유효기간

❶ 검사유효기간 계산방법

(1) **신규등록을 하는 자동차**: 신규등록일부터 계산
(2) **종합검사기간 내에 종합검사를 신청하여 적합 판정을 받은 자동차**: 직전 검사 유효기간 마지막 날의 다음 날부터 계산
(3) **종합검사기간 전 또는 후에 종합검사를 신청하여 적합 판정을 받은 자동차**: 종합검사를 받은 날의 다음 날부터 계산
(4) **재검사 결과 적합 판정을 받은 자동차**: 종합검사를 받은 것으로 보는 날의 다음 날부터 계산

❷ 자동차 소유자가 종합검사를 받아야 하는 기간

(1) 검사 **유효기간의 마지막 날**(제10조에 따라 검사 유효기간을 연장하거나 검사를 유예한 경우에는 그 연장 또는 유예된 기간의 마지막 날을 말한다) **전 90일부터 후 31일까지**로 한다.
(2) 소유권 변동 또는 사용본거지 변경 등의 사유로 종합검사의 대상이 된 자동차 중 정기검사의 기간 중에 있거나 정기검사의 기간이 지난 자동차는 **변경등록을 한 날부터 62일 이내**에 종합검사를 받아야 한다.

❸ 자동차 종합검사 재검사기간

(1) **종합검사기간 내에 종합검사를 신청한 경우** : 부적합 판정을 받은 날부터 10일 이내

(2) **종합검사기간 전 또는 후에 종합검사를 신청한 경우** : 부적합 판정을 받은 날부터 10일 이내

(3) **다음의 어느 하나에 해당하는 사유로 부적합 판정을 받은 경우** : 부적합 판정을 받은 날부터 10일 이내

 1) 최고속도제한장치의 미설치 또는 설치상태의 불량
 2) 자동차 배출가스 검사기준 위반

(4) **그 밖의 사유로 부적합 판정을 받은 경우** : 부적합 판정을 받은 날부터 종합검사기간 만료 후 10일 이내

(5) **재검사기간 내에 적합 판정을 받은 자동차** : 자동차기능 종합진단서를 받은 날에 종합검사를 받은 것으로 본다.

(6) 종합검사 결과 부적합 판정을 받은 자동차의 소유자가 재검사기간 내에 재검사를 신청하지 않은 경우(재검사기간 내에 법 제13조에 따라 말소등록한 경우는 제외) 또는 재검사기간 내에 재검사를 신청하였으나 그 기간 내에 적합 판정을 받지 못한 경우에는 종합검사를 받지 않은 것으로 본다.

(7) 종합검사 결과 부적합 판정을 받은 자동차가 특정경유자동차의 배출허용기준에 맞는지에 대한 검사가 면제되는 경우 자동차 배출가스 정밀검사 분야에 대해서는 재검사기간 내에 적합 판정을 받은 것으로 본다.

❸ **자동차 정기검사**(안전도 검사)

(1) **개념**

자동차관리법에 따라 **종합검사 시행지역 외 지역에 대하여 안전도 분야에 대한 검사를 시행**하며, 배출가스검사는 공회전상태에서 배출가스를 측정한다.

(2) **검사유효기간** ★

차종	구분	규모	차령	유효기간
승합자동차	비사업용과 사업용 동일(同一)	경형·소형	4년 이하	2년
			4년 초과	1년
		중형·대형	8년 이하	1년 *
			8년 초과	6개월

❖ 비사업용 승합자동차 경형·소형으로 차령 8년 이하의 경우에는 신조차로서 법 제43조제5항에 따라 신규검사를 받은 것으로 보는 자동차 중 길이 5.5미터 미만인 자동차의 최초 검사 유효기간은 2년

(3) **검사방법 및 항목**

종합검사의 안전도 검사 분야의 검사방법 및 검사항목과 동일하게 시행한다.

(4) **사업용 대형 승합자동차의 검사기관** ★

 1) **자동차종합정비업자** : 차령이 6년을 초과한 사업용 대형승합자동차등 차를 **제외한** 모든 자동차에 대한 정기검사

 2) **소형자동차종합정비업자** : 승용자동차와 경형 및 소형의 승합·화물·특수자동차에 대한 정기검사

❖ 차령이 6년을 초과한 사업용 대형승합자동차 검사는 한국교통안전공단에서 시행한다.

(5) **정기검사 또는 종합검사 미시행에 따른 과태료** ★

 1) **정기검사를 받아야 하는 기간만료일부터 30일 이내인 경우** : 4만원

 2) **정기검사를 받아야 하는 기간만료일부터 30일을 초과 114일 이내인 경우** : 4만원에 31일째부터 계산하여 3일 초과시마다 2만원을 더한 금액

 3) **정기검사를 받아야 하는 기간만료일부터 115일 이상인 경우** : 60만원

02 튜닝검사와 신규검사

❶ **튜닝검사**

(1) **튜닝승인신청 구비 서류**(자동차관리법 시행규칙 제56조)

튜닝 승인을 받으려는 자는 튜닝 승인 신청서에 다음의 서류를 첨부하여 **한국교통안전공단**에 제출해야 한다.

 1) **튜닝승인신청서** : 자동차소유자가 신청, 대리인인 경우 소유자(운송회사)의 위임장 및 인감증명서의 첨부가 필요하다.

 2) **튜닝 전·후의 주요제원 대비표** : 제원변경이 있는 경우만 해당한다.

 3) **튜닝 전·후의 자동차의 외관도** : 외관변경이 있는 경우에 한한다.

 4) **튜닝하고자 하는 구조·장치의 설계도** : 특수한 장치 등을 설치할 경우에 첨부한다.

❖ 튜닝승인은 승인신청 접수일부터 <u>10일 이내</u>에 처리하고, 튜닝 승인을 받은 날부터 <u>45일 이내</u>에 <u>튜닝검사</u>를 받아야 한다.

(2) 튜닝검사신청 구비 서류(자동차관리법 시행규칙 제78조)

튜닝검사를 받으려는 자는 자동차검사신청서에 다음의 서류를 첨부하여 **자동차검사대행자**에게 제출하고 해당 자동차를 제시해야 한다.

1) 발급받은 튜닝 승인서
2) 말소등록사실증명서
3) 튜닝 전·후 주요제원대비표
4) 튜닝 전·후의 자동차외관도(외관 변경이 있는 경우만)
5) 튜닝하려는 구조·장치의 설계도

(3) 구조·장치 변경승인 불가 항목 ★

1) 제작허용총중량을 넘어서 **총중량을 증가**시키는 튜닝
2) **자동차의 종류가 변경**되는 튜닝
3) **튜닝전보다 성능 또는 안전도가 저하**될 우려가 있는 경우의 튜닝

> **+ STUDY 튜닝승인 불필요 대상**
>
> 최저지상고, 중량분포, 최대안전경사각도, 최소회전반경, 접지부분 및 접지압력, 조종장치, 완충장치, 전기·전자장치, 창유리, 경음기 및 경보장치, 방향지시등 기타 지시장치, 후사경·창닦이기 기타 시야를 확보하는 장치, 후방 영상장치 및 후진경고음 발생장치, 속도계·주행거리계 기타 계기, 소화기 및 방화장치
>
> ❖ 튜닝승인 불필요 대상을 제외하고는 승인 대상들이다. 승인대상을 예로 들면 길이·너비 및 높이, 총중량, 동력발생장치, 동력전달장치, 조향장치, 제동장치, 연료장치 등

❷ 임시검사

임시검사는 i) 불법튜닝 등에 대한 안전성 확보, ii) 사업용 자동차의 차령연장, iii) 자동차 소유자의 신청을 받은 경우에 임시검사를 받는다.

❸ 신규검사

수입자동차, 일시 말소 후 재등록하고자 하는 자동차 등 신규등록을 하고자 할 때 받는 검사이다.

> **+ STUDY 신규검사와 내압용기검사**
>
> ### ❶ 신규검사
>
> #### (1) 신규검사를 받아야 하는 경우
>
> 1) 여객자동차 운수사업법에 의하여 면허, 등록, 인가 또는 신고가 실효하거나 취소되어 말소한 경우
> 2) **자동차를 교육·연구목적으로 사용하는 등 대통령령이 정하는 사유에 해당하는 경우**
>   ① 자동차 자기인증을 하기 위해 등록한 자
>   ② 국가간 상호인증 성능시험을 대행할 수 있도록 지정된 자
>   ③ 자동차 연구개발 목적의 기업부설연구소를 보유한 자
>   ④ 해외자동차업체와 계약을 체결하여 부품개발 등의 개발업무를 수행하는 자
>   ⑤ 전기자동차 등 친환경·첨단미래형 자동차의 개발·보급을 위하여 필요하다고 국토교통부장관이 인정하는 자
> 3) 자동차의 차대번호가 등록원부상의 차대번호와 달라 직권 말소된 자동차
> 4) 속임수나 그 밖의 부정한 방법으로 등록되어 말소된 자동차
> 5) 수출을 위해 말소한 자동차
> 6) 도난당한 자동차를 회수한 경우
>
> #### (2) 신규검사신청서류 ★
>
> 신규검사 신청서, 출처증명서류(말소사실증명서 또는 수입신고서, 자기인증 면제확인서), 제원표(이미 자기인증된 자동차와 같은 제원의 자동차인 경우 제원표를 첨부 생략 가능)
>
> ### ❷ 내압용기 검사
>
> #### (1) 개념
>
> 제조·수리 또는 수입한 내압용기를 판매하거나 사용하기 전 실시하는 검사
>
> #### (2) 검사기간
>
> 1) 내압용기 정기검사
>   ① 다음의 어느 하나에 해당하는 날부터 비사업용 승용자동차의 경우 4년, 그 밖의 자동차의 경우 3년의 기간이 경과할 때마다 실시. 다만, 해당 자동차에 장착된 내압용기의 정기검사 유효기간이 각각 다른 경우 가장 먼저 도래하는 정기검사 유효기간에 따른다.
>   ㉠ **내압용기 장착검사를 받은 경우** : 신규등록한 날

- ⓒ 내압용기 정기검사를 받은 경우 : 다음의 구분에 따른 날
  - ⓐ 내압용기 정기검사의 기간 이내에 정기검사를 받은 경우 : 정기검사 유효기간 만료일의 다음날
  - ⓑ 'ⓐ' 외의 기간에 정기검사를 받은 경우 : 정기검사를 받은 날의 다음날
  - ⓒ 내압용기 수시검사를 받은 경우 : 수시검사를 받은 날
  - ⓓ 구조변경검사를 받은 경우 : 구조변경검사를 받은 날
- ② 정기검사의 검사기간은 그 유효기간 만료일 전후 각각 46일 이내로 한다. 이 경우 해당 검사기간 이내에 적합판정을 받은 경우에는 정기검사 유효기간의 만료일에 정기검사를 받은 것으로 본다.

2) **내압용기 수시검사**
① 손상의 발생, 내압용기검사 각인 또는 표시의 훼손, 충전할 고압가스 종류의 변경, 그 밖에 국토교통부령으로 정하는 사유가 발생한 경우 실시
② **국토교통부령으로 정하는 사유**
- ⊙ 내압용기를 교체한 경우
- ⓒ 자동차 소유자 또는 그 사용에 관한 정당한 권리를 가진 자가 신청하는 경우
- ⓒ 자동차의 전복(顚覆), 화재, 추락 등 국토교통부장관이 정하여 고시하는 사고가 발생한 경우

❖ 자동차검사의 종류로는 신규검사, 정기검사, 튜닝검사, 임시검사, 수시검사가 있다. ★

03 자동차보험 및 공제 미가입에 대한 과태료

(1) 책임보험이나 책임공제에 미가입하는 경우 ★

자동차 운행으로 **다른 사람이 사망하거나 부상**한 경우에 피해자(피해자가 사망한 경우에는 손해배상을 받을 권리를 가진 자)에게 책임보험금을 지급할 책임을 지는 책임보험이나 책임공제에 미가입한 경우 → 사업용 자동차

1) **가입하지 아니한 기간이 10일 이내인 경우** : 3만원
2) **가입하지 아니한 기간이 10일을 초과한 경우** : 3만원에 11일째부터 1일마다 8천원을 가산한 금액
3) **최고 한도금액** : 자동차 1대당 100만원

(2) 피해자의 재물손해를 위한 보험이나 책임공제에 미가입하는 경우

책임보험 또는 책임공제에 가입하는 것 외에 자동차의 운행으로 **다른 사람의 재물이 멸실되거나 훼손된 경우**에 피해자에게 사고 1건당 2천만원의 범위에서 사고로 인하여 피해자에게 발생한 손해액을 지급할 책임을 지는 보험업법에 따른 보험이나 여객자동차 운수사업법에 따른 공제에 미가입한 경우 → 사업용 자동차

1) **가입하지 아니한 기간이 10일 이내인 경우** : 5천원
2) **가입하지 아니한 기간이 10일을 초과한 경우** : 5천원에 11일째부터 1일마다 2천원을 가산한 금액
3) **최고 한도금액** : 자동차 1대당 30만원

(3) 피해자의 손해배상 한도초과를 위한 보험이나 책임공제에 미가입하는 경우 ★

책임보험 또는 책임공제에 가입하는 것 외에 자동차 운행으로 인하여 **다른 사람이 사망하거나 부상한 경우**에 피해자에게 책임보험 및 책임공제의 배상책임한도를 초과하여 피해자 1명당 1억원 이상의 금액 또는 피해자에게 발생한 모든 손해액을 지급할 책임을 지는 보험업법에 따른 보험이나 여객자동차 운수사업법에 따른 공제에 미가입한 경우

1) **가입하지 아니한 기간이 10일 이내인 경우** : 3만원
2) **가입하지 아니한 기간이 10일을 초과한 경우** : 3만원에 11일째부터 1일마다 8천원을 가산한 금액
3) **최고 한도금액** : 자동차 1대당 100만원

✿ (1)과 (3)의 배상내용이 같습니다.

PART 2 — 단원별 기출지문정리 〔담금정리〕

01 **핸들과 좌석**은 반드시 출발 전에 조정하고 주행 중에는 조작하지 않고, **헤드레스트**는 운전자의 귀 상단 또는 눈의 높이가 중심에 오도록 한다.

02 차량에 별도의 전기장치를 설치할 경우 (　)와 관련된 전기배선을 사용하면 안 되고, 사고발생 시에는 (　)을 끈 후 메인스위치와 비상차단 위치를 끄고 대피한다.

03 터보차저는 자동차의 출력을 높여 (　)에 도움을 주는 엔진보조장치로서, 운행 종료 후 충분한 공회전으로 온도를 식힌 후 엔진을 끈다.

04 세차 시 엔진룸은 (　)를 사용하여 세차하고, 마른 걸레로 차체 먼지의 제거를 하지 않는다.

05 CNG 연료는 가스 상태로 엔진내부로 흡입되어 **희박연소가 가능**하고, −20℃ ~ −30℃의 저온에서도 (　)이 우수하다.

06 CNG 연료는 CO_2 배출량이 (　), SO_2 가스를 방출하지 않으며, 탄소수가 (　) 독성이 적다.

07 **엔진시동이 걸린 상태에서는** (　) 라인, (　) 라인, (　) 라인 등의 파이프나 호스를 조이거나 풀어서는 안 된다.

08 **스태빌라이저**는 (　)장치로 차체의 기울기를 감소시키고 차체의 롤링을 방지하고, **휠얼라이먼트**는 (　)장치로서 캠버, 캐스터, 토인 등이 있다.

09 조향시 **직진방향으로의 복원력**을 주고, 주행 중 조향바퀴의 **방향성**을 부여하는 장치는? (　)

10 ABS 장치는 바퀴가 잠기면서 **미끄러지는 현상을 방지**하여 자동차의 (　)과 (　)성능을 확보해 준다.

11 ABS 차량은 급제동 시의 핸들 조향이 (　)하나, 옆으로 미끄러지는 위험을 방지할 수 (　).

12 **강제로 배기밸브를 개방**하여 그로 인한 엔진의 출력의 저하로 제동력이 발생하는 것은 (　) 브레이크이고, 배기파이프 내의 압력이 **배기밸브의 스프링과 평형이 될 때**까지 높게 하여 제동력을 얻은 것은 (　) 브레이크이다. 그리고 유압을 이용하여 **동력이 전달되는 회전방향과 반대로 터빈을 작동**시켜 제동력이 발생하는 것은 (　) 브레이크이다.

13 실린더의 파열을 방지하기 위한 가스배출용 일회성 소모성 장치는 (　)장치이다.

14 유량이 실제 설정값을 초과하는 경우 자동으로 흐름을 차단하거나 제한하는 것은 (　)밸브이다.

15 CNG 연료주입노즐과 결합하여 차량에 연료를 보내주는 장치는 (　)이다.

16 **장시간 자동으로 문을 열어 놓으면** 배터리가 (　)될 수 있고, **엔진시동을 끈 후 자동도어 개폐조작**을 반복하면 에어탱크의 공기압이 급격히 (　)된다.

17 **연료를 충전**할 때는 항상 엔진을 (　)하고, 엔진룸을 점검하는 경우 엔진 시동을 (　) 키를 뽑고 나서 엔진룸을 점검한다.

18 가속페달을 힘껏 밟는 순간 **"끼익"하는 소리**가 나는 경우 팬벨트 또는 기타 V벨트의 (　)이 원인이다.

19 바퀴의 드럼에 손을 대보면 어느 한쪽만 뜨거운 경우는 브레이크 (　) 간격이 (　) 브레이크가 끌리기 때문이다.

---

02 압축천연가스, 엔진시동　**03** 연비향상　**04** 에어　**05** 시동성　**06** 적고, 적고　**07** 엔진오일, 냉각수, 가스연료　**08** 현가, 조향
09 캐스터　**10** 안정성, 조종　**11** 가능, 없다　**12** 제이크, 배기, 리타더　**13** 압력방출　**14** 과류방지　**15** 리셉터클
16 방전, 저하　**17** 정지, 끄고　**18** 이완　**19** 라이닝, 좁아

20 시동모터가 회전하지 않는 경우에는 (　)의 방전이나 연결상태를 점검하고, **시동모터는 회전하나 시동이 걸리지 않으면** (　)의 유무를 점검한다.

21 **잭을 사용하는 경우** 차가 밀려나가는 것을 방지하기 위해 교환할 타이어의 (　)에 있는 타이어에 고임목을 설치한다.

해설 후륜의 경우에는 리어 액슬 아랫부분에 잭을 설치한다.

22 험한 노면상을 달릴 때 **'딱각딱각' 소리나 '쿵쿵' 소리**가 날 때는 (　)의 고장으로 볼 수 있다.

23 **엔진오버히트**가 발생하는 경우 엔진이 (　) 상태에서 보닛을 열어 엔진을 냉각시킨다.

24 (　)으로 **차량의 높이 조정 및 닐링 기능과 자기진단**이 가능하다.

25 엔진의 회전수에 비례하여 '쇠가 마주치는 소리'가 나는 경우는 (　)의 조정으로 수리가 가능하다.

26 주행 중 **하체 부분에 비틀거리는 흔들림**이 일어나는 때에는 바퀴의 휠 너트의 (　)이나 (　)부족일 때 일어나는 현상이다.

27 배출가스가 (　)색인 경우 초크 고장이나 에어클리너 엘리먼트, 연료장치의 고장이 그 원인이다.

해설 백색인 경우는 헤드 개스킷 파손, 밸브의 오일 씰 노후 또는 피스톤 링의 마모 등이 원인이다.

28 **오일펌프를 구동시켜 발생하는 유압을 이용**하여 조향핸들의 조작을 경감시키는 (　)는 조향조작이 신속하고 앞바퀴 펑크 시 조향핸들이 갑자기 꺾이지 않아 위험도가 낮다.

29 브레이크에서 **단내같은 냄새**가 나는 경우는 주브레이크 간격이 (　), 주차브레이크가 완전히 풀리지 않은 경우에 발생한다.

30 클러치는 과열되지 않고, 구조가 간단하고 회전의 단속작용이 확실하며 관성이 적어야 한다.

31 **튜브리스 타이어**는 발열과 펑크의 위험이 적고 펑크수리가 쉽다는 장점이 있다.

해설 튜브리스 타이어는 펑크의 수리가 대체적으로 쉬우나 유리조각 등에 의하여 손상되면 수리가 어렵다.

32 (　) **타이어**는 미끄러짐이 적으나 제동거리가 길어질 수 있으며 출발을 천천히 해야 하고, 구동바퀴에 걸리는 하중을 크게 해야 한다.

33 (　)스프링은 내구성이 좋으나, 작은 진동의 흡수가 곤란하므로, 대형버스의 경우 작은 진동의 흡수와 승차감이 좋은 (　)스프링을 사용한다.

34 **자동차정기검사 또는 자동차종합검사를 받지 않은 경우 과태료**의 최고한도액은 (　)만원이다.

35 차령이 2년 초과한 사업용 중·대형 승합자동차의 차령이 7년이면 종합검사 유효기간은 (　)년이다.

해설 차령이 8년을 초과하는 경우는 6개월이 유효기간이다.

36 (　)는 조향핸들에 안전성, 복원성을 주고 타이어의 마멸을 최소로 한다.

37 조향핸들의 조작을 가볍게 하고 앞차축의 휨을 방지하는 역할을 하는 장치는 (　)이다.

38 **앞바퀴가 미끄러지는 것과 타이어의 마멸을 방지**하고 토아웃되는 것을 방지하는 장치는 (　)이다.

39 **책임보험 또는 책임공제에 가입하지 아니한 기간**이 10일을 초과하는 경우 11일째부터 1일마다 8천원을 가산한 금액으로 하되, 최고 한도금액은 자동차 1대당 (　)만원이다.

40 차령이 8년 초과한 중·대형 승합자동차의 정기검사 유효기간은 (　)이다.

해설 8년 이하는 1년이다.

---

20 배터리, 연료　**21** 대각선　**22** 쇽업소버　**23** 작동하는　**24** 전자제어현가장치시스템(ECS)　**25** 밸브간극
26 이완, 공기　**27** 검은　**28** 동력조향장치　**29** 좁거나　**32** 스노우　**33** 판, 공기　**34** 60　**35** 1　**36** 휠얼라인먼트
37 캠버　**38** 토인(Toe-in)　**39** 100　**40** 6개월

PART 2 단원별 적중모의고사

실전점검

01 제1회 적중모의고사

01 올바른 운전자세에 대한 설명 틀린 것은?
① 브레이크나 클러치 페달을 끝까지 밟았을 때 무릎이 약간 굽혀지도록 한다.
② 손목이 핸들의 가장 가까운 곳에 닿아야 한다.
③ 운전자의 귀 상단 또는 눈의 높이가 머리지대 중심에 오도록 조정한다.
④ 등을 펴서 시트에 가까이 붙이고 앉는다.

해설 ② 손목은 핸들의 가장 먼 곳에 닿아야 한다.

02 압축천연가스(CNG) 자동차의 점검 시 주의사항이 아닌 것은?
① 가스라인과 용기밸브와의 연결부분의 이상 유무를 운행 전·후 눈으로 직접 확인한다.
② 엔진정비 및 가스필터 교환, 연료라인을 정비할 때는 배관 내의 가스를 모두 소진시켜 엔진을 정지한 후 작업한다.
③ 교통사고나 화재사고가 발생하는 경우 엔진시동을 끄고 대피하면 된다.
④ 가스를 충전할 때는 승객이 없는 상태에서 엔진시동을 끄고 가스를 주입한다.

해설 교통사고나 화재사고가 발생한 경우 엔진시동은 물론 메인스위치와 비상차단 스위치를 모두 끄고 대피한다.

03 ABS(Anti-lock Brake System) 조작 시 일어날 수 있는 상황으로 틀린 것은?
① 제동할 때 바퀴가 잠기면서 노면 위에 미끄러지는 현상을 방지하는 장치이다.
② 급제동할 때 브레이크 페달을 버스가 완전히 정지할 때까지 밟는다.
③ ABS 차량은 급제동 시에 핸들조향이 불가능하므로 주의해야 한다.
④ ABS 차량이라도 옆으로 미끄러지는 위험을 방지할 수는 없다.

해설 ③ ABS 차량은 급제동 시에 핸들조향이 가능하다.

04 안전벨트의 올바른 착용법에 대한 설명으로 옳지 않은 것은?
① 안전벨트가 꼬이지 않도록 한다.
② 허리벨트는 골반 위를 지나 엉덩이 부위를 지나도록 한다.
③ 안전벨트에 별도의 보조장치를 장착하는 것이 좋다.
④ 안전벨트를 복부에 착용하지 않는다.

해설 ③ 안전벨트는 별도의 보조장치를 장착하면 보호효과가 감소한다.

05 완충장치인 스프링의 종류에 들어가지 않는 것은?
① 판 스프링   ② 코일 스프링
③ 토션바 스프링   ④ 압축 스프링

해설 ④ 압축 스프링이 아니라 '공기 스프링'이 스프링의 종류에 포함된다.

06 다음 중 조향계통의 이상 원인이 아닌 것은?
① 타이어의 무게중심이 맞지 않는다.
② 휠 너트가 풀려 있다.
③ 타이어마다 타이어 공기압이 다르다.
④ 라이닝의 간극이 과다하거나 마모상태가 심하다.

해설 ④ 브레이크 제동효과가 나쁜 경우의 원인이다.
①·②·③은 핸들(스티어링 휠)이 떨리는 경우의 원인이다.

01 ② 02 ③ 03 ③ 04 ③ 05 ④ 06 ④

07 배터리가 방전되어 엔진시동이 걸리지 않는 경우 조치방법에 대한 설명으로 틀린 것은?

① 변속기는 '중립'에 위치시킨다.
② 점프케이블을 사용하여 보조배터리나 타 차량의 배터리에 연결하여 시동을 건다.
③ 시동이 걸린 후 배터리가 일부 충전되면 점프케이블의 '+'단자를 분리한 후 '一' 단자를 분리시킨다.
④ 주차브레이크를 걸어놓아 차량이 움직이지 않도록 한다.

해설 ③ 시동이 걸린 후 배터리가 일부 충전되면 점프케이블의 '一'단자를 분리한 후 '+' 단자를 분리시킨다.

08 전자제어 현가장치 시스템(ECS)의 주요기능에 대한 설명으로 옳은 것은?

① 차량 주행 중에 에어소모를 증가시킨다.
② 차량 하중의 변화에 따른 차량 높이 조정이 수동으로 이루어진다.
③ 자체진단 기능은 가지고 있지 않아 정비가 불편하다.
④ 안전성이 확보된 상태에서 차량의 높이 조정 및 닐링 기능을 할 수 있다.

해설 ① 차량 주행 중에 에어소모가 감소한다.
② 차량 하중의 변화에 따른 차량 높이 조정이 자동으로 빠르게 이루어진다.
③ 자체진단 기능은 가지고 있어 정비성이 용이하고 안전하다.

09 엔진 온도 과열 시 점검사항으로 틀린 것은?

① 냉각수 및 엔진오일의 양 확인과 누출여부를 확인한다.
② 냉각팬 및 워터펌프의 작동여부를 확인한다.
③ 라디에이터 손상 여부 및 써머스태트 작동상태를 확인한다.
④ 연료파이프 누유 및 공기유입 여부를 확인한다.

해설 연료파이프 누유 및 공기유입 여부의 확인은 엔진 시동 꺼짐 시 점검사항이다.

10 자동변속기의 설명으로 틀린 것은?

① 승차감이 좋다.
② 시동 꺼짐이 없다.
③ 차를 밀어서 시동을 걸 수 있다.
④ 가격이 비싸고 연료소비율이 높다.

해설 ③ 수동변속기에 대한 설명이다.

11 고속 주행 시 타이어의 접지부에서 받은 타이어의 변형이 다음 접지 시점까지도 복원되지 않고 접지 뒤쪽에 진동의 물결이 일어나는 현상은?

① 베이퍼 록 현상 ② 페이드 현상
③ 스탠딩 웨이브 현상 ④ 모닝록 현상

12 조향장치에 대한 설명으로 옳지 않은 것은?

① 자동차의 진행방향을 운전자가 의도하는 방향으로 임의로 조작할 수 있는 장치이다.
② 조향 핸들의 회전과 바퀴 선회 차이가 커야 한다.
③ 타이어의 공기압이 부족한 경우 조향 핸들이 무거워진다.
④ 쇽업소버의 작동상태가 불량하면 조향 핸들이 한쪽으로 쏠린다.

해설 ② 회전과 바퀴 선회의 차이가 크지 않아야 한다.

13 토인(Toe-in)에 대한 설명으로 옳지 않은 것은?

① 앞바퀴를 평행하게 회전시킨다.
② 수직방향의 하중에 의한 앞 차축의 휨을 방지한다.
③ 타이어의 마멸을 방지한다.
④ 바퀴가 옆으로 미끄러지는 것을 방지한다.

해설 ② 캠버의 역할이다.

07 ③ 08 ④ 09 ④ 10 ③ 11 ③ 12 ② 13 ②

14 다음은 공기식 브레이크와 유압배력식 브레이크를 비교한 것이다. 옳지 않은 것은?

① 공기식 브레이크는 차량 중량의 제한을 받지 않으나 유압배력식 브레이크는 제한을 받는다.

② 공기식 브레이크는 에너지의 소비가 적으나 유압배력식 브레이크는 에너지 소비가 많다.

③ 공기식 브레이크는 정비하기가 어려우나 유압배력식 브레이크는 정비가 쉽다.

④ 공기식 브레이크는 비교적 고가이나 유압배력식 브레이크는 저가이다.

해설 ② 공기식 브레이크의 에너지 소비가 많다. 하지만 베이퍼 록 현상의 발생 위험이 적으며 다소의 오일 및 공기의 누설에도 제동성능이 현저히 저하되지 않는다.

15 튜닝검사 시 구조 · 장치 변경승인이 불필요한 것은?

① 총중량이 증가되는 튜닝
② 최저지상고의 튜닝
③ 조향장치나 제동장치, 연료장치의 튜닝
④ 길이 · 너비 및 높이의 구조변경 튜닝

해설 ② 경음기 및 경보장치의 튜닝, 조종 · 완충 · 전기 · 전자장치, 창유리 등은 승인 불필요 대상이다.

02 제2회 적중모의고사

01 운전자의 출발 전 확인사항에 대한 설명으로 옳지 않은 것은?

① 엔진 시동 시에 배터리의 출력은 충분한지 확인한다.
② 공기압력은 충분하며 잘 충전되고 있는지 확인한다.
③ 클러치는 잘 작동하고 기어의 접속은 이상이 없는지 확인한다.
④ 배터리액은 넘쳐 흘렀는지 확인한다.

해설 ④ 운행한 후의 점검사항이다.

02 자동차를 세차할 때 주의사항에 대한 설명으로 틀린 것은?

① 세차를 할 때에 엔진룸은 물을 이용하여 세차한다.
② 겨울철에 세차하는 경우 물기를 완전히 제거한다.
③ 기름 또는 왁스가 묻어 있는 걸레로 전면유리를 닦지 않는다.
④ 전기장치 등과 같은 배선이 많은 경우에는 에어를 이용하여 세척한다.

해설 ① 엔진룸은 물을 이용하지 않고 에어를 이용하여 세척한다. 엔진룸에는 전기장치들의 배선이 있어 수분이 침투되면 오류가 발생할 수 있기 때문이다.

03 브레이크의 조작방법에 대한 설명으로 틀린 것은?

① 브레이크를 밟을 때는 2~3회에 나누어 밟아 준다.
② 내리막길에서 계속 풋브레이크를 작동시키지 않는다.
③ 고속 주행 상태에서 엔진브레이크를 사용할 때는 기어를 한 단계 낮은 저단으로 변속하면서 작동한다.
④ 내리막길에서는 기어를 중립에 두고 탄력운행을 한다.

해설 ④ 내리막길에서는 기어를 중립에 놓고 탄력운행을 하는 경우 엔진 또는 배기브레이크 효과가 크게 나타나지 않는다.

14 ② 15 ② | 01 ④ 02 ① 03 ④

04 다음 그림 중 '배기 브레이크 표시등'은?

① 　②

③ 　④

해설 ① 엔진오일 압력 경고등　② 배터리 충전 경고등
　　 ④ 자동정속주행 표시등

05 시동모터가 회전하는데도 엔진시동이 걸리지 않은 경우에 그 점검방법으로 옳은 것은?
① 연료의 유무와 연료필터를 점검한다.
② 배터리 단자의 연결상태를 점검한다.
③ 퓨즈의 단선 여부를 점검한다.
④ 방전된 배터리가 충분히 충전되도록 일정 시간 시동을 걸어둔다.

06 시동모터가 저속 회전하면서 엔진이 쉽게 꺼지는 경우의 대응방안이 <u>아닌</u> 것은?
① 오일계통을 점검하여 누유되는 경우 풀려 있는 부분을 다시 조인다.
② 공회전 속도가 낮은 경우 그 속도를 조절한다.
③ 에어클리너 필터를 청소 또는 교환한다.
④ 연료필터가 막힌 경우 교환한다.

해설 ① 엔진오일의 소모량이 많은 경우 조치방법이다.

07 배터리가 자주 방전되는 경우의 확인사항으로 틀린 것은?
① 파워스티어링 오일이 부족한지 확인한다.
② 배터리 단자의 벗겨짐과 부식 여부를 확인한다.
③ 배터리액이 충분한지 검토한다.
④ 팬밸트가 느슨한지 확인한다.

해설 파워스티어링 오일이 부족한지를 확인하는 것은 핸들이 무거운 경우의 점검사항이다.

08 자동변속기 오일의 정상적인 색깔은?
① 갈색　② 투명도가 높은 붉은 색
③ 검은색　④ 백색

해설 ① 가혹한 상태나 장시간 사용한 경우
　　 ③ 기어가 마멸된 경우
　　 ④ 오일에 수분이 다량으로 유입된 경우

09 수막현상을 방지하기 위한 방안이 <u>아닌</u> 것은?
① 고속으로 주행하지 말고, 저속으로 주행해야 한다.
② 마모된 타이어를 사용하지 않는다.
③ 공기압을 조금 낮춘다.
④ 리브형과 같은 배수효과가 좋은 타이어를 사용한다.

해설 ③ 공기압을 조금 높게 한다.

10 다른 스프링에 비해 유연한 탄성을 얻을 수 있으며, 노면으로부터 작은 진동도 흡수할 수 있어 장거리 주행 자동차나 대형버스에 사용되는 것은?
① 판 스프링　② 코일 스프링
③ 토션바 스프링　④ 공기 스프링

11 공기식 브레이크의 구성요소가 <u>아닌</u> 것은?
① 브레이크 밸브　② 릴레이 밸브
③ 퀵 릴리스 밸브　④ 리타터 브레이크

해설 ④ 리타터 브레이크는 감속브레이크이다.

04 ③　05 ①　06 ①　07 ①　08 ②　09 ③　10 ④　11 ④

12 풋 브레이크의 보조로 사용하는 브레이크로 베이퍼 록이나 페이드 현상을 완화하고 안전운행을 위해 개발된 것은?

① 감속 브레이크 ② 주차 브레이크
③ 보조 브레이크 ④ 에어 브레이크

해설 ① 감속브레이크는 엔진 브레이크, 제이크 브레이크, 배기 브레이크, 리타터 브레이크 등이 있다.

13 자동차 종합검사 대상인 사업용 중형 승합자동차의 적용 차령은?

① 차령이 4년 초과인 자동차
② 차령이 3년 초과인 자동차
③ 차령이 2년 초과인 자동차
④ 차령이 1년 초과인 자동차

해설 검사유효기간은 차령 8년까지는 1년, 이후부터는 6개월이다. 사업용 대형승합자동차의 적용차령도 동일하다.

14 차령이 8년 이하인 사업용 대형승합자동차의 자동차 정기검사 검사유효기간은?

① 1년   ② 2년
③ 6월   ④ 3년

해설 ③ 중형·대형 승합자동차의 차령이 8년 이하이면 1년, 8년을 초과한 경우 검사유효기간은 6개월이다.

15 자동차 신규검사 신청서류가 아닌 것은?

① 신규검사 신청서
② 제원표
③ 출처증명서류(말소사실증명서 또는 수입신고서 등)
④ 자동차등록증

해설 ④ 임시검사의 신청서류 중 하나이다.

03　제3회 적중모의고사

01 운전자가 출발 전 반드시 점검해야 하는 사항이 아닌 것은?

① 좌석은 출발 전에 조정해야 하고, 운행 중에는 조작하지 않는다.
② 후사경을 조정하여 충분한 시계를 확보한다.
③ 높이를 조절할 수 있는 핸들은 출발 후 조작하면서 조절한다.
④ 주차브레이크를 해제하여 경고등이 소등되는지 점검한다.

해설 ③ 높이를 조절할 수 있는 핸들은 반드시 출발 전에 신체에 맞게 조절한다.

02 운행 중 가스공급라인 등 연결부에서 가스가 누출이 되는 경우의 설명으로 틀린 것은?

① 엔진시동은 물론 메인전원 스위치를 끄고 차량 부근으로 화기접근을 금지한다.
② 탑승한 승객을 안전한 곳으로 대피시킨다.
③ 누설부위를 비눗물 또는 가스검진기 등으로 확인한다.
④ 연결부위에서 가스가 새는 경우 너트를 조여도 계속 새면 연결부위를 바로 교체한다.

해설 ④ 연결부위를 교체하는 것이 아니라 사람의 접근을 차단하고 실린더 내의 가스가 모두 배출될 때까지 기다린다. 교체는 가스가 배출된 후에 고려할 사항이다.

03 다음 계기판의 설명 중 틀린 것은?

① 수온계는 엔진의 냉각수 온도를 나타낸다.
② 회전계는 엔진의 분당 회전수(rpm)를 나타낸다.
③ 공기압력계는 연료탱크 내의 공기압력을 나타낸다.
④ 전압계는 배터리의 충전 및 방전상태를 나타낸다.

해설 공기압력계는 브레이크 공기탱크 내의 공기압력을 나타낸다.

12 ① 13 ③ 14 ① 15 ④ ▮ 01 ③ 02 ④ 03 ③

04 자동차 후부에 장착된 머플러(소음기) 파이프에서 배출되는 가스의 색이 검은색일 경우 판단되는 고장 원인이 아닌 것은?

① 초크 고장
② 에어클리너 엘리먼트의 막힘
③ 헤드 개스킷 파손
④ 연료 장치의 고장

해설 ③ 배출가스가 백색일 경우 헤드 개스킷 파손, 밸브의 오일 씰 노후 또는 피스톤 링의 마모 등이 원인이다.

05 다음 중 제동계통 이상 원인이 아닌 것은?

① 공기압이 과다하다.
② 팬벨트가 느슨하게 되어 있다.
③ 라이닝 간극 과다 또는 마모상태가 심하다.
④ 타이어의 마모가 심하다.

해설 ② 배터리가 자주 방전되는 경우이다.
①·③·④는 브레이크의 제동효과가 나쁜 경우이다.

06 다음 중 동력전달장치가 아닌 것은?

① 변속기　　　② 클러치
③ 스태빌라이저　　　④ 타이어

해설 ③ 스태빌라이저는 완충장치이다.

07 수막현상에 대한 설명으로 틀린 것은?

① 자동차가 노면을 고속으로 주행 시 물 위에 미끄러지듯이 되는 현상을 말한다.
② 타이어가 완전히 물에 떠오를 때의 속도를 임계속도라고 한다.
③ 구동력이 전달되지 않는 축의 타이어는 회전속도가 증가하고 구동축은 회전속도가 감소하는 상태가 된다.
④ 타이어의 본래 운동기능이 소실되어 핸들로 자동차를 통제할 수 없게 된다.

해설 ③ 구동력이 전달되지 않는 축의 타이어는 물과의 저항에 의하여 회전속도가 감소하고 구동축은 공회전과 같은 상태가 된다.

08 휠 얼라이먼트(차륜 정렬)의 역할에 대한 설명으로 틀린 것은?

① 캐스터는 조향핸들 조작의 확실성과 안정성을 준다.
② 캐스터와 조향축(킹핀) 경사각은 조향핸들의 복원성을 부여한다.
③ 캠버와 조향축(킹핀) 경사각은 조향핸들의 조작을 가볍게 한다.
④ 토인은 타이어에 대한 충격을 완화한다.

해설 ④ 토인은 타이어의 마멸을 최소로 하고, 조향 링키지의 마멸에 의해 토아웃 되는 것을 방지한다.

09 브레이크 체임버 내의 공기가 브레이크 밸브까지 가지 않고 배출되므로 브레이크의 작용을 신속히 해제하는 장치는?

① 릴레이 밸브　　　② 퀵 릴리스 밸브
③ 공기압축기　　　④ 체크밸브

10 피스톤의 운동량을 줄여 엔진의 출력을 저하시켜 제동력을 얻는 브레이크는?

① 엔진 브레이크　　　② 제이크 브레이크
③ 배기 브레이크　　　④ 리타더 브레이크

11 감속브레이크의 장점에 대한 설명으로 틀린 것은?

① 슈, 드럼, 타이어 등의 마모가 줄어든다.
② 주행 시 안전도를 높이고, 운전자의 피로를 줄일 수 있다.
③ 올바른 휠 얼라이먼트를 유지한다.
④ 소음이 줄어들어 승객에게 불편함을 주지 않는다.

04 ③　05 ②　06 ③　07 ③　08 ④　09 ②　10 ②　11 ③

해설 ③ 올바른 휠 얼라이먼트를 유지하는 것은 완충장치의 기능이다. 감속브레이크는 ①·②·④ 이외에 클러치의 마모가 줄어들고, 눈이나 비로 인한 타이어의 미끄럼을 방지하는 역할을 한다.

12 자동차보험 및 책임공제에 미가입한 경우의 과태료에 대한 설명으로 틀린 것은?

① 자동차운행으로 다른 사람이 부상한 경우의 보험에 가입하지 아니한 기간이 10일 이내인 경우는 과태료 3만원이다.
② 가입하지 아니한 기간이 10일을 초과한 경우 3만원에 11일째부터 8천원을 가산한다.
③ 자동차운행으로 다른 사람의 재물을 멸실한 경우의 보험에 가입하지 아니한 기간이 10일 이내인 경우는 과태료 3만원이다.
④ 과태료의 최고한도 금액은 자동차 1대당 100만원이다.

해설 ③의 경우 과태료는 5천원이다.

13 자동차 종합검사나 정기검사를 받지 아니한 경우의 과태료 부과기준으로 틀린 것은?

① 검사를 받아야 하는 기간만료일부터 30일 이내 자동차 종합검사를 받지 아니한 경우 과태료는 4만원이다.
② 검사지연기간이 115일 이상인 경우 과태료는 30만원이다.
③ 검사를 받아야 하는 기간만료일부터 30일을 초과 114일 이내인 경우 4만원에 31일째부터 3일 초과시마다 2만원을 더한 금액
④ 자동차정기검사의 기간은 검사유효기간만료일 전후 각각 31일 이내이다.

해설 ② 검사지연기간이 115일 이상인 경우 **60만원**이다.

14 동력조향장치에 대한 설명으로 틀린 것은?

① 엔진의 동력으로 오일펌프를 구동시켜 조향핸들의 조작력을 경감시키는 장치이다.
② 고장이 발생하는 경우 정비가 간편하다.
③ 바퀴가 좌우로 흔들리는 현상의 방지와 조향핸들의 안정성이 높다.
④ 기계식에 비해서 구조가 복잡하고 고가이다.

해설 ② 고장이 발생하는 경우 정비가 어렵다.

15 조향장치의 휠 얼라인먼트에 대한 설명을 올바른 순서대로 나열한 것은?

> ㄱ. 자동차 앞바퀴를 옆에서 보았을 때 조향축(킹핀)이 수직선과 어떤 각도를 두고 설치되어 있는 것을 말한다.
> ㄴ. 자동차를 앞에서 보았을 때 앞바퀴가 수직선에 대해 어떤 각도를 두고 설치되어 있는 것을 말한다.

	ㄱ	ㄴ
①	캐스터	캠버
②	토인	캠버
③	캐스터	토인
④	캠버	캐스터

04 제4회 적중모의고사

01 터보차저의 관리요령에 대한 설명으로 틀린 것은?

① 운행 후에는 바로 엔진을 끈다.
② 회전부의 원활한 윤활과 이물질이 들어가지 않도록 한다.
③ 초기 시동 시 냉각된 엔진이 따뜻해질 때까지 공회전을 시켜준다.
④ 공회전 또는 워밍업 시의 무부하 상태에서 급가속을 삼간다.

해설 ① 급속한 엔진 정지로 열방출이 안되어 터보차저 베어링부의 소착이 발생할 수 있으므로 충분한 공회전을 실시하여 터보차저의 온도를 낮춘 후 엔진을 끄도록 한다.

12 ③ 13 ② 14 ② 15 ① ∎ 01 ①

02 주행방법의 설명으로 옳지 않은 것은?

① 눈길, 진흙길, 모랫길인 경우 2단기어를 사용하여 천천히 가속한다.
② 얼음, 눈, 모랫길에 빠졌을 때는 모래, 타이어체인 등 미끄러지지 않는 물건을 바퀴에 놓아 구동력을 발생시킨다.
③ 차바퀴가 빠져 헛도는 경우 갑자기 가속하지 않고 1단과 2단을 번갈아 가면서 가속페달을 강하게 밟아준다.
④ 비가 계속해서 내리는 경우 브레이크를 짧게 여러 번 밟아 브레이크를 건조시킨다.

해설 ③ 차바퀴가 빠져 헛도는 경우 갑자기 가속하지 않고 1단과 후단(R)을 번갈아 가면서 가속페달을 부드럽게 밟아준다.

03 머리지지대(헤드레스트)에 대한 설명으로 옳지 않은 것은?

① 사고발생시 머리와 목을 보호한다.
② 머리지지대를 제거하는 경우 머리와 목의 상해를 초래할 수 있다.
③ 머리지지대와 머리 사이는 주먹 하나가 들어갈 수 있도록 한다.
④ 머리지지대의 상단 부분과 귀 상단이 일치하도록 조절한다.

해설 ④ 머리지지대의 높이는 머리지지대 중심부분과 운전자의 귀 상단이 일치하도록 한다.

04 와이퍼(Wiper)에 대한 설명으로 틀린 것은?

① 와셔액 탱크가 비어 있을 경우에 와이퍼를 작동시키면 와이퍼 모터가 손상된다.
② 유리창이 건조할 때에 먼지가 많은 경우 와이퍼를 작동시킨다.
③ 유리창과 와이퍼를 세척하는 경우 유기용제 사용을 하지 않는다.
④ 동절기에 와셔액의 사용으로 유리창에 와셔액이 얼어붙을 수 있다.

해설 ② 유리창이 건조할 때 와이퍼를 사용하지 않는 것이 좋다.

05 브레이크 페달을 밟아 차를 세우려 할 때 바퀴에서 '꺅'하는 소리가 날 때는 어느 부분의 고장인가?

① 엔진 밸브 간극
② 완충장치 쇽업소버
③ 클러치 릴리스 베어링
④ 브레이크 라이닝

해설 브레이크 라이닝의 마모가 심하거나 라이닝에 오일이 묻어 있을 때 일어난다.

06 다음 중 완충(현가)장치가 아닌 것은?

① 스프링
② 캠버(Camber)
③ 쇽업소버
④ 스태빌라이저

해설 ② 캠버(Camber)는 조향장치 중의 하나이다.

07 견인자동차로 견인하는 경우에 대한 설명으로 틀린 것은?

① 구동되는 바퀴를 들어 올려 견인되도록 한다.
② 승합차는 한국도로공사 긴급견인서비스를 이용할 수 없다.
③ 견인되기 전에 주차브레이크를 해제한 후 변속레버를 중립(N)에 놓는다.
④ 차체를 들어 올릴 때 에어 서스펜션 차량의 에어스프링이 이탈되지 않도록 한다.

해설 ② 16인 이하의 승합자동차는 한국도로공사의 무료견인서비스를 이용할 수 있다.

02 ③ 03 ④ 04 ② 05 ④ 06 ② 07 ②

08 자동차 배출가스에 대한 설명으로 틀린 것은?

① 배출가스의 색을 자세히 살펴보면, 엔진의 상태를 알 수 있다.
② 농후한 혼합가스가 들어가 불완전 연소되는 경우 검은색의 배출가스가 생긴다.
③ 엔진 안에서 다량의 엔진오일이 실린더 위로 올라와 연소되는 경우 백색의 배출가스가 생긴다.
④ 완전연소 때 배출되는 가스의 색은 약간 엷은 적색을 띤다.

해설 완전연소 때 배출되는 가스의 색은 무색 또는 약간 엷은 청색을 띤다.

09 타이어의 기능에 대한 설명으로 틀린 것은?

① 자동차의 하중 지탱
② 제동력을 노면에 전달
③ 엔진과 차축 사이의 회전력 변환
④ 자동차의 진행방향을 전환 또는 유지

해설 ③ 변속기의 기능이다.

06 타이어 펑크 시의 조치에 대한 설명으로 틀린 것은?

① 운행 중에 타이어가 펑크가 난 경우 핸들을 부드럽게 잡고 비상경고등을 작동시킨다.
② 속도를 감속시키면서 길가장자리로 이동한 후 주차브레이크를 당겨놓는다.
③ 고장자동차의 표지를 설치한다.
④ 잭을 사용하여 차체를 들어 올릴 때 대각선에 있는 타이어에 고임목을 설치한다.

해설 ① 핸들을 꽉 잡고 차가 흔들리지 않도록 한다.

11 캠버(Camber)의 역할에 대한 설명으로 틀린 것은?

① 조향축(킹핀) 경사각과 함께 조향핸들의 조작을 가볍게 한다.
② 수직방향의 하중에 의한 앞 차축의 휨을 방지한다.
③ 주행 중 조향바퀴에 방향성을 부여한다.
④ 하중을 받았을 때 앞바퀴의 아래쪽이 벌어지는 것을 방지한다.

해설 ③ 주행 중 조향바퀴에 방향성을 부여하는 것은 캐스터(Caster)의 역할이다.

12 주행 중 조향바퀴에 방향성을 부여하고 조향하였을 때는 직진 방향으로의 복원력을 주는 것은?

① 캠버(Camber)   ② 캐스터(Caster)
③ 토인(Toe-in)   ④ 쇽업소버

13 공기식 브레이크의 공기압력이 규정보다 낮은 것을 붉은색의 경고등을 통하여 알려주는 기능을 하는 것은?

① 공기압력계   ② 전압계
③ 배기브레이크 표시등   ④ 저압표시기

14 차령이 9년된 사업용 대형 승합자동차의 자동차 종합검사 유효기간은?

① 1년   ② 6개월   ③ 2년   ④ 3년

해설 사업용 중·대형 승합자동차의 경우 차령 8년까지는 1년, 이후는 6개월이다.

15 차령을 6년 초과한 사업용 대형 승합자동차의 검사를 시행하는 기관은?

① 자동차종합정비업자
② 소형자동차종합정비업자
③ 한국교통안전공단
④ 도로교통공단

해설 ① 차령이 6년 초과한 사업용 대형승합자동차를 제외한 모든 자동차에 대한 정기검사를 시행한다.
② 승용자동차와 경형 및 소형의 승합·화물·특수 자동차에 대한 정기검사를 시행한다.

08 ④   09 ③   10 ①   11 ③   12 ②   13 ④   14 ②   15 ③

PART 3

안전운행 요령

CHAPTER 1 교통사고 요인론

CHAPTER 2 안전운전의 기술

PART 2 단원별 기출지문정리

PART 2 단원별 적중모의고사

CHAPTER 1 — 교통사고 요인론

핵심정리

01 교통사고 요인론

❶ 교통사고의 3대 요인(혹은 4대 요인)

(1) 인적요인(운전자, 보행자 등)
→ 인적요인에 의한 사고가 가장 많다.

1) **신체·생리적 요인** : 피로, 음주, 약물, 신경성 질환의 유무 등이 포함된다.
2) **운전태도 요인** : 교통법규 및 단속에 대한 인식, 속도지향성 및 자기중심성 등을 포함한다.
3) **사회·환경적 요인** : 근무환경, 직업에 대한 만족도, 주행환경에 대한 친숙성 등이 있다.
4) **운전기술의 부족** : 차로유지 및 대상의 회피와 같은 두 과제의 처리에 있어 주의를 분할하거나 통합하는 능력 등이 이에 해당한다.

(2) 차량요인

차량구조장치, 부속품 또는 적하(積荷) 등이다.

(3) 도로·환경요인

1) **도로요인** : 도로의 선형, 노면, 차로수, 노폭, 구배 등에 관한 것이다.
2) **환경요인** : 자연환경, 교통환경(교통량, 운행차 구성 등), 사회환경(교통도덕, 정부의 교통정책 등), 구조환경(차량 점검 및 정비관리자와 운전자의 책임한계 등) 등의 하부 요인으로 구성된다.

❷ 버스 교통사고의 주요 요인이 되는 특성 ★★

(1) 버스는 도로 상에서 점유공간이 크며, 충돌 시 파괴력이 강하므로 낮은 속도에서도 주위에 충분한 완충공간을 가져야 한다.
(2) 버스는 운전석에서는 잘 볼 수 없는 부분이 승용차 등에 비해 훨씬 넓다.
(3) 버스 주변의 승용차나 이륜차, 자전거를 주의하여 운행해야 한다.
(4) 승용차 등이 병행 주행할 경우, 속도를 줄이거나 높여서 사각지점에 들어오지 않도록 한다.
(5) 버스의 좌우회전 시의 **내륜차가 크므로** 회전 시에 주변에 있는 물체와 접촉할 가능성이 높아진다.
(6) 급가속, 급제동을 하지 않고 부드러운 조작으로 승객을 보호해야 한다.
(7) 버스 운전자는 승객들의 운전방해 행위(운전자와의 대화 시도, 간섭, 승객 간의 고성 대화, 장난 등)로 쉽게 주의가 분산되고 흥분에 빠지기 쉽다.
(8) 버스는 버스정류장에서 승객의 승하차 관련 위험에 노출되어 있다.

❸ 대형자동차(버스)의 운행 ★

(1) 다른 차와 충분한 안전거리를 유지

1) 대형차량은 **전·후방의 시야를 제약**할 뿐 아니라 갑자기 서기도 어렵다. 따라서 다른 차나 특히 대형차량과는 일정한 공간적 거리를 두는 것이 안전하다.
2) 버스 뒤에 버스나 트럭이 바짝 붙으면 차로변경 신호를 하면서 차로변경을 하는 것이 안전하다.
3) 언덕길 등에서 교통신호에 따라 버스나 트럭 등의 뒤에 멈춰 설 경우는 **항상 공간 간격을 유지**하도록 한다.

(2) 앞지를 때는 충분한 공간 간격을 유지

1) 버스나 트럭 등은 길이가 길기 때문에 앞지르기 시간도 그만큼 길어진다.

2) 앞지르기할 때는 **후사경** 등으로 그 차의 전면 전체를 볼 수 있을 때까지는 차 앞으로 들어가지 말아야 한다.

(3) **대형차로 회전할 때는 회전할 수 있는 충분한 공간 간격을 확보**

1) 대형차의 회전 반경은 넓기 때문에 우회전 등을 하려 할 때는 오히려 왼쪽으로 나갔다가 다시 들어갔다가 하며 조정을 할 필요가 생기기도 한다.

2) 대형차로 회전할 때는 **회전 공간 주변에 이륜차나 보행자** 등이 있는지를 특히 주의하여야 한다.

(4) **버스사고의 유형** → 아래의 일련번호는 사고빈도의 순임.

1) **회전, 급정거** 등의 차내 승객사고 → 사고빈도 1위
2) 동일방향 후미추돌사고 → 사고빈도 2위
3) 급제동, 차로변경
4) 진로변경 중 접촉 사고
5) 회전 중 주·정차, 진행차량, 보행자 등과 접촉사고
6) 승하차 시 사고
7) 횡단 보행자 등과의 사고
8) 가장자리 차로 진행 중 사고
9) 교차로 신호위반 사고
10) 눈, 빗길 미끄러짐 사고
11) 1차 사고로 인한 후속 사고

(5) **버스운전자의 기본자세**

1) **주관적 안전과 객관적인 안전**

① **초심자**는 주관적 안전을 객관적 안전보다 낮게 인식한다.

② 어느 정도 운전을 하면 **주관적 안전**을 객관적 안전보다 높게 인식하므로 사고의 위험이 증가한다.

③ **주행거리가 10만km**를 넘으면 주관적·객관적 안전이 균형을 이뤄 위험이 줄어든다.

2) **버스운전자의 경우** : 10만km 주행거리보다 훨씬 많은 경험을 필요로 하므로 평생 안전운전을 배워나가는 자세를 가져야 한다.

02 운전자요인과 안전운행

❶ 시력 및 심신상태와 운전의 관계

(1) **정지시력**

1) **개념** : 일정거리에서 일정한 시표를 보고 모양을 확인할 수 있는지를 가지고 측정하는 시력이다.

2) **정상시력** : 정지시력이란 5m 거리에서 흰 바탕에 검정으로 그린 **란돌트 시표**(직경 7.5mm, 굵기와 끊어진 부분 1.5mm)의 **끊어진 부분을 식별**할 수 있는 시력을 말하며, 이 경우의 정상시력은 1.0으로 나타낸다.

(2) **운전면허 취득에 필요한 시력**

1) **제1종 운전면허에 필요한 시력** : 두 눈을 동시에 뜨고 잰 시력이 0.8 이상, 양쪽 눈의 시력이 **각각 0.5 이상**이어야 한다. ★

2) **제2종 운전면허에 필요한 시력** : 두 눈을 동시에 뜨고 잰 시력이 **0.5 이상** 다만, 한쪽 눈을 보지 못하는 사람은 다른 쪽 눈의 시력이 **0.6 이상**이어야 한다.

(3) **동체시력** ★

1) **개념** : 동체시력이란 움직이는 물체(자동차, 사람 등) 또는 움직이면서(운전하면서) 다른 자동차나 사람 등의 물체를 보는 시력을 말한다.

2) **동체시력의 특성**

① **물체의 이동속도가 빠를수록 상대적으로 저하** : 정지시력이 1.2인 사람이 시속 50km로 운전하면서 고정된 대상물을 볼 때의 시력은 0.7 이하로, 시속 90km이라면 시력이 0.5 이하로 떨어진다.

② 동체시력은 **연령이 높을수록 더욱 저하되고, 정지시력과 어느 정도 비례관계**를 가진다.

③ 동체시력은 조도(밝기)가 낮은 상황에서 쉽게 저하되며, 장시간 운전에 의한 피로상태에서도 저하된다.

(4) **시야와 깊이 지각**

1) 시야와 주변시력

① 중심시와 주변시

㉠ **중심시** : 인간이 전방의 어떤 사물을 주시할 때, 그 사물을 분명하게 볼 수 있게 하는 눈의 영역을 중심시라 한다.

㉡ **주변시** : 그 좌우로 움직이는 물체 등을 인식할 수 있게 하는 눈의 영역을 말한다.

② 시야 ★

㉠ **중심시와 주변시를 포함**하며 정지한 상태에서 눈의 초점을 고정시키고 양쪽 눈으로 볼 수 있는 범위를 말한다.

㉡ 정상적인 시력을 가진 사람의 **시야범위는 180° ~ 200°**이다.

㉢ WHO는 운전의 최소한의 기준으로 **한 쪽 눈의 시야가 140° 이상**일 것을 요구한다.
→ 정상인의 경우는 160° 정도

③ 주행 중의 시야

㉠ 주행 중인 운전자는 전방의 **한 곳에만 주의가 집중되어 있는 경우 시야 범위는 좁아지는 특성**을 가진다.

㉡ 시야를 넓게 갖도록 하고 주시점을 적절하게 이동시키거나 머리를 움직여 상황에 대응하는 운전을 해야 한다.

④ 속도와 시야 : 속도가 높아질수록 시야가 좁아지므로 주행 중에는 눈을 좌우로 움직일 필요가 있다.

(5) 야간시력

1) 야간의 시력저하 : 해질 무렵이 가장 운전하기 힘든 시간이라고 한다. 전조등을 비추어도 주변의 밝기와 비슷하기 때문에 의외로 다른 자동차나 보행자를 보기가 어렵다.

2) 명순응과 암순응 ★

① **명순응** : 섬광회복력은 운전자의 시각기능을 섬광을 마주보기 전 단계로 되돌리는 신속성으로, 명순응은 밝은 빛(섬광)을 봤을 때 빛을 적게 받아들여 어두운 곳까지 볼 수 있게 하는 과정을 말한다.

② **암순응** : 불빛이 사라지면 다시 동공은 어두운 곳을 잘 보려고 빛을 많이 받아들이기 위해 확대되는 과정을 암순응이라고 한다.

3) 야간시력과 주시대상

① **사람이 입고 있는 옷 색깔의 영향 ★**

㉠ 무엇인가 있다는 것을 인지하기 쉬운 옷 색깔은 **흰색, 엷은 황색**의 순이며 **흑색**이 가장 어려움

㉡ 무엇인가가 사람이라는 것을 확인하기 쉬운 옷 색깔은 **적색, 백색**의 순이며 **흑색**이 가장 어려움

㉢ 주시대상인 사람이 움직이는 방향을 아는 데 가장 쉬운 옷 색깔은 **적색**이며 흑색이 가장 어려움

② **통행인의 노상위치와 확인거리**

㉠ **주간** : 운전자는 중앙선에 있는 통행인을 갓길에 있는 사람보다 쉽게 확인할 수 있음

㉡ **야간** : 대향차량 간의 전조등에 의한 현혹현상(눈부심 현상)으로 중앙선상의 통행인을 우측 갓길에 있는 통행인보다 확인하기 어려움

4) 전방이나 좌우 확인이 어려운 신호등 없는 교차로나 커브길 진입 직전 : 전조등(상향과 하향을 2-3회 변환)으로 자기 차가 진입하고 있음을 알려 사고를 방지한다.

5) 보행자와 자동차의 통행이 빈번한 도로 : 항상 전조등의 방향을 하향으로 하여 운행하여야 한다.

+ STUDY 야간시력과 관련한 현상과 안전운행

❶ 야간시력과 관련한 현상 ★

(1) 현혹현상

운행 중 마주 오는 차량의 전조등 불빛을 직접 보았을 때 순간적으로 시력이 상실되는 현상을 말한다.

(2) 증발현상

야간에 대향차의 전조등 눈부심으로 인해 순간적으로 보행자를 잘 볼 수 없게 되는 현상으로 보행자가 **교차하는 차량의 불빛 중간**에 있게 되면 운전자가 순간적으로 보행자를 전혀 보지 못하는 현상을 말한다.

(3) 섬광회복력

운전자가 섬광을 마주하기 전 단계로 되돌리는 신속성의 정도를 말한다.

❷ 야간운전 주의사항

(1) 대향차량의 전조등 불빛을 직접적으로 보지 않는다. 전조등 불빛을 피해 멀리 도로 오른쪽 가장자리 방향을 바라보면서, 주변시로 다가오는 차를 계속해서 주시하도록 한다.

(2) 만약에 불빛에 의해 순간적으로 앞을 잘 볼 수 없다면, 속도를 줄인다.

(3) 커브길에서 대향차량이 커브를 돌아 다가오는 것을 미리 예측할 수 있다면 정면으로 불빛이 들어오기 직전부터 눈을 작게 뜨고, 가장자리 쪽으로 눈을 돌릴 수 있다. 물론 주변시로 대향차량을 계속해서 주시하는 것을 잊지 않도록 한다.

❷ 심신 상태와 운전

(1) 감정과 운전

1) 감정이 운전에 미치는 영향

① **부주의와 집중력의 저하** : 감정상태에서 운전하는 경우에는 그 일에 대한 생각에 치우쳐 운전상황에 부주의하게 되므로 집중력이 돌아올 때까지 운전을 쉬어야 한다.

② **정보처리능력의 저하** : 우리 마음이 정서적으로 흥분상태에 있게 되면 그곳에 주의가 쏠려 운전정보처리능력은 감소하게 된다.

2) 감정을 통제하는 법

① **운전과 무관한 것에서 비롯된 감정**

  ㉠ 자신이 화가 난 것을 스스로 인정하고 받아들임

  ㉡ 감정이 야기된 상태와 운전상황은 서로 별개로 감정을 운전에 연결시키지 않음

② **운전상황에서 야기되는 감정** : 다른 사람의 행위를 가급적이면 불가피한 상황에 의한 행동으로 이해하려고 노력한다.

③ **운전 중의 스트레스와 흥분을 최소화하는 방법**

  ㉠ **사전에 준비** : 사전에 예정보다 여유있게 출발하여 예상치 못한 스트레스를 피하도록 함

  ㉡ **다른 운전자의 실수를 예상** : 다른 사람의 예의 없고 위험한 운전에 대해서 화를 내기보다는 모든 사람이 한두 번은 실수할 수 있다고 생각함

  ㉢ **기분이 나쁘거나 우울한 상태로 운전 자제** : 감정이 진정되지 않는다면 진정될 때까지 기다려서 운전함

(2) 피로와 졸음운전

피로상태에서는 주의력과 움직이는 상황에서의 동체시력도 저하하며, 시야의 범위도 축소되기 때문에 위험 상황을 인식하기가 어려워진다. **피로의 가장 큰 원인은 수면부족이나 전날의 음주인 경우가 많다.**

1) 운전 중 피로를 푸는 법 : 다음과 같은 몇 가지 일반적인 방법을 활용할 필요가 있다.

① 차 안에는 신선한 공기가 충분히 유입되도록 한다.

② 태양 빛이 강하거나 눈의 반사가 심할 때는 선글라스를 착용한다.

③ 지루하게 느껴지거나 졸음이 올 때는 라디오를 틀거나, 노래 부르기, 혼자 말하기 등을 행한다.

④ 정기적으로 차를 멈추어 차에서 나와, 몇 분 동안 산책을 하거나 가벼운 체조를 한다.

⑤ 운전 중에 계속 피곤함을 느끼게 된다면, 운전을 지속하기보다는 차를 멈추는 편이 낫다.

2) 졸음운전의 징후와 대처

① **졸음운전의 징후** : 눈이 스르르 감기거나 전방을 제대로 주시할 수 없어지거나 하품이 자주 나거나 생각이 단절되는 등이 현상이 있다.

② **졸음운전의 대처**

  ㉠ 이런 증상이 있으면 먼저 **창문을 열어** 신선한 공기 흡입이 중요함

  ㉡ 가볍게 목운동을 하거나 어깨운동을 하는 것도 도움이 됨

  ㉢ 정기적으로 차를 멈추어 차에서 나와, 몇 분 동안 산책을 하거나 가벼운 체조를 함

(3) 음주와 약물 운전의 회피

음주 및 약물운전은 그 자체가 사고의 직접적 원인으로서 대형사고로 연결될 가능성이 커 반드시 피해야 한다.

1) **알코올이 운전에 미치는 영향** : 심리-운동 협응능력의 저하, 시력의 지각능력 저하, 주의 집중능력 및 정보처리능력의 감소 등이 있다.

2) **음주운전이 위험한 이유** : **발견지연**으로 인한 사고의 위험 증가, 운전에 대한 **통제력의 약화로 과잉조작**에 의한 사고 증가, **사고의 대형화**, 시력 저하와 졸음 등이 있다.

3) **약물이 인체에 미치는 영향**

   ① **진정제** : 반사·조정능력을 둔화시키고 자제력이 감소되고 사물을 확인하는 등 어려움을 느낀다.

   ② **흥분제** : 신경을 예민하게 하고 사소한 일에도 화를 내게 하고, 자기 확신을 쉽게 갖게 한다. 하지만 효과가 없어질 때면 피로감이 증가된다.

   ③ **환각제** : 인간의 시각을 포함한 제반 감각기관과 인지능력, 사고 기능을 변화시킨다.

4) **운전자의 약물 복용 수칙**

   ① 약 복용 시 주의사항과 부작용에 대한 설명을 반드시 읽고 확인한다.

   ② 1~2잔의 술이라도 약물과 함께 복용하지 않는다.

03 교통약자 등과의 도로공유

❶ 보행자와 교통안전

(1) 보행자사고의 실태

보행유형은 **횡단 중의 사고**가 가장 많으며 다음으로 어떤 형태이든 통행 중의 사고가 많고 어린이와 노약자가 높은 비중을 차지한다.

(2) 보행자 보호의 주의 사항

1) 시야가 차단된 상황에서 나타나는 보행자를 특히 조심한다.

2) 차량신호가 녹색이라도 완전히 비워 있는지를 확인하지 않은 상태에서 횡단보도에 들어가서는 안 된다.

3) 신호에 따라 횡단하는 보행자의 앞뒤에서 그들을 압박하거나 재촉해서는 안 된다.

4) 회전할 때는 언제나 회전 방향의 도로를 건너는 보행자가 있을 수 있음을 유의한다.

5) 어린이보호구역 내에서는 특별히 주의한다.

6) 주거지역 내에서는 어린이의 존재 여부를 주의 깊게 관찰한다.

7) 맹인이나 장애인에게는 우선적으로 양보를 한다

(3) 어린이통학버스의 특별보호 ★

1) 어린이통학버스가 어린이나 영유아를 태우고 있다는 표시를 한 상태로 도로를 통행하는 때

2) **어린이나 유아가 타고 내리는 중임을 나타내는 어린이통학버스** : 어린이통합버스가 정차한 차로와 그 차로의 바로 옆 차로를 통행하는 차는 일시정지한다.

3) **중앙선이 설치되지 아니한 도로와 편도 1차로인 도로의 반대방향에서 진행하는 차의 운전자** : 어린이통학버스에 이르기 전 일시정지하여 안전을 확인한 후 서행한다.

❷ 고령운전자

(1) 의의 : 생리적·신체적 기능의 퇴화와 함께 심리적인 변화가 일어나서 개인의 자기유지 기능과 사회적 역할 기능이 약화되고 있는 사람으로 **실정법상으로는 노인의 개념은 65세 이상**을 의미한다. 고령운전자의 비율은 지속적으로 증가하고 있으며, 이에 따른 안전대책이 강구되어야 할 것이다.

(2) 고령자(노인층) **교통안전**

1) 고령자의 교통행동

① 교통안전과 관련하여 움직이는 물체에 대한 **판별능력이 저하**되고 야간의 어두운 조명이나 대향차의 **밝은 조명에 적응능력이 상대적으로 부족**하다.

② 고령자는 교통 생활인으로서의 건전한 자질에도 불구하고 이러한 신체적인 취약 조건들로 인하여 교통사고 피해자의 상당수를 점한다.

③ **낮은 준법정신**으로 교통법규 위반 등 사고위험 요인으로 작용한다.

④ 횡단상황에서 **높은 주관적 위험지각력**을 가져 무신호나 횡단보도 이용 시 위험성과 어려움이 상대적으로 크다.

2) 고령자의 교통안전 장애요인

① **고령자의 시각능력** : 시력자체의 저하현상(운전에서 중요한 원점시력이 약함), 대비(contrast)능력 저하, 동체시력의 약화 현상, 원근 구별능력의 약화, 암순응에 필요한 시간 증가(밝은 곳에서 어두운 곳으로 이동할 때 낮은 조도에 순응하는 능력인 암순응에 필요한 시간이 증가), 눈부심(glare)에 대한 감수성이 증가(밝은 빛을 본 후 눈부심에 의하여 잔상이 남는 시간이 길어짐), 시야(visual field) 감소 현상, 배경색이 같은 밝기일 때 색채 구별이 곤란하다.

② **고령자의 청각능력** : 청각기능의 상실 또는 약화 현상, 주파수 높이의 판별 저하, 목소리 구별의 감수성이 저하되어 있다.

③ **고령자의 사고·신경능력** : 정보판단 처리능력의 저하, 노화에 따른 근육운동의 저하, 선택적 주의력 저하, 인지반응시간의 증가 등

④ **고령보행자의 보행행동 특성** : 고착화된 자기 경직성, **도로 중앙부**를 걷는 경향, 보행 궤적이 흔들거리며 보행 중에 **사선횡단**을 하기도 한다.

❸ 자전거 등과 이륜자동차

(1) 자전거등, 이륜차에 대해서는 차로 내에서 점유할 공간을 내줄 것

1) 운전자는 이륜차나 자전거등과 **동일차로로 앞지르거나** 동일차로로 **병행 주행**해서는 안 된다.

2) 이륜차나 자전거등의 안전이 위험받기 때문에 **경적 등으로 위협**을 해서도 안 된다.

(2) 자전거, 이륜차를 앞지를 때는 특별히 주의 : 자전거, 이륜차에 접근할 때는 그들과 공간을 어느 정도 벌린 다음(적어도 1m), 속도를 줄여 앞지른다.

(3) 교차로에서는 특별히 자전거등이나 이륜차에 주의

(4) 주·정차시나 주·정차 상태에서 출발하려고 할 때는 특별히 자전거등, 이륜차의 접근 여부에 주의

(5) 이륜차나 자전거등의 갑작스러운 움직임을 예측

(6) **야간에 가장자리 차로로 주행할 때** : 사각지대의 자전거등의 주행여부에 주의한다.

✚ STUDY   운행기록장치와 분석시스템

❶ 운행기록장치의 정의 및 자료 관리 ★

(1) 운행기록장치 의의

1) 운행기록장치란 자동차의 속도, 위치, 방위각, 가속도, 주행거리 및 교통사고 상황 등을 기록하는 자동차의 부속장치 중 하나인 전자식 장치이다.

2) 여객자동차운수사업법에 따른 **여객자동차 운송사업자**는 그 운행하는 차량에 운행기록장치를 장착하여야 하며, 버스의 경우는 운행기록장치를 **의무 장착**하도록 하고 있다.

3) 전자식 운행기록장치의 장착 시 **이를 수평상태로 유지**되도록 한다.

4) **전자식 운행기록장치**(Digital Tachograph)**의 구조** : 운행기록 관련신호를 발생하는 **센서**, 신호를 변환하는 **증폭장치**, 시간 신호를 발생하는 **타이머**, 신호를 처리하여 필요한 정보로 변환하는 **연산장치**, 정보를 가시화하는 **표시장치**, 운행기록을 저장하는 **기억장치**, 기억장치의 자료를 외부기기에 전달하는 **전송장치**, 분석 및 출력을 하는 **외부기기**로 구성된다.

(2) 운행기록의 보관 및 제출 방법

1) **운행기록장치 장착의무자**는 운행기록장치에 기록된 운행기록을 **6개월 동안 보관**하여야 한다.

2) 운송사업자는 교통행정기관 또는 한국교통안전공단이 교통안전점검, 교통안전진단 또는 교통안전관리규정의 심사 시 운행기록의 보관 및 관리상태에 대한 확인을 요구할 경우 이에 응하여야 한다.

3) 운송사업자는 차량의 운행기록이 누락 혹은 훼손되지 않도록 배열순서에 맞추어 운행기록장치 또는 저장장치(개인용 컴퓨터, 서버, CD, 휴대용 플래시메모리 저장장치 등)에 보관하여야 한다.

4) 운송사업자가 공단에 운행기록을 제출하고자 하는 경우에는 저장장치에 저장하여 인터넷을 이용하거나 무선통신을 이용하여 운행기록분석시스템으로 전송하여야 한다.

5) 한국교통안전공단은 운송사업자가 제출한 운행기록 자료를 운행기록분석시스템에 보관, 관리하여야 하며, 1초 단위의 운행기록 자료는 6개월간 저장하여야 한다.

❷ 운행기록분석시스템

(1) 의의

운행기록분석시스템은 자동차의 운행정보를 실시간으로 저장하여 시시각각 변화하는 운행상황을 자동적으로 기록할 수 있는 운행기록장치를 통해 자동차의 순간속도, 분당엔진회전수(RPM), 브레이크 신호, GPS, 방위각, 가속도 등의 **운행기록 자료를 분석하는 시스템**을 말한다.

(2) 목적

운전자의 과속, 급감속 등 운전자의 위험행동 등을 과학적으로 분석하는 시스템으로 분석결과를 운전자와 운수회사에 제공함으로써 **운전자의 운전행태의 개선을 유도하고 교통사고를 예방**하는 것이다.

(3) 분석 항목

1) 자동차의 운행경로에 대한 궤적의 표기
2) 운전자별·시간대별 운행속도 및 주행거리의 비교
3) 진로변경 횟수와 사고위험도 측정, 과속·급가속·급감속·급출발·급정지 등 위험운전 행동 분석
4) 그 밖에 자동차의 운행 및 사고발생 상황의 확인

(4) 운행기록분석결과의 활용

1) 자동차의 운행관리
2) 운전자에 대한 교육·훈련
3) 운전자의 운전습관 교정
4) 운송사업자의 교통안전관리 개선
5) 교통수단 및 운행체계의 개선
6) 교통행정기관의 운행계통 및 운행경로 개선
7) 사업용 자동차의 교통안전정책의 수립

04 자동차 요인과 안전운행

❶ 자동차의 물리적 현상 ★★★

(1) 원심력

1) **원심력의 작동** : 자동차는 커브에 고속으로 진입하면 노면을 잡고 있으려는 타이어의 접지력보다 원심력이 더 크게 작용하여 사고 발생의 위험이 증가한다.

2) **원심력의 성질** : 원심력은 **속도가 빠를수록, 커브가 작을수록, 또 차의 중량이 무거울수록** 커지게 되는데, 특히 **속도의 제곱에 비례**해서 커진다. 원심력을 줄이기 위해서는 다음과 같은 방법이 필요하다.

① 커브에 **진입하기 전에 속도를 줄여** 노면에 대한 타이어의 접지력(grip)이 원심력을 안전하게 극복할 수 있도록 하여야 한다.

② 안전하게 회전하려면 이러한 커브에서 더 감속하여야 한다.

(2) 타이어의 접지력

노면이 젖어있거나 얼어 있으면 타이어의 접지력은 감소하므로 안전속도는 **더욱 저속**이 되어야 한다.

(3) 스탠딩 웨이브(Standing wave) 현상 ★

1) **의미** : 타이어의 회전속도가 빨라지면 접지부에서 받은 타이어의 변형(주름)이 다음 접지 시점까지도 복원되지 않고 **접지의 뒤쪽에 진동의 물결**이 일어난다. 이 현상을 스탠딩 웨이브라고 한다.

2) **발생조건** : 일반구조의 승용차용 타이어의 경우 대략 **150km/h 전후의 주행속도**에서 이러한 스탠딩 웨이브 현상이 발생한다. 조건이 나쁠 때는 150km/h 이하의 저속력에서도 발생하는 일이 있다.

3) **예방**

① **속도를 낮추고** 타이어의 **공기압을 높인다**.

② 과다 마모된 타이어나 재생타이어를 사용하지 않는다.

(4) 수막현상(Hydroplaning) ★

1) **개념** : 자동차가 물이 고인 노면을 고속으로 주행할 때 타이어는 그루브(타이어 홈) 사이에 있는 물을 배수하는 기능이 감소되어 물의 저항에 의해 노면으로부터 떠올라 **물위를 미끄러지듯이 되는 현상**이 발생하게 되는데 이 현상을 수막현상이라 한다.

2) **제동력의 상실과 통제불능** : 수막현상이 발생하면 구동력이 전달되지 않는 축의 타이어는 물과의 저항에 의해 회전속도가 감소되고 구동축은 공회전과 같은 상태가 되기 때문에 자동차는 관성력

만으로 활주하는 것이 되어 **제동력은 물론 모든 타이어는 본래의 운동기능이 소실**되어 버려 핸들로 자동차를 통제할 수 없게 된다.

3) 수막현상의 예방

① 고속으로 주행하지 않는다.

② 마모된 타이어를 사용하지 않는다.

③ 공기압을 평소보다 **조금 높게** 한다.

④ 배수효과가 좋은 타이어(리브형 타이어)를 사용한다.

(5) 페이드(Fade) **현상**

1) 개념 : 비탈길을 내려가거나 할 경우 **브레이크를 반복하여 사용**하면 <u>마찰열이 라이닝에 축적</u>되어 브레이크의 제동력이 저하되는 현상을 말한다.

2) 발생 이유 : 브레이크 라이닝의 온도상승으로 **라이닝 면의 마찰계수가 저하**되기 때문인데 페달을 강하게 밟아도 제동이 잘 되지 않는다.

3) 워터 페이드(Water fade) **현상**

① 브레이크 마찰재가 물에 젖어 마찰계수가 작아져 브레이크의 제동력이 저하되는 현상이다.

② 물이 고인 도로에 자동차를 정차시켰거나 수중주행을 하였을 때 이 현상이 일어나며 브레이크가 전혀 작용되지 않을 수도 있다.

③ 브레이크 페달을 **반복해 밟으면서 천천히 주행**하면 마찰열에 의하여 서서히 브레이크가 회복된다.

(6) 베이퍼 록(Vapour lock) **현상**

1) 개념 : 긴 내리막길에서 풋 브레이크를 지나치게 사용하면 브레이크액이 열에 의하여 기화(베이퍼)되어 어떤 부분에 갇혀 **브레이크 페달을 밟아도 스펀지를 밟는 것** 같이 유압이 전달되지 않아 브레이크가 작동하지 않는 현상을 말한다.

✿ vapour는 '수증기'란 뜻을 가지고 있습니다. 그러므로 vapour, 기화, 스펀지를 연결하여 숙지하시면 됩니다.

2) 원인

① 긴 내리막길에서 **계속 풋 브레이크를 사용**하여 브레이크 드럼이 과열되었을 때

② 브레이크 **드럼이나 라이닝 간격이 작아** 라이닝이 끌리게 됨에 따라 드럼이 과열되었을 때

③ **불량한 브레이크액**을 사용하였을 때

④ 브레이크액의 **변질**로 비등점이 저하되었을 때

3) 예방 : 엔진브레이크를 사용하여 저단기어를 유지하면서 풋 브레이크 사용을 줄인다.

(7) 모닝 록(Morning lock) **현상**

1) 개념 : 비가 자주오거나 습도가 높은 날 또는 오랜 시간 주차한 후에는 <u>브레이크 드럼에 미세한 녹</u>이 발생하는 모닝 록(Morning Lock) 현상이라고 한다.

✿ '록'과 미세한 '녹'을 연결하여 숙지합니다.

2) 발생현상 : 브레이크 드럼과 라이닝, 브레이크 패드와 디스크의 마찰계수가 높아져 **평소보다 브레이크가 지나치게 예민하게 작동**된다. 평소의 감각대로 제동하면 급제동으로 의외의 사고가 발생할 수 있다.

3) 예방

① 아침에 운행을 시작할 때나 장시간 주차한 다음 운행을 시작하는 경우에는 **출발하기 전에 브레이크를 몇 차례 밟아주는** 것이 좋다.

② 모닝 록 현상은 서행하면서 브레이크를 몇 번 밟아주게 되면 녹이 자연히 제거되면서 해소된다.

(8) 선회 특성과 방향 안정성

1) 언더 스티어(Under steer)

① **개념** : 코너링의 구동력이 원심력보다 작아 타이어가 그립의 한계를 넘어서 핸들을 돌린 각도만큼 라인을 타지 못하고 **코너 바깥쪽으로 밀려나가는 현상**으로 전륜구동 차량에서 주로 발생한다.

② **원인**

㉠ 핸들을 지나치게 꺾거나 과속, 브레이크 잠김 등이 원인이 되어 발생한다.

㉡ 타이어 그립이 더 떨어질수록 언더 스티어가 심하고 경우에 따라 스핀이나 그와 유사한 사고를 초래한다.

ⓒ 커브길을 돌 때에 속도가 너무 높거나, 가속이 진행되는 경우에 발생한다.

③ **예방**

㉠ 커브길 진입 전에 가속페달에서 발을 떼거나 브레이크를 밟아 **감속한 후 진입**한다.

㉡ 아스팔트 포장도로를 **장시간 고속주행**할 경우에는 옆 방향의 바람에 대한 영향이 적은 언더 스티어링이 유리하다.

2) **오버 스티어**(Over steer)

① **개념** : 코너링 시 운전자가 핸들을 꺾었을 때 그 꺾은 범위보다 차량 앞쪽이 진행 방향의 **안쪽**(코너 안쪽)으로 더 돌아가려고 하는 현상으로 흔히 **후**륜구동 차량에서 주로 발생한다.

② **예방**

㉠ 커브길 진입 전에 **충분히 감속**하여야 한다.

㉡ 오버 스티어 현상의 발생 시 가속페달을 살짝 밟아 뒷바퀴의 구동력을 유지하면서 동시에 감은 핸들을 살짝 풀어줌으로써 방향을 유지하도록 한다.

✿ 두문자 : **언전배/오후안**(언전바를 오후안으로 하세요!)

✿ 쏠림현상은 원인과 예방책 중심으로 숙지하시면 됩니다.

❷ 내륜차와 외륜차 ★★★

(1) **개설**

1) 앞바퀴의 안쪽과 뒷바퀴의 안쪽과의 차이를 내륜차(內輪差)라 하고 바깥 바퀴의 차이를 외륜차(外輪差)라고 하는 데 소형차에 비해서 **대형차**(버스나 트럭) **일수록 이 차이는 크다.**

2) 자동차가 **전진 중 회전**할 경우에는 **내륜차**에 의해, 또 **후진 중 회전**할 경우에는 **외륜차**에 의한 교통사고의 위험이 있다.

(2) **내**륜차에 의한 사고위험

전진(前進)주차 도중 차의 **뒷부분**이 주차되어 있는 차와 충돌하거나, **커브길 진입 도중** 차의 뒷부분이 이륜차, 소형자동차, 보행자와 충돌할 수 있다.

(3) **외**륜차에 의한 사고위험 ✿ 두문자 : **전내/후외**

1) **후**진주차를 위해 주차공간으로 진입 도중 차의 앞부분이 다른 차량이나 물체와 충돌할 수 있다.

2) **버스가 1차로에서 좌회전하는 도중** 차의 뒷부분이 2차로에서 주행 중인 승용차와 충돌할 수 있다.

✿ 내륜차·외륜차는 부지불식간의 사고를 예방하기 위해 이해해야 하는 이론입니다.

❸ 타이어 마모에 영향을 주는 요소

(1) **타이어의 공기압**

1) **공기압이 규정 압력보다 낮으면** 승차감은 좋아지나 타이어 숄더 부분의 마찰력이 집중되어 타이어의 수명이 짧아진다.

2) **반대로 타이어의 공기압이 높으면** 승차감은 나빠지며 트레드 중앙부분의 마모가 촉진된다.

(2) **차의 하중** : 하중이 커지면 타이어는 굴곡되고 마찰력과 발열량이 증가하여 내마모성을 촉진한다.

(3) **차의 속도** : 속도가 증가하면 마찰력과 타이어의 온도 상승으로 트레드 고무의 내마모성이 저하된다.

(4) **커브** : 차가 커브를 돌 때는 원심력이 작용하므로 이에 대항하기 위하여 타이어에 활각을 주게 되는데 **활각이 크면 마모는 촉진**된다.

(5) **브레이크** : 브레이크를 밟는 횟수가 많을수록, 밟기 직전의 속도가 빠를수록 타이어의 마모량은 커진다.

(6) **노면** : 포장도로보다 비포장도로, **아스팔트 포장도로보다는 콘크리트 포장도로**의 경우에 타이어 마모가 증가한다.

(7) **기타** : 타이어 휠의 정렬불량이나 차량의 서스펜션 불량, 여름철 운행, 운전자의 운전습관, 타이어의 트레드 패턴 등이 마모에 영향을 준다.

❹ 자동차의 정지거리 ★★

(1) **정지거리**(공주거리 + 제동거리)**와 정지시간**(공주시간 + 제동시간)

운전자가 위험을 인지하고 자동차를 정지시키려고 시작하는 순간부터 자동차가 완전히 정지할 때까지 이동한 거리를 **정지거리**라고 한다. 이 정지거리 동안 자동차가 진행한 시간을 정지시간이라고 한다.

(2) 공주거리와 공주시간

운전자가 자동차를 정지시켜야 할 상황임을 지각하고 **브레이크 페달로 발을 옮겨 브레이크가 작동을 시작하는 순간까지의 시간**을 공주시간이라고 한다. 이때까지 자동차가 진행한 거리를 공주거리라고 한다.

> ✿ 공주의 한자는 '空走'입니다. '空'자는 비었다는 의미로 브레이크의 작동이 없는 동안 진행한 거리를 공주거리라고 합니다. 그리고 브레이크가 작동한 이후 진행한 거리는 제동거리가 됩니다.

(3) 제동거리와 제동시간

운전자가 브레이크에 발을 올려 **브레이크가 막 작동을 시작하는 순간부터 자동차가 완전히 정지할 때까지의 시간**을 제동시간이라 한다. 이때까지 자동차가 진행한 거리를 제동거리라고 한다.

05 도로 요인과 안전운행

❶ 용어의 설명

(1) 가변차로 ★

1) **개념** : 가변차로는 방향별 교통량이 특정시간대에 현저하게 차이가 발생하는 도로에서 **교통량이 많은 쪽으로 차로수가 확대**될 수 있도록 신호기로 차로의 진행방향을 지시하는 차로를 말한다.

2) 기대효과
   ① **차량의 지체를 감소**시켜 에너지 소비량과 배기가스 배출량의 감소 효과를 기대할 수 있다.
   ② 경부고속도로에서 **출·퇴근 시간대의 원활한 교통소통**을 위해 길어깨(갓길)을 이용한 가변차로를 시행하고 있다.

(2) 양보차로

1) **개념** : 양보차로는 양방향 2차로 앞지르기 금지구간에서 자동차의 원활한 소통을 도모하고, 도로 안전성을 제고하기 위해 **길어깨(갓길) 쪽으로 설치하는 저속 자동차의 주행차로**를 말한다.

2) **기대효과**
   ① 양보차로는 저속 자동차로 인해 **동일 진행방향 뒤차의 속도감소를 방지**하기 위해 설치된다.
   ② 저속자동차는 뒤따르는 자동차에게 양보하여야 효과가 배가된다.

(3) 앞지르기차로

1) **개념** : 앞지르기차로는 저속자동차로 인한 뒤차의 속도감소를 방지하고, 반대차로로 앞지르기가 불가능할 경우 원활한 소통을 위해 **도로 중앙 측에 설치하는 고속 자동차의 주행차로**를 말한다.

2) **설치구간** : 앞지르기차로는 2차로 도로에서 주행 속도를 확보하기 위해 **오르막차로와 교량 및 터널구간을 제외한 구간**에 설치된다.

(4) 변속차로 ★

1) **감속차로와 가속차로** : 고속주행하는 자동차가 감속하여 다른 도로로 유입할 경우(감속차로) 또는 저속의 자동차가 고속주행하고 있는 자동차들 사이로 유입할 경우(가속차로)에 **본선의 다른 고속 자동차의 주행을 방해하지 않고 안전하게 감속 또는 가속하도록 설치하는 차로**이다.

2) **설치** : 고속도로 **인터체인지, 휴게소 및 주유소의 진입로**, 평면교차로 등 유출입이 많은 곳에 설치한다.

(5) 오르막차로

오르막구간에서 저속자동차와의 안전사고를 예방하기 위하여 **저속자동차와 다른 자동차를 분리**하여 통행시키기 위해 설치하는 차로이다.

(6) 회전차로

교차로 등에서 자동차가 우회전, 좌회전 또는 유턴을 할 수 있도록 직진차로와는 별도로 설치하는 차로이며, **좌회전차로, 우회전차로, 유턴차로** 등이 있다.

(7) 기타 용어 ★

1) **측대** : 길어깨(갓길) 또는 중앙분리대의 일부분으로 포장 끝부분 보호, 측방의 여유 확보, 운전자의 시선을 유도하는 기능을 갖는다.

2) **차로 수** : 양방향 차로(오르막차로, 회전차로, 변속차로 및 양보차로를 제외)의 수를 합한 것을 말한다.

3) **주·정차대** : 자동차의 주차 또는 정차에 이용하기 위하여 차도에 설치하는 도로의 부분을 말한다.

4) **분리대** : 자동차의 통행 방향에 따라 분리하거나 성질이 다른 같은 방향의 교통을 분리하기 위하여 설치하는 도로의 부분이나 시설물을 말한다.

5) **편경사** : 평면곡선부에서 자동차가 **원심력에 저항할 수 있도록** 하기 위하여 설치하는 횡단경사이다.

6) **도류화** : 자동차와 보행자를 안전하고 질서 있게 이동시킬 목적으로 회전차로, 변속차로, 교통섬, 노면표시 등을 이용하여 **상충하는 교통류를 분리시키거나 통제하여 명확한 통행경로를 지시해** 주는 것이다.

7) **교통섬** : 자동차의 안전하고 **원활한 교통처리나 보행자 도로횡단의 안전**을 위하여 교차로 또는 차도의 분기점 등에 설치하는 섬 모양의 시설이다.

8) **교통약자** : 장애인, 고령자, 임산부, 영유아를 동반한 사람, 어린이 등 생활함에 있어 이동에 불편을 느끼는 사람을 말한다.

9) **시거**(視距) : 운전자가 장애물 또는 위험요소를 인지하고 제동하여 정지하거나 또는 장애물을 피해서 주행할 수 있는 거리를 말한다.

10) **상충** : 2개 이상의 교통류가 동일한 도로공간을 사용하려 할 때 발생되는 **교통류의 교차, 합류 또는 분류되는 현상**을 말한다.

❷ 도로의 선형과 교통사고 ★★

(1) 평면선형과 교통사고

1) **도로의 곡선반경이 작을수록** 사고발생의 위험이 증가하므로 급격한 평면곡선 도로를 운행하는 경우에는 운전자의 주의가 요구되므로 **평면곡선의 진입 전에 충분히 속도를 줄여야** 한다.

2) **곡선반경이 작은 도로** : 원심력에 의하여 차량 전도의 위험이 있으므로 속도를 줄여야 한다.

3) **도심지나 저속운영 구간 등 편경사가 설치되어 있지 않은 평면구간** : 고속주행을 하지 않는다.

4) **곡선부의 방호울타리 기능**
   ① 자동차의 차도이탈을 방지하고 시선을 유도한다.
   ② 탑승자의 상해 및 자동차의 파손을 감소시킨다.

(2) 종단선형과 사고율

1) 일반적으로 종단경사(오르막 내리막 경사)가 커짐에 따라 사고발생이 증가할 수 있다.

2) 내리막길에서의 사고율이 오르막길에서보다 높은 것으로 나타나고 있다.

3) **종단곡선의 설치** : 종단경사가 변경되는 부분에 종단곡선이 설치되며, 종단곡선의 정점(산꼭대기, 산등성이)에서는 전방에 대한 시거가 단축되어 운전자에게 불안감을 조성할 수 있다.

4) **양호한 선형조건에서 제한되는 시거가 불규칙적인 경우** : 평균사고율보다 높은 사고율을 보일 수 있다.

❸ 도로의 횡단면과 교통사고

(1) 차로수와 교통사고

차로수와 사고율의 관계는 명확하지 않으나 차선을 설치하는 경우 교통사고 발생률이 낮다.

(2) 차로폭과 교통사고 ★

1) 일반적으로 횡단면의 **차로폭이 넓을수록 교통사고예방의 효과**가 있으나, 지나치게 넓은 경우 경각심이 사라져 교통사고가 발생할 수 있다.

2) **차로를 구분하기 위한 차선을 설치한 경우** : 차선을 설치하지 않은 경우보다 교통사고 발생률이 낮다.

(3) 길어깨(갓길)와 교통사고 ★

1) 길어깨가 넓으면 시계가 넓으며, 고장차량을 이동시킬 수 있으므로 안정성이 크다.

2) 차도와 길어깨를 구획하는 노면표시를 하면 교통사고는 감소한다.

3) **길어깨의 역할**

① 고장차가 대피할 수 있고, 사고 시 **교통의 혼잡을 방지**하는 역할을 한다.

② 측방 여유폭을 가지므로 **교통의 안전성과 쾌적성**에 기여한다.

③ 도로관리의 **작업공간이나 지하매설물**에 대한 장소로 제공한다.

④ 곡선부의 시거가 증대되기 때문에 **교통의 안전성**이 높다.

⑤ 유지가 잘되어 있는 길어깨는 **도로 미관**을 높인다.

⑥ 보도 등이 없는 도로에서는 **보행자 등의 통행장소**로 제공한다.

⑦ 도로표지, 기타 교통관제시설 등을 설치할 수 있는 장소를 제공하는 등의 기능을 한다.

(4) 중앙분리대와 교통사고 ★

1) 중앙분리대의 개념 : 대향하는 차량 간의 정면충돌을 방지하기 위하여 도로면보다 높게 콘크리트 방호벽 또는 방호울타리를 설치하는 것으로 **분리대와 측대로 구성**된다.

2) **정면충돌사고를 차량단독사고로 변환시킴**으로써 위험성을 감소시킨다. 폭이 넓을수록 충돌위험은 감소한다.

3) 중앙분리대의 주된 기능 ★

① **상하 차도의 교통 분리** : 차량의 중앙선 침범에 의한 치명적인 **정면충돌 사고 방지**, 도로 중심선 축의 교통마찰을 감소시켜 **교통용량을 증대시킨다.**

② **평면교차로가 있는 도로에서는 폭이 충분할 때** : **좌회전 차로 활용**할 수 있어 교통처리가 유연해진다. → 우회전 차로 활용 ×

③ **광폭분리대의 경우** : 사고 및 고장 차량이 정지할 수 있는 여유공간을 제공한다.

④ **보행자에 대한 안전섬**이 됨으로써 횡단 시 안전을 도모할 수 있다.

⑤ **필요에 따라 유턴**(U-Turn) **방지** : 교통류의 혼잡을 피함으로써 안전성을 높인다.

⑥ **대향차의 편광 방지** : 야간주행 시 전조등의 눈부심을 방지한다.

(5) 교량과 교통사고 ★

1) 교량 접근로의 폭에 비하여 교량의 폭이 좁을수록 사고가 더 많이 발생한다.

2) 교량의 접근로 폭과 교량의 폭이 **같을 때 사고율이 가장 낮다.**

3) 교량의 접근로 폭과 교량의 폭이 서로 다른 경우에도 교통통제시설을 효과적으로 설치함으로써 사고율을 현저히 감소시킬 수 있다.

❹ 회전교차로

(1) 개념

교통류가 신호등 없이 교차로 중앙의 원형교통섬을 중심으로 회전하여 교차부를 통과하도록 하는 평면교차로의 일종이다.

(2) 회전교차로의 일반적인 특징 ★

1) 회전교차로에 진입하는 자동차는 **회전 중인 자동차에게 양보**한다.

2) 일반적인 교차로에 비해 상충 횟수가 적다.

3) 교차로 진입과 대기에 대한 운전자의 **의사결정이 간단**하다.

4) 교차로 **진입은 저속으로 운영**하여야 한다.

5) 교통상황의 변화로 인한 운전자 피로를 줄일 수 있다.

6) 신호교차로에 비해 **유지관리 비용이 적게** 든다.

7) 인접 도로 및 지역에 접근성을 높여 준다.

8) 사고빈도가 낮아 교통안전 수준을 향상시킨다.

9) **지체시간이 감소**되어 연료 소모와 배기가스를 줄일 수 있다.

✤ 교차로 내부에서 회전 정체는 발생하지 않는다(교통혼잡 발생하지 않음).

✤ 회전교차로를 통과할 때에는 <u>중앙교통섬을 중심으로 시계반대방향으로</u> 회전하며 통행한다.

(3) 회전교차로 설치를 통한 교차로 서비스 향상

1) **교통소통 측면** : 교통량이 상대적으로 많은 비신호 교차로 또는 교통량이 적은 신호 교차로에서 지체가 발생할 경우 교통소통 향상을 목적으로 설치한다.
2) **교통안전 측면** : 사고발생 빈도가 높거나 심각도가 높은 사고가 발생하는 등 교차로 안전에 문제가 될 때 **교차로 안전성 향상**을 목적으로 설치한다.
3) **도로미관 측면** : 교차로 미관 향상을 위해 설치한다.
4) **비용절감 측면** : 교차로 유지관리 비용을 절감하기 위해 설치한다.

❺ 도로안전시설

(1) 시선유도시설 ★

1) **개념** : 주간 또는 야간에 운전자의 시선을 유도하기 위해 설치된 안전시설을 말한다.
2) **시선유도시설의 종류**
   ① **시선유도표지** : 직선 및 곡선 구간에서 운전자에게 **전방의 도로조건이 변화되는 상황을 반사체를 사용하여 안내**해 줌으로써 안전하고 원활한 차량주행을 유도하는 시설물이다.
   ② **갈매기표지** : 급한 곡선 도로에서 운전자의 시선을 명확히 유도하기 위해 곡선 정도에 따라 갈매기표지를 사용하여 운전자의 원활한 차량주행을 유도하는 시설물이다.
   ③ **표지병** : **야간 및 악천후**에 운전자의 시선을 명확히 유도하기 위해 **도로표면에 설치**하는 시설이다.
   ④ **시인성 증진 안전시설** : 장애물 표적표지, 구조물 도색 및 빗금표지, 시선유도봉이 있다.

(2) 방호울타리

1) **기능** ★
   ① 주행 중에 진행 방향을 잘못 잡은 차량이 도로 밖, 대향차로 또는 보도 등으로 이탈하는 것을 방지하고 **정상 진행 방향으로 복귀**시킨다.
   ② 차량이 구조물과 직접 충돌하는 것을 방지하여 **탑승자의 상해 및 자동차의 파손을 최소화** 한다.
   ③ 방호울타리는 **운전자의 시선을 유도**하고 보행자의 **무단횡단을 방지**하는 기능을 한다.

2) **방호울타리의 종류**
   ① **노측용 방호울타리** : 자동차가 도로 밖으로 이탈하는 것을 방지하기 위하여 **도로의 길어깨**(갓길) **측에 설치**하는 방호울타리이다.
   ② **중앙분리대용 방호울타리** : 왕복방향으로 통행하는 자동차들이 **대향차도 쪽으로 이탈하는 것을 방지**하기 위해 도로 중앙의 분리대 내에 설치하는 방호울타리이다.
   ③ **보도용 방호울타리** : 자동차가 도로 밖으로 벗어나 보도를 침범하여 일어나는 교통사고로부터 **보행자 등을 보호**하기 위하여 설치하는 방호울타리이다.
   ④ **교량용 방호울타리** : 교량 위에서 자동차가 차도로부터 교량 바깥, 보도 등으로 벗어나는 것을 방지하기 위해서 설치하는 방호울타리이다.

(3) 충격흡수시설

주행차로를 벗어난 차량이 도로상의 구조물 등과 충돌하기 전에 자동차의 충격에너지를 흡수하여 정지하도록 하거나, 자동차의 방향을 교정하여 본래의 주행차로로 복귀시키는 기능을 한다.

(4) 과속방지시설

도로 구간에서 낮은 주행 속도가 요구되는 일정지역에서 통행 자동차의 과속 주행을 방지하기 위해 설치한다.

(5) 도로반사경

운전자의 시거 조건이 양호하지 못한 장소에서 거울면을 통해 사물을 비추어줌으로써 운전자가 적절하게 전방의 상황을 인지하고 안전한 행동을 취할 수 있게 하도록 설치하는 시설을 말한다.

(6) 조명시설

도로이용자가 안전하고 불안감 없이 통행할 수 있도록 적절한 조명환경을 확보해줌으로써 운전자에게 심리적 안정감과 시선을 유도해 준다.

(7) 기타 안전시설

1) **미끄럼방지시설** : 노면의 미끄럼 저항이 낮아진 곳이나 도로선형이 불량한 구간에서 미끄럼 저항을 높이기 위해 설치한다.

2) **노면요철포장** : 졸음운전 또는 운전자의 부주의로 차로 이탈을 방지하기 위해 **타이어의 마찰음과 차체의 진동을 이용**하여 **주의를 환기**시키는 장치이다.

3) **긴급제동시설** : 제동장치 이상 시 자동차를 안전한 곳에서 정지하도록 하는 시설이다.

(8) **비상주차대**

1) **개념** : 비상주차대란 **우측 길어깨(갓길)의 폭이 협소한 장소**에서 고장난 차량이 도로에서 벗어나 대피할 수 있도록 제공되는 공간을 말한다.

2) **설치되는 장소**
① 고속도로에서 길어깨(갓길) 폭이 2.5m 미만으로 설치되는 경우
② 길어깨를 축소하여 건설되는 긴 교량의 경우
③ 긴 터널의 경우 등

❻ 도로의 부대시설

(1) **버스정류시설**

1) **개념** : 노선버스가 승객의 승·하차를 위하여 전용으로 이용하는 시설물로 이용자의 편의성과 무리 없이 진·출입할 수 있는 위치에 설치한다.

2) **버스정류시설의 종류 및 의미**
① **버스정류장**(Bus bay) : 승객의 승·하차를 위하여 본선 차로에서 **분리하여 설치**된 띠 모양의 공간이다.
② **간이버스정류장** : 승·하차를 위하여 **본선 차로에서 분리**하여 최소한의 목적을 달성하기 위하여 설치하는 공간이다.
③ **버스정류소**(Bus stop) : 승·하차를 위하여 **본선의 오른쪽 차로를 그대로 이용**하는 공간이다.

3) **버스정류장 또는 정류소 위치에 따른 종류**
① **교차로 통과 전**(Near-side) **정류장 또는 정류소** : 진행방향 앞에 있는 교차로를 통과하기 전에 있다.
② **교차로 통과 후**(Far-side) **정류장 또는 정류소** : 진행방향 앞에 있는 교차로를 통과한 다음에 있다.
③ **도로구간 내**(Mid-block) **정류장 또는 정류소** : 교차로와 교차로 사이에 있는 단일로의 중간에 있다.

4) **중앙버스전용차로의 버스정류소 위치에 따른 장·단점** ★★

① **교차로 통과 전**(Near-side) **정류소**
   ㉠ **장점**
   • 교차로 통과 후 버스전용차로 상의 교통량이 많을 때 발생하는 **혼**잡을 최소화
   • 출발할 때 교차로를 **가**속거리로 이용
   ㉡ **단점**
   • 버스전용차로에 있는 자동차와 **좌**회전하려는 자동차의 상충이 증가
   • 교차로 통과 전 버스전용차로 오른쪽에 정차한 자동차들의 **시**야가 제한받음
   ✿ 두문자 : **혼가좌시**(혹가에서 곽시하지 않는다)

② **교차로 통과 후**(Far-side) **정류소**
   ㉠ **장점** : 버스전용차로 상에 있는 자동차와 **좌회전하려는 자동차의 상충이 최소화**되고, 교차로가 버스전용차로 차량의 **감속에 이용**된다.
   ㉡ **단점** : 출·퇴근 시간에 **버스들이 교차로까지 대기**할 수 있고, 그 대기 버스로 **횡단**하는 자동차들은 시야를 제한받을 수 있음

③ **도로구간 내**(Mid-block) **정류소**(횡단보도 통합형) : **승차자들의 진·출입 동선이 일원화**되어, 가고자 하는 방향의 정류장으로의 접근이 편리하지만, 정류장간 **무단으로 횡단**하는 보행자로 인해 사고 발생의 위험이 있다.

5) **가로변 버스정류소 위치에 따른 장·단점** ★★

① **교차로 통과 전**(Near-side) **정류장 또는 정류소**
   ㉠ **장점**
   • 일반 운전자가 보행자 및 접근하는 버스의 움직임 **확**인이 용이

- 버스에 승차하려는 **사람**이 횡단보도에 인접한 **버스에 접근**이 용이

ⓒ **단점**
- 정차하려는 버스와 **우회전** 하려는 자동차가 상충할 수 있음
- 횡단하는 **보행자**가 정차되어 있는 버스로 인해 **시야**를 제한받을 수 있음

✿ 두문자 : **확근우씨**(확끈한 우씨 홀가짐)

② **교차로 통과 후**(Far-side) **정류장 또는 정류소**

㉠ **장점** : **우회전**하려는 자동차 등과의 상충을 최소화

ⓒ **단점** : 정차하려는 버스로 인해 교차로 상에 **대기차량**이 발생할 수 있음

③ **도로구간 내**(Mid-block) **정류장 또는 정류소** : 자동차와 보행자 사이에 발생할 수 있는 **시야제한이 최소화**할 수 있으나, 정류장 주변에 횡단보도가 없으면 버스 승객의 **무단횡단**으로 사고 위험이 존재하고, 도로 건너편의 승객은 버스 승차를 위해 횡단보도까지 우회해야 한다. → 중앙버스전용차로의 도로구간 내 정류장(소)의 내용과 유사함

✿ 중앙버스전용차로와 가로변버스전용차로의 교차로 통과 전 내용을 암기하시고 나머지 내용은 숙지 정도로 공부하는 것이 효율적인 공부가 될 것입니다.

CHAPTER 2 안전운전의 기술

핵심정리

01 안전운전 · 방어운전의 기본기술

❶ 인지, 판단의 기술

(1) 인지판단조작

1) 자동차를 운행하고 있는 운전자는 교통상황을 **알아차리고**(확인), 확인한 정보를 모으고, 사고가 발생할 수 있는 지점을 **판단**(예측), 어떻게 자동차를 움직여 운전할 것인가를 **결정**하고(판단), 그 결정에 따라 **자동차를 움직이는 운전행위**(실행)에 이르는 **"확인 – 예측 – 판단 – 실행"**의 과정을 수없이 반복하면서 운전을 한다.

2) 운전자 요인에 의한 교통사고는 이 네 가지 과정의 어느 특정한 과정 또는 둘 이상의 연속된 과정의 결함에서 비롯된다.

3) 운전자 요인에 의한 교통사고 중 **'확인' 과정의 결함**에 의한 사고가 절반 이상으로 가장 많으며, **이어서 '판단' 과정의 결함, '실행' 과정의 결함** 순이다.

4) **인적요인**은 다른 요인에 비하여 변화시키거나 **수정이 상대적으로 매우 어렵다.**

(2) 운전자의 정보처리과정

1) 감각기관의 수용기로부터 입수되는 차량 내·외의 **교통정보**(운전정보)는 구심성 신경을 통하여 정보처리부인 **뇌로 전달**된다.

2) 전달된 교통정보는 당해 운전자의 지식·경험·사고·판단을 바탕으로 **의사결정과정**을 하여 다시 원심성 신경을 통해 효과기(운동기)로 전달되어 **운전실행행위**가 이루어진다.

3) 이 같은 과정은 매우 짧은 순간순간 행해지며, 동시에 수정·보완되는 **피드백**(Feed-Back) **과정을 끊임없이 반복**한다.

4) 신체·생리적 조건과, 심리적 조건 등이 이런 과정에 영향을 미친다.

❷ 안전운전의 기본기술

(1) 운전 중 전방을 멀리 둠

1) **시선을 멀리 두어야 하는 이유** : 시선은 가능한 한 전방 먼 쪽에 두되, 바로 앞부분의 도로를 내려다보지 않도록 한다. 전방을 멀리 볼 경우에 운전자는 좌우를 더 넓게 관찰할 수 있다.

2) **전방을 멀리 보지 않고 가까운 곳을 보고 운전할 때의 징후** : 교통의 흐름에 맞지 않을 정도로 너무 빠르게 차를 운전, 차로의 한편으로 치우쳐서 주행, 우회전할 때 넓게 회전, 시인성이 낮은 상황에서 속도를 줄이지 않는다.

(2) 전체적으로 살펴 봄

1) **전체적으로 살피는 것** : 교통상황을 전반적으로 확인하되 어느 특정한 것에 사로잡혀 다른 것을 보는 것을 놓치지 말아야 한다.

2) **시야 확보가 적은 징후들** : 급정거, 앞차에 바짝 붙어 가는 경우, 반응이 늦은 경우 등

(3) 눈을 계속해서 움직임

1) **눈을 계속해서 움직이는 이유** : 좌우를 살피는 운전자는 보행자의 움직임과 사물, 조명 등을 파악하여 위험사태에 대비한다.

2) **시야 고정이 많은 운전자의 특징** : 위험에 대응하기 위해 경적이나 전조등을 좀처럼 사용하지 않음, 더러운 창이나 안개에 개의치 않음, 회전하기 전에 뒤를 확인하지 않음

(4) 다른 사람들이 자신을 볼 수 있게 함

1) 회전을 하거나 차로 변경을 할 경우에 **미리 신호**를 보낸다.

2) 어두울 때나 비가 오는 경우 주차등이 아니라 전조등을 사용한다.

3) 경적을 사용할 때는 **30m 이상의 거리**에서 미리 경적을 울린다.

(5) 차가 빠져나갈 공간을 확보

1) 주행 시 앞·뒤뿐만 아니라 좌·우로 안전공간을 확보하도록 노력해야 한다.

2) 좌·우로 차가 빠져나갈 공간이 없을 때에는 앞차와의 차간거리를 더 확보해야 한다.

3) 가급적 무리를 지은 차량대열의 중간에 끼는 경우를 줄여야 한다.

❸ 방어운전의 기본 기술 (위험의 인지 → 방어의 이해 → 적시의 정확한 행동)

(1) 개념의 정리 ★

안전운전과 방어운전은 별도의 개념이 아니라 어느 것 하나라도 소홀히 하는 경우 곧바로 교통사고로 연결될 수 있다.

1) **안전운전** : 운전자가 자동차를 그 본래의 목적에 따라 운행하면서 운전자 자신이 **위험한 운전을 하거나 교통사고를 유발하지 않도록** 주의하여 운전하는 것을 말한다.

2) **방어운전**
① 다른 운전자나 보행자가 교통법규를 지키지 않거나 위험한 행동을 하더라도 이에 대처하는 운전자세로 **미리 위험한 상황을 피하여** 운전하는 것이다.

② 위험한 상황을 만들지 않고 운전하는 것, 위험한 상황에 직면했을 때는 **이를 효과적으로 회피**할 수 있도록 운전하는 것을 말한다.

(2) 방어운전의 기본

능숙한 운전기술, 정확한 운전지식, 세심한 관찰력, 예측능력과 판단력, 양보와 배려의 실천, 교통상황 정보수집, 꾸준한 반성과 무리한 운행을 배제한다.

(3) 기본적인 사고유형의 회피

1) **정면충돌사고** : i) 정면으로 마주칠 때 **핸들조작은 오른쪽으로 하고**, 상대차로 쪽으로 틀지 않도록 한다. ii) 오른쪽으로 방향을 조금 틀어 공간을 확보하고 필요하다면 차도를 벗어나 길 가장자리 쪽으로 주행한다.

2) **후미 추돌사고** : i) **앞차 너머의 상황을 살핌**으로써 앞차 운전자를 갑자기 행동하게 만드는 상황과 그로 인해 자신이 위험하게 되는 상황을 파악한다. ii) **충분한 거리를 유지**하기 위해 앞차와 최소한 3초 정도의 추종거리를 유지한다. iii) 상대보다 더 빠르게 속도를 줄인다.

3) **단독사고 회피** : 단독사고를 일으키지 않기 위해서는 심신이 안정된 상태에서 운전해야 하는 것은 물론 **주행정보를 사전에 수집**한다.

4) **미끄러짐 사고 예방** : i) 다른 차량 주변으로 가깝게 다가가지 않는다. ii) 제동상태가 나쁠 경우 도로조건에 맞춰 속도를 낮춘다.

5) **차량결함사고** ★
① 차의 앞바퀴가 터지는 경우 핸들을 단단하게 잡아 차가 한쪽으로 쏠리는 것을 막고, 의도한 방향을 유지한 다음 속도를 줄인다.

② 뒷바퀴의 바람이 빠지면 차의 후미가 좌우로 흔들리는 것을 느낄 수 있다. 이때 차가 한쪽으로 미끄러지는 것을 느끼면 핸들 방향을 **그 방향으로 틀어주며 대처**한다.

③ 브레이크 고장 시 앞, 뒤 브레이크가 동시에 나가는 경우는 거의 없다. 만일 이런 경우는 브레이크 페달을 반복해서 빠르고 **세게 밟으면서 주차브레이크도 세게 당기고 기어도 저단으로** 바꾼다.

(4) 시인성, 시간, 공간의 관리

1) **시인성을 높이는 법** : i) 앞좌석의 대시보드나 뒷좌석의 트렁크 상단에 올려놓은 장식물 등을 치운다. ii) 낮에도 흐린 날 등에는 하향전조등을 켠다. iii) 시력이 떨어지는 경우 안경이나 콘택트렌즈를 착용한다. iv) 햇빛 등으로 눈부신 경우 선글라스를 착용한다.

2) **시간을 다루는 법** : i) 주행속도를 조절하는 것은 시간을 다루는 중요한 방법이다. ii) 안전한 주행경로 선택을 위해 **도시에서는 400m 정도의 거리, 고속도로에서는 800m 정도의 거리의 전방을 탐색**한다. iii) 자신의 차와 앞차 간의 **최소한 2~3초의 추종거리**를 유지한다.

3) **공간을 다루는 법**

① **속도를 2배 높이면 정지거리는 4배**가 필요하다.

✤ 50km 속도로 주행 시 필요한 정지거리는 13m이면, 100km는 52m(4×13)이 필요

② 주변 차들과 **완충공간 또는 안전공간을 확보**한다.

③ 앞차와의 거리 2~3초, 빙판길이나 눈이 쌓인 경우는 5~6초를 확보한다.

④ 좌우의 차량과도 차 한 대 길이 이상의 거리를 유지한다.

4) **젖은 도로를 다루는 법**

① 노면의 마찰력이 가장 낮아지는 시점은 비 오기 시작한 지 5 ~ 30분 이내이다. 비가 어느 정도 오게 되면 마찰력을 회복한다.

② 비가 많이 오면 수막현상을 주의한다. 수막현상은 속도가 높을수록 쉽게 일어나므로 **속도를 줄인다**.

02 시가지·고속도로 등의 방어운전

❶ 시가지 도로에서의 방어운전

(1) **시가지에서의 시인성, 시간, 공간의 관리**

1) **시인성 다루기** : i) 블록 전방의 상황과 길의 양쪽 부분을 탐색, ii) 어두운 경우 하향전조등을 켬, iii) 빌딩이나 주차장의 입구나 출구를 주의

2) **시간 다루기** : i) 위협적인 상황임을 알아차렸지만 확신할 수 없는 경우 액셀에서 발을 떼고, 브레이크 페달 위에 발을 올려놓되, 밟지는 않고 위험상황에 대비한다. ii) 도심교통상의 운전, 특히 러시아워에서는 여유시간을 가지고 주행한다.

3) **공간 다루기** : i) 교통체증으로 서로 근접하는 상황이라도 앞차와는 2초 정도의 거리를 둔다. ii) 다른 차 뒤에 멈출 때 **앞차의 6~9m 뒤에 멈추도록** 한다. 뒤에서 2~3대의 차가 다가와 멈추면 그때 가볍게 앞으로 나가도록 한다. iii) 대향차선의 차와 자신의 차 사이에는 가능한 한 많은 공간을 유지한다.

(2) **시가지 교차로에서의 방어운전** ★

1) **교차로 사고발생원인** : i) 앞쪽(또는 옆쪽) 상황에 소홀한 채 **진행신호로 바뀌는 순간 급출발하는 경우** ii) 교차로 진입 전 이미 황색신호임에도 무리하게 통과를 시도하는 경우

2) **교차로 안전운전 및 방어운전**

① **신호등이 있는 경우** : 신호등이 지시하는 신호에 따라 통행한다.

② **교통경찰관 수신호의 경우** : 교통경찰관의 지시에 따라 통행한다.

③ **신호등 없는 교차로의 경우** : 통행의 우선순위에 따라 주의하며 진행한다.

④ 교차로에서는 자전거 또는 어린이 등이 뛰어나올 수 있다는 것을 염두에 두고 이에 대처할 수 있도록 언제든지 정지할 수 있는 마음의 준비를 하고 운전한다.

⑤ **신호가 바뀌는 순간을 주의** : 교차로 사고의 대부분은 **신호가 바뀌는 순간에 발생**하므로 반대편 도로의 교통 전반을 살피며 1~2초의 여유를 가지고 서서히 출발한다.

⑥ **내륜차에 의한 사고에 주의**

㉠ 우회전할 때에는 뒷바퀴로 자전거와 보행자를 치지 않도록 주의한다.

㉡ 좌회전할 때에는 정지해 있는 차와 충돌하지 않도록 주의한다.

3) **교차로 황색신호** : i) 교차로 황색신호시간은 이미 교차로에 진입한 차량은 신속히 빠져나가야 하는 시간이다. ii) 아직 교차로에 진입하지 못한 차량은 진입해서는 안 되는 시간이다. iii) 황색신호

진입 시 마주 오는 차로의 차량도 황색신호에 출발할 수 있기 때문에 만일 사고가 일어난다면 대형사고가 될 가능성이 높다.

✚ STUDY 시가지 이면도로에서의 방어운전 ★

❶ 이면도로 운전의 위험성
이면도로는 간선도로와 달리, 운전을 하는데 있어 여러 가지 환경과 여건이 좋지 않기 때문에 위험성이 많다.

❷ 이면도로를 안전하게 통행하는 방법
(1) **항상 위험을 예상하면서 운전** : 속도를 낮추고 자동차나 어린이가 갑자기 뛰어들지 모른다는 자세로 언제라도 정지할 수 있도록 한다.
(2) **위험 대상물을 계속 주시** : 자전거나 이륜차가 통행하고 있을 때는 통행공간을 배려하면서 운행, 자전거나 이륜차의 갑작스러운 회전이나 주·정차된 차량의 출발에 대비하여 감속하며 안전거리를 확보한다.

❷ 지방도로에서의 방어운전

(1) 지방도에서의 시인성, 시간, 공간의 관리

1) **시인성 다루기** : i) 주간에도 하향(변환빔) 전조등을 켠다. ii) 야간에 주위에 다른 차가 없다면 어두운 도로에서는 상향(주행빔) 전조등을 켜도 된다. iii) 도로나 기상조건이 나빠서 탐색도 제한받는다면 속도를 줄인다. iv) 큰 차에 너무 가깝게 다가가 잠재적 위험원을 파악하지 못하는 일이 없도록 한다.

2) **시간 다루기** : i) 교차로, 교통신호등이 미설치 지역은 접근하면서 속도를 줄여 언제든지 감속 또는 정지 준비를 한다. ii) **낯선 도로를 운전할 때는 미리 갈 노선을 계획하고 여유시간**을 가진다. iii) 자갈길, 도로노면의 표시가 잘 보이지 않는 도로를 주행할 때는 속도를 줄인다.

3) **공간다루기** : i) 앞에 차가 있다면 추종거리를 늘리고 뒤의 차량이 바싹 다가설 때는 앞으로 나아갈 수 있는 충분한 공간을 확보한다. ii) 앞지르기는 전방이 훤히 트인 곳이 아닌 오르막길 경사로에서는 앞지르기를 하면 안 된다.

(2) 커브길의 방어운전 ★

1) **커브길 주행방법**
① 커브길의 편구배(경사도)나 도로의 폭을 확인하고 가속페달에서 발을 떼어 **엔진 브레이크가 작동**되도록 하여 속도를 줄인다.
② 엔진 브레이크만으로 속도가 충분히 떨어지지 않으면 풋 브레이크를 사용하여 실제 커브를 도는 중에 더 이상 감속할 필요가 없을 정도까지 속도를 줄인다.
③ 커브가 끝나는 조금 앞부터 핸들을 돌려 바르게 한다.

2) **커브길 주행 시의 주의사항**
① 커브길에서는 미끄러지거나 전복될 위험이 있으므로 부득이한 경우가 아니면 급핸들 조작이나 급제동은 하지 않는다.
② 회전 중에는 부득이한 경우가 아니면 가속이나 감속을 하지 않는다.
③ 중앙선을 침범하거나 도로의 중앙으로 치우쳐 운전하지 않는다.
④ **주간에는 경음기, 야간에는 전조등**을 사용하여 내 차의 존재를 알린다.
⑤ 항상 반대 차로에 차가 오고 있다는 것을 염두에 두고 차로를 준수하며 운전한다.
⑥ 커브길에서 앞지르기는 대부분 안전표지로 금지하고 있으나 안전표지가 없더라도 전방의 안전이 확인되지 않으면 **앞지르기를 절대하지 않는다**.
⑦ 겨울철에는 빙판이 그대로 노면에 있을 수가 있으므로 사전에 조심하여 운전한다.

(3) 언덕길의 방어운전

1) **내리막길 안전운전 및 방어운전**
① 내리막길을 내려갈 때는 천천히 내려가며 엔진 브레이크로 속도를 조절하는 것이 바람직하다.
② 엔진브레이크를 사용하면 페이드(fade) 현상이나 베이퍼 록(Vapour lock) 현상을 예방하여 운행 안전도를 높일 수 있다.
③ **배기브레이크 사용 시 효과**

㉠ 브레이크액의 온도상승 억제에 따른 베이퍼 록 현상을 방지
㉡ 드럼의 온도상승을 억제하여 페이드 현상을 방지
㉢ 브레이크 사용 감소는 라이닝 수명을 증대시킴
④ 도로의 오르막, 내리막 경사가 같거나 비슷하면 **변속기 기어의 단수도 오르막 내리막을 동일하게 사용**하는 것이 적절하다.
⑤ 커브 주행 시와 마찬가지로 중간에 불필요하게 속도를 줄인다든지 급제동하는 것은 금물이다.
⑥ 비교적 경사가 가파르지 않은 긴 내리막길을 내려갈 때 가속페달을 무심코 밟지 말아야 한다.

2) 오르막길 안전운전 및 방어운전

① 정차할 때는 뒤로 밀려 충돌할 가능성이 있으므로 충분한 차간 거리를 유지한다.
② 오르막길의 정상부근은 사각지대로 대향차가 다가올 때까지 보이지 않으므로 서행하며 대비한다.
③ 정차 시에는 풋 브레이크와 핸드 브레이크를 같이 사용한다.
④ 뒤로 미끄러지는 것을 방지하기 위하여 정지하였다가 **출발 시에는 핸드 브레이크를 사용**한다.
⑤ 오르막길에서 앞지르기할 때는 힘과 가속력이 좋은 저단 기어를 사용한다.
⑥ 언덕길에서 올라가는 차량과 내려오는 차량의 교행 시에는 내려오는 차에 통행우선권이 있으므로 올라가는 차량이 양보한다.

(4) 철길건널목 ★

1) 철길건널목 안전운전 방어운전

① 철길건널목에 접근할 때에는 속도를 줄여 접근한다.
② **일시정지 후, 좌·우의 안전을 확인** : 차단기가 내려가고 있을 때나 경보음이 울릴 때 그리고 철길건널목을 통과할 수 없게 될 우려가 있으면 진입하지 않는다.
③ 건널목을 통과할 때는 **기어를 변속하지 않으며**, 가속페달을 조금 힘주어 밟아 통과한다.
④ **수동변속기의 경우에는 건널목 통과 시 기어는 변속하지 않는다.**
⑤ **건널목 건너편 여유 공간을 확인 후 통과한다.**

2) 철길건널목 내 차량고장 대처방법

① 즉시 동승자를 **대피시킨다. → 첫째 조치**
② 철도공사 직원이나 건널목 관리인에게 알리고 차를 건널목 밖으로 이동시키도록 조치한다.
③ 건널목에서 움직일 수 없을 때 열차가 오고 있는 방향으로 뛰어가면서 옷을 벗어 흔들어 기관사에게 위급상황을 알리고 정차할 수 있도록 안전조치를 취한다.

❸ 고속도로에서의 방어운전

(1) 고속도로에서의 시인성, 시간, 공간의 관리

1) 시인성 다루기

① 20~30초 전방을 탐색해서 도로주변에 차량, 장애물, 동물, 심지어는 보행자 등이 없는가와 진출입로 부근의 위험이 있는지에 대해 주의한다.
② 주변에 있는 차량의 위치를 파악하기 위해 자주 후사경과 사이드미러를 본다.
③ 차로변경이나, 고속도로 진입, 진출 시에는 진행하기에 앞서 항상 자신의 의도를 신호로 알린다.
④ 가급적이면 하향(변환빔) 전조등을 켜고 주행한다.
⑤ 속도를 늦추거나 앞지르기 또는 차선변경을 하고 있는지를 살피기 위해 앞 차량의 후미등을 살핀다.
⑥ 가급적 대형차량이 전방 또는 측방 시야를 가리지 않는 위치를 잡아 주행한다.

2) 시간 다루기

① 확인, 예측, 판단 과정을 이용하여 12~15초 **전방 안에 있는 위험상황을 확인**한다.
② 비상시에 멈추거나 회피핸들 조작을 하기 위한 **적어도 4~5초의 추종거리**를 갖도록 한다.
③ 고속도로를 빠져나갈 때는 가능한 한 빨리 차의 **속도를 낮추지 않고 진출 차로로 들어가야** 한다.

④ 가깝게 몰려다니는 차 사이에서 주행하는 것을 피하기 위해 속도를 조절하도록 한다.

3) 공간 다루기

① 차로변경 시 진입차선으로 고속도로로 들어갈 때, 적어도 4초의 간격을 허용한다.

② 만일 여러 차로를 가로지를 필요가 있다면 **매번 신호를 하면서 한 번에 한 차로씩 옮긴다.**

③ 차 뒤로 바짝 붙는 차량이 있는 경우는 다른 차로로 변경하여 앞으로 가게 하는 동시에 앞차를 뒤따르는 추종거리를 증가시킨다.

④ 고속도로의 차로수가 갑자기 줄어드는 장소에서는 속도를 줄이고 조심스럽게 진입한다.

(2) 고속도로 진출입부에서의 방어운전 ★

1) 진입부에서의 안전운전

① 본선 진입의도를 방향지시등으로 알린다.

② 본선 **진입 전 충분히 가속**하여 본선 차량의 교통흐름을 방해하지 않도록 한다.

③ 진입을 위한 **가속차로 끝부분에서 감속하지 않도록 주의**한다.

④ 고속도로 본선을 저속 진입하거나 진입 시기를 잘못 맞추는 경우 추돌사고 등 교통사고가 발생할 수 있다.

2) 진출부에서의 안전운전

① 본선 진출의도를 다른 차량에게 방향지시등으로 알린다.

② 진출부 진입 전에 본선 차량에게 영향을 주지 않도록 주의한다.

③ **본선 차로에서 천천히 진출부로 진입**하여 출구로 이동한다.

✿ 중요표시를 하지 않았지만, 시가지와 지방도로, 고속도로의 통행방법은 시험에 자주 출제됩니다. 상시선상에서 내용을 숙지하시면 됩니다.

03 야간 · 안개 · 악천후 등의 운전

❶ 앞지르기

(1) 앞지르기를 해서는 안 되는 경우 ★★

i) 앞차가 좌측으로 진로를 바꾸려고 하거나 다른 차를 앞지르려고 할 때, ii) 앞차의 좌측에 다른 차가 나란히 가고 있을 때, iii) 뒤차가 자기 차를 앞지르려고 할 때, iv) 마주 오는 차의 진행을 방해하게 될 염려가 있을 때, v) 앞차가 교차로나 철길건널목 등에서 정지 또는 서행하고 있을 때, vi) 앞차가 경찰공무원 등의 지시에 따르거나 위험방지를 위하여 정지 또는 서행하고 있을 때, vii) 어린이통학버스가 어린이나 유아를 태우고 있다는 표시를 하고 도로를 통행할 때

(2) 앞지르기할 때의 방어운전

1) 자신의 차가 다른 차를 앞지르기 할 때

① 과속은 금물이므로 앞지르기에 필요한 속도가 그 **도로의 최고속도 범위 이내일 때 앞지르기를 시도**한다.

② 앞지르기에 필요한 충분한 거리와 시야가 확보되었을 때 앞지르기를 시도한다.

③ 앞차가 앞지르기를 하고 있는 때는 앞지르기를 시도하지 않는다.

④ 앞차의 오른쪽으로 앞지르기하지 않는다.

⑤ 점선으로 되어있는 중앙선을 넘어 앞지르기하는 때에는 대향차의 움직임에 주의한다.

2) 다른 차가 자신의 차를 앞지르기 할 때

① 앞지르기를 시도하는 차가 원활하게 주행차로로 진입할 수 있도록 속도를 줄인다.

② 앞지르기 금지장소 등에서도 앞지르기를 시도하는 차가 있음을 염두에 두고 방어운전한다.

❷ 야간, 악천후의 안전운전 방법 ★

(1) 야간 운전

1) 해가 저물면 곧바로 전조등을 점등한다.

2) **가시거리가 100m 이내**면 주간보다 최고속도를 50% 감속하여 운행한다.

3) **가급적 전조등이 비치는 곳까지 살피고** 주간보다 안전에 대한 여유를 크게 가진다.
4) 증발현상과 현혹현상을 방지하기 위해 **대향차의 전조등을 바로 보지 말 것**
5) 장거리 운행할 때에는 운행계획을 세워 적시에 휴식을 취할 것
6) 앞차의 미등만 보고 주행하는 경우 도로변에 **정차한 자동차까지도 진행하고 있는 것으로 착각하게 되니 앞차의 미등만 보고 주행하지 않는다.**
7) 승합자동차인 경우 **야간에는 실내조명등을 켜고** 운전하고 선글라스를 착용하지 않는다.

(2) 안개길 운전

1) 전조등, 안개등 및 비상점멸표시 등을 켜고 운행하고 **커브길 등에서는 경음기를 울려** 자신이 주행하고 있다는 것을 알린다.
2) 가시거리가 100m 이내인 경우에는 최고속도를 50% 정도 감속하여 운행한다.
3) 앞차와의 **차간거리를 충분히 확보**하고, 앞차의 제동이나 방향지시등의 신호를 예의 주시하며 운행한다.
4) **짙은 안개로 운행이 어려울 때 : 차를 안전한 곳에 세우되 미등과 비상점멸 표시등**(비상등)**을 점등시켜 충돌사고 등이 발생하지 않도록 조치한다.** ★
5) 도로전광판, 교통안전표지 등을 통해 안개 발생 구간을 확인한다.
6) 갓길에 설치된 안개시정표지를 통해 시정거리 및 앞차와의 거리를 확인한다.
7) 중앙분리대 또는 갓길에 설치된 반사체인 시선유도표지를 통해 전방의 도로선형을 확인한다.
8) 도로 갓길에 설치된 노면요철포장의 소음 또는 진동을 통해 도로이탈을 확인하고 원래차로로 신속히 복귀하여 평균 주행속도보다 감속하여 운행한다.

(3) 빗길 운전

1) **비가 내려 노면이 젖은 경우에는 최고속도의 20%를 감속하여 운행한다.**
2) **폭우로 가시거리가 100m 이내인 경우에는 최고속도의 50%를 줄인 속도로 운행한다.**
3) 물이 고인 길을 통과할 때에는 속도를 줄여 저속으로 통과한다.
4) 물이 고인 길을 벗어나 브레이크에 물이 들어가면 브레이크를 여러 번 나누어 밟아 마찰열로 브레이크 패드나 라이닝의 물기를 제거한다.
5) 보행자 옆을 통과할 때에는 속도를 줄여 흙탕물이 튀기지 않도록 주의한다.
6) 공사현장의 철판 등을 통과할 때에는 사전에 속도를 충분히 줄여 미끄러지지 않도록 천천히 통과하여야 하며, 급브레이크를 밟지 않는다.
7) 급출발, 급핸들, 급브레이크 등의 조작은 미끄러짐이나 전복사고의 원인이 되므로 엔진브레이크를 적절히 사용한다.
8) 브레이크를 밟을 때에는 페달을 여러 번 나누어 밟는다.
9) 젖은 노면에 토사가 흘러내리면 다른 곳보다 더욱 미끄러우니 주의한다.

04 경제운전

❶ 경제운전(에코드라이빙)의 개념과 효과

(1) 개념

운전 중 접하게 되는 여러 가지 외적 조건(기상, 도로, 차량, 교통상황 등)에 따라 운전방식을 맞추어 감으로써 연료소모율을 낮추고, 공해배출을 최소화하며, 안전의 효과까지 가져오는 운전방식이다.

(2) 경제운전의 기본적인 방법

1) 가속과 감속을 부드럽게 한다.
2) 불필요한 공회전을 피한다.
3) **급회전을 피하고** 전방으로 나가려는 운동에너지를 최대한 활용해서 부드럽게 회전한다.

4) 일정한 차량속도를 유지한다.

(3) 경제운전의 효과

1) 고장수리나 차량관리비용의 절감, 타이어 교체비용 등의 감소효과를 볼 수 있다.
2) 고장수리 작업 및 유지관리 작업 등의 시간에 대한 손실을 적게 한다.
3) 공해배출 등 환경문제가 줄어드는 효과가 있다.
4) 교통안전을 증진한다.
5) 운전자와 승객의 불안과 스트레스가 감소한다.

❷ 경제운전에 영향을 미치는 요인

(1) 교통상황

i) 교통체증 상황에서는 가속과 감속 및 기어변속 등이 잦게 됨에 따라 에너지 소모량도 증가한다. ii) 부드러운 가속 즉, 불필요한 가속과 제동을 피하는 것이 에너지 소모량을 최소화하는 것이다.

(2) 도로조건

젖은 노면은 구름저항을 증가시키며, 경사도는 구배저항에 영향을 미침으로서 연료소모를 증가시킨다.

(3) 기상조건

맞바람은 연료소모율을 높이며, 에어컨을 작동시키지 않는 조건에서는 연료소모율이 감소한다.

(4) 차량의 타이어

1) 바퀴가 닳아서 홈의 깊이가 얕아져 있으면 그만큼 구름저항이 커져 연료소모율이 높아진다.
2) 공기압이 낮으면 트레드가 구실을 못하게 되며, 차량의 안정성이 낮아지고 연료소모율이 높아진다.
3) 공기압이 너무 높으면 접지력이 떨어지고, 타이어 손상 가능성도 높아진다.
4) 적정 공기압일 때 제동거리도 최소화되며, 제동력도 좋아지고, 내구성도 최고가 된다.
5) 급가속과 급제동, 과적과 부적절한 휠얼라인먼트는 타이어 수명에도 영향을 준다.

(5) 엔 진

정기적인 점검을 통해서 엔진효율을 높일 수 있도록 한다.

(6) 공기역학

버스가 유선형일수록 연료소모율이 낮으며, 주행 중 창문을 열 경우 연료소모율을 높일 수 있다.

❸ 주행방법과 연료소모율 ★

(1) 시동 및 출발

i) 버스 엔진의 시동을 걸 때는 적정 속도로 엔진을 회전(공회전 시간은 여름 20-30초, 겨울은 1-2분 정도가 적당)시켜 적정한 오일압력을 유지한다. ii) 엔진이 차가운 상태에서 갑자기 엔진속도를 고속으로 올리지 말고 시동을 걸고 처음에 낮은 속도로 주행하면 좀 더 빠르게 엔진온도를 높이는 효과가 있다.

(2) 속도

경제운전을 위해서는 가능한 한 일정 속도(평균속도가 아니라 가감속이 없는 속도)로 주행한다.

(3) 기어변속

1) 기어변속은 엔진회전속도가 2000~3000 RPM 상태에서 고단 기어변속이 바람직하다.
2) 가능한 한 빨리 고단 기어로 변속하는 것이 좋으며 기어변속 시 반드시 순차적으로 해야 하는 것은 아니다.
3) 경제운전을 위해서는 반드시 저단기어 상태에서 차를 멈출 필요는 없다.

(4) 제동과 관성 주행

1) 관성으로 차를 움직이게 할 수 있을 때는 **풋브레이크로 제동을 피하는 것이 좋다.**
2) 관성주행은 엔진을 브레이크로 이용하는 것으로 연료소모가 줄어들기 때문에 제동장치와 타이어의 불필요한 마모도 줄일 수 있다.

(5) 교통류에의 합류와 분류

지선에서 차량속도가 높은 **본선에 합류** 시에 경제운전보다는 안전이 중요하므로 강한 가속이 필수적이다.

(6) 위험예측운전

위험예측운전은 자신의 운전행동을 도로 및 교통조건에 맞추어 나가는 것이다.

(7) 경제운전과 방어운전

방어운전은 사고를 회피할 뿐만 아니라 연료소비까지 절감할 수 있다.

05 기본운행수칙과 계절별 안전운전

❶ 기본운행수칙

(1) 출발, 정지, 주차

1) 출발할 때 후사경이 제대로 조정되어 있는지 확인한다.
2) 시동을 걸 때에는 기어가 들어가 있는지 확인한 후 기어가 들어가 있는 상태에서는 클러치를 밟지 않고 시동을 걸지 않는다.
3) 주차브레이크가 채워진 상태에서는 출발하지 않는다.
4) 운전석은 운전자의 체형에 맞게 조절한다.
5) 차량의 사각지점을 고려하여 버스의 전·후, 좌·우의 안전을 직접 확인하고 제동등이 점등되는지 확인한다.
6) 도로의 가장자리에서 도로로 진입하는 경우에는 진행하려는 방향의 안전여부를 확인하고 자동차 문을 완전히 닫은 상태에서 방향지시등을 작동시켜 도로주행 의사를 표시한 후 출발한다.
7) 출발 후 진로변경이 끝나기 전에 신호를 중지하지 않고 진로변경이 끝난 후에도 신호를 계속하고 있지 않는다.
8) 여유가 있는 경우에는 브레이크페달을 가볍게 2~3회 나누어 밟아 정지한다.
9) 미끄러운 노면에서는 제동으로 인해 차량이 회전하지 않도록 주의한다.
10) 주차가 허용된 지역이나 안전한 지역에서 차량의 일부분이 돌출되지 않도록 주차한다.
11) 경사가 있는 도로에 주차할 때 밀리는 현상을 방지하기 위해 바퀴에 고임목 등을 설치한다.
12) 차가 고장이 일어난 경우에는 안전한 장소로 이동한 후 고장자동차의 표지를 설치한다.

(2) 주행, 추종, 진로변경

1) 교통량이 많은 곳이나 노면상태가 불량한 도로에서는 감속하여 주행한다.
2) 해질 무렵, 터널 등 조명조건이 불량한 경우에는 감속하여 주행한다.
3) 주택가나 이면도로 등에서는 돌발상황을 예상하여 과속이나 난폭운전을 하지 않는다.
4) 곡선반경이 작은 도로나 과속방지턱이 설치된 도로에서는 감속하여 통과한다.
5) 주행하는 차들과 제한속도를 넘지 않는 범위 내에서 보조를 맞추어 운행한다.
6) 신호대기 중 기어를 넣은 상태에서 클러치와 브레이크페달을 밟아 안정된 자세 유지한다.
7) 신호대기 등으로 잠시 정지 시 주차브레이크를 당기거나, 브레이크페달을 밟아 차량이 움직이지 않도록 한다.
8) 급격한 핸들조작이 없게 하고 핸들복원은 신속히 한다.
9) 직선도로를 통행하거나 구부러진 도로를 돌 때 다른 차로를 침범하거나, 2개 차로에 걸쳐 주행하지 않는다.
10) 앞차가 급제동할 때 후미를 추돌하지 않도록 안전거리를 유지한다.
11) 적재상태가 불량하거나, 적재물이 떨어질 위험이 있는 자동차에 근접하여 주행하지 않는다.
12) 앞 차량에 근접하여 주행하지 않도록 하여 앞 차량이 급제동할 경우에 대비한다.
13) 좌·우측 차량과 일정거리를 유지한다.
14) 다른 차량이 차로를 변경하는 경우에는 양보하여 안전하게 진입할 수 있도록 한다.

15) 통행차의 기준을 준수하여 주행차로를 선택한다.
16) 급차로 변경을 하지 않으며, 일반도로에서 차로를 변경하는 경우에는 **그 행위를 하려는 지점에 도착하기 전 30m**(고속도로에서는 100m) 이상의 지점에 이르렀을 때 방향지시등을 작동시킨다. ★
17) 진로변경이 끝날 때까지 신호를 계속 유지, 진로변경이 끝난 후에는 신호를 중지한다.
18) 다른 통행차량 등에 대한 배려나 양보 없이 본인 위주의 진로변경을 하지 않는다.

(3) 앞지르기

1) 앞지르기가 허용된 구간에서만 시행하며 언제나 방향지시등을 작동시킨다.
2) 앞지르기 할 때는 반드시 반대방향 차량, 추월차로에 있는 차량, 뒤쪽 및 앞 차량과의 안전여부를 확인한 후 시행한다.
3) 제한속도를 넘지 않는 범위 내에서 앞 차량의 좌측차로를 이용하여 앞지르기한다.
4) 앞지르기한 후 본 차로로 진입할 때에는 뒤차와의 안전을 고려하여 진입한다.
5) **도로의 구부러진 곳, 오르막길의 정상 부근, 급한 내리막길, 교차로, 터널 안, 다리 위에서는** 앞지르기를 하지 않는다.

(4) 교차로 통행

1) 좌회전 차로가 2개 설치된 교차로에서 좌회전할 때에는 1차로(중·소형승합자동차), 2차로(대형승합자동차) 통행기준을 준수한다.
2) 대향차가 교차로를 통과하고 있을 때에는 완전히 통과시킨 후 좌회전한다.
3) 우회전하기 직전에는 직접 눈으로 또는 후사경으로 오른쪽 옆의 안전을 확인하고, 내륜차 현상으로 인해 보도를 침범하지 않도록 주의한다.
4) 회전할 때에는 원심력이 발생하여 차량이 이탈하지 않도록 감속하여 진입한다.
5) 진행방향과 다른 방향의 지시등을 작동시키지 않는다.
6) 정당한 사유 없이 반복적이거나 연속적으로 경음기를 울리지 않는다.

(5) 차량점검 및 자기 관리

1) 운행시작 전 또는 종료 후에는 차량상태를 철저히 점검하는 것은 물론 운행 중간 휴식시간에도 차량의 외관 및 화물의 보관 상태를 확인한다.
2) 운행 중에 차량의 이상이 발견된 경우에는 즉시 관리자에게 연락하여 조치를 받는다.
3) 술이나 약물의 영향이 있는 경우 배차변경을 요청한다.

❷ 계절별 안전운전 ★★

(1) 봄 철

1) 기상특성

① **발달된 양쯔강 기단**이 동서방향으로 위치하여 **이동성 고기압**으로 한반도를 통과하면 장기간 맑은 날씨가 지속되며, 봄 가뭄이 발생한다.
② **푄현상**으로 경기 및 충청지방으로 고온 건조한 날씨가 지속된다.
③ **시베리아기단의** 겨울철 기압배치로 **꽃샘추위**가 발생한다.
④ 저기압이 한반도에 영향을 주면 약한 강우를 동반한 **지속성이 큰 안개가 자주 발생**한다.
⑤ 중국에서 발생한 모래먼지에 의한 **황사현상**이 자주 발생하여 운전자의 시야에 지장을 초래한다.
⑥ **낮과 밤의 일교차**가 커지는 일기변화로 인해 환절기 환자가 급증하는 시기로 건강에 유의해야 한다.

2) **춘곤증**에 의한 졸음운전이 겨울에 비교하여 많이 발생하므로 틈틈이 휴식을 취하고 스트레칭을 한다.
3) 땅이 녹아 지반 붕괴로 인한 도로의 균열이나 낙석의 위험이 크다.
4) 도로변에 **보행자의 급증**으로 운전자들은 보행자 보호에 많은 주의를 기울여야 한다.

5) 겨울에 비교해 늘어나는 **어린이나 노약자의 보행**이 늘어나므로 이의 주의가 필요하다.
6) 외부환경이 좋아져 보행자나 운전자 모두 집중력이 떨어져 사고 발생률이 높아진다.
7) 겨울을 보낸 다음에는 **전문 세차장**을 찾아 제설 작업용 염화칼슘 등을 구석구석 세차한다.
8) 스노타이어, 체인 등 월동장비를 잘 정리한다.
9) 주행거리와 오일의 상태에 따라 **동일 등급의 오일을 교환**해 주거나 부족할 때에는 보충한다.
10) 전선의 피복이 벗겨진 부분, 소켓 부분이 부식 여부 등을 살펴보고 **낡은 배선은 새것으로 교환**해 주어 화재발생을 예방한다.
11) 배터리액이 부족하면 증류수 등을 보충하고 겨우내 냉각계통에 **부동액이 새었는지 확인**한다.

(2) 여름철

1) 기상 특성

① 시베리아기단과 북태평양기단의 경계를 나타내는 **한대전선대**가 한반도에 위치할 경우 많은 강수가 연속적으로 내리는 **장마**가 발생한다.
② 국지적으로 집중호우가 발생한다.
③ **북태평양기단**의 영향으로 습기가 많고, 온도가 높은 **무더운 날씨**가 지속된다.
④ 따뜻하고 습한 공기가 차가운 지표면이나 수면 위를 이동해 오면 밑 부분이 식어서 생기는 **이류안개가 번번히 발생하며, 연안이나 해상에서 주로 발생**한다. ★
⑤ 저위도에서 형성된 **열대저기압이 태풍으로 발달**하여 한반도까지 접근한다.
⑥ 한밤 중에도 기온이 높고 습기가 많은 열대야 현상이 발생하여 운전자들의 주의집중이 곤란하고, 쉽게 피로해지기 쉽다.

2) 기온이 높고 습기가 많아지며 **한밤중 열대야 현상**이 계속되어 운전자들이 수면부족으로 쉽게 피로해지며 짜증이 나고 교통법규를 무시하기 쉽다.

3) 여름철의 무더위, 장마, 폭우로 인한 교통환경의 악화를 운전자들이 극복하지 못하여 교통사고가 발생하는 경우가 많다.
4) 장마와 더불어 **갑작스러운 소나기**는 도로 노면의 상태를 빙판 못지않게 미끄럽게 만든다.
5) 기온의 상승으로 차량의 실내 온도가 뜨거운 경우 창문을 열어 환기한 후 에어컨을 최대로 켜서 실내의 더운 공기가 빠져나간 다음에 운행한다.
6) 기온이 높은 날의 운행 도중 엔진이 저절로 꺼지는 경우 자동차를 통풍이 잘되는 길 가장자리 그늘진 곳으로 옮겨 **보닛을 열고 10여 분 정도 열을 식힌 후 재시동**을 건다.
7) 무더운 날씨 속에 엔진이 과열되므로 냉각수의 양과 새는 부분을 점검하고 팬벨트의 장력이 적절한지 수시로 확인한다.

8) **장마철 운전에 꼭 필요한 와이퍼의 작동이 정상적인가 확인**

① 와이퍼가 지나간 자리에 얼룩이 남고 물기가 제대로 닦이지 않는 경우 교체할 시기이다.
② 와이퍼가 지나갈 때 드르륵 소리와 고속주행 시 바람소리가 날 때는 와이퍼를 교체해야 할 시기이다.

9) 와이퍼가 작동하지 않는 경우 퓨즈의 단선 여부와 와이퍼 배선을 점검한다.

10) 타이어의 마모상태 점검

① 과마모 타이어는 빗길에서 미끄러지고 제동거리가 길어지고 **수막현상**으로 교통사고의 위험이 높다.
② 노면과 맞닿는 부분인 요철형 무늬의 깊이(트레드 홈 깊이)가 **최저 1.6mm 이상이 되는지**를 확인하고 적정 공기압을 유지하고 있는지 점검한다. ★

11) 폭우 등으로 물에 잠긴 차량은 시동을 걸면 전기장치의 합선이나 퓨즈가 단선될 수 있으므로 **배터리를 분리하고 습기를 제거**해야 한다.
12) 에어컨에서 차가운 바람이 적게 나오거나 나오지 않을 때는 엔진룸의 팬 모터의 작동 여부 및 퓨즈의 단선 여부, 통풍구가 먼지로 막혀있는지를 점검한다.

13) 에어컨은 냉매가스의 양을 점검하고 오랫동안 사용하지 않으면 압축기(Compressor) 내부의 부식 여부를 확인한다.

14) 해안도로를 자주 주행한 경우 세차를 통해서 소금기를 제거한다.

(3) 가을철

1) 기상 특성

① 가을공기는 고위도지방으로부터 이동해 오면서 뜨거워지므로 **대체로 건조하고,** 대기 중에 떠다니는 먼지가 적어 깨끗하다.

② 큰 일교차로 지표면의 공기가 냉각되어 **복사안개가 발생**하며 대부분 육지의 새벽이나 늦은 밤에 발생하여 아침에 해가 뜨면 사라진다. ★

③ **해안안개**는 해수온도가 높아 수면으로부터 증발이 잘 일어나고, 습윤한 공기는 육지로 이동하여 야간에 냉각되면서 생기는 <u>이류안개가 빈번</u>히 형성된다. 특히 <u>하천이나 강을 끼고 있는 곳</u>에서는 짙은 안개가 자주 발생한다. ★

2) 대륙성 이동성 고기압의 영향으로 맑은 날씨가 이어지고 행락객에 의한 교통수요와 명절 귀성객에 의한 통행량이 많이 발생한다.

3) 심한 일교차로 **안개가 집중적으로 발생**하여 대형 사고의 위험이 커진다. ★

4) 추석 명절 교통량 증가로 전국 도로가 몸살을 앓기는 하지만 다른 계절에 비교하여 도로조건은 비교적 좋은 편이다.

5) 높고 푸른 하늘, 형형색색 물들어 있는 단풍을 감상하다 보면 집중력이 떨어져 교통사고의 발생 위험이 있다.

6) 늦가을에 안개가 끼면 노면이 동결될 수가 있는데, 이때는 엔진 브레이크를 사용하면서 감속한 다음 브레이크를 밟아야 하며, 급핸들 및 급브레이크 조작을 삼간다.

7) 사람들은 기온이 떨어지면 몸을 움츠리는 등 행동이 부자연스러워진다. 보행자도 **교통상황에 대** 처하는 능력이 저하되므로 보행자가 있는 곳에서는 보행자의 움직임에 주의하여 운행한다.

8) 추수 시기를 맞아 **경운기 등 농기계의 빈번한 사용**도 교통사고의 원인이 되므로, 농촌지역 운행 시에는 농기계의 출현에 대비하여야 한다.

9) 기온의 하강으로 인해 **유리창에 서리**가 끼게 되므로 열선의 연결부와 작동 여부를 미리 점검한다.

10) 가을철 장거리 여행을 떠날 때 : 출발 전에 보닛을 열어보아 냉각수와 브레이크액의 양, 엔진오일은 양뿐 아니라 상태에 대한 점검을 병행해야 한다. 팬벨트의 장력은 적정한지, 손상된 부분은 없는지 점검하고 여유분 한 개를 더 휴대한다.

11) 안개 속을 운전할 때 : 갑자기 감속하는 경우 뒤차에 의한 추돌이 우려되고, 반대로 감속하지 않으면 앞차를 추돌하기 쉬우므로 **처음부터 감속 운행**한다.

12) 도어와 트렁크를 열고, 진공청소기 및 곰팡이제거제 등을 사용하여 차 **내부 바닥에 쌓인 먼지 및 곰팡이를 제거**한다.

(4) 겨울철

1) 기상 특성

① 한반도는 북서풍이 탁월하고 강하여, **습도가 낮고 공기가 매우 건조**하다.

② **겨울철 안개는 서해안에 가까운 내륙지역과 찬 공기가 쌓이는 분지지역에서 주로 발생**하며, 빈도는 적으나 지속시간이 긴 편이다. ★

③ **대도시지역**은 연기, 먼지 등 오염물질이 올라갈수록 기온이 상승되어 있는 기층 아래에 쌓여서 **옅은 안개가 자주 나타난다.** ★

④ 기온이 급강하하고 한파를 동반한 눈이 자주 내리며, 눈길, 빙판길, 바람과 추위는 운전에 악영향을 미치는 기상특성을 보인다.

2) 교통의 3대요소인 사람, 자동차, 도로환경 등 모든 조건이 **다른 계절과 비교하여 열악**한 계절이다.

3) 미끄러운 길에서는 기어를 2단에 넣고 출발하는 것이 바퀴가 헛도는 것을 방지할 수 있다.

4) 겨울철에는 눈이 녹지 않고 쌓여 적은 양의 눈이 내려도 바로 빙판이 되기 때문에 자동차의 충돌·추돌·도로 이탈 등의 사고가 자주 발생한다.

5) 연말 기분으로 사람들의 마음이 들뜨기 쉬우며 **각종 모임의 술로 인한 음주운전 사고**가 우려된다.

6) 추운 날씨에 두꺼운 옷을 착용하여 움직임이 둔해지고 위기상황에 민첩한 대처능력이 떨어진다.

7) 보행자는 추위와 바람을 피하고자 앞만 보면서 목적지까지 최단거리로 이동하고자 하는 경향이 있다.

8) 도로가 미끄러운 경우 급하거나 갑작스러운 출발보다는 천천히 출발하도록 한다.

9) 핸들이 꺾여 있는 상태에서 출발하면 앞바퀴의 회전각도가 브레이크 역할을 해서 바퀴가 헛도는 결과를 초래하기 때문에 **앞바퀴는 직진 상태에서 출발**한다.

10) 눈이 쌓인 미끄러운 오르막길에서는 **주차 브레이크를 절반쯤 당겨 서서히 출발**하며, 자동차가 출발한 후에는 주차 브레이크를 완전히 풀어 준다.

11) 빙판이나 눈길같이 미끄러운 도로에서는 제동할 때 정지거리가 평소보다 2배 이상 길기 때문에 충분한 차간거리를 확보하고 감속이 요구된다.

12) **빙판이나 눈길에서는 다른 차량과 나란히 주행하지 않는다.**

13) 눈이 내린 후 차바퀴 자국이 나 있을 때는 **선(앞)차량의 타이어 자국 위에 자기 차량의 타이어 바퀴를 넣고 달리면 미끄러짐을 예방할 수 있다.

14) 눈이 처음 내리는 경우 타이어가 눈을 다지는 기분으로 주행하고, 기어는 2단 혹은 3단으로 고정하여 **구동력을 바꾸지 않는 방법**으로 주행한다.

15) 미끄러운 오르막길에서는 앞서가는 자동차가 정상에 오르는 것을 확인한 후 올라간다.

16) 오르막길에서는 도중에 정지하는 일이 없도록 밑에서부터 탄력을 받아 일정한 속도로 기어변속 없이 한 번에 올라가야 한다.

17) 노면의 동결이 예상되는 그늘진 장소인 북쪽 도로나 교량 위·터널 근처가 동결되기 쉬운 대표적인 장소이므로 감속 운행한다.

18) 주행 중에 차체가 미끄러질 때에는 **핸들을 미끄러지는 방향으로 틀어주면** 스핀(Spin)현상을 방지할 수 있다.

19) 눈 쌓인 커브길 주행 시 기어변속은 주행코스의 이탈을 가져오므로 기어변속을 하지 않는다.

20) 비포장도로나 산악도로를 운행 시에는 월동 비상장구를 휴대한다.

21) **체인은 구동 바퀴에만 장착해야** 하며, 시속 50km 이상을 주행하면 심한 진동과 소음이 생기고 체인이 벗겨질 위험도 있으므로 과속하지 않도록 한다.

22) 겨울철의 눈길이나 빙판길을 주행하기 위해 스노타이어나 체인을 장착해야 한다.

23) 부동액과 엔진의 온도를 일정하게 유지시켜 주는 **써머스타를 점검**하여 엔진의 워밍업이 길어지거나, 히터의 기능이 떨어지는 것을 예방한다.

24) 정온기가 고장으로 열려 있지 않도록 하여 엔진의 워밍업 시간을 단축하고 히터의 기능이 떨어지지 않도록 한다.

✿ 계절별 안전운전도 자주 출제되나 기본상식을 바탕으로 내용을 숙지하시면 충분합니다. 특히 안개에 대한 내용은 계절별로 확실하게 구분하여 숙지하셔야 합니다.

06 고속도로 교통안전

❶ 고속도로 교통사고

(1) 고속도로 교통사고 통계

원인별 교통사고 현황을 분석해 보면, 운전자 과실이 대부분이며, 차량 결함(타이어 파손, 제동장치, 기타)과 기타원인(보행 및 횡단, 노면잡물, 적재불량, 기타)이 10% 내외를 차지한다.

(2) 고속도로 교통사고 특성 ★

1) 고속으로 주행하는 도로의 특성상 다른 도로에 비해 **치사율이 높다**.
2) 운전자 전방주시 태만과 졸음운전으로 인한 2차(후속)사고 발생 가능성이 높다.
3) 버스, 화물차 등 **장거리 통행이 많아** 과로로 인한 졸음운전이 발생할 가능성이 높다.
4) 대형차량의 안전운전 불이행으로 대형사고로 인한 사망자도 대폭 증가하고 있는 추세이다.
5) 최근 스마트폰 및 동영상 시청 등으로 전방 주시에 소홀해 교통사고의 발생가능성이 높아지고 있다.

❷ 고속도로 통행방법

(1) 고속도로 안전운전 방법

1) 전방주시, 진입은 안전하게 천천히, 진입 후 가속은 빠르게, 주변 교통흐름에 따라 적정속도를 유지한다.
2) **주행차로로 주행** : 느린 속도의 앞차를 추월할 경우 앞지르기 차로를 이용하며 추월이 끝나면(뒤차와의 거리가 충분히 벌려졌을 때) 주행차로로 복귀한다.
3) **전 좌석 안전띠 착용** : 모든 도로에서 전 좌석 안전띠 착용이 의무사항이다.
4) **후부 반사판을 부착**한다(차량 총중량 7.5톤 이상 및 특수 자동차는 의무 부착).

(2) 교통사고 발생 시 대처요령

1) 교통소통에 방해가 되지 않도록 **길 가장자리나 공터 등** 안전한 장소에 정차시키고 엔진을 정지하고 안전표지를 설치한다.
2) 사고 현장에 의사, 구급차 등이 도착할 때까지 부상자에게 응급조치를 한다.
3) 두부에 상처를 입는 등의 경우에는 함부로 부상자를 움직이지 말고 안전장소로 이동한다.
4) 사고를 낸 운전자는 사고 발생 장소, 사상자 수, 부상 정도, 그 밖의 조치상황을 경찰공무원이 현장에 있을 때는 경찰공무원에게, 경찰공무원이 없을 때는 가장 가까운 경찰관서에 신고한다.

❸ 터널 내 화재 시 행동요령 ★

(1) 운전자는 차량과 함께 터널 밖으로 신속히 이동한다.
(2) 터널 밖으로 이동이 불가능한 경우 최대한 갓길 쪽으로 정차한다.
(3) **엔진을 끈 후 키를 꽂아둔 채** 신속하게 하차한다.
(4) 비상벨을 누르거나 비상전화로 알려야 한다.
(5) 조기 진화가 불가능할 경우 젖은 수건이나 손등으로 코와 입을 막고 낮은 자세로 화재 연기를 피해 유도등을 따라 신속히 터널 외부로 대피한다

PART 3 — 단원별 기출지문정리

담금정리

01 저기압이 한반도에 영향을 주면서 **약한 강우를 동반한 지속성이 큰 안개**가 자주 발생하는 계절은? ( )

02 시야의 범위는 **자동차의 속도에** ( )하여 좁아진다.

03 불빛이 사라지면 어두운 곳을 잘 보려고 동공이 확대되는 과정을 ( )순응이라고 한다.

04 보행자 요인으로 교통상황에 대한 ( )착오, ( )착오, ( )착오의 순으로 많다.

05 고령보행자는 ( ) 준법정신과 횡단상황에서 ( ) 주관적 위험지각력을 가진다.

06 자전거나 이륜차를 앞지를 때는 그들과 공간을 1m 이상 벌린 다음 **속도를** ( ) 앞지른다.

07 **장착의무자는** 운행기록장치에 기록된 운행기록을, **한국교통안전공단도 1초 단위의 운행기록자료를** ( )개월간 보관하여야 한다.

08 원심력은 자동차의 속도가 **빠를수록, 커브가** ( ), **차의 중량이** ( ) 커진다.

09 스탠딩 웨이브 현상은 속도를 낮추고 타이어의 **공기압을** ( ) 예방할 수 있다.

10 수막현상을 방지하기 위하여는 우천 시 고속으로 주행하지 않고 타이어의 공기압을 평소보다 조금 ( ) 함으로써 예방할 수 있다.

11 비탈길을 내려갈 때 브레이크를 반복해서 사용할 때 **마찰열이 라이닝에 축적**되어 브레이크의 제동력이 저하되는 현상을 ( ) 현상이라고 한다.

12 풋브레이크를 **지나치게 사용**하면 브레이크액이 열로 기화되면서 갇혀 브레이크페달을 밟아도 **스펀지를 밟는 현상**이 발생하여 브레이크가 작동하지 않는 현상은 ( ) 현상이라고 한다.

13 자동차가 **전진 중 회전**할 경우에는 ( )에 의해, **후진 중 회전**할 경우는 ( )에 의한 교통사고의 위험이 있다.
[해설] 대형차(버스나 트럭)일수록 내륜차와 외륜차가 커진다.

14 운전자가 자동차가 정지할 상황임을 인식하고 브레이크 페달로 발을 옮겨 **브레이크가 작동을 시작하는 순간까지**의 시간을 ( )시간이라고 한다.

15 ( )차로는 특정시간에 교통량이 현저하게 발생하는 도로에서 **교통량이 많은 쪽으로 차로수가 확대될 수 있도록** 신호기로 지시하는 차로이다.

16 고속 또는 저속으로 주행하는 자동차가 저속 또는 고속으로 속도를 변화시킬 수 있도록 한 차로는 ( )차로이다.

17 종단경사가 ( ) 경우, 제한되는 시거가 ( ) 적인 경우, 오르막길보다는 내리막길이 사고율이 높다.

18 길어깨(갓길) 또는 중앙분리대의 일부분으로 포장 끝부분 보호, 측방의 여유 확보, 운전자의 시선을 유도하는 기능을 갖는 것은? ( )

19 평면곡선부에서 자동차가 원심력에 저항할 수 있도록 하기 위하여 설치하는 횡단경사를 ( )라고 한다.

---

01 봄 02 반비례 03 암 04 인지, 판단, 동작 05 낮은, 높은 06 줄여 07 6 08 작을수록, 무거울수록 09 높이면 10 높게 11 페이드 12 베이퍼 록 13 내륜차, 외륜차 14 공주 15 가변 16 변속 17 큰, 불규칙 18 측대 19 편경사

20 교량의 폭이 교량접근로의 폭보다 ( ) 사고가 많이 발생한다.

21 회전교차로는 교차로에 비해서 **상충 횟수가** ( ), 교차로 내부의 **회전 정체는 발생하지** ( ).

22 회전교차로 진입은 ( )**으로 운영**하여야 하고, 진입하는 자동차는 **회전 중인 자동차에게 양보하고** ( ) **방향으로 회전**한다.

23 **중앙버스전용차로**에서 교차로 ( ) 정류장은 **우회전**하려는 자동차 등과의 상충을 최소화할 수 있다는 것이다.

24 **중앙버스전용차로**에서 교차로 ( ) 정류장은 일반운전자가 보행자 및 접근하는 버스의 움직임을 확인하기가 용이하다는 것이다.

25 여름철 타이어 마모의 점검을 위해 **트레드 홈 깊이가 최저** ( )mm 이상이 되는 지를 점검한다.

26 **자동차의 엔진이 쉽게 꺼지는 원인**으로 i) 연료필터의 막힘, ii) 에어클리너 필터의 오염, iii) 공회전속도가 ( ) 등을 들 수 있다.

27 엔진 시동 상태에서 시스템점검이 필요한 경우를 제외하고는 엔진 시동을 ( ), 키를 뽑고 나서 엔진룸을 점검한다.

28 주행 중이 열의 발산이 좋아 발열이 적고, 핑크수리는 간단하고 못에 찔려도 공기가 급격하게 빠지지 않으나 유리 조각 등에 의해 손상되면 수리가 어려운 타이어는? ( )

29 클러치가 미끄러지는 현상은 i) 클러치페달의 유격이 ( ), ii) 클러치디스크의 마멸이 심할 때, iii) 클러치스프링의 장력이 ( ) 경우에 많이 발생한다.

30 고속도로 진입부에서 본선 진입 전 ( ) 진입하고 가속차로 끝부분에서 감속( ).

31 클러치, 변속기, 타이어, 쇽업소버 중에서 동력전달장치가 아닌 것은? ( )

32 **엔진오버히트가 발생한 경우** 엔진이 ( ) 상태에서 보닛을 열어 엔진을 충분히 냉각시킨 후 냉각수, 라디에이터 호수 연결 부위 등을 점검한다.

33 50km를 주행하다 정지하는데 필요한 거리는 13m이다. 만일 100km로 주행한다면 정지에 필요한 거리는 얼마인가? ( )

해설 속도를 2배 높이면 정지거리는 4배가 필요하므로 50km 속도로 주행 시 필요한 정지거리는 13m라면, 100km는 52m(4×13)가 필요하다.

34 계기판으로 배터리의 충전과 방전상태를 나타내는 것은 ( )이고, 엔진의 분당 회전수를 나타내는 것은 ( )이다.

35 야간에 대향차의 전조등 눈부심으로 인해 **순간적으로 보행자를 잘 볼 수 없는 현상**은? ( )

36 자동차가 하중을 받았을 때 앞 차축의 휨을 방지하고 조향핸들의 조작을 가볍게 하는 장치는? ( )

37 **경제운전을 위해 고단의 기어변속**은 엔진회전속도가 ( )RPM이 바람직하다.

38 ( )철 안개는 서해안에 가까운 내륙지역과 찬 공기가 쌓이는 분지지역에서 주로 발생하며, 빈도는 적으나 지속시간이 긴 편이다.

39 **해안안개와 이류안개**가 빈번하게 발생하고, 특히 **하천이나 강을 끼고 있는 곳**에서는 짙은 안개가 발생하는 계절은? ( )

40 차로변경 시 방향지시등은 그 행위를 하려는 지점에 도착하기 전 ( )m, 고속도로에서는 ( )m 이상의 지점에 이르렀을 때 작동시킨다.

---

20 좁을수록 **21** 적고, 않는다 **22** 저속, 반시계 **23** 통과 후 **24** 통과 전 **25** 1.6 **26** 낮음 **27** 끄고 **28** 튜브리스 타이어 **29** 없을 때, 약한 **30** 충분히 가속하여, 하지 않는다 **31** 쇽업소버(현가장치) **32** 작동하는 **33** 52m **34** 전압계, 회전계 **35** 증발현상 **36** 캠버 **37** 2000~3000 **38** 겨울 **39** 가을 **40** 30, 100

41 규제속도는 (　)속도(도로교통법에 의한 최고·최저 속도)와 (　)속도(시·도경찰청장에 의한 지정속도)로 나뉜다.

42 속도가 빨라질수록 **시력**은 떨어지고, **시야**의 범위는 (　), **전방주시점**은 (　).

43 **길어깨(갓길)**는 곡선도로의 시거를 (　)시키고, **방호울타리**는 보행자의 무단횡단을 (　)하고, 탑승자의 상해나 자동차의 파손을 감소시킨다.

44 **종단선형**은 양호한 선형조건에서 제한되는 시거가 (　)적으로 나타나면 평균보다 높은 사고율을 보인다.

45 교통사고 3대 요인 중 노폭, 구배, 차량구조장치, 부속품, 적하 중에서 도로·환경요인인 것은?
[해설] 노폭, 구배는 도로·환경요인이고, 나머지는 차량요인이다.

46 내리막길에서 풋브레이크만 사용하면, **라이닝의 마찰로 제동력이 떨어지는 것을 방지**하기 위해 사용하는 제동장치는? (　)

47 **교통카드시스템**에서 경영합리화와 운송수익의 증가, 다양한 요금에 대응, 교통비 절감 중에서 도입효과의 측면이 다른 것은? (　)
[해설] 교통비절감은 이용자 측면이고, 나머지는 운영자 측면이다.

48 고무같은 타는 냄새가 나는 경우는 (　)장치 부분, 단내 같은 냄새가 심하게 나는 경우는 (　) 부분의 고장일 가능성이 높다.

49 **동체시력**은 물체의 이동속도가 (　), 연령이 (　), 조도(밝기)가 낮거나 피로상태에서 저하된다.

50 브레이크 작동을 시작하는 순간부터 자동차가 완전히 정지할 때까지 진행한 거리는 (　)거리이다.

51 양방향 2차로 앞지르기 금지구간에서 원활한 소통을 위하여 **길어깨 쪽으로 설치한 저속자동차의 주행차로**는 (　)차로이다.

52 앞지르기 차로는 (　)차로와 교량, 터널에는 설치되지 않는다.

53 차로수가 확대될 수 있도록 신호기에 의해 차로의 진행방향을 지시하는 차로는? (　)차로

54 차로수는 양방향 차로의 수를 합한 것으로 오르막차로, (　)차로, (　)차로 및 양보차로는 제외한다.

55 비상주차대가 설치되는 곳은 고속도로의 길어깨의 폭이 2.5m 미만으로 설치되는 경우, 길어깨를 축소하여 건설되는 (　), (　) 등이다.

56 회전교차로는 진입하려는 경우 서행하거나 일시정지하여야 하고, 반시계방향으로 통행한다. 그리고 진입하려는 차량보다 (　)이 우선한다.

57 내륜차는 앞바퀴 (　)과 뒷바퀴 안쪽 회전반경의 차이고, 외륜차는 앞바퀴 (　)과 뒷바퀴 바깥쪽 회전반경의 차이다.

58 운행 중 갑자기 빛이 눈에 비치면 순간적으로 장애물을 볼 수 없는 현상은? (　)

59 운전자가 보행자 및 주변 버스의 움직임 확인이 유리하고 승객이 버스에 접근이 용이한 정류소는? (　)

60 교차로 통과 후 전용차로상의 혼잡을 최소화하고 교차로를 가속거리로 이용할 수 있는 정류소는? (　)

---

41 법정, 제한　**42** 좁아지고, 멀어진다　**43** 증가, 방지　**44** 불규칙적　**45** 노폭, 구배　**46** 엔진브레이크　**47** 교통비절감　**48** 전기, 브레이크　**49** 빠를수록, 높을수록　**50** 제동　**51** 양보　**52** 오르막　**53** 가변　**54** 회전, 변속　**55** 긴교량, 긴터널　**56** 이미 진행하는 차량　**57** 안쪽, 바깥쪽　**58** 현혹현상　**59** 교차로통과 전 정류소(가로변 버스정류소)　**60** 교차로통과 전 정류소(중앙버스전용차로)

PART 3 단원별 적중모의고사 실전점검

01 제1회 적중모의고사

01 운전과 관련된 시야와 깊이 지각에 대한 설명으로 틀린 것은?

① 시야는 움직이는 속도가 빨라짐에 따라 축소되는 특성을 가지고 있다.
② 시야는 눈의 위치를 바꾸지 않고도 볼 수 있는 좌우의 범위이다.
③ 주의가 집중되어 있을 때 인지하는 시야의 범위는 넓어진다.
④ 정지상태에서 정상인의 시야는 대략 160° 정도이다.

해설 ③ 주의가 집중되어 있을 때 인지하는 시야의 범위는 좁아진다.

02 동체시력에 대한 설명으로 틀린 것은?

① 동체시력은 밝기가 낮으면 쉽게 저하된다.
② 동체시력은 물체의 이동속도가 빠를수록 저하된다.
③ 정지시력과 동체시력은 상관관계가 별로 없다.
④ 동체시력은 움직이는 물체 또는 움직이면서 다른 자동차나 사람 등의 물체를 보는 시력을 말한다.

해설 ③ 정지시력과 어느 정도의 비례관계를 가진다.

03 야간에 시력에 발생하는 현상에 대한 설명으로 틀린 것은?

① 섬광회복력은 상대차량의 헤드라이트로 인하여 암순응이 작용하여 생기는 현상이다.
② 현혹현상을 피하기 위해서는 헤드라이트를 직접 보지 않도록 하는 것이다.
③ 증발현상은 야간에 대향차의 전조등 눈부심으로 순간 보행자를 잘 볼 수 없게 되는 현상이다.
④ 야간에는 전조등 불빛을 피해 멀리 도로의 오른쪽 가장자리의 방향을 바라본다.

해설 ① 섬광회복력은 상대차량의 헤드라이트로 인하여 명순응이 작용하여 생기는 현상이다.

04 자동차의 물리적 현상에 대한 설명으로 틀린 것은?

① 원심력은 속도의 제곱에 비례하여 커지고, 커브반경이 작을수록 커진다.
② 원심력에 의한 사고를 방지하기 위하여 커브길에서는 속도를 줄이는 것이 좋다.
③ 스탠딩웨이브 현상을 방지하기 위해서는 공기압을 평소보다 높인다.
④ 수막현상을 방지하기 위해서는 속도를 줄이고 공기압을 평소보다 조금 낮게 한다.

해설 ④ 수막현상을 방지하기 위해서는 속도를 줄이고 공기압을 평소보다 조금 높게 한다.

05 베이퍼 록(Vapour lock) 현상이 발생하는 주요 원인에 대한 설명으로 옳은 것은?

① 저단기어로 운행 중에 엔진브레이크를 많이 사용한 경우
② 브레이크액의 변질로 비등점이 높아진 경우
③ 브레이크 라이닝의 간격이 작아서 드럼이 과열된 경우
④ 긴 내리막길 엔진브레이크를 지나치게 많이 사용한 경우

01 ③　02 ③　03 ①　04 ④　05 ③

해설 ① 베이퍼 록 현상을 방지하기 위해서는 엔진브레이크를 사용하여 저단기어를 유지하면서 풋 브레이크 사용을 줄이는 것이 베이퍼 록의 현상을 방지하는 방법이다.
② 브레이크액의 변질로 비등점이 낮아진 경우가 옳은 표현이다.
④ 긴 내리막길 풋 브레이크를 지나치게 많이 사용한 경우가 베이퍼 록 현상이 발생하는 원인이다.

06 회전교차로의 일반적인 특징에 대한 설명으로 틀린 것은?

① 회전교차로에 진입하는 자동차는 회전차로에서 이미 주행하는 자동차에게 양보한다.
② 교차로 진입과 대기에 대한 운전자의 의사결정이 간단하다.
③ 인접 도로 및 지역에 대한 접근성이 낮아진다.
④ 신호교차로의 유지비용이 적게 들며, 연료소모와 배기가스를 줄일 수 있다.

해설 ③ 인접 도로 및 지역에 대한 접근성을 높여준다.

07 방어운전을 위한 시인성과 시간을 다루는 설명으로 틀린 것은?

① 자신의 의도인 신호조작은 시간을 갖고 여유 있게 하도록 한다.
② 도시에서는 40~50km/h의 속도로 400m 정도의 거리를 탐색한다.
③ 자신의 차와 앞차 간에 최소한 2~3초의 추종거리를 유지한다.
④ 장애물이나 위험 수준을 높일 수 있는 조건은 도시에서는 200m 정도의 거리까지 확인한다.

해설 ① 자신의 의도를 다른 도로이용자에게 좀 더 분명히 전달함으로써 자신의 시인성을 최대화 할 수 있기 위해서는 신호조작을 미리 빠르게 하는 것이 좋다.

08 안개길 안전운전 방법으로 틀린 것은?

① 도로 갓길에 설치된 노면요철포장의 소음 또는 진동을 통해 시정거리 및 앞차와의 거리를 확보한다.
② 가시거리가 100m 이내인 경우에 최고속도를 50% 정도 감속하여 운행한다.
③ 앞을 분간하기 힘들 정도의 안개일 경우에는 차를 안전지역에 주차시키고 비상등 등을 점멸시킨다.
④ 커브길에서는 경음기를 울려 자신의 주행하고 있다는 사실을 알린다.

해설 ① 도로 갓길에 설치된 **노면요철포장의 소음 또는 진동은 도로이탈을 확인하기 위한 도로의 구조물**이다. 시정거리 및 앞차와의 거리는 갓길에 설치된 안개시정표지 등을 통해서 알 수 있다.

09 동체시력에 대한 설명으로 옳지 않은 것은?

① 50대 이상에서 야간에 움직이는 물체를 식별하지 못하는 현상과 연결된다.
② 동체시력은 물체의 이동속도가 빠를수록 향상된다.
③ 동체시력은 정지시력과 비례관계를 가진다.
④ 조도(밝기)가 낮아지면 동체시력도 저하된다.

해설 동체시력은 물체의 이동속도가 빠를수록 저하된다.

10 베이퍼 록 현상의 원인에 대한 설명으로 틀린 것은?

① 불량한 브레이크액을 사용하였을 때
② 브레이크액의 비등점이 높아졌을 때
③ 브레이크 드럼과 라이닝 간격이 작아 라이닝이 끌리게 됨에 따라 드럼이 과열되었을 때
④ 긴 내리막길에서 계속 브레이크를 사용하여 브레이크 드럼이 과열되었을 때

해설 브레이크액의 변질로 비등점이 낮아졌을 때 베이퍼 록 현상이 발생한다.

06 ③ 07 ① 08 ① 09 ② 10 ②

11 내륜차에 의한 사고 위험에 대한 설명으로 틀린 것은?

① 전진(前進) 주차를 위해 주차공간으로 진입 도중 차의 뒷부분이 주차되어 있는 차와 충돌 할 수 있다.

② 커브길의 원활한 회전을 위해 확보한 공간으로 끼어든 이륜차나 소형승용차를 발견하지 못해 충돌사고가 발생할 수 있다.

③ 버스가 1차로에서 좌회전하는 도중에 차의 뒷부분이 2차로에서 주행 중이던 승용차와 충돌할 수 있다.

④ 차량이 보도 위에 서 있는 보행자를 차의 뒷부분으로 스치고 지나가는 경우

해설 ③ 외륜차에 의한 사고 위험이다. 그리고 **후진주차를 위해 주차공간으로 진입 도중 차의 앞부분이** 다른 차량이나 물체와 충돌하는 현상도 외륜차와 관련된 사고 위험이다. ①·②·④는 내륜차의 사고위험이다.

12 중앙분리대의 기능에 대한 설명으로 틀린 것은?

① 차량의 중앙선 침범에 의한 치명적인 정면충돌사고를 방지한다.

② 도로 중심축의 교통마찰을 증가시켜 교통량이 불균형을 이루는 단점이 있다.

③ 평면교차로가 있는 도로에서는 폭이 충분할 때 좌회전차로로 이용할 수 있다.

④ 횡단하는 보행자에게 안전섬으로 제공될 수 있다.

해설 ② 중앙분리대는 도로중심축의 교통마찰을 감소시켜 원활한 교통소통을 유지할 수 있다.

13 커브길 주행방법으로 옳지 않은 것은?

① 엔진브레이크만으로 속도를 줄인다.

② 감속된 속도에 맞는 기어로 변속한다.

③ 회전이 끝나는 부분에 도달하였을 때에는 핸들을 바르게 한다.

④ 커브길에 진입하기 전 도로의 폭을 확인한다.

해설 커브길 주행 시 엔진브레이크만으로 속도가 충분히 줄지 않으면 풋브레이크를 사용하여 속도를 줄인다.

14 길어깨(갓길)와 교량에 대한 설명으로 틀린 것은?

① 길어깨는 곡선도로의 시거가 증가하여 교통의 안전성이 확보된다.

② 길어깨는 차도 끝의 처짐이나 이탈을 방지한다.

③ 길어깨는 물의 흐름으로 인한 노면 패임을 방지한다.

④ 교량 접근도로의 폭보다 교량의 폭이 넓을 때 사고 감소의 효과가 가장 크다.

해설 교량접근도로의 폭과 교량의 **폭이 같을 때** 사고 감소의 효과가 가장 크다.

15 고속도로에서 공간을 다루는 방법으로 틀린 것은?

① 차로를 변경하기 위해서는 핸들을 점진적으로 튼다.

② 폭이 넓은 차량을 앞지를 때는 그 차량과의 사이에 측면공간이 좁아지는 것을 인식한다.

③ 자신과 다른 차량이 주행하는 속도, 도로, 기상조건 등에 맞도록 차의 위치를 조절한다.

④ 차 뒤로 바짝 붙는 차량이 있을 경우는 되도록 차로를 변경하지 않는다.

해설 고속도로에서는 차 뒤로 바짝 붙는 차량이 있을 경우 안전한 경우에 한해 다른 차로로 변경하여 앞으로 가게 한다.

11 ③ 12 ② 13 ① 14 ④ 15 ④

16 야간의 안전운전 요령으로 틀린 것은?

① 커브길이나 길모퉁이에서는 전조등이 제대로 비춰지지 않는 경향이므로 속도를 줄여서 주행한다.
② 원근감과 속도감이 저하되어 과속으로 운행하지 않도록 해야 한다.
③ 해가 지기 시작하면 곧바로 전조등을 켠다.
④ 앞차의 미등만 보고 운전하는 것도 안전운행 방법 중의 하나이다.

[해설] 앞차의 미등만 보고 운전하는 경우 도로변의 정지하고 있는 자동차까지도 진행하고 있는 착각할 수 있어 위험할 수 있다.

17 버스 교통사고에 대한 설명으로 틀린 것은?

① 도로에서 점유하는 공간이 크고, 다른 물체와 충돌하는 경우 승용차에 비해 훨씬 큰 파괴력을 갖는다.
② 버스에서 볼 수 없는 사각지대가 승용차에 비해서 훨씬 넓다.
③ 버스의 좌·우회전 시의 내륜차가 승용차에 비해서 훨씬 크다.
④ 버스운전자는 승객들의 운전방해 행위에 상대적으로 둔감하다.

[해설] ④ 버스운전자는 승객들의 운전방해행위(운전자와 대화 시도, 간섭, 승객들간의 대화, 장난 등)에 쉽게 주의가 분산되므로 둔감하다고 말할 수 없다.

18 대형자동차의 안전운행 요령에 대한 설명으로 틀린 것은?

① 대형차량과는 일정한 공간적 거리를 두는 것이 안전하다.
② 버스나 트럭 등 뒤에 바짝 붙으면 차로변경을 하지 않는 것이 안전하다.
③ 앞지르기를 할 때는 후사경 등으로 그 차의 전면 전체를 볼 수 있을 때까지는 차 앞으로 들어가지 않는다.
④ 대형차로를 회전하는 경우 회전 공간 주변의 이륜차나 보행자 등에 주의한다.

[해설] ② 안전거리를 유지하고 버스나 트럭 등이 뒤에 바짝 붙으면 차로변경을 하는 것이 안전하다.

19 다음의 현상을 옳게 짝지은 것은?

> ㄱ. 비가 자주오거나 오랜 시간 주차한 후에는 브레이크 드럼에 미세한 녹이 발생하는 현상이다.
> ㄴ. 긴 내리막길에서 풋브레이크를 지나치게 사용하면 브레이크 호스 내에 기포가 발생하여 브레이크 페달을 밟아도 브레이크가 제대로 작동하지 않는 현상을 말한다.

	ㄱ	ㄴ
①	모닝 록	페이드
②	베이퍼 록	모닝 록
③	모닝 록	베이퍼 록
④	페이드	베이퍼 록

20 중앙버스전용차로의 버스정류소 위치에 따른 설명으로 틀린 것은?

① 교차로 통과 전(Near-side) 정류소는 버스전용차로상에 있는 자동차와 좌회전하려는 자동차의 상충이 최소화된다.
② 교차로 통과 후(Far-side) 정류소는 출·퇴근 시간대에 버스전용차로 상에 버스들이 교차로까지 대기할 수 있는 우려가 있다.
③ 도로구간 내(Mid-block) 정류소는 버스를 타고자 하는 사람들의 정류장으로의 접근이 편리하다.
④ 도로구간 내(Mid-block) 정류장 또는 정류소는 교차로와 교차로 사이에 있는 단일로의 중간에 있는 정류장을 말한다.

16 ④ 17 ④ 18 ② 19 ③ 20 ①

해설 ① 교차로 통과 후(Far-side) 정류소에 대한 설명이다. 교차로 통과 전 정류소가 버스전용차로상에 있는 자동차와 좌회전하려는 자동차의 상충이 증가한다.

21 지방도로에서 방어운전의 설명으로 틀린 것은?

① 야간에 주위에 다른 차가 없다면 어두운 도로에서는 상향 전조등을 켜도 좋다.

② 낯선 도로를 운전할 때는 여유시간을 가지고 미리 갈 노선을 계획한다.

③ 앞지르기를 완전하게 할 수 있는 전방이 훤히 트인 곳이 아니면 어떤 오르막길 경사로에서도 앞지르기를 해서는 안 된다.

④ 천천히 움직이는 차보다는 속도가 빠른 차를 주시한다.

해설 ④ 천천히 움직이는 차를 주시해야 한다. 속도의 변화가능성이 높기 때문이다.

22 시가지에서의 방어운전에 대한 설명으로 틀린 것은?

① 빌딩이나 주차장 입구나 출구에 주의한다.

② 보행자들이 끼어들지 않도록 공간을 좁게 유지하는 것이 좋다.

③ 주차한 차와는 가능한 한 여유공간을 넓게 유지한다.

④ 위협적인 상황이 감지되면 브레이크를 밟을 준비를 함으로써 대비한다.

해설 ② 항상 앞차가 앞으로 나간 다음에 자신의 차를 앞으로 움직이는게 좋다. 그리고 다른 차가 멈출 때 앞차의 6~9m 뒤에 멈추도록 한다.

23 커브길 주행 시 방어운전으로 옳지 않은 것은?

① 커브길에 진입하기 전에 엔진브레이크를 작동시켜 속도를 줄인다.

② 커브길을 돌 때는 차로 안쪽에서 진입하여 바깥쪽, 안쪽으로 통과하는 "인-아웃-인(In-Out-In)" 방식으로 운행한다.

③ 커브길에서 엔진브레이크로 속도가 줄지 않으면 풋브레이크를 사용하여 감속한다.

④ 자동차의 원심력은 속도의 제곱에 비례하며, 커브의 반경이 짧을수록 커진다.

해설 ② 커브길을 돌 때는 차로 바깥쪽에서 진입하여 안쪽, 바깥쪽 순으로 통과하는 "아웃 – 인 – 아웃(Out-In-Out)"의 방식과 "슬로우-인, 패스트-아웃"(Slow-In, Fast-Out ; 커브길에 진입할 때에는 속도를 줄이고, 진출할 때에는 속도를 높이는 주행방법)도 적용된다.

24 빗길의 안전운전에 대한 설명으로 틀린 것은?

① 비가 내려 노면이 젖은 경우에는 최고속도의 50%를 감속하여 운행한다.

② 빗길에는 보행자들의 주의력이 약해지는 경향이 있다.

③ 고인물에서 벗어나는 경우 브레이크를 여러 번 나누어 밟아 브레이크 패드나 라이닝의 물기를 제거한다.

④ 엔진브레이크를 적절히 사용하고 브레이크를 여러 번 나누어 밟는다.

해설 ① 비가 내려 노면이 젖은 경우에는 최고속도의 20%를 감속하여 운행한다.

25 다음 중 경제운전의 방법으로 틀린 것은?

① 가·감속이나 기어변속이 잦은 경우 에너지 소모량이 증가한다.

② 부드러운 가속, 제동의 최소화, 예측운전 등은 경제운전의 방식이다.

③ 경제운전과 방어운전은 관련이 별로 없다.

④ 엔진이 더워진 상태에서 주행하는 것이 차가운 상태에서 주행하는 것보다 연료소모율이 줄어든다.

해설 방어운전은 사고를 회피하는 것뿐 아니라 연료소비 감소까지 가져오는 효과가 있기 때문에 본질적으로는 방어운전이지만 경제운전이 될 수도 있다.

21 ④ 22 ② 23 ② 24 ① 25 ③

02 제2회 적중모의고사

01 교통사고의 위험 3대 요인이 아닌 것은?

① 인간요인　　② 사회환경요인
③ 도로환경요인　　④ 차량요인

해설 사회환경요인은 인간요인의 하부요인이다. 인간요인은 신체·생리적요인(피로, 음주, 약물, 신경성질환), 태도요인, 사회환경요인, 운전기술요인의 하부요인이 있다. 교통사고의 3대 요인 중에서 가장 기여도가 큰 것은 인간요인이다.

02 자동차 운행 시 운전자의 운전과정의 순서로 옳은 것은?

① 인지 → 조작 → 판단
② 조작 → 판단 → 인지
③ 조작 → 인지 → 판단
④ 인지 → 판단 → 조작

해설 운전자는 운행 시 '인지 → 판단 → 조작'의 과정을 반복한다. 이 중 인지 실수가 가장 많고, 그 다음이 판단(의사결정) 실수가 많다.

03 야간운전 시 주의사항에 대한 설명 틀린 것은?

① 반대편에서 오는 차의 전조등 불빛으로 눈이 부실 때에는 시선을 약간 오른쪽으로 돌려 눈부심을 방지한다.
② 술에 취해 차도로 뛰어드는 취객을 주의해야 한다.
③ 눈으로 확인할 수 있는 시야의 폭이 좁아진다.
④ 통행이 빈번한 도로에서는 항상 전조등의 방향을 수평으로 하여 운행하여야 한다.

해설 보행자와 자동차의 통행이 빈번한 도로에서는 항상 전조등의 방향을 아래쪽으로 하여야 한다.

04 명순응과 암순응에 대처하는 안전운전방법으로 옳지 않은 것은?

① 대향차량의 전조등 불빛을 직접 보는 것도 무방하다.
② 불빛으로 순간적으로 앞을 잘 볼 수 없다면 속도를 줄인다.
③ 대향차의 전조중 불빛을 정면으로 볼 위험이 있다면 눈을 작게 뜨고 가장자리로 눈을 돌릴 수 있도록 한다.
④ 야간시력과 관계된 현상으로는 현혹현상, 증발현상, 섬광회복력 등이 있다.

해설 ① 대향차량의 전조등 불빛은 직접 보지 않는다.

05 피로가 운전착오에 미치는 영향에 대한 설명으로 틀린 것은?

① 운전 개시 직후의 착오는 운전피로, 종료 시의 착오는 정적 부조화가 그 원인이다.
② 각성수준의 저하, 졸음과 관련된 운전착오는 심야에서 새벽사이에 많이 발생한다.
③ 피로가 많이 쌓이면 졸음상태가 되어 차 내외의 정보를 효과적으로 인지하지 못한다.
④ 운전피로에 정서적 부조나 신체적 부조가 가중되면 난폭하고 방만한 운전을 하게 된다.

해설 운전 작업의 착오는 운전업무 개시 후 또는 종료 시에 많아진다. 개시 직후의 착오는 정적 부조화, 종료 시의 착오는 운전피로가 그 원인이다.

06 고령자의 시각능력에 대한 설명으로 틀린 것은?

① 시력자체의 저하현상이 발생한다.
② 눈부심(glare)에 대한 감수성이 감소한다.
③ 시야(visual field)의 감소 현상이 일어난다.
④ 암순응에 필요한 시간이 증가한다.

해설 눈부심(glare)에 대한 감수성이 증가한다.

01 ②　**02** ④　**03** ④　**04** ①　**05** ①　**06** ②

07 내리막길에서 풋 브레이크만 사용하게 되면 라이닝의 마찰에 의해 제동력이 떨어지므로 이를 방지하기 위해 사용해야하는 브레이크는 무엇인가?

① 주차 브레이크

② 엔진 브레이크

③ ABS(Anti-lock Brake System)

④ 사이드 브레이크

해설 내리막길에서 풋 브레이크만 사용하게 되면 라이닝의 마찰에 의해 제동력이 떨어지므로 엔진 브레이크를 사용하는 것이 안전하다.

08 주행 시 앞바퀴에 방향성을 부여하고 조향을 하였을 때 직진 방향으로 되돌아오려는 복원력을 주는 조향장치는 무엇인가?

① 캐스터   ② 캠버

③ 토우인   ④ 코일 스프링

해설 ② 캠버(Camber)는 핸들조작을 가볍게 하고 수직방향 하중에 의해 일어나는 앞차축의 휨을 방지한다.
③ 토우인(Toe-in)은 주행 중 타이어가 바깥쪽으로 벌어지는 것을 방지하고 주행저항 및 구동력의 반력으로 토아웃이 되는 것을 방지하여 타이어의 마모를 방지한다.
④ 코일 스프링(Coil spring)은 현가장치이다.

09 비탈길을 내려가거나 할 경우 브레이크를 반복하여 사용하면 마찰열이 라이닝에 축적되어 브레이크의 제동력이 저하되는 경우가 있다. 이 현상을 무엇이라 하는가?

① 페이드(Fade) 현상

② 수막(Hydroplaning) 현상

③ 모닝 록(Morning lock) 현상

④ 스탠딩 웨이브(Standing wave) 현상

해설 ② 수막(Hydroplaning) 현상은 물이 고인 노면을 고속으로 주행할 때 타이어의 배수 기능이 감소되어 물의 저항에 의해 노면으로부터 떠올라 물 위를 미끄러지듯이 되는 현상을 의미한다.
③ 모닝 록(Morning lock) 현상은 비가 자주오거나 습도가 높은 날 또는 오랜 시간 주차한 후에는 브레이크 드럼에 미세한 녹이 발생하는 현상을 의미한다.
④ 스탠딩 웨이브(Standing wave) 현상은 타이어의 회전속도가 빨라지면 접지부에서 받은 타이어의 변형(주름)이 다음 접지 시점까지도 복원되지 않고 접지의 뒤쪽에 진동의 물결이 일어나는 현상을 의미한다.

10 종단선형과 관련된 교통사고에 대한 설명으로 틀린 것은?

① 일반적으로 종단경사(오르막 내리막 경사)가 커짐에 따라 사고율이 높다.

② 오르막 내리막의 종단경사와 곡선부가 중복되는 곳은 사고 위험성이 낮다.

③ 종단선형이 자주 바뀌면 종단곡선의 정점에서 시거가 단축되어 사고가 일어나기 쉽다.

④ 제한시거가 불규칙적으로 나타나면 평균 사고율보다 훨씬 높은 사고율을 보인다.

해설 종단경사와 곡선부가 중복되는 곳은 훨씬 더 사고 위험성이 높다.

11 다음 설명 중 옳지 않은 것은?

① 급한 곡선도로에서 시선유도시설은 갈매기 표지이다.

② 방호울타리는 진행 방향을 이탈한 주행 차량이 대향차로 또는 보도 등으로 이탈하는 것을 방지한다.

③ 버스가 출발할 때 교차로를 가속거리로 이용할 수 있는 중앙버스전용차로의 버스 정류소는 교차로 통과 전 정류소이다.

④ 정차하려는 버스와 우회전하려는 자동차가 상충될 수 있는 것은 교차로 통과 후 정류소이다.

해설 ④ 가로변 버스정류장 중 교차로 통과 전 정류소 이다.

07 ② 08 ① 09 ① 10 ② 11 ④

12 안전운전과 방어운전에 대한 설명으로 옳은 것은?

① 운전자는 안전운전과 방어운전을 별도의 개념으로 양립시켜 운전해야 한다.
② '방어운전'이란 운전자 자신이 위험한 운전을 하지 않으며 교통사고를 유발하지 않도록 주의하여 운전하는 것을 말한다.
③ '안전운전'이란 다른 운전자가 교통법규를 어기고 위험한 행동을 하더라도 이에 대처하여 운전하는 것을 말한다.
④ 방어운전을 하기 위해서는 세심한 관찰력이 필요하다.

해설 ① 두 가지 중 어느 것 하나라도 소홀히 하면 곧바로 교통사고로 연결되므로 안전운전과 방어운전을 별도의 개념으로 양립시켜 운전할 수 없다.
② 안전운전
③ 방어운전

13 다음 설명 중 옳지 않은 것은?

① 차로폭이란 도로의 차선과 차선 사이의 최단거리를 말한다.
② 차로폭이 넓은 경우 운전자가 느끼는 주관적 속도감이 실제 주행속도 보다 늦게 느껴진다.
③ 차로폭이 넓은 경우는 좁은 경우보다 보행자, 노약자, 어린이 등에 주의하여 즉시 정지할 수 있는 속도로 감속한다.
④ 차로폭이 넓은 경우 주관적인 판단을 가급적 자제하고 객관적인 속도를 준수할 수 있도록 한다.

해설 차로폭이 넓은 경우보다 좁은 경우에 보행자, 노약자, 어린이 등에 주의하여 즉시 정지할 수 있는 안전한 속도로 주행속도를 감속하여 운행한다.

14 다음 중 난폭운전에 해당하지 않는 것은?

① 고의나 과실로 타인에게 현저한 위해를 초래하는 운전을 하는 경우
② 타인의 통행을 현저하게 방해하는 운전을 하는 경우
③ 급차로변경, 지그재그 운전, 좌우로 핸들을 급조작하는 행위
④ 자동차 장치조작을 잘못하여 급가속을 한 경우

해설 ④ 안전운전 불이행이다.

15 고속도로 운행 시 주의사항으로 틀린 것은?

① 주행 중 속도계를 수시로 확인하여 법정속도를 준수한다.
② 고속도로 진·출입 시 속도감각에 유의하여 운전한다.
③ 전방주시점은 속도가 빠를수록 가까이 둔다.
④ 주행차로 운행을 준수하고 두 시간마다 휴식을 취한다.

해설 전방 주시점은 속도가 빠를수록 멀리 둔다.

16 여름철 기상 특성으로 옳지 않은 것은?

① 장마전선의 북상으로 비가 많이 온다.
② 저녁 늦게까지 기온이 내려가지 않는 열대야 현상이 나타난다.
③ 아침에는 안개가 빈발하며 일교차가 심하다.
④ 장마 이후에는 무더운 날이 지속된다.

해설 ③ 가을철 기상특성이다.

17 일반적으로 도로의 4가지 조건이 아닌 것은?

① 형태성   ② 이용성
③ 공개성   ④ 연계성

해설 ④ 연계성은 도로의 조건이 아니다.
①·②·③ 이외에 교통경찰권이 더 들어간다.

12 ④ 13 ③ 14 ④ 15 ③ 16 ③ 17 ④

18 지방도로에서의 방어운전에 대한 설명으로 틀린 것은?

① 야간에 주위에 다른 차가 없는 어두운 도로에서는 상향 전조등을 켜도 된다.
② 전방의 상황을 확인하되 근거리를 볼 수 없다면 속도를 줄이고 제동준비를 한다.
③ 앞지르기는 오르막길 경사로에서는 하지 않는다.
④ 천천히 움직이는 차를 주시하기 보다는 빨리 달리는 차를 주시한다.

해설 ④ 빨리 달리는 차를 주시하기보다는 천천히 움직이는 차를 주시하여 필요에 따라 속도를 조절해야 한다.

19 봄철 교통사고에 대한 설명으로 틀린 것은?

① 춘곤증에 의한 졸음운전으로 전방주시태만과 관련된 사고의 위험이 높다.
② 기온과 습도 상승으로 불쾌지수가 높아져 사고의 위험이 높다.
③ 바람과 황사 현상에 의한 시야 장애도 종종 사고의 원인으로 작용한다.
④ 신학기를 맞아 학생들의 보행 인구가 늘어나 사고의 위험이 높다.

20 야간 안전운전방법에 대한 설명으로 틀린 것은?

① 대향차 전조등을 바로 보지 말아야 한다.
② 술에 취한 사람이 차도에 뛰어드는 경우를 조심한다.
③ 실내를 불필요하게 밝게 하지 말아야 한다.
④ 자동차가 교행할 때에는 조명장치를 상향으로 조정한다.

해설 자동차가 교행 시 조명장치를 하향으로 조정한다.

21 커브길 안전운전 및 방어운전에 대한 설명으로 옳지 않은 것은?

① 중앙선을 침범하거나 도로의 중앙으로 치우쳐 운전하지 않는다.
② 핸들을 조작할 때는 가속이나 감속을 하지 않는다.
③ 주간과 야간에 경음기를 사용하여 내 차의 존재를 알린다.
④ 항상 반대 차로에 차가 오고 있다는 것을 염두에 두고 차로를 준수하며 운전한다.

해설 주간에 경음기, 야간에 전조등을 사용하여 내 차의 존재를 알린다.

22 교차로 사고의 특징에 대한 설명으로 틀린 것은?

① 무리하게 교차로를 통과하려는 심리로 인해 충돌사고가 가장 많이 일어난다.
② 교차로 부근은 횡단보도 부근과 더불어 교통사고가 가장 많이 발생하는 지점이다.
③ 교차로 진입 전 이미 황색신호임에도 통과시도를 하면 사고가 일어나기 쉽다.
④ 앞쪽(또는 옆쪽) 상황에 소홀한 채 진행신호로 바뀌는 순간 급출발하는 경우 사고가 일어나기 쉽다.

해설 충돌사고가 아니라 추돌사고가 일어나기 쉽다.

23 다음 설명 중 옳지 않은 것은?

① 종단곡선의 정점에서 전방에 대한 시거가 단축된다.
② 중앙분리대는 정면충돌을 방지하고 평면교차로에서 폭이 충분할 때 좌회전 차로로 활용할 수 있다.
③ 시거(視距)는 진행방향의 위험요소를 인지하고 제동하여 장애물을 피하여 주행할 수 있는 거리를 말한다.
④ 앞지르기차로는 2차로 도로에서 주행속도를 확보하기 위하여 교량에도 설치된다.

18 ④ 19 ② 20 ④ 21 ③ 22 ① 23 ④

해설 ④ 앞지르기차로는 오르막차로와 교량 및 터널구간을 제외한 구간에 설치한다.

24 겨울철 자동차관리 요령으로 옳지 <u>않은</u> 것은?
① 냉각수의 동결을 방지하기 위해 부동액의 양 및 점도를 점검한다.
② 자신의 타이어에 맞는 적절한 수의 체인과 여분의 크로스 체인을 구비한다.
③ 엔진의 온도를 일정하게 유지시켜 주는 역할을 하는 써머스타를 점검한다.
④ 차량 내부의 습기를 제거한다.
해설 ④ 여름철 자동차관리 요령이다.

25 원심력에 대한 설명으로 <u>틀린</u> 것은?
① 원심력은 속도가 빠를수록 커진다.
② 원심력은 중량이 무거울수록 커진다.
③ 원심력은 커브가 클수록 커진다.
④ 원심력은 속도의 제곱에 비례해서 커진다.
해설 원심력은 커브가 작을수록 커진다.

03 제3회 적중모의고사

01 운전자가 자동차 운행 시 수없이 반복하는 과정으로 교통상황을 알아차리는 것을 무엇이라 하는가?
① 판단　　　　② 인지
③ 조작　　　　④ 훈련
해설 ① 판단은 자동차를 어떻게 움직여 운전할지를 결정하는 것이다.
③ 조작은 판단에 따라 자동차를 조작하는 운전행위이다.

02 야간에 하향 전조등만으로 서로 다른 색깔의 옷을 입고 있는 사람을 인지하려고 할 때, 확인하기 쉬운 색깔부터 나열한 것으로 옳은 것은?

① 적색, 백색, 흑색　② 적색, 흑색, 백색
③ 백색, 적색, 흑색　④ 백색, 흑색, 흑색

03 시야에 대한 설명으로 <u>틀린</u> 것은?
① 정상적인 시력을 가진 사람의 시야범위는 180°~200°이다.
② 정지 상태에서 눈의 초점을 고정시키고 양쪽 눈으로 볼 수 있는 범위를 말한다.
③ 한 쪽 눈의 시야는 좌·우 각각 약 120° 정도이다.
④ 운전 중인 운전자의 시야는 시속 100km로 주행 중인 경우 40° 정도로 축소된다.
해설 한 쪽 눈의 시야는 좌·우 각각 약 160° 정도이다. WHO 에서 운전에 요구되는 최소한의 기준으로 한쪽 눈의 시야가 140° 정도일 것을 권고한다.

04 운전피로의 특징으로 옳지 <u>않은</u> 것은?
① 피로의 증상은 전신에 걸쳐 나타난다.
② 정신적, 심리적 피로는 신체적 부담에 의한 일반적 피로보다 회복시간이 짧다.
③ 피로는 운전 작업의 오류가 발생할 수 있다는 위험신호이다.
④ 연속운전은 일시적으로 급성피로를 낳기도 한다.
해설 정신적, 심리적 피로는 신체적 부담에 의한 일반적 피로보다 회복시간이 길다.

05 동체시력에 대한 설명으로 <u>틀린</u> 것은?
① 물체의 이동속도가 빠를수록 저하된다.
② 정지시력과 어느 정도 비례관계를 가진다.
③ 조도(밝기)와는 큰 상관이 없다.
④ 차량 사이의 보행자를 보지 못하는 것도 동체시력의 저하와 관련있다.

24 ④　25 ③　| 01 ②　02 ①　03 ③　04 ②　05 ③

해설 ③ 동체시력은 조도가 낮아지면 쉽게 저하된다.

06 고령운전자의 특징에 대한 설명으로 틀린 것은?
① 암순응, 동체시력, 정지시력이 저하된다.
② 연속적으로 제공되는 정보 중 중요한 정보에 집중하는 선택적 주의력이 고령화에 따라 급격하게 감소한다.
③ 시각적으로 받아들인 정보를 뇌에서 인식하는 능력이 향상된다.
④ 연령이 높아질수록 대비 차이가 작은 물체를 식별하는 능력이 저하된다.

해설 시각적으로 받아들인 정보를 뇌에서 인식하는 능력이 저하된다.

07 타이어의 기능에 대한 설명으로 틀린 것은?
① 자동차의 중량을 떠받쳐 준다.
② 휠의 림에 끼워져서 일체로 회전하며 자동차가 달리거나 멈추는 것을 원활히 한다.
③ 지면으로부터 받는 충격은 타이어로 흡수되기보다는 현가장치를 통해서 흡수된다.
④ 자동차의 진행방향을 전환시킨다.

해설 지면으로부터 받는 충격을 타이어로 흡수해 승차감을 좋게 한다.

08 앞바퀴를 위에서 보았을 때 앞쪽이 뒤쪽보다 좁은 상태를 의미하는 것으로 타이어의 마모를 방지하고 바퀴를 원활하게 회전시켜서 핸들의 조작을 용이하게 하는 것을 무엇이라 하는가?
① 토우인(Toe-in)   ② 토아웃(Toe-out)
③ (+)캠버   ④ (−)캠버

해설 ② 토아웃(Toe-out)은 앞바퀴를 위에서 보았을 때 앞쪽이 뒤쪽보다 넓은 상태를 의미한다.
③ (+)캠버는 자동차를 앞에서 보았을 때, 위쪽이 아래보다 약간 바깥쪽으로 기울어져 있는 상태를 의미한다.
④ (−)캠버는 자동차를 앞에서 보았을 때, 위쪽이 아래보다 약간 안쪽으로 기울어져 있는 상태를 의미한다.

09 모닝 록(Morning lock) 현상을 해소하기 위한 방법으로 적절한 것은?
① 배수효과가 좋은 타이어를 사용한다.
② 서행하면서 브레이크를 몇 번 밟아준다.
③ 고속으로 주행하지 않는다.
④ 타이어의 공기압을 조금 높게 한다.

해설 모닝 록 현상은 서행하면서 브레이크를 몇 번 밟아주게 되면 녹이 자연히 제거되면서 해소된다. ①·③·④는 수막현상을 예방하기 위한 조치이다.

10 타이어 마모에 대한 설명으로 틀린 것은?
① 타이어의 공기압이 규정 압력보다 높으면 트레드 접지면에서의 운동이 커져서 마모가 빨라진다.
② 차체의 하중이 커지면 타이어의 굴신이 심해져서 마모를 촉진하게 된다.
③ 브레이크를 밟는 횟수가 많을수록 타이어의 마모량은 커진다.
④ 브레이크를 밟기 직전의 속도가 빠를수록 타이어의 마모량은 커진다.

해설 타이어의 공기압이 규정 압력보다 낮으면 트레드 접지면에서의 운동이 커져서 마모가 빨라진다.

11 운전자가 브레이크에 발을 올려 브레이크가 막 작동을 시작하는 순간부터 자동차가 완전히 정지할 때까지 진행한 거리를 무엇이라 하는가?
① 공주거리   ② 제동거리
③ 정지거리   ④ 주행거리

해설 ① **공주거리**는 운전자가 자동차를 정지시켜야 할 상황임을 지각하고 브레이크 페달로 발을 옮겨 **브레이크가 작동을 시작하는 순간까지** 자동차가 진행한 거리를 말한다.
② **정지거리**는 운전자가 위험을 인지하고 자동차를 정지시키려고 시작하는 순간부터 자동차가 완전히 정지할 때까지 자동차가 진행한 거리로 **공주거리와 제동거리를 합한 거리**를 말한다.

06 ③ 07 ③ 08 ① 09 ② 10 ① 11 ②

12 중앙분리대에 대한 설명으로 **틀린** 것은?

① 중앙분리대의 폭이 넓을수록 대향차량과의 충돌 위험이 증가한다.
② 차량의 중앙선 침범에 의한 치명적인 정면충돌 사고를 방지한다.
③ 도로표지, 기타 교통관제시설 등을 설치할 수 있는 장소가 된다.
④ 야간주행 시 대항차의 전조등 불빛으로 인한 눈부심을 방지한다.

해설 중앙분리대의 폭이 넓을수록 대향차량과의 충돌 위험이 감소한다.

13 다음 용어 설명이 옳지 **않은** 것은?

① '변속차로'라 함은 자동차를 가속시키거나 감속시키기 위하여 설치하는 차로이다.
② '측대'는 운전자의 시선을 유도하는 기능을 한다.
③ '횡단경사'라 함은 도로의 진행방향에 직각으로 설치하는 경사를 말한다.
④ '종단경사'는 평면곡선부에서 자동차가 원심력에 저항할 수 있도록 하기 위하여 설치하는 횡단경사를 말한다.

해설 ④ 편경사에 대한 설명이다. '종단경사'는 도로의 진행방향 중심선의 길이에 대한 높이의 변화 비율을 말한다.

14 실전 방어운전에 대한 설명으로 **틀린** 것은?

① 교통신호가 바뀌는 경우 주위 자동차의 움직임을 관찰한 후 출발한다.
② 과로로 피로하거나 심리적으로 흥분된 상태에서는 운전을 자제한다.
③ 뒤에 대형차가 접근해 올 때는 차로를 신속히 변경한다.
④ 진로를 바꿀 때는 상대방이 잘 알 수 있도록 여유있게 신호를 보낸다.

해설 버스나 트럭이 바짝 붙으면 차로변경을 하는 것이 안전하다. 이때 갑자기 움직이는 것은 피하고 차로변경 신호를 하는 것을 잊지 말아야 한다.

15 철길건널목 안전운전 및 방어운전에 대한 설명으로 **틀린** 것은?

① 일시정지 후, 좌·우의 안전을 확인한다.
② 차단기가 내려지고 있거나, 경보음이 울릴 때는 건널목을 신속히 통과한다.
③ 건널목 건너편 여유 공간을 확인 후 통과한다.
④ 건널목 통과 시 기어는 변속하지 않는다.

해설 차단기가 내려지고 있거나, 경보음이 울릴 때, 건널목 앞쪽이 혼잡하여 건널목을 완전히 통과할 수 없게 될 염려가 있을 때에는 진입하지 않는다.

16 급한 곡선도로에서 운전자의 시선을 명확하게 유도하기 위하여 표지를 사용하여 원활한 주행을 유도하는 시설물은?

① 갈매기표지　　② 시선유도표지
③ 시선유도봉　　④ 표지병

해설 ② 시선유도표지는 직선 및 곡선 구간에서 운전자에게 전방의 **도로조건이 변화되는 상황을 반사체를 사용하여 안내**해 줌으로써 안전하고 원활한 차량주행을 유도하는 시설물이다.
③ **시선유도봉**은 장애물 표적표지, 구조물 도색 및 빗금표지와 더불어 **시인성 증진 안전시설**에 해당한다.

17 야간이나 악천후에 운전자의 시선을 유도하기 위하여 도로의 표면에 설치하는 시설물은?

① 갈매기표지　　② 시선유도표지
③ 시선유도봉　　④ 표지병

18 운행 중 마주 오는 차량의 전조등 불빛을 직접 보았을 때 순간적으로 시력을 상실하는 현상은?

① 증발현상　　② 불빛번짐현상
③ 현혹현상　　④ 번아웃현상

12 ①　13 ④　14 ③　15 ②　16 ①　17 ④　18 ③

해설 참고로 증발현상은 야간에 보행자가 교차하는 차량의 불빛 중간에 있게 되면 운전자가 순간적으로 보행자를 전혀 보지 못하는 현상을 말한다.

19 겨울철 운행에 대한 설명으로 옳은 것은?

① 눈길이나 빙판에서는 가속페달이나 핸들을 신속하게 조작한다.
② 겨울철 부동액의 농도가 낮은 경우에 오버히트가 발생하지 않는다.
③ 후륜구동 자동차는 뒷바퀴에 타이어체인을 장착해야 한다.
④ 타이어체인을 장착한 경우 50km 이내로 운행한다.

해설 ① 눈길이나 빙판에서는 가속페달이나 핸들을 급하게 조작하지 않는다.
② 겨울철 냉각수 등에 부동액이 없는 경우나 부동액의 농도가 낮은 경우에는 엔진내부가 얼어 오버히트가 발생하게 된다.
④ 타이어체인을 장착한 경우 30km 이내로 운행한다.

20 가을철 기상 특성으로 옳은 것은?

① 습도가 낮고 공기가 매우 건조하다.
② 저녁 늦게까지 기온이 내려가지 않는 열대야 현상이 나타난다.
③ 아침에는 안개가 빈발하며 일교차가 심하다.
④ 중국에서 발생한 황사가 강한 편서풍을 타고 우리나라 전역에 영향을 끼친다.

해설 ① 겨울, ② 여름, ④ 봄

21 겨울철 기상 특성으로 옳지 않은 것은?

① 낮과 밤의 일교차가 커지며 강수량이 증가한다.
② 습도가 낮고 공기가 매우 건조하다
③ 기온이 급강하하고 한파를 동반한 눈이 자주 내린다.
④ 이상 현상으로 기온이 올라가면 겨울안개가 생성되기도 한다.

해설 ① 봄철 기상 특성이다.

22 고속도로 안전운전방법에 대한 설명으로 틀린 것은?

① 고속도로 진입은 빠르게 가속하고, 진입 후 감속한다.
② 주변 교통흐름에 따라 적정속도를 유지한다.
③ 느린 속도의 앞차를 추월할 경우 앞지르기 차로를 이용하며 추월이 끝나면 주행차로로 복귀한다.
④ 전 좌석 안전띠를 착용한다.

해설 고속도로 진입은 안전하게 천천히, 진입 후 가속은 빠르게 한다.

23 차로와 교통사고에 대한 설명으로 틀린 것은?

① 차선을 설치한 도로가 그렇지 않은 경우에 비해서 교통사고 발생률이 낮다.
② 차로폭이 넓을수록 속도에 대한 경각심이 줄어든다.
③ 횡단면의 차로폭이 넓을수록 교통사고 예방의 효과가 줄어든다.
④ 차로폭이 좁은 이면도로의 경우 사고의 위험성이 높아진다.

해설 횡단면의 차로폭이 넓을수록 사고 예방의 효과가 있다.

24 술에 취한 상태의 기준에 대한 설명으로 옳은 것은?

① 혈중알코올농도 0.03% 이상
② 혈중알코올농도 0.04% 이상
③ 혈중알코올농도 0.02% 이상
④ 혈중알코올농도 0.05% 이상

해설 혈중알코올농도 0.08% 이상이면 만취상태로 판단한다.

19 ③ 20 ③ 21 ① 22 ① 23 ③ 24 ①

25 교통사고와 관련된 용어의 정의에 대한 설명으로 틀린 것은?

① '충돌'은 차가 반대방향 또는 측방에서 진입하여 그 차의 정면으로 다른 차의 정면 또는 측면을 충격한 것이다.

② '교통섬'은 회전차로, 변속차로 등을 이용하여 상충하는 교통류를 분리시키거나 통제하여 통행경로를 지시해 준다.

③ '정차'는 운전자가 5분을 초과하지 아니하고 차를 정지시키는 것으로 주차 이외의 정지상태이다.

④ '추락'은 차가 도로변 절벽 또는 교량 등에서 떨어진 것이다.

해설 ②는 도류화에 대한 설명이다. 교통섬은 차량의 주행을 제어하거나 보행자의 보행자의 횡단을 보호하기 위하여 교차로 또는 차도의 분기점 등에 설치하는 섬모양의 시설물이다.

04 제4회 적중모의고사

01 운전과 관련되는 시각의 특성으로 틀린 것은?

① 속도가 빨라질수록 시력은 감소한다.
② 속도가 빨라질수록 시야의 폭이 넓어진다.
③ 속도가 빨라질수록 전방주시점은 멀어진다.
④ 시각을 통하여 운전에 필요한 정보의 대부분을 획득한다.

해설 속도가 빨라질수록 시야의 폭이 좁아진다.

02 동체시력에 대한 설명으로 틀린 것은?

① 물체의 이동속도가 빠를수록 동체시력은 저하된다.
② 연령이 높을수록 동체시력은 저하된다.
③ 장시간 운전에 의한 피로상태와 동체시력은 상관이 없다.
④ 움직이는 물체 또는 움직이면서 다른 자동차나 사람 등의 물체를 보는 시력을 동체시력이라 한다.

해설 장시간 운전에 의한 피로상태에서 동체시력은 저하된다.

03 암순응에 대한 설명으로 틀린 것은?

① 밝은 조건에서 어두운 조건으로 변할 때 시력을 회복하는 것을 말한다.
② 암순응은 낮시간에 운행하다 어두운 터널 안으로 주행하는 순간 일어나는 시각장애이다.
③ 암순응은 빛의 강도에 따라 좌우된다.
④ 암순응은 명순응에 비해 시력회복이 빠르다.

해설 암순응의 명순응에 비해 시력회복이 느리다.

04 전방에 있는 물체까지의 거리를 눈으로 측정하는 기능을 무엇이라 하는가?

① 정지시력   ② 심시력
③ 동체시력   ④ 시야

해설 전방에 있는 물체까지의 거리를 눈으로 측정하는 것을 심경각이라고 하며, 그 기능을 심시력이라고 한다.

05 시야에 대한 설명으로 옳은 것은?

① 시야의 범위는 자동차 속도에 비례하여 넓어진다.
② 정상시력을 가진 운전자의 정지 시 시야범위는 약 180°~200°이다.
③ 특정한 곳에 주의가 집중되었을 때 시야범위는 집중의 정도에 비례하여 넓어진다.
④ 양쪽 눈으로 색채를 식별할 수 있는 범위는 약 120°이다.

해설 ① 시야의 범위는 자동차 속도에 비례하여 좁아진다.
③ 어느 특정한 곳에 주의가 집중되었을 경우의 시야범위는 집중의 정도에 비례하여 좁아진다.
④ 약 70°이다.

25 ② ▮ 01 ② 02 ③ 03 ④ 04 ② 05 ②

06 알코올이 운전에 미치는 영향으로 틀린 것은?

① 안구의 운동능력을 저하시키고 주변시의 판단능력이 줄어든다.
② 주의력이 감소하고 정보를 처리하는 속도가 줄어든다.
③ 판단능력과 차선을 지키는 능력이 감소된다.
④ 적은 양의 음주는 운전에 큰 영향을 미치지 못한다.

해설 ④ 적은 양의 음주로도 차선을 지키는 능력이나 판단능력이 감소된다.

07 음주운전 교통사고의 특징으로 틀린 것은?

① 음주운전 교통사고가 발생하면 치사율이 높다.
② 전신주, 가로시설물, 가로수 등과 같은 고정물체와 충돌할 가능성이 높다
③ 차량단독사고의 가능성이 낮다.
④ 주차 중인 자동차와 같은 정지물체 등에 충돌할 가능성이 높다.

해설 음주운전은 차량단독사고의 가능성이 높다. 하지만, 2차 사고를 일으킬 가능성도 높다.

08 다음 용어에 대한 설명으로 틀린 것은?

① 앞지르기 차로는 저속자동차로 인한 뒤차의 속도감소를 방지하고, 반대차로로 앞지르기가 불가능할 경우 설치하는 고속자동차의 주행차로를 말한다.
② 가변차로는 고속도로 인터체인지, 휴게소 및 주유소의 진입로, 평면교차로에 설치한다.
③ 양보차로는 양방향 2차로 앞지르기 금지구간에서 길어깨쪽으로 설치하는 저속자동차의 주행차로를 말한다.
④ 가변차로는 통행량이 많은 쪽으로 차로수가 확대될 수 있도록 신호기로 차로의 진행방향을 지시하는 차로를 말한다.

해설 인터체인지, 휴게소 및 주유소의 진입로, 평면교차로에는 변속차로가 설치된다.

09 고령운전자 의식의 특징으로 옳지 않은 것은?

① 젊은 층에 비하여 상대적으로 신중하다.
② 젊은 층에 비하여 상대적으로 돌발사태 대응력이 양호하다.
③ 젊은 층에 비하여 상대적으로 과속을 하지 않는다.
④ 젊은 층에 비하여 상대적으로 반사 신경이 둔하다.

해설 고령자의 운전은 젊은 층에 비하여 상대적으로 돌발사태 대응력이 미흡하다.

10 어린이 교통사고의 설명으로 틀린 것은?

① 보행 중(차대사람) 교통사고를 당하여 사망하는 비율이 가장 높다.
② 보행 사상자는 오후 4시에서 오후 6시 사이에 가장 많다.
③ 어린이 교통사고 사상자는 학년이 높을수록 교통사고를 많이 당한다.
④ 보행 사상자는 집이나 학교 근처 등 어린이 통행이 잦은 곳에서 가장 많이 발생한다.

해설 어린이 교통사고 사상자는 학년이 낮을수록 교통사고를 많이 당한다.

11 가을철 농기계 사고에 대한 설명으로 틀린 것은?

① 추수시기를 맞아 경운기 등 농기계의 빈번한 사용으로 사고의 위험이 높다.
② 농촌 마을 인접 도로에서는 농지로부터 도로로 나오는 농기계에 주의하여 서행한다.
③ 농기계 운전자가 놀라지 않도록 경적을 울리지 않고 주행한다.
④ 나무 등에 가려 간선도로로 진입하는 경운기를 보지 못하는 경우를 주의한다.

해설 ③ 안전거리를 유지하고 경적을 울려, 자동차가 가까이 있다는 사실을 알려주어야 한다.

06 ④ **07** ③ **08** ② **09** ② **10** ③ **11** ③

12 현가장치의 하나인 판 스프링(Leaf spring)에 대한 설명으로 틀린 것은?

① 구조가 간단하다.
② 승차감이 나쁘다.
③ 내구성이 나쁘다.
④ 주로 화물자동차에 사용된다.

해설 판 스프링은 내구성이 좋다.

13 수막현상을 예방하기 위한 주의사항으로 틀린 것은?

① 고속으로 주행하지 않는다.
② 공기압을 조금 낮게 한다.
③ 마모된 타이어를 사용하지 않는다.
④ 배수효과가 좋은 타이어를 사용한다.

해설 수막현상을 예방하기 위해서는 공기압을 조금 높게 한다.

14 자동차의 진동 중 상하 진동을 의미하는 것은?

① 바운싱(Bouncing)　② 피칭(Pitching)
③ 롤링(Rolling)　　　④ 요잉(Yawing)

해설 ② 피칭(Pitching ; 앞뒤 진동), ③ 롤링(Rolling ; 좌우 진동), ④ 요잉(Yawing ; 차체 후부 진동)

15 도로의 선형과 교통사고에 대한 설명으로 틀린 것은?

① 곡선부가 많다고 사고율이 높은 것은 아니다.
② 곡선부에서의 사고율은 시거, 편경사에 의해서도 좌우된다.
③ 일반도로에서는 곡선반경이 100m 이상에서 사고율이 높다.
④ 곡선부가 종단경사와 중복되는 곳은 훨씬 더 사고위험성이 높다.

해설 ③ 일반도로에서는 곡선반경이 100m 이내일 때 사고율이 높다.

16 교량과 교통사고에 대한 설명으로 틀린 것은?

① 교량의 폭, 교량 접근부 등이 교통사고와 밀접한 관련이 있다.
② 교량 접근로의 폭에 비해 교량의 폭이 좁으면 사고가 더 많이 발생한다.
③ 교량의 접근로 폭과 교량의 폭이 같을 때 사고율이 가장 높다.
④ 교량의 접근로 폭과 교량의 폭이 서로 다른 경우에는 교통통제시설을 설치함으로써 사고율을 감소시킬 수 있다.

해설 ③ 교량의 접근로의 폭과 교량의 폭이 같은 경우 사고 발생률이 낮다.

17 안전운전과 방어운전에 대한 설명으로 틀린 것은?

① 안전운전은 전체적이고 멀리 살펴, 다른 사람이 자신을 볼 수 있도록 하여 차의 공간을 확보하는 것이다.
② 방어운전은 정확한 운전지식, 예측능력과 판단력 등이 필요하다.
③ 비가 오는 경우 마찰력이 가장 낮아지는 시점은 비가 오기 시작한지 1~2시간 이후이다.
④ 자동차의 속도를 2배 높이면 정지거리는 4배가 필요하다.

해설 ③ 비가 오는 경우 마찰력이 가장 낮아지는 시점은 비 오기 시작한 후 5~30분 이내이다.

18 도류화와 가장 무관한 것은?

① 회전차로　　② 주·정차대
③ 변속차로　　④ 교통섬

해설 도류화는 자동차와 보행자를 안전하고 질서있게 이동시킬 목적으로 **회전차로, 변속차로, 교통섬, 노면표시** 등을 이용하여 상충하는 교통류를 분리시키거나 통제하여 명확한 "통행경로를 지시"해 주는 것을 말하는 것이다.

12 ③　13 ②　14 ①　15 ③　16 ③　17 ③　18 ②

19 오르막길 안전운전 및 방어운전에 대한 설명으로 틀린 것은?

① 정차할 때는 충분한 차간 거리를 유지한다.

② 정차 시에는 풋 브레이크와 핸드 브레이크를 같이 사용한다.

③ 출발 시에는 핸드 브레이크를 사용한다.

④ 오르막길에서 앞지르기 할 때는 고단 기어를 사용하는 것이 안전하다.

해설 오르막길에서 앞지르기 할 때는 힘과 가속력이 좋은 저단 기어를 사용하는 것이 안전하다.

20 봄철 기상 특성으로 옳지 않은 것은?

① 대륙에서 분리된 고기압과 기압골이 통과함에 따라 날씨의 변화가 심하다.

② 황사가 강한 편서풍을 타고 우리나라 전역에 미쳐 운전자의 시야에 지장을 준다.

③ 습도가 낮고 공기가 건조하다.

④ 일교차가 크다.

해설 습도가 낮고 공기가 매우 건조한 계절은 겨울철이다.

21 여름철 자동차관리 요령으로 옳지 않은 것은?

① 냉각장치를 수시로 점검한다.

② 써머스타 상태를 점검한다.

③ 차량 내부의 습기를 제거한다.

④ 와이퍼의 작동상태를 꼼꼼하게 점검한다.

해설 ② 겨울철 자동차관리 요령에 속한다.

22 고령보행자의 보행 특성의 설명으로 틀린 것은?

① 보행 시 상점이나 포스터를 보면서 걷는 경향이 있다.

② 소리 나는 방향을 주시하며 보행하는 경향이 있다.

③ 정면에서 다가오는 차량을 피할 수 있는 여력을 갖지 못한다.

④ 보행 중에 똑바로 걷지 못하고 사선횡단을 하기도 한다.

해설 소리 나는 방향을 주시하지 않고 보행하는 경향이 있다.

23 겨울철 교통사고 특징으로 옳지 않은 것은?

① 빙판으로 자동차의 충돌·추돌·도로 이탈 등의 사고가 많이 발생한다.

② 각종 모임의 한잔 술로 인한 음주운전 사고가 우려된다.

③ 불쾌지수가 높아져 난폭운전 사고의 위험이 커진다.

④ 보행자가 날씨로 인해 앞만 보면서 목적지까지 최단거리로 이동하고자 하는 경향이 있어 사고에 직면하기 쉽다.

해설 ③ 여름철 교통사고의 특징이다.

24 교통섬의 설치 목적으로 틀린 것은?

① 도로교통의 흐름을 안전하게 유도

② 보행자가 도로 횡단 시 대피섬 제공

③ 전기 및 통신시설의 매립장소로 이용

④ 노상시설의 설치장소 제공

해설 ③은 길어깨(갓길)의 기능에 해당한다.

25 신호기의 기능에 대한 설명으로 틀린 것은?

① 교통류의 흐름을 질서 있게 한다.

② 교통처리용량을 감소시킬 수 있다.

③ 교차로에서 직각충돌사고를 줄일 수 있다.

④ 교통흐름을 차단하는 것과 같은 통제에 이용할 수 있다.

해설 교통처리용량을 증대시킬 수 있다.

19 ④ 20 ③ 21 ② 22 ② 23 ③ 24 ③ 25 ②

운송서비스

CHAPTER 1 여객운수종사자의 자세와 규범

CHAPTER 2 교통시스템에 대한 이해

CHAPTER 3 응급조치 요령 등

PART 4 단원별 기출지문정리

PART 4 단원별 적중모의고사

CHAPTER 1 여객운수종사자의 자세와 규범

01 여객운송업 서비스

❶ 서비스의 개념

(1) 서비스의 개념

1) 서비스란 승객의 이익을 도모하기 위해 행동하는 **정신적·육체적 노동**이다.
2) 서비스 품질에 대한 **승객만족을 위해 계속적으로 승객에게 제공**하는 모든 활동이다.
3) 버스를 이용하여 승객을 출발지에서 최종목적지까지 이동시키는 **상업적 행위**이다.
4) 버스를 이용하여 승객을 대상으로 승객이 원하는 구간이동 서비스를 제공하는 행위 그 자체이다.

(2) 올바른 서비스 제공을 위한 5요소

ⅰ) 단정한 용모 및 복장, ⅱ) 밝은 표정, ⅲ) 공손한 인사, ⅳ) 친근한 말, ⅴ) 따뜻한 응대

❷ 서비스의 특징 ★

(1) 무형성(보이지 않음)

서비스는 형태가 없는 무형의 상품으로 측정하기는 어렵지만 누구나 느낄 수 있다.

(2) 동시성(생산과 소비가 동시에 발생)

서비스는 공급자에 의하여 **제공됨과 동시에 고객에 의하여 소비**되는 성격으로 재고·반품이 없고 수리할 수 없다.

(3) 인적 의존성(사람에 의존)

서비스는 똑같은 서비스라 하더라도 그것을 행하는 **사람에 따라 품질의 차이**가 발생한다.

(4) 소멸성(즉시 사라짐)

제공한 즉시 소멸한다.

(5) 무소유권

누릴 수는 있으나 소유할 수는 없다.

(6) 변동성

운송서비스의 소비활동은 버스 실내의 공간적 제약요인으로 인해 상황의 발생 정도에 따라 **시간, 요일 및 계절별로 변동성**을 가진다.

(7) 다양성

승객의 평가 역시 주관적이어서 일관되고 표준화된 서비스 질을 유지하기 어렵다.

➕ STUDY 승객만족을 위한 예절

❶ 승객 응대 마음가짐

(1) **사명감**을 가지면서, 승객의 입장에서 생각한다.
(2) 원만하고, **항상 긍정적**으로 생각한다.
(3) 승객이 호감을 갖도록 하고, **공사를 구분하고 공평**하게 대한다.
(4) 투철한 서비스 정신을 가지고, **예의를 지켜 겸손**하게 대한다.

❷ 대화의 4원칙

(1) 밝고 적극적인 말

밝고 긍정적인 어조로 승객에게 말을 건넨다.

(2) 공손한 말

승객에 대한 친밀감과 존경의 마음을 존경어, 겸양어, 정중한 어휘의 선택으로 공손하게 말한다.

(3) 명료한 말

정확한 발음과 적절한 속도, 사교적인 음성으로 시원스럽고 알기 쉽게 말한다.

(4) 품위 있는 말

승객의 입장을 고려하여 어휘를 선택하고, 호칭을 사용한다.

❸ 이미지(Image) 관리

(1) 개념

이미지란 개인의 사고방식이나 생김새, 성격, 태도 등에 대해 상대방이 받아들이는 느낌으로 본인에 의해 결정되는 것이 아니라 **상대방이 보고 느낀 것에 의해 결정**된다.

(2) 긍정적인 이미지를 만드는 3요소

시선처리(눈빛), 음성관리(목소리), 표정관리(미소)

(3) 잘못된 표정

1) 상대의 눈을 보지 않는 표정을 보인다.
2) 무관심하고 의욕이 없는 무표정을 보인다.
3) 입을 일자로 굳게 다문 표정을 보인다.
4) 갑자기 표정이 자주 변하는 얼굴을 한다.
5) 눈썹 사이에 세로 주름지는 찡그리는 표정을 한다.
6) 코웃음을 치는 것 같은 표정을 짓는다.

❹ 인사와 악수

(1) 인사

1) **인사의 중요성**
  ① 생활화되어야 실천할 수 있다.
  ② 승객과 만나는 첫걸음이자 서비스의 주요기법이고 서비스정신의 표현이다.

2) **올바른 인사**
  ① 밝고 부드러운 미소
  ② 고개를 반듯하게 들고 턱을 내밀지 않으며 인사 전·후에 상대의 눈을 정면으로 바라본다.
  ③ 머리와 상체는 일직선이 되도록 천천히 숙임
    ㉠ **보통인사**는 고개를 30° 정도 숙이며 인사(승객 앞에서 첫인사를 나눌 때 사용)
    ㉡ **정중한 인사**는 고개를 45° 정도 숙이며 인사(미안하거나 죄송할 때 사용)
  ④ 처음 본 사람이 먼저 하는 것이 좋으며, 상대방이 먼저 인사한 경우에는 응대한다.

3) **잘못된 인사**
  ① 턱을 쳐들거나 눈을 치켜뜨고 하는 인사한다.
  ② 할까 말까 망설이다 하는 인사한다.
  ③ 성의없이 말로만 하는 인사한다.
  ④ 무표정한 인사를 한다.
  ⑤ 상대방의 눈을 보지 않고 인사한다.
  ⑥ 머리만 까닥거리며 인사한다.
  ⑦ 고개를 옆으로 돌리면서 인사한다.

(2) 악수

1) 상대방과 신체접촉으로 친밀감을 표현하는 행위이다.
2) 상사가 아랫사람에게 먼저 손을 내민다.
3) 악수하는 손을 흔들거나, 손을 꽉 잡거나, 손끝만 잡는 것은 좋은 태도는 아니다.
4) 악수하는 도중 상대방의 시선을 피하거나 다른 곳을 응시하지 않는다.
5) **악수의 예절** : 기혼자가 미혼자에게 청함, 선배가 후배에게 청함, 여자가 남자에게 청함, 승객이 직원에게 청함

❺ 5대 금기 운전하지 않기
→ 이를 하지 않으면 불편한 민원을 줄일 수 있음

(1) '**개문발차**'하지 않기
(2) '**끼임사고**'의 예방 → 0.2초의 여유
(3) '**급제동**', '**급출발**'하지 않기
(4) '**무정차**'하지 않기
(5) '**곡예운전**'하지 않기

02 직업윤리

❶ 바람직한 직업관과 잘못된 직업관

(1) 바람직한 직업관

1) **소명의식을 지닌 직업관** : 자신의 직업을 천직으로 여기며, 소명의식을 가진다.
2) **사회구성원으로 역할지향적 직업관** : 사회구성원의 직분을 다하고 봉사하는 일이라 생각한다.
3) **미래지향적 전문능력 중심의 직업관** : 최고전문가가 되겠다는 생각으로 최선을 다해 노력한다.

(2) 바람직 하지 못한 직업관

1) **생계유지 수단적 직업관** : 직업을 생계를 유지하기 위한 수단으로 본다.
2) **지위 지향적 직업관** : 직업생활의 최고 목표는 높은 지위에 올라가는 것이라고 생각한다.
3) **귀속적 직업관** : 능력보다 학연과 지연에 의지한다.

4) **차별적 직업관** : 육체노동을 천시한다.
5) **폐쇄적 직업관** : 신분이나 성별 등에 따라 개인의 능력을 발휘할 기회를 차단한다.

❷ 올바른 직업윤리

(1) **소명의식** : 어떠한 직업이든지 자신이 하는 일에 **전력을 다하는 것**을 하늘의 뜻이라 생각한다.

(2) **천직의식** : 수입이나 직업에 상관없이 **자신의 직업에 긍지와 열정**을 가지고 성실히 임하는 직업의식을 말한다.

(3) **직분의식** : 각자의 직업을 통해서 **사회의 각종 기능을 수행**하는 것이 직·간접으로 사회구성원으로서 해야 할 본분을 다하는 것이다.

(4) **봉사정신** : 현대산업사회에서 직업 환경의 변화와 직업의식의 강화는 자신의 **직무 수행과정에서 협동정신** 등이 필요로 하게 되었다.

(5) **전문의식** : 자신의 직무를 수행하는데 필요한 **전문적 지식과 기술**을 갖추어야 한다.

(6) **책임의식** : 직업에 대한 사회적 역할과 직무를 충실히 수행하고 **맡은 바 임무나 의무를 다하는 것**이다.

03 운수종사자의 준수사항

❶ 운송사업자의 준수사항

(1) **일반적인 준수사항** ★

1) **특별한 편의제공** : 운송사업자는 노약자·장애인 등에 대해서는 특별한 편의를 제공해야 한다.

2) **복장 및 모자의 착용조치** : 운송사업자는 여객에 대한 서비스의 향상 등을 위하여 **관할관청이 필요하다고 인정하는 경우**에는 운수종사자로 하여금 단정한 복장 및 모자를 착용하게 해야 한다.

3) **청결유지** : 운송사업자는 자동차를 항상 깨끗하게 유지하여야 하며, 관할관청이 단독으로 실시하거나 관할관청과 조합이 합동으로 실시하는 청결상태 등의 검사에 대한 확인을 받아야 한다.

4) **운송사업자의 게시의무** : 운송사업자는 다음의 사항을 승객이 자동차 안에서 쉽게 볼 수 있는 위치에 게시하여야 한다. ★
  ① 회사명, 자동차번호, 운전자 성명, 불편사항 연락처 및 차고지 등을 적은 표지판
  ② 운행계통도[노선운송사업자(시내버스, 농어촌버스, 마을버스, 시외버스)만 해당]

5) **게시의무** : 노선운송사업자는 다음의 사항을 일반인이 보기 쉬운 영업소 등의 장소에 사전에 게시해야 한다. ★
  ① 사업자 및 영업소의 명칭
  ② 운행시간표(운행횟수가 빈번한 운행계통에서는 첫차 및 마지막차의 출발시간과 운행 간격)
  ③ **정류소 및 목적지별 도착시간**(시외버스운송사업자만 해당)
  ④ 사업을 휴업 또는 폐업하려는 경우 그 내용의 예고
  ⑤ 영업소를 이전하려는 경우에는 그 이전의 예고
  ⑥ 그 밖에 이용자에게 알릴 필요가 있는 사항

6) **운송사업자의 운수종사자에 대한 지도·감독** : 운송사업자는 운수종사자로 하여금 여객을 운송할 때에는 다음의 사항을 성실하게 지키도록 하고, 이를 항상 지도·감독해야 한다.
  ① 정류소에서 주차 또는 정차할 때에는 질서를 문란하게 하는 일이 없도록 할 것
  ② 정비가 불량한 사업용자동차를 운행하지 않도록 할 것
  ③ 위험방지를 위한 운송사업자·경찰공무원 또는 도로관리청 등의 조치에 응하도록 할 것
  ④ 교통사고를 일으켰을 때는 긴급조치 및 신고의 의무를 충실하게 이행하도록 할 것
  ⑤ 자동차의 차체가 헐었거나 망가진 상태로 운행하지 않도록 할 것

7) **승차권의 발행** : 시외버스운송사업자(승차권의 판매를 위탁받은 자 포함)는 운임을 받을 때는 일정 사항을 적은 일정한 양식의 승차권을 발행해야 한다.

8) **화물표** : 시외버스운송사업자가 여객운송에 딸린 우편물·신문이나 여객의 휴대화물을 운송할 때에는 특약이 있는 경우를 제외하고 필요한 사항을 적은 화물표를 우편물 등을 보내는 자나 휴대화물을 맡긴 여객에게 줘야 한다.

9) **우편물보관의 시설물 구비** : 우편물 등을 운송하는 **시외버스운송사업자**는 해당 영업소에 우편물 등의 보관에 필요한 시설을 갖춰야 한다.

10) **우편물 멸실·파손 사실의 통지의무** : 시외버스운송사업자는 우편물 등의 멸실·파손 등으로 인하여 그 우편물 등을 받을 사람에게 인도할 수 없을 때는 우편물 등을 보낸 사람에게 바로 그 사실을 통지해야 한다.

11) **속도제한장치 또는 운행기록계** : 운송사업자는 '자동차안전기준에 관한 규칙'에 따른 속도제한장치 또는 운행기록계가 장착된 운송사업용 자동차를 해당 장치 또는 기기가 정상적으로 작동되는 상태에서 운행되도록 해야 한다.

12) **안내방송의 의무** : 시외버스운송사업자 및 전세버스 **운송사업자**는 운수종사자로 하여금 자동차의 운행 전에 승객들에게 사고 시 대처요령과 비상망치·소화기 등 안전장치의 위치 및 사용방법 등이 포함된 안전사항에 관하여 안내방송을 하도록 하여야 한다.

13) **영수증 발급** : 전세버스운송사업자 및 특수여객자동차운송사업자는 운임 또는 요금을 받았을 때에는 영수증을 발급해야 한다.

14) **대열운행의 금지** : 전세버스운송사업자는 운수종사자가 대열운행(같은 계약에 따라 같은 목적지로 이동하는 2대 이상의 차량이 고속도로, 자동차전용도로 등에서 「도로교통법」 제19조에 따른 안전거리를 확보하지 않고 줄이어 운행하는 것)을 하지 않도록 지도·감독해야 한다.

15) **좌석이탈 승객의 제지에 대한 지도·감독** : 전세버스운송사업자는 운수종사자로 하여금 운행 중인 전세버스운송사업용 자동차 안에서 안전띠를 착용하지 않고 좌석을 이탈하여 돌아다니는 승객을 제지하고 필요한 사항을 안내하도록 지도·감독해야 한다.

16) **소란행위의 제지를 위한 지도·감독** : 전세버스운송사업자는 운수종사자로 하여금 운행 중인 전세버스운송사업용 자동차 안에서 가요반주기·스피커·조명시설 등을 이용하여 안전운전에 현저히 장해가 될 정도로 춤과 노래 등 소란행위를 하는 승객을 제지하고, 필요한 사항을 안내하도록 지도·감독해야 한다.

17) **여객의 운행요청 거부 금지** : 수요응답형 여객자동차운송사업자는 여객의 운행요청이 있는 경우 이를 거부하여서는 안 된다.

18) **교통안전정보의 제공** : 구역 여객자동차운송사업 중 **전세버스운송사업**을 영위하는 운송사업자는 이용자의 요청이 있거나 이용자와 운송계약을 체결하는 경우 해당 차량 및 운전자에 관한 다음 교통안전정보를 제공하여야 한다.

① 여객자동차운송사업의 운전업무 종사자격에 따른 운전업무 종사자격 취득 여부

② 자동차의 차령 제한 등에 따른 차령 및 운행거리 기준 준수 여부

③ 「자동차손해배상 보장법」에 따른 의무보험 가입 여부

④ 그 밖에 이용자의 교통안전과 관련된 정보로서 국토교통부령으로 정하는 정보

(2) 자동차의 장치 및 설비 등에 관한 준수사항 ★

1) **노선버스 및 수요응답형 여객자동차**(승합자동차만 해당)

① **안전장치의 설치** : 하차문이 있는 노선버스(시외직행, 시외고속 및 시외우등고속은 제외)는 여객이 하차 시 하차문이 닫힘으로써 여객에게 상해우려 시 하차문의 동작이 멈추거나 열리도록 하는 **압력감지기 또는 전자감응장치를 설치**하고, 하차문이 열려 있으면 가속페달이 작동하지 않도록 하는 **가속페달 잠금장치를 설치**해야 한다.

② **난방장치 및 냉방장치를 설치** : 다만, 농어촌버스 및 수요응답형 여객자동차의 경우(도지사가 운

행노선상의 도로사정 등으로 냉방장치를 설치하는 것이 적합하지 않다고 인정할 때에는 그 차 안에 냉방장치를 설치하지 않을 수 있음)

③ **안내방송장치의 설치** : 시내버스 및 농어촌버스 및 수요응답형 여객자동차의 차 안에는 안내방송장치를 갖춰야 하며, 정차신호용 버저를 작동시킬 수 있는 스위치를 설치해야 한다.

④ **손잡이대의 설치** : 시내버스, 농어촌버스, 마을버스 및 일반형시외버스 및 수요응답형 여객자동차의 차실에는 입석 여객의 안전을 위하여 손잡이대 또는 손잡이를 설치해야 한다(다만, 냉방장치에 지장을 줄 경우가 있는 경우 그 손잡이대를 설치하지 않을 수 있음).

⑤ **재생타이어 사용 금지** : 버스의 **앞바퀴**에는 재생한 타이어를 사용해서는 안 된다.

⑦ **튜브리스 타이어 사용의무** : 시외우등고속버스, 시외고속버스 및 시외직행버스의 앞바퀴의 타이어는 튜브리스 타이어를 사용해야 한다.

⑧ **목적지 표시** : 버스의 차체에는 목적지를 표시할 수 있는 설비를 설치해야 한다.

⑨ **휴대물품 적재함의 설치** : **시외버스**(시외중형버스는 제외)의 차 안에는 휴대물품을 둘 수 있는 선반(시외우등고속버스의 경우에는 적재함을 말함)과 차 밑부분에 별도의 휴대물품 적재함을 설치해야 한다.

⑩ **출력기준에 맞는 자동차 운행** : 시외버스의 경우에는 운행형태에 따라 원동기의 출력기준에 맞는 자동차를 운행해야 한다.

⑪ **격벽시설의 설치** : 시내버스운송사업용 자동차 중 **시내일반버스와 수요응답형 여객자동차의 경우에**는 국토교통부장관이 정하여 고시하는 설치기준에 따라 운전자의 좌석 주변에 운전자를 보호할 수 있는 구조의 격벽시설을 설치하여야 한다.

2) 전세버스

① 난방장치 및 냉방장치를 설치해야 한다.
② 앞바퀴는 재생한 타이어를 사용해서는 안 된다.
③ 앞바퀴의 타이어는 튜브리스 타이어를 사용해야 한다.
④ 13세 미만의 어린이의 통학을 위하여 학교 및 보육시설의 장과 운송계약을 체결하고 운행하는 전세버스의 경우에는 어린이통학버스의 신고를 하여야 한다.

3) 장의자동차

① 관은 차 외부에서 싣고 내릴 수 있도록 하고 난방장치를 설치해야 한다.
② 관을 싣는 장치는 차 내부에 있는 장례에 참여하는 사람이 접촉할 수 없도록 완전히 격리된 구조로 해야 한다.
③ 운전자의 좌석 및 장례에 참여하는 사람이 이용하는 두 종류 이하의 좌석을 제외하고는 다른 좌석을 설치해서는 안 된다.
④ 일반장의자동차의 앞바퀴에는 재생한 타이어를 사용해서는 안 된다.

✿ 운송사업자별 의무사항을 숙지하셔야 합니다. 안내방송, 타이어 규정, 손잡이대, 격벽시설의 설치를 유념하시기를 바랍니다.

❷ 운수종사자 준수사항 ★

(1) **승차거부금지** : 정당한 사유없이 여객의 승차를 거부하거나 여객을 중도에 내리게 하는 행위를 하여서는 안 된다.

(2) **부당한 운임·요금의 금지**

(3) **여객유치행위 금지** : 일정한 장소에 오랜 시간 정차하여 여객을 유치하지 않는다.

(4) **개문발차금지** : 문을 완전히 닫지 아니한 상태에서 출발시키거나 운행하여서는 안 된다.

(5) **정류장 승객의 승차의무** : 여객이 승차하기 전에 자동차를 출발시키거나 승하차할 여객이 있는데도 정류장을 지나치면 안 된다.

(6) **안내방송** : 자동차 안내방송 시설이 설치되어 있는 경우 안내방송을 반드시 해야 한다.

(7) **여객의 좌석안전띠 착용** : 기점 및 경유지에서 승차하는 여객에게 자동차의 출발 전에 좌석안전띠를 착용하도록 음성방송이나 말로 안내하여야 한다.

(8) **운행전 점검** : 여객의 안전과 사고예방을 위하여 운행 전 사업용 자동차의 안전설비 및 등화장치 등의 이상 유무를 확인해야 한다.

(9) **안전운행 불능의 우려 보고의무** : 질병·피로·음주나 그 밖의 사유로 안전한 운전을 할 수 없을 때에는 그 사정을 해당 운송사업자에게 알려야 한다.

(10) **운행중지 상황** : 자동차의 운행 중 중대한 고장을 발견하거나 사고가 발생할 우려가 있다고 인정될 때에는 즉시 운행을 중지하고 적절한 조치를 해야 한다.

(11) **도로 이상 여부 통보** : 운전업무 중 도로에 이상이 있었던 경우에는 운전업무를 마치고 교대할 때에 다음 운전자에게 알려야 한다.

(12) **여객의 행위 제지** : 여객이 다음 행위를 할 때에는 안전운행과 승객의 편의를 위하여 이를 제지하고 필요한 사항을 안내해야 한다.

1) 다른 여객에게 위해를 끼칠 우려가 있는 폭발성 물질, 인화성 물질 등의 위험물을 자동차 안으로 가지고 들어오는 행위

2) 다른 여객에게 위해를 끼치거나 불쾌감을 줄 우려가 있는 동물(장애인 보조견 및 전용 운반상자에 넣은 애완동물은 제외)을 자동차 안으로 데리고 들어오는 행위

3) 출입구 또는 통로를 막을 우려가 있는 물품을 자동차 안으로 가지고 들어오는 행위

(13) **공무원의 증명서 제시요구 이행** : 관계 공무원으로부터 운전면허증, 신분증 또는 자격증의 제시 요구를 받으면 이에 따른다.

(14) **금연** : 여객자동차운송사업에 사용되는 자동차 안에서 담배를 피워서는 안 된다.

(15) **사상자나 운행 중단 시 적절한 조치의무** : 사고로 인하여 사상자가 발생하거나 사업용자동차의 운행을 중단할 때에는 사고의 상황에 따라 적절한 조치를 취해야 한다.

(16) **복장과 모자착용** : 관할관청이 필요하다고 인정하여 복장 및 모자를 지정할 경우에는 그 지정된 복장과 모자를 착용하고, 용모를 항상 단정하게 해야 한다.

(17) **운송사업자가 지시하는 사항의 이행** : 그 밖에 법 시행규칙에 따라 운송사업자가 지시하는 사항을 이행해야 한다.

04 운전예절 및 운전자 주의사항

❶ 운전예절

(1) 사업용 운전자의 사명과 자세

1) 운전자의 사명

① **타인의 생명도 내 생명처럼 존중** : 안전운행을 통한 인명손실을 예방한다.

② **'공인'이라는 사명감** : 승객의 소중한 생명을 보호할 사명감이 있어야 한다.

2) **운전자가 가져야 할 기본자세** : i) 교통법규 이해하는 것은 물론 이를 준수하고 실천, ii) 상황에 맞는 적절한 판단으로 교통법규를 준수, iii) 여유 있는 양보운전, iv) 주의력 집중, v) 심신상태 안정, vi) 추측운전 금지, vii) 운전기술 과신은 금물

(2) 올바른 운전예절

1) **인성과 습관의 중요성** : 운전자의 운전행태는 오랫동안 저절로 익혀진 운전습관이 나타난다. 그러므로 나쁜 운전습관을 평소에 행동하지 않도록 해야 한다.

2) **운전예절의 중요성** : 예절바른 운전습관으로 명랑한 교통질서를 유지하고, 교통사고를 예방하고 교통문화 선진화를 이루어야 한다.

3) 운전자가 삼가야 하는 행동

① 지그재그 운전을 하지 않는다.

② 급브레이크를 밟는 행위를 하지 않는다.

③ 운행 중에 갑자기 끼어들거나 다른 운전자에게 욕설을 하지 않는다.

④ 도로상에서 사고가 발생한 경우 차량을 세워 둔 채로 시비, 다툼 등의 행위를 하지 않는다.

⑤ 운행 중에는 오디오 볼륨을 크게 작동시키거나, 경음기 버튼을 작동하지 않는다.

⑥ 신호등이 바뀌기 전 전조등을 깜빡이거나 경음기로 재촉하는 행위를 하지 않는다.
⑦ 교통경찰관의 단속에 불응하거나 항의하는 행위를 하지 않는다.
⑧ 갓길로 통행하지 않는다.

❷ 운전자 주의사항

(1) 교통관련 법규 및 사내 안전관리 규정 준수

1) 배차지시 없이 임의 운행금지
2) 정당한 사유 없이 지시된 운행노선을 임의로 변경운행 금지
3) 승차 지시된 운전자 이외의 타인에게 대리운전 금지
4) 사전승인 없이 타인을 승차시키는 행위 금지
5) 음주 및 약물복용 후 운전 금지
6) 철길건널목에서는 일시정지 준수 및 정차 금지
7) 도로교통법에 따라 취득한 운전면허로 운전할 수 있는 차종 이외의 차량 운전금지
8) 자동차전용도로, 급한 경사길 등에서는 주·정차 금지
9) 기타 사회적인 물의를 일으키거나 회사의 신뢰를 추락시키는 난폭운전 등의 운전 금지
10) 차는 이동하는 회사 홍보도구로써 청결을 유지하며, 차의 내·외부를 청결하게 관리하여 쾌적한 운행환경을 유지

(2) 운행 준비 및 운행 중 주의

1) 운행 전 준비

① 용모와 복장을 확인한다(단정하게).
② 승객에게는 항상 친절하게 하고 불쾌한 언행을 금지한다.
③ 운행 전 일상점검을 철저히 하고 이상이 발견되면 관리자에게 즉시 보고하여 조치 받은 후 운행한다.
④ 배차사항, 지시 및 전달사항 등을 확인한 후 운행한다.

2) 운행 중 주의

① 주·정차 후 출발할 때에는 차량주변의 보행자, 승·하차자 및 노상취객 등을 확인한 후 운행한다.
② 보행자, 이륜차, 자전거 등과 교행, 병진할 때에는 서행하며 안전거리를 유지하면서 운행한다.
③ 후진할 때에는 유도요원을 배치하여 수신호에 따라 안전하게 후진한다.
④ 눈길, 빙판길 등은 체인이나 스노타이어를 장착한 후 안전하게 운행한다.

(3) 교통사고에 따른 조치

1) **구호조치의무 이행** : 교통사고를 발생시켰을 때에는 도로교통법령에 따라 현장에서의 인명구호, 관할 경찰서 신고 등의 의무를 성실히 이행한다.
2) **회사에 보고** : 어떤 사고라도 임의로 처리하지 말고, 사고발생 경위를 육하원칙에 따라 거짓 없이 정확하게 회사에 보고한다.
3) **회사의 지시에 따른 조치** : 사고처리 결과에 대해 **개인적으로 통보를 받았을 때**는 회사에 보고한 후 **회사의 지시에 따라 조치**한다.

(4) 운전자 신상변동 등에 따른 보고

1) 신상변동의 발생 시 즉시 회사에 보고한다.
2) 운전면허 정지 및 취소 등의 행정처분을 받았을 때는 즉시 회사에 보고하여야 하며, 어떠한 경우라도 운전을 해서는 아니 된다.

CHAPTER 2 교통시스템에 대한 이해 **핵심정리**

01 버스준공영제

❶ 개요

(1) 버스운영체제의 유형

1) 공영제 ★

① **개념** : 공영제는 **정부가** 버스노선의 계획에서부터 버스차량의 소유·공급, 노선의 조정, 버스의 운행에 따른 수입금 관리 등 버스 운영체계의 전반을 책임지는 방식이다.

② **장점**
- ㉠ **종합적 도시교통계획 차원**에서 운행서비스 공급이 가능
- ㉡ **노선의 공유화**로 수요의 변화 및 교통수단간 연계차원에서 노선조정, 신설, 변경 등이 용이
- ㉢ **연계·환승시스템, 정기권 도입 등 효율적 운영체계**의 시행이 용이하다.
- ㉣ **서비스의 안정적 확보와 개선이 용이**
- ㉤ 수익노선 및 비수익노선에 대해 **동등한 양질의 서비스 제공**이 용이
- ㉥ **저렴한 요금**으로 서민대중을 보호하고 사회적 분배효과를 고양할 수 있음

③ **단점**
- ㉠ **책임의식 결여로 생산성이 저하**
- ㉡ 요금인상에 대한 압력을 정부가 직접 받게 되어 **요금조정이 어려움**
- ㉢ 운전자 등 근로자들이 **공무원화** 될 경우 인건비의 증가가 우려
- ㉣ 노선 신설, 정류소 설치, 인사 청탁 등 **외부간섭의 증가로 비효율성이 증대**

2) 민영제

① **개념** : 민영제는 민간이 버스노선의 결정, 버스운행 및 서비스의 공급 주체가 되고, **정부규제는 최소화**하는 방식이다.

② **장점**
- ㉠ 민간이 버스노선 결정 및 운행서비스를 공급함으로 공급비용을 최소화
- ㉡ **업무성과 보상이 연관**되어 있고 엄격한 지출통제에 제한받지 않으므로 민간회사가 보다 효율적
- ㉢ **민간회사들이 보다 혁신적**
- ㉣ 버스시장의 수요·공급체계의 유연성
- ㉤ 정부규제 최소화 및 행정비용, 정부재정지원의 최소화

③ **단점**
- ㉠ **노선의 사유화**로 노선의 합리적 개편이 적재적소에 이루어지기 어려움
- ㉡ 노선의 독점적 운영으로 **업체 간 수입격차가 극심**하여 서비스 개선 곤란
- ㉢ **비수익노선**의 운행서비스 **공급 애로**
- ㉣ 연계교통체계(타 교통수단) 구축이 어려움
- ㉤ 과도한 **버스 운임의 상승**

3) 준공영제 ★★★

① **개념** : 버스준공영제는 노선버스 운영에 공공개념을 도입한 형태로 **운영은 민간, 관리는 공공영역**에서 담당하게 하는 운영체제를 말한다.

② **준공영제의 특징**
- ㉠ **버스의 소유·운영은 각 버스업체가 유지**
- ㉡ **버스노선 및 요금의 조정, 버스운행 관리**에 대해서는 **지방자치단체가 개입**
- ㉢ 지방자치단체의 판단에 의해 조정된 노선 및 요금으로 인해 발생된 운송수지적자에 대해서는 지방자치단체가 보전

④ 노선체계의 효율적인 운영

⑤ **표준운송원가를 통한 경영효율화 도모**

⑥ 수준 높은 버스 서비스 제공

❷ 버스준공영제의 유형 ★★

(1) 형태에 의한 분류
노선 공동관리형, 수입금 공동관리형, 자동차 공동관리형

(2) 버스업체 지원형태에 의한 분류
1) **직접 지원형**: 운영비용이나 자본비용을 보조하는 형태이다.
2) **간접 지원형**: 기반시설이나 수요증대를 지원하는 형태이다.

❸ 주요 도입 배경 ★

(1) 현행 민영체제 하에서 버스운영의 한계
1) 버스서비스를 민간 사업자가 운영하여 노선이 사유화되어 많은 문제가 발생하였다.
2) **버스노선의 사유화로 비효율적 운영**
   ① 노선의 합리적 개편이 적시적소에 이뤄지지 못하였다.
   ② 노선의 독점적 운영으로 서비스 개선이 곤란하고 서비스가 하향 평준화되었다.
   ③ 버스수요에 적합한 버스운행서비스 공급구조의 확보가 곤란하다.
   ④ 고령자의 급증으로 접근성 확보가 시급하다.
3) **버스업체의 자발적 경영개선의 한계**: i) 수요 감소에 따른 업체의 수익성 악화, ii) 인건비, 유류비의 비중으로 인한 비용절감의 한계, iii) 자가용 승용차 이용 증가로 인한 버스수요의 감소
4) 노·사 대립으로 인한 사회적 갈등

(2) 버스교통의 공공성에 따른 공공부문의 역할분담 필요
버스서비스는 공공재의 성격이 강한 재화로 운행중단 등의 사회적 문제를 예방하고, 타 운송수단과의 효율적 연계를 위해 일정 부분의 공적인 개입이 필요하다.

(3) 정부개입으로 보편적 버스교통서비스 유지 필요
1) **기초적인 대중교통수단**의 접근성과 이용 보장
2) **사회적인 형평성을 확보**
   ① 경제적, 신체적 약자의 교통권을 보장한다.
   ② 낙후지역의 생활여건 개선으로 지역균형과 사회적 안정성을 제고시킨다.

(4) 교통효율성 제고를 위한 버스교통의 활성화
1) 버스교통 활성화를 통한 도로교통 혼잡완화로 사회·경제적 비용 경감
2) 도로 등 교통시설 건설투자비 절감, 국가물류비 절감, 유류소비 절약 등

❖ 국내 버스준공영제의 일반적 형태 ★ : 수입금 공동관리형을 바탕으로 표준운송원가 대비 운송수입금 부족분을 지원하는 **직접 지원형**을 취하고 있다.

❹ 주요 시행 목적별 내용 ★

(1) 시행 목적
1) 서비스의 안정성 제고
2) 적정한 원가보전 기준마련 및 경영개선 유도
3) 수입금 투명한 관리와 시민 신뢰 확보
4) 도덕적 해이 방지, 서비스 품질 향상
5) 버스에 대한 이미지 개선 및 편의성 증대
6) 대중교통 이용 활성화 유도

(2) 시행 내용
1) 운영비용에 대한 **재정지원과 무료환승제** 도입
2) **표준운송원가 및 표준경영모델** 도입
3) **운송수입금 공동관리 및 정산시스템** 도입
4) **시내버스 서비스 평가제** 도입
5) 시내버스 차량 및 이용시설 개선

02 버스요금제도

❶ 버스요금 관할관청 ★★

(1) 버스운임의 기준·요율 결정 및 신고의 관할관청

1) 노선 운송사업

구 분	운임의 결정	신 고
시내버스	시·도지사 (광역급행형 : 국토교통부장관)	시장·군수
농어촌버스	시·도지사	시장·군수
시외버스	국토교통부장관	시·도지사
고속버스	국토교통부장관	시·도지사
마을버스	시장·군수	시장·군수

2) 구역 운송사업

구 분	운임의 결정	신 고
전세버스	자율요금	
특수여객		

❷ 버스요금체계의 유형과 요금체계 ★

(1) 단일(균일)운임제

1) **내용** : 이용거리와 관계없이 일정 요금을 부과하는 요금체계이다.

2) **채택 업종**
   ① **시내·농어촌버스**(동일 특별시·광역시·시·군 내)
   ❖ 시(읍)계 외 지역 : 구역제·구간제·거리비례제
   ② **마을버스**

(2) 구역운임제 : 운행구간을 구역별로 요금을 설정하고, 동일 구역 내에서는 균일하게 요금을 설정하는 요금체계이다.

(3) 거리운임요율제

1) **내용** : 거리운임요율에 운행거리를 곱해 요금을 산정하는 요금체계이다.

2) **채택 업종** : 시외버스(기본구간 10km 기준 최저 기본운임으로 거리체감제를 병용)

(4) 거리체감제

1) **내용** : 이용거리가 증가함에 따라 단위당 운임이 낮아지는 요금체계이다.

2) **업종별 요금체계** : 고속버스, 시외버스

(5) 자율요금 : 전세버스, 특수여객

03 BRT, BIS, BMS

❶ 간선급행버스체계(BRT) ★

(1) 의의

간선급행버스체계(BRT ; Bus Rapid Transit)는 **'땅위의 지하철'**로 불리며 도심과 외곽을 잇는 주요 간선도로에 **버스전용차로를 설치하여 급행버스를 운행**하게 하는 대중교통시스템을 말한다.

(2) 간선급행버스체계의 도입 배경

i) 대중교통 이용률 하락, ii) 교통체증, iii) 도로 및 교통시설에 대한 투자비 증가, iv) 신속하면서 양질의 대량수송을 위한 대중교통시스템 필요

(3) 간선급행버스체계의 특성

1) **분리된 버스전용차로**(◎ 중앙버스차로)의 제공
2) **효율적 사전 요금징수 시스템** 채택
3) 신속한 승·하차
4) 정류소 및 승차대의 쾌적성 향상
5) **지능형교통시스템**(ITS : Intelligent Transportation system)과 같은 첨단신호체계
6) **실시간 버스운행정보**의 제공
7) 환승 정류소 및 터미널을 통한 **다른 교통수단과의 연계**
8) **환경친화적인 고급버스**를 통한 이미지 혁신
9) 대중교통에 승객 서비스 수준의 향상

(4) 간선급행버스체계 운영을 위한 구성요소

1) **이용통행권 확보** : 독립된 전용도로 또는 차로 등을 활용한다.

2) **교차로 시설 개선** : 버스우선신호, 버스전용 지하 또는 고가 등을 활용한 입체교차로를 운영한다.

3) **자동차 개선** : 저공해, 저소음, 승객들의 수평 승하차 및 대량수송을 가능하게 한다.

4) **환승시설 개선** : 편리하고 안전한 환승시설을 운영할 수 있다.

5) **운행관리시스템** : 지능형교통시스템을 활용한 운행관리를 가능하게 한다.

❷ 버스정보시스템(BIS)과 버스운행관리시스템(BMS)

(1) 의의 ★

1) **버스정보시스템**(BIS : Bus Information System) : 버스와 정류소에 무선 송수신기를 설치하여 **버스의 위치를 실시간으로 파악**하여 이용자에게 해당 노선버스의 도착예정시간을 안내하고 **인터넷 등을 통하여 운행정보를 제공**하는 시스템이다.

2) **버스운행관리시스템**(BMS : Bus Management System) : 차내 장치를 설치한 **버스와 종합사령실을 유·무선 네트워크로 연결**해 버스의 위치나 사고 정보 등을 버스회사, 운전자에게 실시간으로 보내주는 시스템이다.

(2) BIS와 BMS의 비교 ★

구 분	BIS (버스정보시스템)	BMS (버스운행관리시스템)
정 의	이용자에게 버스 운행상황 정보제공	버스 운행상황관제
제공 매체	정류소 설치 안내기, 모바일 등	상황판, 차량단말기
제공 대상	버스이용승객	버스운전자, 버스회사, 시·군
기대 효과	버스이용승객에게 편의 제공	배차관리, 안전운행, 정시성 확보
데이터	정류소 출발·도착 데이터	일정주기데이터, 운행기록데이터

(3) 버스정보시스템 및 버스운행관리시스템의 주요 기능

1) **버스정보시스템의 기능**(버스도착의 정보제공)
   ① 정류소별 도착예정정보 표출
   ② 정류소간 주행시간 표출
   ③ 버스운행 및 종료 정보 제공

2) **버스운행관리시스템의 기능**
   ① **실시간 운행상태 파악을 통한 관제** : 실시간 버스운행, 정류소별 도착시간, 배차간격의 준수여부
   ② **전자지도 이용 실시간 관제** : 노선 임의변경, 버스위치표시 및 관리, 실제 주행여부
   ③ **버스운행 및 통계관리** : 누적 운행시간 및 횟수, 기간별 운행통계관리, 버스, 노선, 정류소별 통계관리

(4) 버스정보시스템 및 버스운행관리시스템의 이용주체별 기대효과 ★

1) 버스정보시스템의 기대효과
   ① **이용자**(승객)**에 대한 기대효과**
      ㉠ 버스운행정보 제공으로 만족도 향상되고 불필요한 대기시간의 감소
      ㉡ 불규칙한 배차, 결행 및 무정차 통과에 의한 불편 해소
      ㉢ 과속 및 난폭운전으로 인한 불안감 해소

2) 버스운행 관리시스템의 기대효과
   ① **운수종사자에 대한 기대효과**
      ㉠ 운행정보 인지로 정시 운행
      ㉡ 앞·뒤차 간의 간격인지로 차간 간격 조정 운행
      ㉢ 운행상태 완전노출로 운행질서 확립
   ② **버스회사에 대한 기대효과**
      ㉠ 서비스 개선에 따른 승객 증가로 수지개선
      ㉡ 과속 및 난폭운전에 대한 통제로 교통사고율 감소 및 보험료 절감
      ㉢ 정확한 배차관리, 운행간격 유지 등으로 경영합리화 가능
   ③ **정부·지자체에 대한 기대효과**
      ㉠ 자가용 이용자의 대중교통 흡수 활성화
      ㉡ 대중교통정책 수립의 효율화
      ㉢ 버스운행 관리감독의 과학화로 경제성, 정확성, 객관성 확보

04 버스전용차로, 교통카드 등

❶ 버스전용차로

(1) 버스전용차로의 의의

1) 개념 : 일반차로와 구별되게 버스가 전용으로 신속하게 통행할 수 있도록 설정된 차로를 말한다.

2) 버스전용차로의 구분 : 통행방향과 차로의 위치에 따라 가로변버스전용차로, 역류버스전용차로, 중앙버스전용차로로 구분할 수 있다.

3) 부정적인 효과 : 일반차량의 차로수를 줄이기 때문에 일반차량의 교통상황이 나빠질 수 있다.

4) 버스전용차로를 효율적으로 운영하기 위하여 설치할 구간 :
i) 교통정체가 심한 곳, ii) 버스 통행량이 일정수준 이상이고, 승차인원이 한 명인 승용차의 비중이 높은 구간, iii) 도로 기하구조가 편도 3차로 이상 등 전용차로를 설치하기 적당한 구간 등

(2) 전용차로 유형별 특징 ★★★

1) 가로변버스전용차로

① **내용**
- ㉠ 일방통행로 또는 양방향 통행로에서 가로변 차로를 버스가 전용으로 통행할 수 있도록 제공
- ㉡ 시간대 등을 지정하여 운영할 수 있음
- ㉢ 전용차로 운영시간대에는 **가로변의 주·정차를 금지**
- ㉣ 시행구간의 버스 이용자수가 승용차 이용자수보다 많아야 효과적임
- ㉤ **우회전**하는 차량을 위해 **교차로 부근에서는 일반차량의 버스전용차로 이용을 허용**해야 함
- ㉥ 전용차로에 주·정차 차량을 근절시키기 어려움

② **장점**
- ㉠ **시행이 간편하고 적은 비용**으로 운영이 가능
- ㉡ 기존의 가로망 체계에 미치는 영향이 적음
- ㉢ 시행 후 문제점에 따른 **보완과 원상복귀가 용이**

③ **단점**
- ㉠ 시행효과가 미비
- ㉡ 가로변 상업활동과 상충
- ㉢ 전용차로 위반차량이 많이 발생
- ㉣ **우회전하는 차량**과 충돌할 위험이 존재

2) 역류버스전용차로

① **내용**
- ㉠ **일방통행로에서 차량이 진행하는 반대방향**으로 1~2개 차로를 버스전용차로로 제공하여 양방향 제공
- ㉡ 차로분리시설과 안내시설 등의 설치가 필요
- ㉢ 가로변버스전용차로에 비해 **시행비용이 많이 소요**
- ㉣ 일방통행로에 대중교통수요 등으로 인해 버스노선이 필요한 경우에 설치
- ㉤ **시행준비가 까다롭고 투자비용이 많이 소요**

② **장점** : 가로변에 설치된 일방통행의 장점을 유지하면서 대중교통의 정시성이 제고된다.

③ **단점** : 보행자 사고가 증가할 수 있고, 잘못 진입한 차량으로 인해 교통혼잡이 발생할수 있음

3) 중앙버스전용차로

① **내용**
- ㉠ **도로 중앙에 버스만 이용할 수 있는 전용차로를 지정**하여 버스를 다른 차량과 분리
- ㉡ 버스의 운행속도를 높이는데 도움이 되며, 승용차를 포함한 다른 차량들은 버스의 정차로 인한 불편을 피할 수 있음
- ㉢ 버스의 잦은 정류소의 정차 및 갑작스런 차로변경은 다른 차량의 교통흐름을 단절시키거나 사고 위험을 초래할 수 있음
- ㉣ 일반 차량의 중앙버스전용차로 이용 및 주·정차를 막을 수 있어 **차량의 운행속도 향상**
- ㉤ **안전시설이 필요**하기 때문에 설치비용이 많이 소요되는 단점이 있음

ⓗ **차로수가 많을수록** 도입이 용이함
　　ⓢ 만성적인 교통 혼잡 발생 구간 또는 좌회전하는 **대중교통 버스노선이 많은 지점**에 설치하면 효과가 큼

② **장점**
　ⓐ **일반차량과의 마찰을 최소화**
　ⓑ **교통정체**가 심한 구간에서 더욱 효과적
　ⓒ 버스전용차로가 시작하는 구간에서는 일반차량의 직진 차로수의 감소에 따른 **교통혼잡**이 발생
　ⓓ 대중교통의 통행속도 제고 및 정시성 확보가 유리
　ⓔ 대중교통 이용자의 증가를 도모
　ⓕ 가로변 상업활동이 보장

③ **단점**
　ⓐ 도로중앙에 설치된 버스정류소로 인해 **무단횡단 등** 안전문제와 **보행자의 접근거리**가 길어짐
　ⓑ 안전시설의 설치 및 유지로 인한 **비용소요**
　ⓒ 전용차로에서 우회전하는 버스와 일반차로에서 좌회전하는 차량에 대한 **체계적인 관리**가 필요
　ⓓ **일반차로의 통행량**이 다른 전용차로에 비해 많이 감소
　ⓔ 차로가 시작하는 구간과 끝나는 구간에서 일반차량과 버스 간 충돌위험
　ⓕ 좌회전하는 일반차량과 직진하는 버스 간 충돌 위험 발생

(3) 고속도로 버스전용차로제

1) 시행 구간 및 시간
　① **평일** : 경부고속도로 **안성 나들목**(IC) ~ 양재 나들목(IC)(한남대교 남단까지)
　　→ 평일 : 서울 · 부산 양방향 07:00 ~ 21:00까지
　② **토요일, 공휴일, 설날 · 추석연휴**(공휴일이 이어지는 경우 포함) **및 연휴 전날** : 경부고속도로 **신탄진 나들목**(IC) ~ **양재 나들목**(IC)(한남대교 남단까지)

　　→ **토요일, 공휴일** : 서울 · 부산 양방향 07:00 ~ 21:00까지
　　→ **설날 · 추석연휴** : 서울 · 부산 양방향 07:00 ~ 다음날 01:00까지

❖ 양재 인터체인지(IC) ~ 한남대교 남단은 서울특별시 관리 구간

2) 통행가능차량 : 9인승 이상 승용자동차 및 승합자동차 (승용자동차 또는 12인승 이하의 승합자동차는 6인 이상이 승차한 경우에 한함)

❷ 대중교통 전용지구

(1) 개념

승용차 등 일반 차량의 통행을 제한할 수 있는 지역 및 제도로 대중교통 중심의 **보행자 전용공간**이다.

(2) 목적

도심상업지구의 활성화, 쾌적한 보행자 공간의 확보, 대중교통의 원활한 운행 확보, 도심교통환경 개선

(3) 운영내용

1) 버스 및 16인승 승합차, 긴급자동차만 통행 가능하며 심야시간에 한해 택시의 통행 가능하다.
2) 승용차 및 일반승합차는 24시간 진입불가(화물차량은 허가 후 통행가능)
3) 보행자 보호를 위해 대중교통 **전용지구** 내 30km/h로 속도를 제한한다.

+ STUDY 교통카드시스템

❶ 교통카드시스템의 도입효과

(1) 이용자 측면
1) 현금소지의 불편 해소
2) 하나의 카드로 다수의 교통수단 이용 가능
3) 요금할인 등으로 교통비 절감

(2) 운영자 측면
1) 운송수입금 관리가 용이
2) 전산화를 통한 **경영합리화와 운송수입증대**
3) 정확한 전산실적자료에 근거한 운행 효율화
4) **다양한 요금체계에 대응**(거리비례제, 구간요금제 등)

(3) 정부 측면

대중교통 이용률 제고로 교통환경의 개선과 첨단교통체계의 기틀을 마련하고, 교통정책 수립 및 교통요금 결정의 기초자료 확보

❷ 교통카드시스템의 구성

(1) 교통카드시스템의 구성

사용자 카드, 단말기, 중앙처리시스템으로 구성된다.

```
교통카드 → 단말기 → 집계시스템 → 정산시스템
              ↘   충전시스템   ↗
```

(2) 구성요소별 운영주체

교통카드 발급자와 단말기 제조자, 중앙처리시스템 운영자는 사정에 따라 같을 수도 있으나 다른 경우가 대부분이다.

❸ 교통카드의 종류

(1) 카드방식에 따른 분류

1) **MS**(Magnetic Strip) **방식** : 자기인식방식으로 간단한 정보기록이 가능하나, 저장매체인 자성체의 손상위험과, 위·변조가 용이하다.

2) **IC방식**(스마트카드) : 반도체 칩을 이용하여 정보를 기록하므로 자기카드에 비해 수백 배 이상의 정보저장이 가능하고, 카드의 기록정보를 암호화할 수 있어, 자기카드에 비해 보안성이 높다.

(2) IC카드의 종류(내장하는 Chip의 종류에 따라)

접촉식, 비접촉식(RF, Radio Frequency), 하이브리드(접촉식+비접촉식 2종의 칩을 함께하는 방식이나 2종 간 연동이 안 됨), 콤비(접촉식+비접촉식 2종의 칩을 함께하는 방식으로 2종 간 연동이 됨)

(3) 지불방식에 따른 구분

선불식, 후불식

❹ 단말기

(1) 기능

단말기는 카드를 판독하여 이용요금을 차감하고 잔액을 기록하는 기능을 한다.

(2) 구조

카드인식장치, 정보처리장치, 킷값(Idcenter), 킷값관리장치, 정보저장장치

❺ 집계시스템

(1) **기능** : 단말기와 정산시스템을 연결하는 기능

(2) **구성** : 데이터 처리장치, 통신장치(유/무선), 인쇄장치, 무정전전원공급장치

❻ 충전시스템

(1) 기능

금액이 소진된 교통카드에 금액을 충전하는 기능을 한다.

(2) 종류

On Line(은행과 연결하여 충전), Off Line(충전기에서 직접 충전)

(3) 구조

전화선 등으로 정산센터와 연계된다.

❼ 정산시스템

(1) **개념** : 각종 단말기 및 충전기와 네트워크로 연결하여 사용 거래기록을 수집, 정산처리하고, 정산결과를 해당 은행으로 전송한다.

(2) **기능** : 거래기록을 정산처리하고 이에 대한 모든 거래기록을 데이터베이스화 한다.

CHAPTER 3 응급조치 방법 등

핵심정리

01 운전자 상식

❶ 교통관련 용어 정리

(1) 교통사고조사규칙(경찰청 훈령)**의 대형사고**

1) 3명 이상이 사망(교통사고 발생일로부터 30일 이내에 사망도 포함)
2) 20명 이상의 사상자가 발생한 사고

(2) 여객자동차 운수사업법의 중대한 교통사고 ★

1) 전복(顚覆) 사고
2) 화재가 발생한 사고
3) 사망자 2명 이상 발생한 사고
4) 사망자 1명과 중상자 3명 이상이 발생한 사고
5) 중상자 6명 이상이 발생한 사고

(3) 자동차 및 자동차부품의 성능과 기준에 관한 규칙에 따른 자동차와 관련된 용어 ★★

1) **공차상태** : 자동차에 사람이 승차하지 아니하고 물품(예비부품 및 공구 기타 휴대물품을 포함)을 적재하지 아니한 상태로서 **연료·냉각수 및 윤활유**를 만재하고 **예비타이어**(예비타이어를 장착한 자동차만 해당)를 설치하여 운행할 수 있는 상태를 말한다. → 차량중량
2) **차량중량** : **공차상태의 자동차 중량**을 말한다.
3) **적차상태** : 공차상태의 자동차에 승차정원의 인원이 승차하고 최대적재량의 물품이 적재된 상태를 말한다. → 차량총중량
4) **차량총중량** : **적차상태의 자동차 중량**이다.
5) **승차정원** : 자동차에 승차할 수 있도록 **허용된 최대인원**(운전자를 포함)을 말한다.

(4) 버스의 종류

1) 버스 운전석의 위치나 승차정원에 따른 종류

① **보닛버스**(Cab-behind-Engine Bus) : 운전석이 엔진 뒤쪽에 있는 버스이다.
② **캡오버버스**(Cab-over-Engine Bus) : 운전석이 엔진 위에 있는 버스이다.
③ **코치버스**(Coach Bus) : 3~6인 정도의 승객이 승차 가능하며 화물실이 밀폐되어 있는 버스이다.
④ **마이크로버스**(Micro Bus) : 승차정원이 16인 이하의 소형버스이다.

2) 버스차량 바닥의 높이에 따른 종류 및 용도

① **고상버스**(High Decker) : 전고 3.4~3.5m 내외, 상면지상고 890mm 내외로 승객석 바닥을 높게 설계한 차량으로 **가장 보편적으로 이용**되고 있다.
② **초고상버스**(Super High Decker) : 전고(차체의 전체 높이) 3.6m 이상, 상면지상고(지면으로부터 실내 승객석이 위치한 바닥의 최저높이) 890mm 이상으로 승객석을 높게 하여 **조망을 좋게 하고** 바닥 밑의 공간을 활용하기 위해 설계 제작되어 **관광용 버스에서 주로 이용**되고 있다.
③ **저상버스** : 교통약자를 위한 시내버스로서 차체 바닥이 낮으며, 경사판(슬로프)이 장착되어 있어 휠체어나 유모차가 오르내릴 수 있을 뿐 아니라 노약자들도 쉽게 이용할 수 있는 버스로서 주로 **교통약자를 위한 시내버스**에 이용되고 있다.

❷ 교통사고 현장에서의 상황별 안전조치

짧은 시간 안에 **사고 정보를 수집**하여 침착하고 신속하게 상황을 파악하고 피해자와 구조자 등에게 위험이 계속 발생하는지 파악하고 **피해자를 위험으로부터 보호하거나 피신시킨 후** 사고위치에 **노면표시 등**을 하고 구조인력이나 전문가의 도움이 필요한지 파악한다.

❸ 버스에서 발생하기 쉬운 사고유형과 대책

(1) 버스사고의 특성

버스는 불특정 다수를 대량으로 수송하고 운행거리 및 운행시간이 타 차량에 비해 긴 특성을 가지고 있어 사고발생확률이 높다.

(2) 버스사고의 발생분포

1) **절반가량은 사람과 관련**되어 발생하고 있다.
2) 전체사고의 **약 1/3 정도는 차내 전도사고**이다.
3) 승하차 중에도 사고가 많이 발생한다.

(3) 버스사고의 발생 장소

주행 중인 **도로상, 버스정류소, 교차로 부근, 횡단보도 부근** 순으로 많이 발생하고 있다.

(4) 안전운전습관의 생활화

승객들의 승차감과 차내 안전사고를 예방하기 위하여 안전운전습관을 생활화해야 한다.

1) 출발 시 승객이 좌석이나 입석공간에 완전히 위치하였는지 확인하고 천천히 출발한다.
2) 안내방송 또는 육성을 통해 승객의 주의를 환기시켜 사전예방에 노력을 기울여야 한다.

+ STUDY 교통사고 현장에서 항목별 조사 내용

❶ 노면에 나타난 흔적조사

(1) 스키드마크, 요마크, 프린트자국 등 타이어자국의 위치 및 방향
(2) 차의 금속부분이 노면에 접촉하여 생긴 파인 흔적 또는 긁힌 흔적의 위치 및 방향
(3) 충돌 충격에 의한 차량파손품의 위치 및 방향
(4) 충돌 후에 떨어진 액체잔존물의 위치 및 방향
(5) 차량 적재물의 낙하위치 및 방향
(6) 피해자의 유류품(遺留品) 및 혈흔자국
(7) 도로구조물 및 안전시설물의 파손위치 및 방향

❷ 사고차량 및 피해자조사

(1) 사고차량의 손상부위 정도 및 손상방향
(2) 사고차량에 묻은 흔적, 마찰, 찰과흔(擦過痕)
(3) 사고차량의 위치 및 방향
(4) 피해자의 상처 부위 및 정도
(5) 피해자의 위치 및 방향

❸ 사고당사자 및 목격자조사

(1) 운전자에 대한 사고상황조사
(2) 탑승자에 대한 사고상황조사
(3) 목격자에 대한 사고상황조사

❹ 사고현장 시설물조사

(1) 사고지점 부근의 가로등, 가로수, 전신주(電信柱) 등의 시설물 위치
(2) 신호등(신호기) 및 신호체계
(3) 차로, 중앙선, 중앙분리대, 갓길 등 도로횡단구성요소
(4) 방호울타리, 충격흡수시설, 안전표지 등 안전시설요소
(5) 노면의 파손, 결빙, 배수불량 등 노면상태요소

❺ 사고현장 측정 및 사진촬영

(1) 사고지점 부근의 도로선형(평면 및 교차로 등)
(2) 사고지점의 위치
(3) 차량 및 노면에 나타난 물리적 흔적 및 시설물 등의 위치
(4) 사고현장에 대한 가로방향 및 세로방향의 길이
(5) 곡선구간의 곡선반경, 노면의 경사도(종단구배 및 횡단구배)
(6) 도로의 시거 및 시설물의 위치 등
(7) 사고현장, 사고차량, 물리적 흔적 등에 대한 사진촬영

---

02 응급상황 대처요령

❶ 응급처치방법 ★★★

(1) 부상자 의식 상태 확인

1) **의식 확인** : 말을 걸거나 팔을 꼬집어 눈동자를 확인한 후 의식이 있으면 말로 안심시킨다.
2) **기도확보** : 의식이 없다면 기도를 확보하고 머리를 뒤로 충분히 젖힌 뒤, 입안에 있는 피나 토한 음식물 등을 긁어내어 막힌 기도를 확보한다.
3) **옆으로 눕힘** : 의식이 없거나 구토할 때는 목이 오물로 막히지 않도록 **옆으로 눕힌다**.

4) **목 뒤쪽 지지** : 목뼈 손상의 가능성이 있는 경우에는 목 뒤쪽을 한 손으로 받쳐준다.

5) 환자의 몸을 심하게 흔드는 것은 금지한다.

(2) 심폐소생술 ★★

1) 심폐소생술의 순서

① **의식확인 및 주변 도움 요청**(119신고, 자동제세동기)

㉠ **성인** : 양쪽 어깨를 가볍게 두드리며 안부를 말한 후 반응을 확인한다.

㉡ **영아** : 한쪽 발바닥을 가볍게 두드리며 반응을 확인한다.

♣ 영아 기준 : 생후 29일 이상 ~ 12개월 미만
♣ 유아 기준 : 12개월 돌 이후부터 만 6세까지
♣ 소아 기준 : 8세부터 14세까지

② **가슴압박 30회**

㉠ **성인, 소아** : 가슴압박 30회(분당 100~120회 / 약 5cm 이상의 깊이)

㉡ **영아** : 가슴압박 30회(분당 100~120회 / 약 4cm 이상의 깊이)

③ **기도개방 및 인공호흡 2회** : 성인, 소아, 영아의 가슴이 충분히 올라올 정도로 2회(1회당 1초간) 실시

④ **가슴압박 및 인공호흡 무한 반복** : 30회 가슴압박과 2회 인공호흡 반복(30 : 2)

2) 가슴압박 방법

① **성인**

㉠ 가슴의 중앙인 **흉골의 아래쪽 절반부위**에 손바닥을 위치시킨다.

㉡ **양손을 깍지 낀 상태**로 손바닥의 아래 부위만을 환자의 흉골부위에 접촉시킨다.

㉢ 시술자의 어깨는 환자의 흉골이 맞닿는 부위와 **수직이 되게 위치**시킨다.

㉣ 양쪽 어깨 힘을 이용하여 **분당 100~120회 정도의 속도로 5cm 이상 깊이**로 강하고 빠르게 30회 눌러준다.

② **소아**

㉠ 압박할 위치는 양쪽 젖꼭지의 부위를 잇는 선의 정 중앙의 바로 아래 부분이다.

㉡ 한 손으로 손바닥의 아래 부위만을 환자의 흉골 부위에 접촉시킨다.

㉢ 시술자의 어깨는 환자의 흉골이 맞닿는 부위와 수직이 되게 위치시킨다.

㉣ 한 손으로 1분당 100~120회 정도의 속도와 5cm 이상 깊이로 강하고 빠르게 30회 눌러준다.

③ **영아**

㉠ 압박할 위치는 양쪽 젖꼭지 부위를 잇는 선 정 중앙의 바로 아래 부분이다.

㉡ 검지와 중지 또는 중지와 약지 손가락을 모은 후 첫마디 부위를 환자의 흉골부위에 접촉시킨다.

㉢ 시술자의 손가락은 환자의 흉골이 맞닿는 부위와 수직이 되게 위치한다.

㉣ 1분당 100~120회의 속도와 4cm 이상의 깊이로 강하고 빠르게 30회 눌러준다

3) 기도개방 및 인공호흡 방법

① **성인**(소아도 동일) ★

㉠ 한 손으로 턱을 들어올리고, 다른 손으로 머리를 뒤로 젖혀 기도를 개방시킨다.

㉡ 머리를 젖힌 손의 **검지와 엄지로 코를 막는다.**

㉢ 가슴 상승이 눈으로 확인될 정도로 **1초 동안 인공호흡을 2회 실시**한다.

② **영아**

㉠ 한 손으로 귀와 바닥이 평행할 정도로 턱을 들어 올리고, 다른 손으로 머리를 뒤로 젖힌다.

㉡ 환자의 입과 코에 동시에 숨을 불어 넣을 준비를 한다.

㉢ 가슴 상승이 눈으로 확인될 정도로 1초 동안 인공호흡을 2회 실시한다.

(4) 출혈 또는 골절 ★

1) **출혈이 심한 경우의 지혈** : 출혈 부위보다 심장에 가까운 부위를 헝겊 또는 손수건 등으로 지혈될 때까지 꽉 잡아맨다.

2) **출혈이 적을 때의 지혈** : 거즈나 깨끗한 손수건으로 상처를 꽉 누른다.

3) **내출혈 발생 시** : 가슴이나 배를 강하게 부딪쳐 내출혈이 발생하였을 때는 **얼굴이 창백해지며 핏기가 없어지고 식은땀**을 흘리며 호흡이 얕고 빨라지는 쇼크증상이 발생한다.

① 옷의 단추를 푸는 등 **옷을 헐렁하게 하고 하반신을 높게** 한다.

② 춥지 않도록 **모포 등을 덮어주되**, 햇볕을 직접 쬐지 않도록 한다.

✚ STUDY 코피가 날 때 조치

❶ **코피의 원인**

(1) 코에 대한 충격이나 코 안쪽을 세게 찌르는 것(코를 후비는 경우)과 같은 신체적 충격이 있을 때

(2) 고혈압 등으로 혈압이 급격하게 상승하여 비강 점막을 자극하여 코피가 날 수 있다.

(3) 건조한 환경

(4) 항응고제나 혈액응고 방지제를 복용하는 경우

❷ **코피에 대한 조치**

(1) 코 안을 거즈 같은 것으로 막는 것은 좋은 지혈법은 아니다.

(2) 일반적인 코피 지혈법은 엄지와 검지를 사용하여 코앞 연골 부위를 코뼈에 바짝 붙여 단단히 잡고 5분 정도 유지하여 지혈을 시도한다.

(3) 코에 얼음찜질을 하면 혈관이 수축하여 출혈을 줄이는 데 도움이 된다.

(4) 코피가 나는 동안 피를 뱉으면 출혈이 심해질 수 있으니 코피를 뱉지 않도록 한다.

(5) 코피가 20분 이상 지속되거나 자주 발생하는 경우에는 병원을 방문하도록 해야 한다.

4) **골절부상** : 잘못 다루는 경우 더 위험해질 수 있으므로 구급차가 올 때까지 기다린다.

① 지혈이 필요하다면 **골절 부분은 건드리지 않도록 주의**하여 지혈한다.

② 팔이 골절되었다면 헝겊으로 띠를 만들어 팔을 매달도록 한다.

(5) **차멀미** ★

1) **증상**

① 자동차를 타면 어지럽고 속이 메스꺼우며 토하는 증상이 나타나는 것을 말한다.

② 심한 경우 갑자기 쓰러지고 안색이 창백하며 사지가 차가우면서 땀이 나는 허탈증상이 나타나기도 한다.

2) **세심한 배려**

① 통풍이 잘되고 **흔들림이 비교적 적은 앞쪽으로** 앉도록 한다.

② 증상이 심한 경우에는 **정차할 수 있는 곳에 정차**하여 내리도록 한 후 시원한 공기를 마시도록 한다.

③ 자동차관리토한 경우를 대비해 **위생봉지를 준비**하고, 승객이 토한 경우 주변 승객이 불쾌하지 않도록 신속히 처리한다.

❷ **응급상황 대처요령**

(1) **교통사고 발생 시 운전자의 조치사항**

1) **사고피해의 최소화와 제2차 사고방지** : 운전자는 사고피해를 최소화하고 제2차 사고방지를 위한 조치를 우선적으로 취한다.

2) **마음의 평정** : 운전자는 사고에 대한 조치를 위해서 마음의 평정을 찾아야 한다.

3) **사고발생시 운전자의 조치과정** ★

① **탈출** : 교통사고 발생 시 엔진을 멈추어 연료가 인화되지 않도록 한다. 그리고 안전하고 신속하게 사고차량으로부터 탈출해야 한다.

② **인명구조** : i) 승객이나 동승자가 있는 경우 적절한 유도로 승객의 혼란을 방지하여 피해를 최소화, ii) 정차위치가 차도, 노견 등과 같이 위험한 장소일 때에는 즉시 **도로 밖의 안전장소로 유도**하고 2차 피해 방지, iii) 부상자에 대한 **우선 응급조치**

③ **후방방호** : 경황이 없는 중에 통과차량에 알리기 위해 차도에서 손을 흔드는 등의 위험한 행동을 하지 않는다.

④ **연락** : 보험회사나 경찰 등에 연락할 사항은 다음과 같다.

  ㉠ 사고발생지점 및 상태
  ㉡ 부상 정도 및 부상자 수
  ㉢ 회사명
  ㉣ 운전자 성명
  ㉤ 우편물, 신문, 여객의 휴대 화물의 상태
  ㉥ 연료 유출여부 등

⑤ **대기** : i) 대기요령은 고장차량의 경우와 같음, ii) 부상자를 후송할 경우 위급한 환자부터 먼저 후송

✿ 사고발생 시 운전자의 조치순서를 암기해야 합니다. 특히 연락은 후방방호 후에 한다는 것과 대기는 마지막 단계임을 아셔야 합니다.

✿ 두문자 : 탈인후연대

(2) 차량고장 시 운전자의 조치사항 ★

1) 교통사고와 차량고장의 상호 연관

2) 고장이 발생할 경우의 조치방법

① 결함이 심할 경우 비상등을 점멸시키면서 길어깨(갓길)에 바짝 차를 대서 정차한다.

② 차에서 하차하는 때에는 옆 차로의 차량 주행상황을 살핀 후 하차한다.

③ 야간에는 밝은 색 옷이나 야광이 되는 옷을 착용하는 것이 좋다.

④ 차의 후방에 경고반사판을 설치하고 비상전화를 한다. 특히 야간에는 주의를 기울인다.

⑤ 비상주차대에 정차할 때는 타 차량의 주행에 지장을 주지 않도록 정차한다.

3) 후방에 대한 안전조치 ★ : 고장이나 그밖의 사유로 고속도로 등에서 자동차를 운전할 수 없게 된 경우 고장자동차의 표지는 후방에서 접근하는 자동차의 운전자가 확인할 수 있는 위치에 설치하여야 한다. **밤에는** 고장자동차의 표지와 함께 500m 지점에서 식별할 수 있는 적색의 섬광신호·전기제동 또는 불꽃신호를 추가로 설치해야 한다.

(3) 재난발생 시 운전자의 조치사항

1) **운행 중 재난의 발생** : 신속하게 차량을 안전지대로 이동한 후 즉각 회사 및 유관기관에 보고한다.

2) **장시간 고립 시 조치**

① 유류, 비상식량, 구급환자발생 등을 즉시 신고한다.

② 한국도로공사 및 인근 유관기관 등에 협조를 요청한다.

3) **승객에 대한 우선적 안전조치**

① **폭설 및 폭우 등으로 운행이 불가능하게 된 경우** : 응급환자 및 노인, 어린이 승객을 우선하여 안전지대로 대피시키고 유관기관에 협조를 요청한다.

② **재난 시 승객보호**

  ㉠ 차내에 유류를 확인하고 업체에 현재 위치를 알리고 도착 전까지 차내에서 안전하게 승객을 보호

  ㉡ 재난 시 차량 내에 이상 여부 확인하고 신속하게 안전지대로 차량을 대피

PART 4 — 단원별 기출지문정리

담금정리

01 **중앙버스전용차로**는 일반차량과 **마찰이 최소화**되고, 대중교통의 **이용률이 증가**하나, (　　) 등 안전문제가 발생할 수 있고 설치비용이 많이 든다.

02 고객서비스의 특징으로는 **무형성, 동시성, 인적의 존성, 소멸성, 무소유권, 변동성, 다양성**이 있다.

03 **가로변버스전용차로**는 전용차로상의 주·정차 차량의 근절이 힘들고 (　　)하는 차량과 충돌할 위험이 있으나 적은 비용으로 운영이 가능하다.

04 악수는 **여자가 남자**에게, **승객이 직원**에게 청하는 것이 기본예절이다.

05 지위 지향적 직업관, 귀속적 직업관(학연이나 지연에 의지), 전문능력 중심의 직업관, 차별적 직업관, 생계유지의 수단적 직업관 중에서 바람직한 직업관은? (　　　)

06 어떠한 직업이든지 **자신이 하는 일에 전력을 다하는 것**을 하늘의 뜻이라고 생각하는 직업관은 (　　)이다.

[해설] 참고로 천직의식은 수입에 상관없이 직업에 긍지와 열정을 가지고 성실히 임하는 것이다.

07 **일반통행로**에 대중교통수요 등으로 버스노선이 필요한 경우에 설치되며, 시행준비가 까다롭고 투자비용이 많이 소요되는 단점이 있는 전용차로는?

08 모든 여객운송버스는 **난방 및 냉방장치를 설치**해야 하나, (　　) 여객자동차의 경우는 도지사가 인정하는 경우 설치하지 않을 수 있다.

09 (　) 및 (　) 운송사업자는 자동차의 운행 전에 안전사항에 대한 안내방송을 하도록 해야 한다.

10 버스의 (　　)에는 재생한 타이어를 사용하면 안 된다.

11 앞바퀴 타이어에 튜브리스 타이어를 사용해야 하는 버스운송버스는? (　　　)

12 (　　) 여객자동차운송사업자는 여객의 운행요청이 있는 경우 이를 거부해서는 안 된다.

13 휴대물품 적재함이나 선반을 설치할 의무를 가지는 운송사업자는? (　　)

14 입석 여객의 안전을 위하여 **손잡이대 또는 손잡이를 설치**하여야 하는 사업자는 (　　)버스, (　　)버스, 마을버스 및 (　　)시외버스 및 수요 응답형 여객자동차이다.

15 하차문이 있는 (　　)버스는 압력감지기 또는 전자감응장치, 가속페달 잠금장치를 설치해야 한다.

[해설] 노선버스 중에서 시외직행, 시외고속 및 시외우등고속은 장치 대상에서 제외된다.

16 국내 버스준공영제의 일반적 형태는 (　　)형을 바탕으로 표준운송원가 대비 수입금의 부족분을 지원하는 (　　)형을 취하고 있다.

17 버스운행관리시스템(BMS)의 운행정보 인지로 정시운행, 차간 간격 조정운영, 운행질서확립은 (　　)에 대한 기대효과이다.

18 버스준공영제는 운영은 (　　), 관리는 (　　)에서 담당하게 하는 운영체제이다.

19 (　　)제는 연계·환승시스템, 정기권 도입 등 효율적 운영체계의 시행이 **가장 용이**하다.

---

01 무단횡단 **03** 우회전 **05** 전문능력중심의 직업관 **06** 소명의식 **07** 역류버스전용차로 **08** 농어촌버스 및 수요응답형
09 시외버스, 전세버스 **10** 앞바퀴 **11** 시외우등고속버스, 시외고속버스, 시외직영버스, 전세버스 **12** 수요응답형
13 시외버스 **14** 시내, 농어촌, 일반형 **15** 노선 **16** 수입금공동관리, 직접지원 **17** 운수종사자 **18** 민간, 공공영역 **19** 공영제

20 **대중교통 전용지구**는 ( ) 및 ( ) 승합차, 긴급자동차만 통행이 가능하며, 심야시간에 한하여 택시의 통행이 가능하다.

21 ( )는 버스노선의 사유화로 비효율적 운행, 버스업체의 자발적 경영개선의 한계, 교통효율성 제고를 위한 버스교통의 활성화 등이 도입배경이다.

22 시내버스(광역급행형이 아님), 농어촌버스의 운임결정은 ( )가 한다.

23 ( )는 시내버스 서비스 평가제, 운송수입금 공동관리 및 정산시스템의 구축이 운영의 핵심이다.

24 전세버스와 특수여객은 버스운송회사가 요금을 ( )로 결정할 수 있다.

25 **시외버스**와 **고속버스** 그리고 **광역급행형 시내버스**의 운임의 기준과 요율결정 행정기관은 ( )이다.

26 **거리체감제**는 ( )버스와 ( )버스가 채택하고 있다.

27 **고속버스와 시외버스의 버스운임의 신고 행정기관은** ( )이다.
   [해설] 시외버스와 고속버스의 신고 행정기관만 시·도지사이고 나머지 여객운송버스의 신고는 시장·군수에 한다.

28 **시내버스·농어촌버스, 마을버스**의 버스요금체계는 ( )를 취하고 있다.
   [해설] 다만, 시(읍)계 외 지역의 시내버스와 농어촌버스는 구역제·구간제·거리비례제를 취한다.

29 시외버스의 버스요금체계는 ( )제와 거리체감제를 병용하고 있다.

30 **시내버스**(광역급행형은 제외)**와 농어촌버스**의 운임의 결정은 ( )가 하고, **시외버스와 고속버스**의 운임결정은 ( )이 한다.

31 분리된 버스전용차로, 효율적 요금징수 시스템, 지능형교통시스템, 실시간 버스운행정보, 환승시스템은 ( )의 핵심이라고 할 수 있다.

32 교통사고율이 감소하고 보험료가 절감되어 버스회사에 긍정적 효과를 가져오는 제도는 ( )이다.
   [해설] 버스운행관리시스템(BMS)가 버스회사, 운전자, 시·군에 대한 긍정적인 효과를 가져오나, BIS는 승객에게 편의를 가져다 준다.

33 버스의 위치를 실시간으로 파악하여 인터넷을 통해서 운행정보를 제공하는 시스템은? ( )

34 **간편한 시행과 적은 비용**으로 운영이 가능하고, 교차로 부근에서 일반차량의 버스전용차로 이용을 허용하는 전용차로는? ( )

35 버스전용차로는 **버스통행량이 일정 수준 이상**이고, 승차인원이 ( )명인 승용차의 비중이 높은 구간에 설치하는 것이 바람직하다.

36 **교통시스템의 구성요소로는 단말기, 집계**시스템, **정산**시스템이 있다.

37 **일방통행로**에 대중교통수요 등으로 인해 버스노선이 필요한 경우에 설치하는 버스전용차로는 ( ) 전용차로이다.

38 **버스의 운행속도를 높이며 교통정체가 심한 구간에서 효과적**인 버스전용차로는 ( ) 전용차로이다.

39 일반차로의 통행량이 다른 전용차로에 비해 **많이 감소**하며 승·하차 정류소에 대한 **보행자의 접근거리가 길어지는 단점**이 있는 버스전용차로는 ( )전용차로이다.

40 **고속도로 버스전용차로**는 평일에는 안성나들목에서 양재나들목까지 서울·부산 양방향으로 07:00부터 ( )까지 운영한다.
   [해설] 토요일, 공휴일은 신탄진나들목에서 양재나들목까지 07:00부터 다음날 21:00까지 운영한다.

---

20 버스, 16인승 21 준공영제 22 시·도지사 23 준공영제 24 자율 25 국토교통부장관 26 고속, 시외 27 시·도지사 28 단일요금제 29 거리운임요율 30 시·도지사, 국토교통부장관 31 간선급행버스체계(BRT) 32 버스운행관리시스템(BMS) 33 버스정보시스템(BIS) 34 가로변버스전용차로 35 1 37 역류버스 38 중앙버스 39 중앙버스 40 21:00

41 **교통카드**로 교통요금 결정의 기초자료를 확보하고 첨단교통체계의 기반을 마련하는 기대효과를 얻는 주체는 (   )이다.

42 의식이 없거나 구토할 때 목이 오물로 막혀 질식되지 않도록 (   ) 눕힌다.

43 심폐소생술은 (   )회의 가슴압박과 (   )회의 인공호흡을 반복하여 실시한다.

44 가슴압박은 가슴의 (   )인 흉골 (   ) 절반 부위에 두 손을 올려놓고 **팔을 곧게 펴서 바닥에 수직이 되도록** 한 후 **4~5cm의 깊이**로 체중을 이용하여 압박과 이완을 반복한다.

45 사고발생 시 운전자가 취해야 할 조치과정은 **탈출**, (   ), (   ), (   ), **대기**의 순으로 한다.

46 (   )부상자는 되도록 구급차가 올 때까지 가급적 기다리는 것이 바람직하다.

47 출혈이 심한 경우 (   ) 부위에 헝겊 또는 손수건으로 지혈될 때까지 꽉 잡아맨다.

48 **야간에** 교통사고 발생 시 안전표지와 더불어 사방 (   )미터 지점에 식별할 수 있는 적색의 섬광신호·전기제등 또는 불꽃을 **추가로 설치**해야 한다.

49 차량중량은 (   )상태의 자동차 중량이고, 차량총중량은 (   )상태의 자동차 중량이다.

50 차량고장 시 (   )를 하기 전에 차의 후방에 경고반사판을 설치해야 한다.

51 구조차 또는 서비스차가 도착할 때까지 차량 내에서 대기하는 것은 위험하므로 **반드시 후방의 안전지대에서** 기다린다.

52 사망자 (   )명과 중상자 (   )명 이상이 발생한 사고도 **중대한 교통사고**이다.

해설 지문은 여객자동차운수사업법상의 **중대한 교통사고**이고, 교통사고조사규칙상의 **대형사고**는 3명 이상이 사망하거나 20명 이상의 사상자가 발생한 경우를 말한다.

53 (   )사고는 차가 주행 중 도로 또는 도로 이외의 장소에 차체의 측면이 지면에 접하고 있는 상태로서 중대한 교통사고는 아니다.

54 잘못 진입한 차량으로 교통혼잡이 발생할 수 있는 버스전용차로는? (   )

55 전용차로에서 우회전하는 버스와 일반차로에서 좌회전하는 차량에 대한 체계적인 관리가 필요한 버스전용차로는? (   )

56 심폐소생술의 순서로는 의식확인 및 주변 도움 요청 → **가슴압박** (   )회 → **기도개방 및 인공호흡** (   )회 → 가슴압박과 인공호흡 **무한 반복**

---

41 정부 **42** 옆으로 **43** 30, 2 **44** 중앙, 아래 **45** 인명구조, 후방방호, 연락 **46** 골절 **47** 심장에 가까운 **48** 500
49 공차, 적차 **50** 비상전화 **52** 1, 3 **53** 전도 **54** 역류버스전용차로 **55** 중앙버스전용차로 **56** 30, 2

PART 4 단원별 적중모의고사 실전점검

01 제1회 적중모의고사

01 고객서비스의 특징에 대한 설명으로 틀린 것은?

① 서비스는 유형(有形)의 상품으로서 측정하기는 어렵지만 누구나 느낄 수 있다.
② 서비스는 공급자에 의해 제공되는 동시에 소비되는 성격을 가지고 있다.
③ 똑같은 서비스라 하더라도 그것을 행하는 사람에 따라 품질의 차이가 발생한다.
④ 서비스는 제공한 즉시 사라져 남아있지 않는다.

해설 ① 서비스는 무형(無形)의 상품으로서 측정하기도 어렵지만 누구나 느낄 수 있다(무형성).
② 동시성에 대한 설명이다.
③ 인간주체에 따른 이질성에 대한 설명이다.
④ 소멸성의 설명이다.

02 운전자의 사명과 자세의 설명으로 틀린 것은?

① 운전자는 공익을 위한 일을 한다는 '공인'의 자세를 가져야 한다.
② 상황에 맞는 적절한 판단으로 교통규칙을 준수해야 한다.
③ 운전 시 주의력을 집중하되 판단이 되지 않는 상황에서는 예측운전을 한다.
④ 여유를 가지고 서로 양보하는 마음으로 운전한다.

해설 운전 시 주의력을 집중하고 예측운전 보다는 교통상황의 변화에 안전을 확인한 후 자동차를 조작해야 한다.

03 운송사업자의 준수사항에 대한 설명 틀린 것은?

① 운송사업자는 회사명, 자동차번호, 운전자 성명, 나이 등의 사항을 승객이 보기 쉬운 위치에 게시하여야 한다.
② 운송사업자는 운수종사자로 하여금 일정한 사항을 성실하게 준수하도록 항상 지도·감독해야 한다.
③ 시외버스운송사업자는 운임을 받을 때 일정 양식의 승차권을 발행해야 한다.
④ 전세버스운송사업자 및 특수여객자동차운송사업자는 운임 또는 요금을 받은 경우 영수증을 발급해야 한다.

해설 ① 운전자의 성명을 게시하면 되고 나이까지 게시할 필요는 없다.

04 운수종사자의 준수사항에 대한 설명으로 틀린 것은?

① 일정한 장소에 오랜 시간 정차하여 여객을 유치하는 행위를 해서는 안 된다.
② 자동차 안내방송 시설이 설치되어 있는 경우 안내방송을 반드시 해야 한다.
③ 자동차 운행 중 사고가 발생할 우려가 있다고 인정될 때에만 운행을 중지한다.
④ 자동차의 출입구나 통로를 막을 우려가 있는 물품을 가지고 타는 행위를 제지한다.

해설 ③ 중대한 고장을 발견하였을 때에도 즉시 운행을 중지하고 적절한 조치를 해야 한다.

05 우리나라 버스준공영제의 일반적인 형태로 옳은 것은?

① 수입금 공동관리형 + 직접 지원형
② 노선 공동관리형 + 간접 지원형
③ 자동차 공공관리형 + 직접 지원형
④ 수입금 공공관리형 + 간접 지원형

해설 우리나라는 수입금 공동관리형을 바탕으로 표준운송원가 대비 운송수입금 부족분을 지원하는 직접 지원형이다.

01 ① 02 ③ 03 ① 04 ③ 05 ①

06 버스요금의 기준·요율의 결정과 신고를 자율요금으로 정하는 운송사업은?
① 시내버스 ② 농어촌버스
③ 마을버스 ④ 전세버스

해설 전세버스와 특수여객은 버스요금 기준·요율의 결정과 신고를 자율요금으로 정한다. 즉 운송사업자가 요금의 기준과 요율을 직접 정할 수 있다는 말이다.

07 간선급행버스체계의 특징에 대한 설명으로 옳지 않은 것은?
① 가로변버스차로와 같은 버스전용차로의 제공
② 환승정류소 및 터미널을 이용하여 다른 교통수단과 연계가능
③ 실시간으로 승객에게 버스운행정보의 제공
④ 효율적인 사전 요금징수 시스템의 채택

해설 간선급행버스체계는 중앙버스전용차로와 같은 분리된 버스전용차로를 제공한다.

08 버스전용차로에 대한 설명으로 틀린 것은?
① 가로변버스전용차로, 역류버스전용차로, 중앙버스전용차로로 구분할 수 있다.
② 버스전용차로의 설치로 일반차량의 교통상황이 더 좋아진다.
③ 전용차로를 설치하고자 하는 구간의 교통정체가 심한 곳이 적절하다.
④ 도로의 구조가 전용차로를 설치하기에 적당한 구간에 설치한다.

해설 ② 버스전용차로의 설치로 일반차량의 교통상황이 나빠지는 현상이 발생할 수 있다.

09 다음은 어떤 버스전용차로에 대한 설명인가?

> 버스전용차로가 시작하는 구간에서는 일반차량의 직진 차로수의 감소에 따르는 교통혼잡이 발생할 수 있으나, 대중교통의 통행속도를 제고하고 정시성을 확보할 수 있다.

① 중앙버스전용차로
② 역류버스전용차로
③ 가로변버스전용차로
④ 세로변버스전용차로

10 교통카드시스템의 구성요소에 들어가지 않는 것은?
① 단말기   ② 집계시스템
③ 정산시스템 ④ 연결시스템

해설 연결시스템이 아니라 '충전시스템'이다.

11 가슴압박과 인공호흡을 반복하는 단계에서 적절한 횟수는?
① 60회 가슴압박과 3회의 인공호흡 반복
② 50회 가슴압박과 2회의 인공호흡 반복
③ 40회 가슴압박과 3회의 인공호흡 반복
④ 30회 가슴압박과 2회의 인공호흡 반복

12 자동차 및 자동차부품의 성능과 기준에 관한 규칙에 따른 자동차와 관련된 용어에 대한 설명으로 옳은 것은?
① 차량총중량은 공차상태의 자동차 중량을 말한다.
② 적차상태는 공차상태의 자동차에 승차정원의 인원이 승차하고 최대적재량의 물품이 적재된 상태를 말한다.
③ 차량중량은 적차상태의 자동차의 중량을 말한다.
④ 승차정원은 자동차에 승차할 수 있도록 허용된 운전자를 제외한 최대인원을 말한다.

해설 ① 차량중량은 공차상태의 자동차 중량이고, 차량총중량은 적차차량의 자동차중량을 말한다.
③ 차량총중량이 적차상태의 자동차 중량이다.
④ 승차정원은 운전자를 포함한 최대인원을 말한다.

06 ④ 07 ① 08 ② 09 ① 10 ④ 11 ④ 12 ②

13 고장자동차의 표지에 대한 설명으로 옳은 것은?

① 낮의 경우 그 자동차로부터 200미터 이상의 뒤쪽 도로상에 설치한다.

② 야간에는 그 자동차로부터 300미터 이상의 뒤쪽 도로상에 불꽃신호를 설치한다.

③ 밤에는 표지와 함께 후방 500미터 지점에서 식별할 수 있는 적색의 섬광신호·전기제등 등을 추가로 설치한다.

④ 밤에는 표지와 함께 사방 500미터 지점에서 식별할 수 있는 적색의 섬광신호·전기제등 또는 불꽃신호를 추가로 설치한다.

해설 주간에는 '고장자동차의 표지'는 거리제한이 있는 것이 아니고 후방에서 접근하는 자동차의 운전자가 확인할 수 있는 위치에 설치하면 된다.
③ "후방"이 아니라 "사방" 500미터 지점이다.

14 버스에서 발생하기 쉬운 사고유형과 대책에 대한 설명으로 틀린 것은?

① 운행거리와 운행시간이 타 차량에 비해 길고 돌발요소들이 많아 사고발생 확률이 높다.

② 버스사고는 횡단보도 부근에서 가장 많이 발생한다.

③ 버스사고의 절반은 사람과 관련하여 발생한다.

④ 승객이 좌석이나 입석공간에 완전히 위치한 지를 확인하고 천천히 출발한다.

해설 ② 버스사고는 주행 중인 도로상, 버스정류소, 교차로 부근, 횡단보도 부근 순으로 많이 발생한다.

15 교통카드시스템에 대한 설명으로 틀린 것은?

① 소비자는 하나의 카드로 다수의 교통수단을 이용할 수 있다.

② 운영자는 정확한 전산실적자료에 근거하여 운행의 효율화를 꾀할 수 있다.

③ 다양한 요금체계에 대응하기는 어렵다.

④ 정부는 교통정책 및 요금 결정의 합리적인 기초자료를 확보할 수 있다.

해설 교통카드시스템으로 운영자는 다양한 요금체계(거리비례제, 구간요금제 등)에 대응할 수 있다.

02 제2회 적중모의고사

01 승객만족을 위한 기본예절에 대한 설명으로 옳지 않은 것은?

① 승객에게 관심을 표현하는 것으로 승객과의 관계는 더욱 가까워진다.

② 승객의 여건, 능력, 개인차를 인정하고 배려한다.

③ 모든 인간관계는 성실을 바탕으로 한다.

④ 승객과의 관계는 공과 사를 명백히 구분하여 형식주의를 취하는 것이 좋다.

해설 ④ 승객을 기억하고 관심을 표현하여 가까워지려는 태도가 형식주의보다 좋다.

02 운수종사자의 준수사항으로 옳지 않은 것은?

① 승객이 쉽게 볼 수 있는 위치에 회사명, 자동차번호, 운전자 성명, 불편사항 연락처 및 차고지 등을 적은 표지판을 게시하여야 한다.

② 승하차할 여객이 있는데도 정류장을 지나치면 안 된다.

③ 자동차 안내방송 시설이 되어 있는 경우에는 안내방송을 반드시 해야 한다.

④ 자동차의 운행 중 중대한 고장을 발견하거나 사고발생의 우려가 있는 경우에는 운행을 중지하고 적절한 조치를 취한다.

해설 ① 운수종사자의 준수사항이 아니라 운송사업자의 준수사항이다.

13 ④ 14 ② 15 ③ | 01 ④ 02 ①

03 준공영제에 대한 설명으로 옳지 않은 것은?

① 버스준공영제는 노선 공동관리형, 수입금 공동관리형, 자동차 공동관리형이 있다.
② 우리나라 버스준공영제는 수입금공동관리제를 바탕으로 간접지원형이다.
③ 운송수입금 공동관리 및 정산시스템 구축으로 투명한 자금 관리를 할 수 있다.
④ 무료환승제 도입은 대중교통 이용 활성화를 유도할 수 있다.

해설 ② 우리나라는 표준운송원가대비 부족분을 지원하는 직접지원형이다.

04 교통관련 용어에 대한 설명으로 틀린 것은?

① 대형사고는 3명 이상이 사망하거나 20명 이상의 사상자가 발생한 사고이다.
② 여객자동차운수사업법상 중상자 6명 이상이 발생한 사고도 중대한 교통사고이다.
③ 전도사고는 차가 주행 중 도로 또는 도로 이외의 장소에 뒤집혀 넘어진 것을 말한다.
④ 추돌사고는 2대 이상의 차가 동일방향으로 주행 중 뒤차가 앞차의 후면을 충격한 것을 말한다.

해설 ③은 전도사고가 아니고 전복사고에 대한 설명이다. 전도사고는 차가 주행 중 도로 또는 도로 이외의 장소에 차체의 측면이 지면에 접하고 있는 상태를 말한다.

05 가로변버스전용차로에 대한 설명으로 틀린 것은?

① 종일 또는 출·퇴근 시간대 등을 지정하여 운영할 수 있다.
② 버스전용차로 운영시간대에는 가로변의 주·정차를 금지하는 경우에 효과적이다.
③ 일방통행로에 대중교통수요 등으로 인하여 버스노선이 필요한 경우에 설치된다.
④ 교차로 부근에서는 일반차량의 버스전용차로 이용을 허락하여야 한다.

해설 ③ 역류버스전용차로가 필요한 경우에 해당한다.

06 바람직한 직업관이 아닌 것은?

① 소명의식을 지닌 직업관
② 생계유지의 수단적 직업관
③ 사회구성원으로서의 역할 지향적 직업관
④ 미래지향적 전문능력 중심의 직업관

해설 ② 지위지향적 직업관, 귀속적 직업관, 차별적 직업관, 폐쇄적 직업관은 잘못된 직업관이다.

07 버스의 타이어 사용에 대한 설명으로 틀린 것은?

① 노선버스의 뒷바퀴에는 재생한 타이어를 사용해서는 안 된다.
② 시외우등고속버스, 시외고속버스 및 시외직행버스의 앞바퀴의 타이어는 튜브리스 타이어를 사용해야 한다.
③ 전세버스의 앞바퀴의 타이어는 튜브리스 타이어를 사용해야 한다.
④ 일반장의자동차의 앞바퀴는 재생한 타이어를 사용하면 안 된다.

해설 ① 노선버스의 앞바퀴에는 재생한 타이어를 사용해서는 안 된다.

08 노선버스의 장치 및 설비 등에 대한 준수사항으로 틀린 것은?

① 시외직행, 시외고속버스는 하차문에 압력감지기 또는 전자감응장치 그리고 가속페달 잠금장치를 설치해야 한다.
② 난방장치 및 냉방장치를 설치해야 한다.
③ 시내버스 및 농어촌버스의 차 안에는 안내방송장치를 갖추어야 한다.
④ 시외버스(시외중형버스는 제외)의 차 안에는 휴대물품을 둘 수 있는 선반과 차 밑부분에는 별도의 휴대물품 적재함을 설치해야 한다.

03 ② 04 ③ 05 ③ 06 ② 07 ① 08 ①

해설 ① 하차문이 있는 노선버스(시외직행, 시외고속 및 시외우등고속은 제외)는 여객이 하차 시 하차문이 닫힘으로써 여객에게 상해를 줄 수 있는 경우에 하차문의 동작이 멈추거나 열리도록 하는 압력감지기 또는 전자감응장치를 설치하고, 하차문이 열려있으면 가속페달이 작동하지 않도록 하는 가속페달 잠금장치를 설치해야 한다.

09 다음 버스운송사업 중에서 '단일(균일)요금제'를 취하고 있는 버스가 아닌 것은?

① 특별시·광역시·시·군 내의 시내버스
② 특별시·광역시·시·군 내의 농어촌버스
③ 전세버스와 특수여객
④ 마을버스

해설 전세버스와 특수여객은 자율요금제를 취하고 있다.

10 노선운송사업별 운임의 기준·요율 결정권자를 연결한 것으로 옳지 않은 것은?

① 시내버스 - 시·도지사
② 광역급행형 시내버스 - 시·도지사
③ 시외버스와 고속버스 - 국토교통부장관
④ 마을버스 - 시장·군수

해설 ② 광역급행형 시내버스는 국토교통부장관이 운임의 기준·요율결정권자이다.

11 출혈이나 골절 시 조치방법에 대한 설명으로 틀린 것은?

① 내출혈이 발생한 경우 얼굴이 창백해지며 호흡이 얕고 빨라지는 쇼크증상이 발생한다.
② 출혈이 적을 때에는 응급조치를 하지 않고 병원으로 신속하게 이동해야 한다.
③ 골절 부상자는 되도록 구급차가 올 때까지 기다리는 것이 좋다.
④ 내출혈 시 부상자가 춥지 않도록 모포 등을 덮어주고, 햇볕은 직접 쬐지 않도록 한다.

해설 ② 출혈이 적을 때에는 거즈나 깨끗한 손수건으로 상처를 꽉 누르는 것이 좋다.

12 간선급행체계의 특성으로 옳지 않은 것은?

① 중앙버스차로와 같은 분리된 버스전용차로를 제공한다.
② 효율적인 사전 요금징수 시스템을 채택할 수 있다.
③ 실시간으로 승객에게 버스운행정보를 제공할 수 있다.
④ 버스운행관리, 이력관리 및 버스운행정보를 제공하는 것을 목적으로 한다.

해설 ④ 버스운행관리시스템(BMS)의 목적이다.

13 버스정보시스템(BIS) 및 버스운행관리시스템(BMS)에 대한 설명으로 옳은 것은?

① 버스운행관리시스템(BMS)는 이용자에게 버스운행상황에 대한 정보를 제공한다.
② 버스정보시스템(BIS)의 제공매체는 버스회사 단말기, 상황판, 차량단말기이다.
③ 버스정책 수립을 위한 기초자료를 제공하는 것은 버스정보시스템(BIS)이다.
④ 버스운행관리시스템(BMS)을 통하여 버스운행관리센터 또는 버스회사에서 버스운행상황과 사고 등 돌발적인 상황을 감지할 수 있다.

해설 ① 버스정보시스템(BIS)은 이용자에게 버스운행상황에 대한 정보를 제공한다.
② 버스운행관리시스템(BMS)의 제공매체는 버스회사 단말기, 상황판, 차량단말기이다.
③ 버스정책 수립을 위한 기초자료를 제공하는 것은 버스운행관리시스템(BMS)이다.

09 ③ 10 ② 11 ② 12 ④ 13 ④

14 역류버스전용차로에 대한 설명으로 틀린 것은?

① 차로분리시설과 안내시설 등의 설치가 필요하다.
② 대중교통의 정시성을 확보하기 힘들다.
③ 대중교통서비스를 제공하면서 가로변에 설치된 일방통행의 장점을 유지할 수 있다.
④ 가로변 버스전용차로에 비해서 시행비용이 많이 든다.

해설 ② 역류버스전용차로는 대중교통의 정시성이 제고된다.

15 버스전용차로에 대한 설명으로 틀린 것은?

① 버스전용차로의 설치는 일반차량의 교통상황이 나빠질 수 있다.
② 버스전용차로는 편도 3차로 이상 등 도로의 구조에 설치하는 것이 좋다.
③ 9인승 이상 승용자동차 및 승합자동차는 고속도로 버스전용차로를 통과할 수 있다.
④ 12인승 이하의 승합자동차는 5인 이상이 승차한 경우에 한한다.

해설 ④ 12인승 이하의 승합자동차는 6인 이상이 승차한 경우에 한한다.

03 제3회 적중모의고사

01 서비스의 품질을 평가하는 고객의 기준과 가장 거리가 먼 것은?

① 신뢰성　　② 신속한 대응
③ 정확성　　④ 회사의 재무건전성

해설 ①·②·③ 이외에도 고객에 대한 태도, 편의성, 고객과의 커뮤니케이션, 신용도, 안전성, 고객의 이해도, 환경 및 분위기가 서비스 품질을 평가하는 고객의 기준이라고 할 수 있다.

02 승객 응대 마음가짐으로 옳지 않은 것은?

① 승객의 입장에서 생각한다.
② 항상 긍정적으로 생각한다.
③ 공사를 구분하고 공평하게 대한다.
④ 자신감 보다는 겸손해지려 노력한다.

해설 여러 승객을 태우고 안전을 책임지는 버스기사는 자신감을 가지는 태도가 필요하다.

03 운전자가 지켜야 할 운전예절에 대한 설명으로 틀린 것은?

① 횡단보도에서는 보행자가 먼저 지나가도록 일시정지하여 보행자를 보호해야 한다.
② 도로상에서 고장차를 발견하였을 경우에는 길 가장자리 구역으로 유도한다.
③ 방향지시등을 켜고 끼어드는 경우 양보를 해주는 여유를 가진다.
④ 교차로에 정체현상이 발생하는 경우 신속하게 운행하려 한다.

해설 교차로에 정체현상이 발생하는 경우 다 빠져나간 후에 여유를 가지고 천천히 출발한다.

04 직업의 내재적 가치인 것은?

① 직업의 도구적인 면에 가치를 둔다.
② 경제적인 도구나 권력을 추구하는 수단을 중시하는데 의미를 둔다.
③ 능력발휘와 사회적 헌신 및 인간관계를 중시한다.
④ 직업이 주는 사회인식에 초점을 맞춘다.

05 버스요금체계 중 거리운임요율에 운행거리를 곱하여 요금을 산정하는 요금체계는?

① 단일운임제　　② 구역운임제
③ 거리운임요율제　　④ 거리체감제

해설 ③ 거리운임요율제는 시외버스에서 채용하는 요금체계이다.

14 ② 15 ④ ▎01 ④ 02 ④ 03 ④ 04 ③ 05 ③

06 운전자가 삼가야 할 행동에 해당하지 않는 것은?

① 과속으로 운전하며 급브레이크를 밟는 행위
② 갓길로 통행
③ 교통경찰관이 단속에 불응하거나 항의하는 행위
④ 도로상에서 사고가 발생한 경우 차량을 세워두고 즉시 채증하는 행위

해설 사고가 발생한 경우 사진을 찍고, 블랙박스 유무를 따지고 스프레이로 도로에 표시를 한 다음 즉시 차를 이동시켜 통행에 방해를 주지 않도록 한다.

07 운전자의 교통사고 발생 시 조치에 대한 설명으로 옳지 않은 것은?

① 교통사고를 발생 시 법규상의 구호조치 및 신고의무를 성실히 이행해야 한다.
② 사고에 대한 일반적인 사항을 임의처리하고, 사고의 경위를 회사에 보고해야 한다.
③ 사고로 인한 행정·형사처벌의 접수 시 임의처리를 하지 말고 회사의 지시에 따라야 한다.
④ 개인적인 합의에 대한 보상을 제외하고는 회사손실과 직결되는 보상업무는 회사가 처리하도록 해야 한다.

해설 ② 어떤 사고라도 임의처리는 안 되고, 회사의 지시를 받아 처리한다. 그리고 사고발생의 경위를 거짓 없이 회사에 보고해야 한다.

08 버스준공영제 도입의 배경으로 틀린 것은?

① 현행 민영체제에서의 버스운영의 한계가 나타났다.
② 버스교통의 공공성에 따른 공공부문의 역할분담이 필요했다.
③ 복지국가로서 보편적 버스교통 서비스의 유지가 필요했다.
④ 사회적 형평성 제고를 위한 사회·경제적 비용경감이 필요했다.

해설 사회적 형평성을 위해서 교통낙후지역의 노선이 유지되어야 하는데 이는 사회·경제적 비용증가를 가져온다.

09 운송사업자의 자동차 장치 및 설비 등에 관한 준수사항으로 옳지 않은 것은?

① 노선버스는 압력감지기 또는 전자감응장치 그리고 가속페달 잠금장치를 설치해야 한다.
② 마을버스의 경우 도로사정상 회사 재량으로 냉방장치를 설치하지 않을 수 있다.
③ 시내버스 및 농어촌버스는 정차신호용 버저와 안내방송장치를 갖추어야 한다.
④ 시외우등고속버스, 시외고속버스 및 시외직행버스, 전세버스의 앞바퀴의 타이어는 튜브리스 타이어를 설치해야 한다.

해설 ② 농어촌버스의 경우 도지사가 운행노선상의 도로사정 등으로 냉방장치를 설치하는 것이 적합하지 않다고 인정할 때에는 그 차 안에 냉방장치를 설치 아니할 수 있다.

10 동일 시·군 내의 시내·농어촌버스가 채택하고 있는 버스요금체계는?

① 단일운임제
② 거리체감제
③ 자율요금
④ 거리운임요율제

11 버스운행관리시스템(BMS)의 주요 기능에 대한 설명으로 틀린 것은?

① 실시간 버스운행과 배차간격 미준수의 관제
② 버스위치표시 및 관리
③ 기간별 운행통계 관리
④ 정류소간 주행시간 표출

해설 ④ 버스정보시스템(BIS)의 기능이다.

06 ④ 07 ② 08 ④ 09 ② 10 ① 11 ④

12 역류버스전용차로에 대한 설명으로 틀린 것은?

① 일방통행로에서 차량이 진행하는 반대방향으로 1~2개 차로를 버스전용차로로 제공한다.
② 일방통행로에서 대중교통수요의 필요로 버스노선이 필요한 경우에 설치한다.
③ 시행준비가 어렵고 투자비용이 많이 소요되는 단점이 있다.
④ 일반통행의 장점을 살릴 수 있으나, 대중교통서비스는 저하된다.

[해설] ④ 역류버스전용차로는 대중교통서비스는 계속 유지되면서 일방통행의 장점은 살릴 수 있다.

13 중앙버스전용차로의 단점이 아닌 것은?

① 여러 가지 안전시설 등의 설치와 유지에 대한 비용이 많이 든다.
② 잘못해서 진입한 차량으로 인해 교통혼잡이 발생할 수 있다.
③ 일반차로의 통행량이 다른 전용차로에 비해 많이 감소할 수 있다.
④ 전용차로에서 우회전하는 버스와 일반차로의 좌회전하는 차량에 대한 관리가 필요하다.

[해설] ② 역류버스전용차로의 단점이다.

14 여객자동차운수사업법에 따른 중대한 교통사고가 아닌 것은?

① 전복사고
② 사망자 2명 이상 발생한 사고
③ 사망자 1명과 중상자 2명 이상이 발생한 사고
④ 중상자 6명이 발생한 사고

[해설] ③ 사망자 1명과 중상자 3명 이상이 발생한 사고이다.
①·②·④ 이외에 화재가 발생한 사고와 전복사고를 중대한 교통사고로 들 수 있다.

15 버스승객의 환자가 출혈 또는 골절이 발생하였을 때 조치방법으로 옳지 않은 것은?

① 출혈이 심한 경우 출혈부위를 헝겊 또는 손수건으로 꽉 잡아맨다.
② 출혈이 적은 경우 거즈나 깨끗한 수건으로 상처를 꽉 누른다.
③ 가슴이나 배를 부딪쳐 내출혈이 발생한 경우 옷을 헐렁하게 하고 하반신을 높게 한다.
④ 골절부상자는 가급적 구급차가 올 때까지 기다리는 것이 좋다.

[해설] ① 출혈이 심한 경우 출혈부위보다 심장에 가까운 부위를 헝겊 또는 손수건으로 꽉 잡아맨다.

04 제4회 적중모의고사

01 악수를 하는 태도를 설명한 것으로 옳은 것은?

① 악수는 신체접촉을 통한 친밀감을 표현하는 행위이다.
② 악수하는 도중 상대방의 시선을 피한다.
③ 악수는 손끝만 잡는 것이 좋다.
④ 악수는 직원이 승객에게 먼저 청하는 것이 좋다.

[해설] ② 악수하는 도중 상대방의 시선을 피하거나 다른 곳을 응시하면 안 된다.
③ 악수는 손을 흔들거나, 손끝만 잡거나, 손을 꽉 잡지 말아야 한다.
④ 악수는 여자가 남자에게, 승객이 직원에게, 선배가 후배에게 먼저 청하는 것이 좋다.

02 다음 중 바람직하지 않은 직업관이 아닌 것은?

① 생계유지의 직업관
② 귀속적 직업관
③ 차별적 직업관
④ 전문능력 중심의 직업관

12 ④ 13 ② 14 ③ 15 ① | 01 ① 02 ④

해설 ④ 전문능력 직업관은 바람직한 직업관이다. 그리고 바람직한 직업관으로는 소명의식을 가진 직업관, 사회구성원으로서의 역할 지향적 직업관이 있다.

03 운수종사자로 하여금 운행 전에 사고 시 대처요령과 안전장치의 위치 및 사용방법 등에 대하여 안전방송을 해야 하는 운송사업자는?

① 시외버스운송사업자
② 특수여객자동차운송사업자
③ 시내버스운송사업자
④ 농어촌버스운송사업자

해설 ① 시외버스운송사업자와 전세버스운송사업자가 그 의무자이다.

04 운송사업자의 자동차 장치 및 설비 등에 관한 준수사항으로 옳은 것은?

① 전세버스, 특수여객자동차운수사업자는 차실에 손잡이대 또는 손잡이를 설치해야 한다.
② 버스의 뒷바퀴는 재생한 타이어를 사용하면 안 된다.
③ 버스의 출입구에는 운행노선을 표시할 수 있는 설비를 해야 한다.
④ 시외버스는 차안에 선반과 차 밑 부분에는 별도의 휴대물품 적재함을 설치해야 한다.

해설 ① 시내버스, 농어촌버스, 마을버스 및 일반형 시외버스의 설치의무 사항이다.
② 버스의 앞바퀴는 재생한 타이어를 사용하면 안 된다.
③ 버스의 차체에는 목적지를 표시할 수 있는 설비를 해야 한다.

05 운행 전 준비사항에 대한 설명으로 틀린 것은?

① 일상점검을 하고 이상을 발견한 경우 정비관리자의 조치를 받고 운행한다.
② 배차사항 및 지시ㆍ전달사항은 출발한 후에 확인해도 무방하다.
③ 차의 내ㆍ외부를 청결하게 관리하여 쾌적한 운행환경을 유지한다.
④ 항상 친절하여야 하고 불쾌한 언행을 하지 않는다.

해설 ② 배차지시를 받고 배차사항 및 지시ㆍ전달사항을 확인하고 출발하도록 한다.

06 버스준공영제의 '형태'에 의한 분류가 아닌 것은?

① 노선 독립채산제
② 노선 공동관리형
③ 수입금 공동관리형
④ 자동차 공동관리형

해설 ① 버스준공영제의 형태가 아니다.

07 버스준공영제의 '표준운송원가 및 표준경영모델의 도입'으로 가장 효과를 거둘 수 있는 것은?

① 서비스의 안정성 제고
② 수입금의 투명한 관리와 이로 인한 시민의 신뢰 확보
③ 대중교통 이용 활성화 유도
④ 적정한 원가보전 기준의 수립과 경영개선유도

해설 ① 운영비용에 대한 재정지원의 효과이다.
② 수입금의 공동관리 및 정산시스템 구축의 효과이다.
③ 무료환승제의 도입 효과이다.

08 버스요금체계 중 이용거리가 증가함에 따라 단위당 운임이 낮아지는 요금체계는?

① 단일운임제
② 구역운임제
③ 거리운임요율제
④ 거리체감제

해설 ④ 거리체감제는 고속버스에서 채용하는 요금체계이다.

09 간선급행버스체계의 구성요소가 아닌 것은?

① 전용도로 또는 차로를 활용한 통행권 확보
② 입체교차로 운영을 통한 교차로 시설의 개선
③ 환승시설의 개선
④ 지역 마을버스와 연계

03 ① 04 ④ 05 ② 06 ① 07 ④ 08 ④ 09 ④

해설 다른 교통수단과 연계가 필요하나 반드시 마을버스일 것은 아니다. ①, ②, ③ 이외에 저공해·저소음 등 자동차 개선, 운행관리시스템이 구성요소이다.

10 버스운행관리시스템(BMS)의 정부·지자체에 대해 미치는 기대효과가 아닌 것은?

① 대중교통정책 수립의 효율화
② 교통사고율의 감소 및 보험료 절감효과
③ 대중교통의 활성화
④ 버스운행 관리·감독의 과학화

해설 ② BMS가 버스회사에 미치는 기대효과이다.

11 중앙버스전용차로에 대한 설명으로 틀린 것은?

① 버스의 운행속도를 높이고 다른 차량은 버스의 정차로 인한 불편을 피할 수 있다.
② 일반차량의 중앙버스전용차로의 이용 및 주·정차를 막을 수 있어 소통이 활발하다.
③ 버스이용객은 횡단보도를 통하지 않고 정류소로 이동할 수 있어 편리하고 안전하다.
④ 만성적인 교통혼잡구간 또는 좌회전이 많은 노선에 설치하면 효과가 크다.

해설 ③ 버스이용객은 횡단보도를 통하여 정류소로 이동하여야 하므로 보행사고의 위험성이 늘어날 수 있다.

12 고속도로 버스전용차로제의 시행시간에 대한 설명으로 틀린 것은?

① 평일은 서울·부산 양방향으로 07:00부터 21:00까지 시행한다.
② 토요일, 공휴일은 서울·부산 양방향으로 07:00부터 24:00까지 시행한다.
③ 설날·추석 연휴는 서울·부산 양방향으로 07:00부터 다음날 01:00까지 시행한다.
④ 통행가능차량은 9인승 이상 승용자동차 및 승합자동차이다.

해설 ② 토요일, 공휴일도 평일과 마찬가지로 07:00부터 21:00까지 시행한다.

13 심폐소생술에 대한 설명으로 틀린 것은?

① 의식확인, 가슴압박, 기도개방과 인공호흡의 무한반복의 단계를 거친다.
② 인공호흡은 환자의 입을 완전히 덮고 1초 동안 가슴이 올라올 정도로 숨을 불어 넣는다.
③ 가슴압박은 팔을 곧게 펴서 바닥과 수직이 되도록 한다.
④ 가슴압박은 분당 50회 속도로 강하고 빠르게 압박한다.

해설 ④ 분당 50회가 아니라 100회 속도로 강하고 빠르게 압박한다.

14 보험회사나 경찰 등에 연락할 때 연락할 사항으로 옳지 않은 것은?

① 사고발생지점 및 상태
② 회사명
③ 우편물, 신문, 여객의 휴대화물의 상태
④ 부상자의 이름과 주민번호

해설 ④ 부상정도 및 부상자수를 연락하면 되고 부상자 이름과 주민번호는 연락사항이 아니다.

15 차량고장 시 운전자의 조치사항에 대한 설명으로 옳지 않은 것은?

① 비상전화를 하기 전에 차의 후방에 경고반사판을 먼저 설치해야 한다.
② 구조차가 오기 전까지 차량 내에 대기한다.
③ 정차 차량의 결함이 심할 때는 비상등을 점멸시키면서 길어깨에 바짝 정차한다.
④ 고장차를 즉시 알 수 있도록 표시하거나 눈에 띄게 한다.

해설 ② 구조차가 오기 전에 차량 내에 대기하는 것은 위험하므로 반드시 후방의 안전지대로 나가서 기다린다.

10 ② 11 ③ 12 ② 13 ④ 14 ④ 15 ②

두문자(頭文字) 정리

✿ 학습에 두문자를 이용하셨다면 시험장까지 가져 가시라는 의미에서 전체적으로 내용을 확인·암기 하시도록 정리했습니다.

PART 1 교통 및 운수관련법규와 교통사고 유형

CHAPTER 1 여객자동차운수사업법

✿ [관할관청]   국대특광특특도 ➡ 18p

✿ [과징금 10만원]   자정(점)밤/안무/숨 ➡ 26p

✿ [과징금 20만원]   부인표/설게표/주 ➡ 26p

✿ [과징금 60만원]   천제/냉소 ➡ 26p

✿ [과징금 180만원]   격벽/초소 ➡ 27p

✿ [과징금 360만원]   타이어/잠금 ➡ 27p

✿ [과태료 10만원]   흡표/휴승안 ➡ 27p

✿ [과태료 20만원]   중띠/승부유발 ➡ 27p

CHAPTER 2 도로교통법령

✿ [서행해야 하는 장소]   교고/고비지 ➡ 35p

✿ [정차 및 주차의 금지]   안정건 ➡ 36p

✿ [도로에서 차를 운행하는 경우 켜야 하는 등화]   전차/미번실 ➡ 36p

✿ [도로에서 정차 또는 주차하는 경우]   차미 ➡ 36p

✿ [제1종 보통면허로 운전할 수 있는 자동차]   오숭/이화/삼지영특 ➡ 43p

✿ [벌점 40점]   불공안/소란죽 ➡ 48p

✿ [벌점 30점]   회사어어/전통불/철길갓길 ➡ 48p

✿ [범칙금 7만원]
철길갓길/미신/보영앞긴/맹추/회전중사/휴유 ➡ 49p

PART 2 자동차관리요령

CHAPTER 4 자동차 구조 및 특성

✿ [휠얼라이먼트인 캠버 캐스터 경사각, 토인의 기능]
캠벌경휨/조경복시/캐복방/토마토 ➡ 107p

PART 3 안전운행이론

CHAPTER 1 교통사고 요인론

✿ [언더스티어와 오버스티어]   언전바/오후안 ➡ 134p

✿ [내륜차와 외륜차]   천내/후외 ➡ 134p

✿ [중앙버스전용차로의 버스정류소 중 교차로 통과전 정류소의 장·단점]
혼가좌시 ➡ 139p

✿ [가로변버스전용차로의 버스정류소 중 교타로 통과전 정류소의 장·단점]   확근우시(씨) ➡ 140p

PART 4 운송서비스

CHAPTER 3 응급조치 요령 등

✿ [사고발생 시 운전자의 조치과정]   탈인후연대 ➡ 194p

최종모의고사

CHAPTER 1 최종모의고사

01 제1회 최종모의고사

02 제2회 최종모의고사

CHAPTER 2 정답 및 해설

01 제1회 정답 및 해설

02 제2회 정답 및 해설

CHAPTER 1 최종모의고사

최종점검

01 제1회 최종모의고사

01 시내버스운송사업에 대한 설명으로 틀린 것은?

① 운행형태에 따라 광역급행형·직행좌석형·좌석형 및 일반형 등으로 구분한다.
② 시내버스운송사업은 대형승합자동차 이상이 사용된다.
③ 시내좌석버스는 광역급행형, 직행좌석형, 좌석형의 좌석이 설치되는 버스이다.
④ 시내일반버스는 일반형에 사용되는 것으로서 좌석과 입석이 혼용 설치된 버스이다.

02 버스여객운송 운전업무에 종사하려는 사람이 갖추어야 할 요건에 해당하지 않는 것은?

① 사업용 자동차를 운전하기에 적합한 운전면허를 보유하고 있을 것
② 20세 이상일 것
③ 운전적성 정밀검사 기준에 적합할 것
④ 버스운전자격시험에 합격할 것

03 교통사고처리특례법상 철길건널목 통과방법의 위반사고가 성립하는 경우는?

① 역 구내 철길건널목에서 발생한 사고
② 철길건널목 신호기·정보기 등의 고장으로 일어난 사고
③ 차단기가 내려지려고 하는 경우에 진입하여 발생한 사고
④ 신호기 등이 표시하는 신호에 따라 일시정지하지 아니하고 통과하면서 발생한 사고

04 시가지 교차로 방어운전방법에 대한 설명으로 틀린 것은?

① 교차로에 진입하여 황색신호로 변경된 경우에는 신속히 교차로 밖으로 빠져 나간다.
② 우회전할 때에는 내륜차로 인한 뒷바퀴로 자전거가 보행자를 치지 않도록 주의한다.
③ 교차로에서 좌회전을 하려는 경우에는 미리 도로의 중앙선을 따라 서행하면서 교차로의 중심 안쪽을 이용하여 좌회전 한다.
④ 황색신호일 때는 신속하게 정지선을 통과해야 한다.

05 비·안개·눈 등으로 인한 악천후 시 감속운행에 대한 설명으로 틀린 것은?

① 비가 내려 노면이 젖어있는 경우 최고속도의 100분의 20을 줄인 속도로 운행하여야 한다.
② 노면이 얼어붙은 경우 최고속도의 100분의 50을 줄인 속도로 운행하여야 한다.
③ 눈이 15mm가 쌓인 경우에는 최고속도의 100분의 50을 줄인 속도로 운행한다.
④ 폭우로 가시거리가 100m 이내인 경우는 최고속도의 100분의 50을 줄인 속도로 운행하여야 한다.

06 편도 3차로 이상의 고속도로에서 왼쪽 차로가 지정차로인 자동차는?

① 대형승합자동차 ② 화물자동차
③ 중형승합자동차 ④ 특수자동차

07 어린이통학버스의 특별보호에 대한 설명으로 <u>틀린</u> 것은?

① 어린이나 영유아가 타고 내리는 중임을 표시하는 점멸등 등을 작동 중인 어린이통학버스 바로 옆 차로를 통행하는 차의 운전자는 일시정지한 후 서행한다.

② 편도 1차로인 도로에서 반대방향에서 진행하는 차의 운전자도 어린이통학버스에 이르기 전에 일시정지하여 안전을 확인한 후 서행하여야 한다.

③ 모든 차의 운전자는 어린이나 영유아를 태우고 있다는 표시를 한 상태로 도로를 통행하는 어린이통학버스를 앞지르지 못한다.

④ 중앙선이 설치된 도로에서 반대방향에서 진행하는 차의 운전자는 어린이통학버스에 이르기 전에 일시정지하여 안전을 확인한 후 서행하여야 한다.

08 고속도로에서 버스전용차로를 통행할 수 있는 차가 <u>아닌</u> 것은?

① 7인이 승차한 10인승 승용자동차
② 5인이 승차한 9인승 승용자동차
③ 7인이 승차한 12인승 승합자동차
④ 5인이 승차한 16인승 승합자동차

09 고속도로 및 자동차전용도로에서의 특례의 내용으로 <u>틀린</u> 것은?

① 부득이한 사정이 없는 경우에는 경찰공무원의 신호에 따라 갓길을 통과할 수 없다.

② 고속도로 또는 자동차전용도로를 횡단하거나 유턴 또는 후진하여서는 안 된다.

③ 밤에는 고장자동차의 표지와 함께 사방 500m 지점에서 식별의 섬광신호·전기제등 또는 불꽃신호를 추가로 설치하여야 한다.

④ 고속도로등을 운행하는 자동차의 운전자는 고장자동차 표지를 비치해야 한다.

10 제1종 보통면허로 운전할 수 있는 차량으로 <u>틀린</u> 것은?

① 적재중량 12톤 미만의 화물자동차
② 도로를 운행하는 3톤 미만의 지게차
③ 총중량 10톤 미만의 특수자동차
④ 승차정원 16인 이하의 승합자동차

11 음주운전과 관련된 취소처분의 개별기준에 해당하지 <u>않는</u> 것은?

① 혈중알코올농도 0.03% 이상을 넘어서 운전을 하다가 사람을 다치게 한 때

② 혈중알코올농도 0.06% 이상의 상태에서 운전한 때

③ 음주운전의 상당한 이유가 있음에도 경찰공무원의 측정 요구에 불응한 때

④ 술에 취한 상태의 기준을 넘어 운전하거나 술에 취한 상태의 측정에 불응한 사람이 다시 술에 취한 상태로 운전한 때

12 난폭운전과 보복운전에 대한 설명으로 옳은 것은?

① 오토바이 운전자가 정당한 사유 없이 소음을 반복하여 불특정 다수에게 위협을 가하는 경우는 보복운전에 해당된다.

② 승용차 운전자가 앞차와의 안전거리를 좁히며 경적을 울리는 등으로 위협을 가하는 운전은 보복운전이다.

③ 운전자가 고의적으로 특정 차량 앞으로 앞지르기하여 급제동한 경우는 난폭운전에 해당된다.

④ 택시운전자가 반복적으로 앞지르기 방법 위반한 경우는 보복운전에 해당된다.

13 다음은 승합자동차의 범칙행위별 범칙금액을 연결한 것이다. 옳지 않은 것은?

① 어린이통학버스 특별보호 위반 – 10만원
② 신호·지시위반 – 7만원
③ 운전 중 휴대전화 사용 – 5만원
④ 교차로 통행방법 위반 – 5만원

14 고속도로에서 버스의 제한속도에 대한 설명으로 틀린 것은?

① 편도 1차로의 최고속도는 매시 90km/h 이다.
② 편도 2차로 이상 모든 고속도로에서는 매시 100km/h 이다.
③ 편도 2차로 이상의 지정·고시한 노선 또는 구간에서는 매시 120km/h 이내까지 가능하다.
④ 모든 고속도로에서의 최저속도는 매시 50km/h 이다.

15 고속도로에서 사고 시 2차사고의 예방을 위한 안전행동요령에 대한 설명으로 틀린 것은?

① 신속하게 비상등을 켜고 갓길로 차량을 이동시킨다.
② 만일 차량이동이 어려운 경우 탑승자들은 안전조치 후 신속하고 안전하게 가드레일 바깥 등의 안전한 장소로 대피한다.
③ 후방에서 접근하는 차량의 운전자가 쉽게 확인할 수 있도록 고장자동차의 표지를 후방 200m 지점에 설치해야 한다.
④ 운전자와 탑승자가 차량 내 또는 주변에 있지 말고 가드레일 밖 등 안전한 장소로 대피한다.

16 다음 중 서행하여야 할 장소가 아닌 곳은?

① 교통정리를 하고 있지 아니하고 좌우를 확인할 수 없거나 교통이 빈번한 교차로
② 도로가 구부러진 부근
③ 비탈길의 고갯마루 부근
④ 가파른 비탈길의 내리막

17 승합자동차가 야간에 도로에서 차를 운행하는 경우 켜야 하는 등화는?

① 전조등, 차폭등, 미등, 번호등
② 전조등, 차폭등, 미등, 번호등, 실내조명등
③ 전조등, 차폭등, 번호등
④ 전조등, 미등

18 정차 및 주차가 금지되는 곳이 아닌 것은?

① 교차로·횡단보도·건널목이나 보도와 차도가 구분된 도로의 보도
② 교차로의 가장자리 또는 도로의 모퉁이로부터 5m 이내인 곳
③ 도로공사 구역의 양쪽 가장자리로부터 5m 이내인 곳
④ 건널목의 가장자리 또는 횡단보도로부터 10m 이내인 곳

19 운송사업자가 사고발생 시 지체없이 국토교통부장관 또는 시·도지사에게 보고해야 하는 '중대한 교통사고'에 해당하지 않는 것은?

① 전복사고
② 화재가 발생한 사고
③ 사망자 1명과 중상자 3명 이상이 발생한 사고
④ 중상자 4명 이상이 다친 사고

20 다음 중 버스운전자격을 취득할 수 있는 사람은?

① 「마약류관리에 관한 법률」에 따른 죄를 범하고 금고 이상의 실형을 선고받고 집행이 종료되거나 면제된 날로부터 2년이 지나지 않은 사람

② 사기죄와 배임죄의 경합범으로 금고 이상의 형의 집행유예를 선고받고 그 집행유예기간 중에 있는 사람

③ 자격시험일 전 5년간 음주운전으로 운전면허가 취소된 경우

④ 자격시험일 전 3년간 공동위험행위로 운전면허가 취소된 경우

21 승합자동차 중 시내버스운송사업용의 차령은 몇 년인가?

① 7년 ② 8년
③ 9년 ④ 10년

22 교통사고처리특례법의 특례가 배제되는 사망사고에 대한 설명으로 틀린 것은?

① 사망사고 성립되는 장소를 도로교통법은 도로상으로 한정하나 교통사고처리특례법은 모든 장소로 확대하고 있다.

② 자동차 본래의 운행목적이 아닌 작업 중 과실로 피해자가 사망한 경우에는 특례가 배제되는 사고가 아니다.

③ 피해자가 자살 등과 같은 고의사고인 경우에는 사망사고가 성립하지 않는다.

④ 도로교통법상 사고발생 후 30일 이내 사망하면 벌점 90점과 교통사고처리특례법상 형사적 책임이 부과된다.

23 사고운전자가 형사처벌의 대상이 되는 경우가 아닌 것은?

① 신호·지시 위반 사고
② 앞지르기의 방법등과 끼어들기 금지 위반
③ 보도침범, 통행방법 위반 사고
④ 교차로 통행방법위반 사고

24 운수종사자 교육시간에 대한 설명으로 틀린 것은?

① 새로 채용한 운수종사자의 경우 교육시간은 16시간이다.

② 무사고·무벌점 기간이 5년 이상 10년 미만인 운수종사자는 매년 4시간의 보수교육을 받는다.

③ 법령위반 운수종사자는 8시간의 보수교육을 수시로 받는다.

④ 국제행사등을 통한 서비스 및 교통안전 증진을 위하여 4시간의 수시교육을 필요시 받는다.

25 어린이보호구역 및 노인·장애인보호구역에서 승합자동차의 범칙금액의 부과기준으로 틀린 것은?

① 횡단보도 보행자 횡단 방해 - 13만원
② 신호·지시 위반 - 12만원
③ 속도위반(20km/h 초과 40km/h 이하) - 10만원
④ 정차·주차금지 위반 - 9만원

26 조향계통의 응급조치가 필요한 경우 점검해야 할 부위가 아닌 것은?

① 타이어의 공기압
② 파워스티어링의 오일
③ 휠너트(허브 너트)
④ 팬벨트의 장력

27 클러치의 필요성에 대한 설명으로 **틀린** 것은?

① 엔진을 작동시킬 때 엔진을 무부하 상태로 유지한다.

② 관성운전을 가능하게 한다.

③ 자동차를 후진시키기 위해서 필요하다.

④ 변속기의 기어를 변속할 때 엔진의 동력을 일시 차단한다.

28 튜브리스 타이어에 대한 설명으로 **틀린** 것은?

① 펑크 수리가 간단하여 능률이 향상된다.

② 타이어 내부의 공기가 직접 림에 접촉하므로 주행 중에 발열이 크다.

③ 못에 찔리면 공기가 급격하게 새지 않으나, 유리 조각 등에 손상되면 수리가 어렵다.

④ 림이 변형되는 경우 공기가 새기 쉽다.

29 완충(현가)장치에 대한 설명으로 **틀린** 것은?

① 완충장치는 자동차의 높이를 유지(차체의 무게를 지탱)하고 노면의 충격을 완화한다.

② 판스프링은 판간 마찰에 의한 진동은 줄이나 작은 진동은 흡수가 곤란하다.

③ 코일스프링은 단위중량당 에너지 흡수율이 크고 유연하여 화물자동차에 많이 사용된다.

④ 공기스프링은 구조가 복잡하고 제작비가 비싸나 승차감이 우수하므로 대형버스에 사용된다.

30 압축천연가스 버스의 가스공급라인에서 가스가 누출되고 있을 때 조치요령으로 **틀린** 것은?

① 엔진 시동을 끄고 메인전원 스위치를 차단한다.

② 가스공급라인의 몸체가 파열된 경우에는 교환한다.

③ 연결 부위에서 가스가 누출되기 시작하면 가스가 모두 배출된 후에 새는 부위의 너트를 조인다.

④ 승객을 안전한 곳으로 대피시킨 후 비눗물이나 가스검진기로 누설 부위를 확인한다.

31 조향핸들이 한쪽으로 쏠리는 원인으로 **틀린** 것은?

① 조향기어 박스 내의 오일이 부족하다.

② 앞바퀴의 정렬 상태가 불량하다.

③ 쇽업소버의 작동상태가 불량하다.

④ 허브 베어링의 마멸이 과대하다.

32 조향장치의 구비조건에 대한 설명으로 **틀린** 것은?

① 조작이 쉽고, 방향 전환이 원활하게 이루어져야 한다.

② 고속주행에서도 조향 조작이 안정적이어야 한다.

③ 조향핸들의 회전과 바퀴선회 차이가 커야 한다.

④ 수명이 길고 정비가 쉬워야 한다.

33 쇽업소버와 스태빌라이저의 설명으로 **틀린** 것은?

① 쇽업소버와 스태빌라이저는 완충(현가)장치이다.

② 쇽업소버는 노면에서 발생한 스프링의 진동을 열에너지로 변화시켜 승차감을 향상시키고 스프링의 피로를 줄인다.

③ 스태빌라이저는 차체의 기울기를 감소시켜 주는 역할을 한다.

④ 쇽업소버는 양끝이 좌·우의 로어 컨트롤 암에 연결되며 가운데는 차체에 설치된다.

34 유압 배력식 브레이크와 공기식 브레이크에 대한 설명으로 틀린 것은?

① 유압식은 에너지 소비가 적고 정비하기가 쉬우나, 공기식은 에너지 소비가 크고 구조가 복잡하여 정비하기가 어렵다.

② 유압식은 자동차 중량 제한이 없으나, 공기식 브레이크는 중량의 제한을 받는다.

③ 유압식은 베이퍼 록이 발생하나, 공기식은 베이퍼 록의 발생 염려가 없다.

④ 공기식은 대형차량에 주로 사용된다.

35 배터리 방전된 경우의 응급조치에 대한 설명으로 옳지 <u>않은</u> 것은?

① 다른 차의 배터리에 점프케이블을 연결하여 시동을 걸 때에는 방전된 차의 시동을 먼저 건 후에 다른 차의 시동을 건다.

② 변속기는 중립에 위치시킨다.

③ 시동 후 배터리가 일부 충전되면 점프케이블의 '−'단자를 분리한 후 '+'단자를 분리한다.

④ 방전된 배터리가 충분히 충전되도록 일정 시간 시동을 걸어 둔다.

36 시동모터가 작동되지 않거나 천천히 회전하는 경우의 조치사항에 대한 설명으로 틀린 것은?

① 배터리를 충전하거나 교환한다.

② 배터리 단자가 부식된 경우 깨끗하게 청소하고 단단하게 고정한다.

③ 연료필터를 교환한다.

④ 적정 점도의 오일로 교환한다.

37 화재 시 소화기 사용법으로 옳지 <u>않은</u> 것은?

① 바람을 등지고 소화기의 안전핀을 제거한다.

② 빗자루로 쓸 듯이 분사한다.

③ 바람이 부는 쪽을 향해 분사한다.

④ 소화기 노즐을 화재가 발생한 장소로 향하게 한다.

38 자동차종합검사의 검사 유효기간에 대한 설명으로 틀린 것은?

① 차령이 4년 초과한 비사업용 경형·소형의 승합자동차는 1년이다.

② 차령이 4년 초과한 사업용 경형·소형의 승합자동차는 1년이다.

③ 차령이 2년 초과한 차령이 9년된 사업용 중·대형화물자동차는 6개월이다.

④ 차령이 2년 초과한 사업용 중·대형승합자동차는 차령 5년 이후부터 6개월이다.

39 자동차종합검사 기간 내에 종합검사를 신청한 경우 자동차 종합검사에서 부적합 판정을 받은 자동차 소유자가 재검사를 받을 수 있는 기간은?

① 종합검사 신청일로부터 10일 이내

② 부적합 판정을 받은 날부터 자동차 종합검사 기간 만료 후 10일까지

③ 부적합 판정을 받은 날부터 10일 이내

④ 부적합 판정을 받은 날의 다음 날부터 10일 이내

40 튜닝검사의 구조·장치 변경승인 불가항목이 <u>아닌</u> 것은?

① 총중량이 증가되는 튜닝

② 승차정원의 증가를 가져오는 승차장치의 튜닝

③ 튜닝 전보다 성능이 저하될 우려가 있는 튜닝

④ 최대적재량의 감소를 가져오는 물품적재장치의 튜닝

41 시야와 깊이지각에 대한 설명으로 틀린 것은?

① 정상인의 경우 양쪽 눈의 시야는 약 180° ~ 200° 정도이다.
② 시야는 움직이는 상태에 있을 때는 움직이는 속도에 따라 축소되는 특성을 가진다.
③ 깊이지각은 사물을 분명하게 볼 수 있게 하는 눈의 영역을 말한다.
④ 운전 중 교통사고가 발생한 곳으로 시선이 집중하면 이에 비례하여 시야의 범위가 좁아진다.

42 내리막길을 내려가면서 브레이크를 지나치게 사용하면 생기는 현상으로 묶인 것은?

① 페이드 현상, 모닝 록 현상
② 베이퍼 록 현상, 수막현상
③ 페이드 현상, 베이퍼 록 현상
④ 스탠딩 웨이브 현상, 페이드 현상

43 제3의 브레이크인 감속 브레이크에 대한 설명으로 옳은 것은?

① 주행 중 가속페달을 놓거나, 저속기어를 사용하여 회전저항에 의한 제동력이 발생하는 것은 제이크 브레이크이다.
② 엔진 브레이크는 피스톤 내부의 연료분사를 차단하는 등으로 엔진의 출력을 저하시키는 방식의 브레이크이다.
③ 배기 파이프 내 압력이 배기 스프링 장벽과 평형이 될 때까지 높게 하여 제동력을 얻는 방식은 리타터 브레이크이다.
④ 리타터 브레이크는 동력이 전달되는 회전 방향과 반대로 터빈을 작동시켜 제동력을 발생시킨다.

44 회전교차로에 대한 설명으로 옳지 않은 것은?

① 회전교차로에 진입하는 자동차는 회전 중인 자동차에게 양보한다.
② 접근차로의 정지 또는 지체로 인하여 대기하는 자동차가 발생할 수 있다.
③ 교차로 내부에서 회전 정체가 발생한다.
④ 회전교차로는 교통섬을 중심으로 시계 반대방향으로 회전하며 통행한다.

45 시가지 교차로에서의 방어운전에 대한 설명으로 틀린 것은?

① 신호에 따라 진행하는 경우에도 갑자기 달려드는 차 또는 보행자가 있다는 사실에 주의한다.
② 교차로에서 좌·우회전할 때 내륜차보다 외륜차에 의한 사고에 주의한다.
③ 교차로 황색신호에 이미 교차로 안에 진입한 경우에는 신속히 교차로 밖으로 빠져나간다.
④ 황색신호의 시작 지점에 도달하기 전에 서행하면서 신호가 변경되면 바로 정지할 수 있도록 한다.

46 지방도로에서 방어운전에 대한 설명으로 틀린 것은?

① 천천히 움직이는 차를 주시하고 필요에 따라 속도를 조절한다.
② 교차로에 접근하면서 속도를 줄이면서 언제든지 감속 또는 정지 준비를 한다.
③ 전망이 트인 곳이 아니면 어떤 오르막길 경사로에서도 앞지르기를 해서는 안 된다.
④ 낯선 도로를 운전할 때에는 여유시간을 가져야 하나, 노선을 계획할 필요는 없다.

47 고속도로에서의 방어운전에 대한 설명으로 옳지 않은 것은?

① 가급적이면 하향(변환빔) 전조등을 켜고 주행한다.
② 가급적 대형차량이 시야를 가리지 않는 위치를 잡아 주행하도록 한다.
③ 고속도로를 빠져나갈 때 가능한 한 빨리 진출 차로로 들어가고, 실제로 진입할 때까지는 속도를 늦추지 말고 주행해야 한다.
④ 교량, 터널 등 차로수가 갑자기 줄어드는 장소에서는 속도를 유지하며 진입한다.

48 안개길에서의 안전운전 요령으로 틀린 것은?

① 짙은 안개로 운행이 어려울 때는 차를 안전한 곳에 주차하고 기다리도록 한다.
② 가시거리가 100m 이내인 경우에는 최고속도를 20% 정도 감속하여 운행한다.
③ 전조등, 안개등 및 비상점멸표시등을 켜고 운행한다.
④ 커브길 등에서는 경음기를 울려 자신의 주행하고 있음을 알린다.

49 교차로 통행의 기본 운행 수칙으로 틀린 것은?

① 좌회전 차로가 2개 설치된 교차로에서 좌회전할 때 대형승합차는 왼쪽 차로로 통행한다.
② 회전하고자 하는 지점에 이르기 전 30m 이상의 지점(고속도로에서는 100m)에 이르렀을 때 방향지시등을 작동시킨다.
③ 대향차가 교차로를 통과하고 있을 때에는 완전히 통과시킨 후 좌회전한다.
④ 우회전할 때에는 내륜차 현상으로 인해 보도를 침범하지 않도록 주의한다.

50 버스교통사고의 특징으로 틀린 것은?

① 점유하는 공간이 크며, 다른 물체와 충돌시 승용차의 10배 이상의 파괴력을 갖는다.
② 버스는 운전자의 위치가 높아 다른 차량을 볼 수 없는 사각지대가 좁다.
③ 버스는 좌·우회전할 때 내륜차가 크므로 다른 물체와 접촉할 가능성이 크다.
④ 버스의 급가속, 급제동은 승객의 안전에 영향을 즉시 미친다.

51 음주운전에 대한 설명으로 틀린 것은?

① 음주량에 따른 시력의 약화로 식별능력이 줄어들고 판단력이 떨어진다.
② 통제력이 상실되고 과다한 자신감을 유발하여 운전대를 과조작하거나 급제동과 급출발로 사고의 우려가 높아진다.
③ 음주운전은 사고의 직접적 원인일 뿐만 아니라 사고 후 도주하는 과정에서 2차 사고를 일으킬 가능성이 높다.
④ 음주운전은 음주를 단독원인으로 하는 경우가 많다.

52 내륜차에 대한 설명으로 옳지 않은 것은?

① 앞바퀴의 안쪽과 뒷바퀴의 안쪽 궤적 간의 차이를 내륜차라고 한다.
② 내륜차로 인해 전진(前進)주차를 위해 주차공간으로 진입 도중 차의 뒷부분이 주차되어 있는 차와 충돌할 수 있다.
③ 버스가 1차로에서 좌회전하는 도중에 차의 뒷부분이 2차로에서 주행 중이던 승용차와 충돌하는 것은 내륜차로 일어나는 현상이다.
④ 소형차에 비해 대형차에서 내륜차와 외륜차가 크게 발생한다.

53 도로요인과 안전운행에 관한 용어에 관한 설명으로 틀린 것은?

① 측대는 평면곡선부에서 자동차가 원심력에 저항할 수 있도록 하기 위하여 설치하는 횡단경사를 말한다.

② 가변차로는 교통량이 많은 쪽으로 차로수가 확대될 수 있도록 신호기에 의하여 차로의 진행방향을 지시하는 차로이다.

③ 양보차로는 길어깨(갓길) 쪽으로 설치하는 저속 자동차의 주행차로이다.

④ 도류화는 상충하는 교통류를 분리시키거나 통제하여 명확한 통행경로를 지시해주는 것을 말한다.

54 중앙버스전용차로의 버스정류소 위치에 따른 설명으로 틀린 것은?

① 교차로 통과 전 정류소의 경우 혼잡을 최소화할 수 있고, 출발시 교차로를 가속거리로 이용할 수 있다.

② 교차로 통과 후 정류소에서의 교차로는 버스전용차로 상에 있는 차량의 감속에 이용된다.

③ 교차로 통과 후 정류소는 버스전용차로에 있는 자동차와 좌회전하려는 자동차의 상충이 증가한다.

④ 도로구간 내 정류소는 버스를 타고자 하는 사람들의 정류장으로의 접근이 편리하다.

55 시가지 이면도로에서의 방어운전에 대한 설명으로 틀린 것은?

① 어린이 보호구역에서는 시속 30km/h 이하로 운전한다.

② 자전거나 이륜차가 통행하고 있을 때에는 통행공간을 배려하면서 운전한다.

③ 문제를 야기할 수 있는 전방 12~15초의 상황을 확인한다.

④ 위험한 대상물을 계속 주시하면서 돌출된 간판 등과 충돌하지 않도록 주의한다.

56 지방도로의 방어운전에 대한 설명으로 틀린 것은?

① 언덕이나 커브의 위험조건에 안전하게 방어할 수 있을 속도로 주행한다.

② 천천히 움직이는 차를 주시하고 필요에 따라 속도를 조절한다.

③ 정차해 있을 때는 반드시 풋브레이크와 핸드브레이크를 동시에 사용한다.

④ 전방이 트인 곳이 아니면 어떤 오르막길 경사로에서도 앞지르기를 해서는 안 된다.

57 철길건널목 방어운전방법으로 틀린 것은?

① 철길건널목을 통과할 때에는 기어를 변속하지 않는다.

② 통과 중에 시동이 꺼진 경우에는 즉시 동승자를 대피시키고, 차를 건널목 밖으로 이동시키기 위해 노력한다.

③ 철길 건너편 여유 공간이 없을 경우에는 건널목에 진입하지 말아야 한다.

④ 철길건널목에서 경보음이 울리면 신속하게 건널목을 통과한다.

58 고속도로 진출입부의 안전운전에 대한 설명으로 틀린 것은?

① 본선 차로에서 가속하여 진출부로 진입하여 출구로 이동한다.

② 고속도로 본선 진입 전에는 충분하게 가속한다.

③ 진입을 위한 가속차로 끝부분에서 감속하지 않도록 주의한다.

④ 진출부 진입 전에 본선 차량에게 영향을 주지 않도록 주의한다.

59 타이어의 홈의 최저 깊이는 얼마인가?

① 2mm ② 1.6mm ③ 1.8mm ④ 2.2mm

60 고속도로 통행방법에 대한 설명으로 틀린 것은?

① 고속도로 편도 1차로의 승합자동차 최고속도는 매시 80km 이다.
② 편도 2차로 이상 고속도로에서의 최고속도는 매시 100km 이다.
③ 고속도로 편도 2차로에서 승합자동차의 통행차로는 2차로이다.
④ 고속도로 편도 3차로 이상에서 중형승합자동차의 통행차로는 오른쪽차로이다.

61 고속도로 안전운전에 대한 설명으로 틀린 것은?

① 고속도로에 진입은 안전하고 천천히 하되, 진입 후 가속은 빠르게 해야 한다.
② 최고속도 이하에서 주변 차량들의 흐름에 따라 운전하는 것이 필요하다.
③ 차량 총중량이 7톤 이상은 후부 반사판을 부착해야 한다.
④ 앞차를 추월할 경우 앞지르기 차로를 이용하여 추월한 후 바로 복귀해도 된다.

62 교통사고 및 고장발생 시 대응으로 틀린 것은?

① 고속도로에서 2차사고의 치사율이 높다.
② 고속도로에서 교통사고 발생 시 탑승자들을 차량에 머물도록 한다.
③ 두부에 상처를 입은 부상자는 함부로 움직이지 말고 구조차를 기다리도록 한다.
④ 후방에서 접근하는 차량의 운전자가 쉽게 확인할 수 있도록 고장자동차의 표지를 한다.

63 자동차의 정지거리에 대한 설명으로 옳은 것은?

① 브레이크가 작동하여 자동차가 완전히 정지할 때까지 이동한 거리를 공주거리라 한다.
② 자동차를 정지상황임을 인지하고 브레이크가 작동을 시작하기 전까지 이동한 거리를 제동거리라 한다.
③ 정지거리는 공주거리와 제동거리를 합한 거리를 말한다.
④ 정지거리는 운전자 요인, 도로요인에 따라 차이가 발생할 수 있으나 자동차요인에 따라서는 그 차이가 거의 없다.

64 방호울타리의 기능에 대한 설명으로 틀린 것은?

① 자동차의 차도 이탈을 방지한다.
② 탑승자의 상해 및 자동차의 파손을 감소시킨다.
③ 자동차를 진행방향으로 복귀시킨다.
④ 대향차량과의 충돌 위험을 감소시킨다.

65 다음 용어의 정의에 대한 설명으로 옳은 것은?

① 양보차로는 교통량이 많은 쪽으로 차로수가 확대될 수 있도록 하는 차로이다.
② 변속차로는 차량의 유출입이 잦은 곳에 설치한다.
③ 가변차로는 길어깨(갓길) 쪽으로 설치하는 저속 자동차의 주행차로이다.
④ 변속차로는 2차로 도로에서 주행속도를 확보하기 위하여 설치된다.

66 언어예절에 대한 설명으로 틀린 것은?

① 밝고 적극적이며 공손하게 말하며 품위를 잃지 않는다.
② '손님', '아줌마', '아저씨'란 말을 응대할 때 사용한다.
③ 중·고등학생은 '학생'이란 말보다는 성인에 준해서 호칭을 사용하는 것이 좋다.
④ 나이드신 분들에게는 '어르신'이라는 호칭을 사용하는 것이 좋다.

67 자동차의 장치 및 설비 등에 관한 운송사업자의 일반적인 준수사항을 설명한 것으로 옳은 것은?

① 시외직행은 압력감지기 또는 전자감응장치, 가속페달 잠금장치를 설치해야 한다.
② 시내버스 및 농어촌버스의 차 안에는 안내방송장치를 갖춰야 한다.
③ 버스의 뒷바퀴에는 재생한 타이어를 사용하지 않는다.
④ 시내버스, 시외고속버스 및 시외직행버스의 앞바퀴의 타이어는 튜브리스 타이어를 사용해야 한다.

68 버스 준공영제에 대한 설명으로 틀린 것은?

① 소유·운영은 민간이 하고, 관리는 공공영역에서 담당하는 운영체제이다.
② 표준운송원가를 통하여 경영의 효율화를 도모할 수 있다.
③ 버스 서비스의 가격과 서비스의 수준이 낮아질 수 있다.
④ 지방자치단체가 조정한 노선 및 요금으로 발생한 운송수지 적자는 지방자치단체가 보전한다.

69 차멀미 환자에 대한 조치사항으로 틀린 것은?

① 환자의 경우 뒷자리로 이동하여 앉도록 한다.
② 멀미가 심한 경우 정차하여 시원한 공기를 마시도록 한다.
③ 차멀미 승객이 토할 경우를 대비하여 위생봉지를 준비한다.
④ 차멀미 승객의 토학물을 신속하게 처리하여 다른 승객이 불쾌하지 않도록 한다.

70 다음 중 바람직한 직업관이 아닌 것은?

① 소명의식을 지닌 직업관
② 사회구성원으로서 역할지향적 직업관
③ 높은 지위를 지향하는 지위 지향적 직업관
④ 미래지향적 전문능력 중심의 직업관

71 버스요금제도에 대한 설명으로 틀린 것은?

① 시내버스 광역급행형의 경우에는 운임결정은 국토교통부장관이 한다.
② 시내버스와 농어촌버스는 시장·군수에게 운임을 신고해야 한다.
③ 시내·농어촌버스는 시(읍)계 외 지역에서는 단일운임제를 취한다.
④ 시외버스와 고속버스의 운임결정은 국토교통부장관이 한다.

72 역류버스전용차로에 대한 설명으로 틀린 것은?

① 차로분리시설과 안내시설 등의 설치가 필요하다.
② 일방통행로에 버스노선이 필요한 경우에 설치한다.
③ 편도 3차로 이상이 되는 도로에 설치된다.
④ 시행준비가 까다롭고 투자비용이 많이 소요되는 단점이 있다.

73 중앙버스전용차로에 대한 설명으로 틀린 것은?

① 버스의 운행속도를 높이는데 도움이 된다.
② 무단횡단 등 안전문제가 발생할 수 있다.
③ 가로변 상업활동과 상충된다.
④ 전용차로에서 우회전 버스와 일반차로의 좌회전 차량의 체계적 관리를 요한다.

74 간선급행버스체계(BRT)의 특징으로 틀린 것은?

① 분리된 버스전용차로를 제공한다.
② 신속한 승·하차가 가능하다.
③ 정류소 및 승차대가 복잡해진다.
④ 실시간으로 승객에게 버스운행정보를 제공할 수 있다.

75 버스정보시스템(BIS) 및 버스운행관리시스템(BMS)에 대한 설명으로 틀린 것은?

① 버스정보시스템(BIS)은 이용자에게 정보를 제공한다.
② 버스운행관리시스템(BMS)는 제공매체가 정류소 설치 안내기, 인터넷, 모바일이다.
③ 버스정보시스템(BIS)는 대기승객에게 안내기를 통하여 도착예정시간 등을 제공한다.
④ 버스운행관리시스템(BMS)는 버스위치를 파악하고, 실제 주행여부를 파악할 수 있다.

76 가로변버스전용차로에 대한 설명으로 틀린 것은?

① 교차로 부근에서는 일반차량의 버스전용차로 이용을 허용하여야 한다.
② 시행이 어렵지만, 시행효과가 바로 나타난다.
③ 전용차로 위반차량이 많이 발생한다.
④ 적은 비용으로 운영이 가능하다.

77 성인의 심폐소생술에 대한 설명으로 틀린 것은?

① 성인의 경우 가슴압박 30회와 인공호흡을 2회를 실시한다.
② 가슴압박 및 인공호흡을 무한 반복한다.
③ 가슴압박은 분당 100~120회의 속도로 약 5cm 이상의 깊이로 한다.
④ 압박할 위치는 양쪽 젖꼭지의 부위를 잇는 선의 정중앙의 바로 아래 부분이다.

78 출혈 및 골절환자에 대한 조치사항으로 틀린 것은?

① 출혈이 심한 경우 심장에 가까운 부위를 헝겊 또는 손수건 등으로 잡아맨다.
② 내출혈의 증상은 식은땀을 흘리며 호흡이 깊고 늦어지는 증상이 발생한다.
③ 지혈이 필요한 경우에도 골절 부분은 건드리지 않도록 주의한다.
④ 출혈이 적을 때에는 거즈나 깨끗한 손수건으로 상처를 꽉 누른다.

79 부상자의 의식 상태 확인 방법으로 틀린 것은?

① 의식이 없거나 구토를 하는 경우에는 똑바로 눕힌다.
② 의식이 없으면 기도 확보 이외에 입안의 피나 토한 음식물을 긁어낸다.
③ 목뼈 손상의 가능성이 있는 경우에는 목 뒤쪽을 한 손으로 받쳐준다.
④ 말이나 팔을 꼬집어 의식이 확인이 되면 말로 안심시킨다.

80 교통사고 발생 시 운전자의 조치사항에 대한 설명으로 틀린 것은?

① 탈출 → 인명구조 → 연락 → 후방방호 → 대기의 순으로 한다.
② 도로 밖의 안전장소로 이동하여 2차 피해를 방지한다.
③ 구조차가 도착할 때까지 안전지대로 나가서 기다리도록 유도한다.
④ 비상전화를 하기 전에 차의 후방에 경고반사판을 설치해야 한다.

02 제2회 최종모의고사

01 여객자동차 운수사업법령의 목적이 아닌 것은?
① 여객자동차 운수사업에 관한 질서확립
② 여객의 원활한 운송
③ 여객자동차 운수사업의 종합적 발달도모
④ 운수종사자의 권리보호

02 운행행태에 따라 광역급행형·직행좌석형·좌석형 및 일반형으로 구분되는 운송사업은?
① 시내버스운송사업
② 농어촌버스운송사업
③ 마을버스운송사업
④ 시외버스운송사업

03 노선 여객자동차운송사업의 한정면허를 할 수 있는 경우가 아닌 것은?
① 여객의 특수성 등으로 인하여 노선버스를 운행하기 어려운 경우
② 수익성이 없어 노선운송사업자가 운행을 기피하는 노선으로 보조금을 지급하려는 경우
③ 버스교통체계의 개선을 위하여 시·도의 조례로 정한 경우
④ 특수여객자동차운송사업을 경영하려는 경우

04 버스운전자격을 취득할 수 없는 사람에 해당하지 않는 것은?
① 음주운전을 하여 운전면허가 취소된 지 5년이 지나지 않는 사람
② 자격시험일 전 3년간 공동위험행위 혹은 난폭운전을 하여 운전면허가 취소된 사람
③ 상습배임죄를 범하고 집행이 끝나거나 면제된 날부터 2년이 지나지 않은 사람
④ 마약류관리에 관한 법률을 위반하여 금고 이상의 형을 선고받고 그 집행이 끝나거나 면제된 날부터 2년이 지나지 않은 사람

05 여객자동차 운수사업에 사용되는 자동차 중 승합자동차로서 특수여객자동차운송사업용 이외의 승합자동차 차령은?
① 6년
② 10년
③ 10년 6개월
④ 9년

06 운전자격의 취소 및 효력정지의 처분기준에 해당하지 않는 것은?
① 위반행위가 둘 이상일 때 그에 해당하는 각각의 처분기준이 다른 경우 그 중 무거운 처분기준에 따른다.
② 위반행위의 횟수에 대한 행정처분의 기준은 최근 1년간 같은 위반행위로 행정처분을 받은 경우이다.
③ 처분을 가중하거나 감경할 수 있는 경우에 그 가중된 기간은 6개월을 초과할 수 없다.
④ 자격정지처분으로 기일 내 운전자격증을 반납하지 않아 가중처분을 받는 사람이 기일 내 운전자격증을 반납하지 않은 경우 자격정지처분을 한다.

07 운수종사자의 자격요건을 갖추지 않은 사람을 시내버스 운전업무에 종사하게 한 경우의 과징금 액수는?
① 100만원
② 360만원
③ 500만원
④ 180만원

08 버스의 앞바퀴에 재생타이어를 사용한 경우의 과징금 액수는?
① 100만원
② 360만원
③ 120만원
④ 180만원

09 다음 중 일시정지하여야 하는 장소는?

① 도로가 구부러진 곳
② 교통정리를 하고 있지 않고 좌우를 확인할 수 없거나 교통이 빈번한 교차로
③ 교통정리를 하고 있지 않은 교차로
④ 가파른 비탈길의 내리막

10 다음의 각 설명을 바르게 짝지어 놓은 것은?

> ㄱ. 차로와 차로를 구분하기 위하여 그 경계지점을 안전표지로 표시한 선
> ㄴ. 차마가 한 줄로 도로의 정하여진 부분을 통행하도록 차선으로 구분한 차도의 부분

	ㄱ	ㄴ
①	차선	차로
②	중앙선	차로
③	차선	보도
④	차도	차선

11 고속도로인 편도 3차로 이상에서 대형승합자동차의 지정된 통행차로는?

① 오른쪽차로 ② 왼쪽차로
③ 1차로 ④ 3차로

12 고속도로 외의 도로에서 버스전용차로를 통행할 수 있는 차가 아닌 것은?

① 36인승 이상의 대형승합자동차
② 36인승 미만의 사업용 승합자동차
③ 증명서를 교부받은 어린이통학버스
④ 시·도경찰청장이 지정한 통학·통근용12인승 이상 승합자동차

13 최고속도의 50/100을 줄여야 하는 경우가 아닌 것은?

① 눈이 20mm 이상 쌓인 경우
② 노면이 얼어붙은 경우
③ 비가 내려 노면이 젖어있는 경우
④ 가시거리가 100m 이내인 경우

14 교통정리가 없는 교차로에서 동시에 교차로에 진입할 때의 양보운전에 대한 설명으로 옳은 것은?

① 동시에 진입하려고 하는 경우에는 좌측도로에서 진입하는 차에 진로를 양보한다.
② 좌회전하려고 하는 경우에는 직진하는 차에게만 진로를 양보하면 된다.
③ 교차로에 동시에 들어가려는 차의 운전자는 우측도로의 차에 진로를 양보하여야 한다.
④ 도로의 폭이 넓은 도로에서 진입하려고 하는 경우에는 도로의 폭이 좁은 도로로부터 진입하는 차에 진로를 양보한다.

15 주차 금지의 장소가 아닌 것은?

① 터널 주변 및 다리 위
② 법이 정한 도로공사 구역의 양쪽 가장자리로부터 5미터 이내인 곳
③ 시·도경찰청장이 지정한 다중이용업소의 영업장이 속한 건축물
④ 시·도경찰청장이 필요하다고 인정하여 지정한 곳

16 운전자의 준수사항에 대한 설명으로 틀린 것은?

① 자동차 앞면 창유리의 가시광선의 투과율은 70% 미만이고, 옆면 창유리는 40% 미만이어야 한다.

② 요인 경호용, 구급용 및 장의용 자동차는 가시광선 투과율의 규제를 받지 않는다.

③ 자동차 등이 정지하거나 긴급자동차를 운전하는 경우에 휴대용 전화사용이 가능하다.

④ 운전자가 운전 중에 볼 수 없는 위치에 영상이 표시되는 장치를 할 수 없다.

17 승합자동차 등의 범칙금액의 액수가 다른 범칙행위는?

① 주·정차 금지 위반

② 교차로 통행방법 위반

③ 통행금지·제한 위반

④ 좌석안전띠 미착용

18 자동차의 정비와 점검에 대한 설명으로 틀린 것은?

① 고장인 운행기록계가 설치된 자동차를 운전하면 안 된다.

② 경찰공무원은 정비불량차라고 인정되는 경우 자동차등록증과 자동차운전면허증을 제시하도록 요구하고 점검할 수 있다.

③ 지방경찰청은 정비상태가 매우 불량하여 위험한 경우에는 자동차운전면허증을 보관한다.

④ 운전의 일시정지를 명하는 경우에 정비불량표지를 자동차 등의 창유리에 붙이도록 하고 정비명령서를 교부하여야 한다.

19 앞지르기 방법 금지위반 사고로 특례가 배제되는 경우가 아닌 것은?

① 앞지르기 금지장소에서 발생한 사고로 인적피해를 입힌 경우

② 앞지르기 방법·금지위반 차량에 충돌되어 피해자가 인적피해를 입은 경우

③ 불가항력적인 상황에서 앞지르기하다 인적피해가 발생한 경우

④ 앞차의 좌측에 다른 차가 앞지르고 있거나 앞지르고자 할 때 앞지르다 인적피해가 발생한 경우

20 어린이통학버스 운전자의 주의사항에 대한 설명으로 옳지 않은 것은?

① 어린이나 영유아가 타고 내리는 경우에만 점멸등 등의 장치를 작동하여야 한다.

② 보호자를 태우지 아니한 경우 어린이나 유아가 하차하여 안전한 장소에 도착한 것을 운전석에서 확인하여야 한다.

③ 어린이통학버스 안전운행 등에 관한 교육을 받아야 한다.

④ 정기 안전교육은 2년마다 실시한다.

21 행정처분으로서 벌점이 가장 많은 경우는?

① 인적교통사고로 3주 이상의 치료를 요하는 의사의 진단이 있는 사고

② 교통사고로 물적피해가 발생한 교통사고를 일으킨 후 도주한 때

③ 공동위험행위 또는 난폭운전으로 형사입건된 때

④ 60km 초과의 속도위반

22 교통사고처리특례법에 대한 설명으로 틀린 것은?

① 차의 운전자가 재물손괴죄를 범했을지라도 피해자의 명시적인 의사에 반하여 공소를 제기할 수 없다는 것을 말한다.
② 사망이나 도주사고 등에 대해서는 특례를 적용하지 않는다.
③ 신호·지시위반 차량으로 인적피해를 입힌 경우에는 특례를 적용하지 않는다.
④ 중앙선침범 차량에 충돌되어 대물피해만 입힌 경우에도 특례가 적용되지 않는다.

23 특례법이 배제되는 신호·지시위반 사고가 성립하지 않는 것은?

① 고의나 부주의에 의한 과실로 인한 사고
② 아파트단지 등 자체적으로 설치된 신호기가 있는 경우에 인적피해가 발생한 경우
③ 시장·군수가 설치한 신호기나 안전표지의 시설물에서 인적피해가 발생한 경우
④ 신호·지시위반 차량에 충돌되어 인적피해를 입힌 경우(피해자 요건)

24 운전면허취득 응시기간 제한에 대한 설명이다. 옳지 않은 것은?

① 음주운전으로 사람을 사상한 후 구호조치 및 사고신고를 하지 아니한 경우는 운전면허가 취소된 날부터 5년간 운전면허를 받을 수 없다.
② 음주운전으로 사람을 사망에 이르게 한 경우는 취소된 날부터 5년간 운전면허를 받을 수 없다.
③ 무면허운전 금지규정을 3회 이상 위반하여 자동차를 운전한 경우는 그 위반한 날부터 2년간 운전면허를 받을 수 없다.
④ 운전면허시험을 대신 응시하여 운전면허가 취소된 경우에는 취소된 날부터 1년간 운전면허를 받을 수 없다.

25 특례법이 배제되는 음주운전에 해당하지 않는 것은?

① 문이나 차단기에 의하여 도로와 차단되는 통행로에서의 음주운전도 처벌대상이 된다.
② 술을 마시고 주차장 또는 주차선 안에서 운전하는 것은 처벌대상이다.
③ 술을 마시고 운전을 하였다고 하더라도 혈중알코올농도 0.03% 미만인 경우
④ 공개되지 않은 통행로에서의 음주운전도 처벌대상이다.

26 엔진룸 내부의 엔진 점검내용이 아닌 것은?

① 엔진오일, 냉각수가 충분한지 확인한다.
② 트랜스미션 오일량은 적당한가 확인한다.
③ 누수, 누유는 없는지 확인한다.
④ 구동벨트의 장력은 적당하고 손상된 것은 없는지 확인한다.

27 주차할 때의 주의사항으로 틀린 것은?

① 주차할 때는 반드시 주차 브레이크를 작동시킨다.
② 급경사길에는 되도록 주차하지 않는다.
③ 오르막길에는 1단, 내리막길에는 후진(R)으로 놓고 바퀴에는 고임목을 설치한다.
④ 습기가 있고 통풍이 잘되는 곳에 주차한다.

28 CNG 연료의 특징에 대한 설명으로 틀린 것은?

① 천연가스는 메탄(CH_4)이 주성분인 탄소량이 적은 탄화수소 연료이다.
② 옥탄가가 높고 세탄가는 낮으므로 오토사이클 엔진에 적합한 연료이다.
③ 유황분을 함유하여 SO_2 가스를 방출한다.
④ 탄화수소 연료 중의 탄소수가 적고 독성도 낮다.

29 경제적인 운행방법으로 틀린 것은?

① 급발진과 급제동 금지
② 목적지의 확실한 파악
③ 급 가·감속을 통한 경제속도 준수
④ 불필요한 공회전과 화물 적재 금지

30 엔진 후드(보닛) 개폐에 대한 설명으로 틀린 것은?

① 도어를 닫은 후에는 확실히 닫혔는지 확인한다.
② 시동을 끄고 점검이 필요한 경우를 제외하고 엔진시동을 켜고 점검하는 것이 원칙이다.
③ 엔진 시동 상태에서는 넥타이, 옷소매 등이 엔진 또는 라이에이터 팬에 닿지 않도록 주의한다.
④ 대형버스의 경우 엔진룸이 자동차의 후방에 있다.

31 다음의 내용이 지칭하는 용어는?

> ㄱ. 브레이크 공기탱크 내의 공기압력을 나타낸다.
> ㄴ. 배터리의 충전 및 방전 상태를 나타낸다.

	ㄱ	ㄴ
①	엔진오일압력계	전압계
②	공기압력계	회전계
③	공기압력계	전압계
④	엔진오일압력계	회전계

32 속도를 높이면 핸들이 극단적으로 흔들릴 때 어느 부분의 고장인가?

① 엔진 밸브 간극
② 완충장치 쇽업소버
③ 클리치 릴리스 베어링
④ 휠 얼라이먼트

33 엔진 오버히트가 발생하는 경우 조치로 틀린 것은?

① 겨울에는 히터, 여름에는 에어컨의 작동을 중지시킨다.
② 엔진이 냉각되기 전에 바로 냉각수의 양 점검, 라디에이터 호스의 연결 부위의 누수 여부를 확인한다.
③ 엔진이 작동하는 상태에서 보닛을 열어 엔진을 냉각시킨다.
④ 비상경고등을 켜고 길 가장자리로 이동시켜 정차하되 시동을 바로 끄지 않는다.

34 브레이크 제동이 나쁜 경우 조치사항이 아닌 것은?

① 적정 공기압으로 조정한다.
② 브레이크 계통을 점검하여 풀려 있는 부분은 다시 조인다.
③ 라이닝 간극을 조정하거나 라이닝을 교환한다.
④ 서모스탯(온도조절기)을 교환한다.

35 고무 같은 것이 타는 냄새가 날 때 이상 부분은?

① 브레이크 부분
② 전기장치 부분
③ 바퀴부분
④ 배기장치 부분

36 다음의 설명을 순서대로 나열한 것은?

> ㄱ. 노면에서 발생한 스프링의 진동을 흡수하여 승차감을 향상시키고 스프링의 피로를 줄이기 위해 설치하는 장치이다.
> ㄴ. 차체와 차축 사이에 설치되어 주행 중 노면에서의 충격이나 진동을 흡수하여 차체에 전달하지 않게 하는 장치이다.

	ㄱ	ㄴ
①	스태빌라이저	스프링
②	쇽업소버	스프링
③	스프링	쇽업소버
④	쇽업소버	스태빌라이저

37 전자제어 현가장치 시스템(ECS)에 대한 기능에 대한 설명으로 틀린 것은?

① 차량 주행 중에 에어 소모가 감소한다.
② 안전성이 확보된 상태에서 차량의 높이 조정 및 닐링 기능을 할 수 있다.
③ 운전자가 스위치를 조작하여 차량의 높이를 조정할 수 있다.
④ 자기진단기능은 없으나 정비성이 용이하고 안전하다.

38 클러치가 미끄러지는 경우의 원인이 아닌 것은?

① 클러치 디스크의 마멸이 심하다.
② 클러치 디스크에 오일이 묻어 있다.
③ 클러치 스프링의 장력이 약하다.
④ 클러치 페달의 유격(자유간극)이 있다.

39 튜브리스 타이어에 대한 설명으로 틀린 것은?

① 튜브타이어에 비해 공기압을 유지하는 성능이 좋다.
② 튜브 물림 등 튜브로 인한 고장이 없다.
③ 림이 변형되면 타이어와의 밀착이 불량하여 공기가 새기 쉽다.
④ 저속으로 주행할 때 조향핸들이 다소 무겁다.

40 올바른 휠 얼라이먼트와 타이어의 접지상태를 유지하는 장치는?

① 제동장치　　② 완충(현가)장치
③ 주행장치　　④ 동력전달장치

41 교통사고의 3대 요인 중 차량요인과 가장 거리가 먼 것은?

① 부속품　　② 차량구조장치
③ 안전시설　　④ 적하(積荷)

42 도로교통법상 시력에 대한 설명으로 틀린 것은?

① 두 눈의 시력이 0.7 이상, 양쪽 눈의 시력이 각각 0.4 이상이어야 제1종 운전면허를 취득할 수 있다.
② 붉은색, 녹색 및 노란색을 구별해야 한다.
③ 교정시력을 포함한다.
④ 한쪽 눈을 보지 못하는 사람은 다른 쪽 눈의 시력이 0.6 이상이어야 제2종 운전면허를 취득할 수 있다.

43 명순응에 대한 설명으로 틀린 것은?

① 어두운 조건에서 밝은 조건으로 변할 때 사람의 눈이 시력을 회복하는 것을 말한다.
② 명순응이 저하되면 어두운 터널을 벗어나 밝은 도로로 주행 시 시각장애를 일으킨다.
③ 암순응에 비해 시력회복이 빠르다.
④ 주간에 터널에 막 진입하였을 때 더욱 조심스러운 안전운전이 요구되는 이유이다.

44 피로가 운전에 미치는 영향으로 틀린 것은?

① 자발적인 행동이 감소한다.
② 빛이나 소음에 둔감해진다.
③ 손이나 눈꺼풀이 떨리고, 근육이 경직된다.
④ 긴장이나 주의력이 감소된다.

45 대형자동차의 안전운행에 대한 설명으로 틀린 것은?

① 승용차 등이 대형차의 사각지점에 들어오지 않도록 주의한다.
② 다른 차를 앞지르고자 하는 경우 충분한 간격을 유지한다.
③ 대형차의 운전석은 높으므로 우회전을 하려는 경우 시야확보가 용이하다.
④ 대형차로 회전하는 경우 회전공간 주변의 이륜차나 보행자를 주의한다.

46 어린이들이 당하는 교통사고 유형 중 가장 많은 부분을 차지하는 것은?

① 도로 횡단 중의 부주의
② 도로에 갑자기 뛰어들기
③ 도로상에서 위험한 놀이
④ 자전거 사고

47 주행장치인 휠(wheel)에 대한 설명 틀린 것은?

① 타이어와 함께 차량의 중량을 지지한다.
② 구동력과 제동력을 지면에 전달하는 역할을 한다.
③ 무게가 무겁고 노면의 충격과 측력에 견딜 수 있는 강성이 있어야 한다.
④ 타이어에서 발생하는 열을 흡수하여 대기 중으로 잘 방출시켜야 한다.

48 대형차에 주로 사용되는 현가장치는 무엇인가?

① 토션바 스프링
② 공기 스프링(Air spring)
③ 코일 스프링(Coil spring)
④ 비틀림 막대스프링(Torsion bar spring)

49 스탠딩 웨이브 현상에 대한 설명으로 틀린 것은?

① 스탠딩 웨이브 현상이 계속되면 타이어는 쉽게 과열되어 오래가지 못해 파열된다.
② 대략 150km/h 전후의 속도에서 스탠딩 웨이브 현상이 발생한다(승용차 타이어 경우).
③ 스탠딩 웨이브 현상을 예방하기 위해 속도를 낮춘다.
④ 스탠딩 웨이브 현상을 예방하기 위해 공기압을 낮춘다.

50 내륜차에 대한 설명으로 틀린 것은?

① 바퀴가 동심원을 그리면서 회전하는 경우 앞바퀴의 안쪽과 뒷바퀴의 안쪽과의 차이를 내륜차(內輪差)라 한다.
② 대형차일수록 이 차이는 크다.
③ 후진 중 회전할 경우에는 내륜차에 의한 교통사고의 위험이 있다.
④ 내륜차의 크기는 차량의 축간거리(휠베이스)의 길이에 비례한다.

51 정지거리를 표현한 식으로 옳은 것은?

① 정지거리 = 공주거리 − 제동거리
② 정지거리 = 제동거리 − 공주거리
③ 정지거리 = 공주거리 + 제동거리
④ 정지거리 = 공주거리 × 제동거리

52 곡선부 방호울타리의 기능에 대한 설명으로 틀린 것은?

① 자동차의 차도이탈을 방지한다.
② 운전자의 시선을 유도한다.
③ 탑승자의 상해 및 자동차의 파손을 감소시킨다.
④ 고장차가 본선차도로부터 대피할 수 있는 공간을 제공한다.

53 중앙분리대에 대한 설명으로 틀린 것은?

① 방호울타리형 중앙분리대는 충분한 설치 폭의 확보가 어려운 곳에 설치한다.
② 연석형 중앙분리대는 좌회전 차로 제공이나 차로 확장에 쓰일 공간 확보를 위해서 설치한다.
③ 방호울타리형 중앙분리대는 중앙에 녹지공간을 제공하는 데에도 사용될 수 있다.
④ 광폭 중앙분리대는 대향차량의 영향을 받지 않을 정도의 넓이를 제공한다.

54 버스정류시설에 대한 설명으로 <u>틀린</u> 것은?

① 중앙버스전용차로의 교차로 통과 후 정류소는 전용차로상의 차와 좌회전하려는 차의 상충이 최소화되는 장점이 있다.
② 교차로와 교차로 사이에 있는 단일로의 중간에 있는 정류장을 도로구간 내 정류장이라고 한다.
③ 버스전용차로에 있는 자동차와 좌회전하려는 자동차가 상충하는 단점이 있는 정류소는 교차로 통과 전 정류소이다.
④ 교차로가 버스전용차로 상에 있는 차량의 감속에 이용되는 정류소는 도로구간 내 정류소이다.

55 주행 시 방어운전에 대한 설명으로 <u>틀린</u> 것은?

① 교통량이 많은 곳에서는 속도를 줄여서 주행한다.
② 해질 무렵, 터널 등 조명조건이 나쁠 때에는 속도를 줄여서 주행한다.
③ 주행하는 차들과 속도를 맞추어서 주행할 필요는 없다.
④ 주택가나 이면도로 등에서는 과속이나 난폭운전을 하지 않는다.

56 이면도로를 통행하는 방법으로 <u>틀린</u> 것은?

① 속도를 낮춘다.
② 위험대상물을 계속해서 주시하면서 통행하지 않아야 한다.
③ 자동차나 어린이가 갑자기 뛰어들지 모른다는 생각을 가지고 운전한다.
④ 언제라도 곧 정지할 수 있는 마음의 준비를 갖춘다.

57 내리막길 안전운전 및 방어운전에 대한 설명으로 <u>틀린</u> 것은?

① 내리막길을 내려가기 전에는 미리 감속하여 천천히 내려가며 엔진 브레이크로 속도를 조절하는 것이 바람직하다.
② 배기 브레이크를 사용하면 드럼의 온도상승을 억제하여 모닝 록 현상을 방지할 수 있다.
③ 커브 주행 시와 마찬가지로 중간에 불필요하게 속도를 줄인다든지 급제동하는 것은 금물이다.
④ 변속할 때 클러치 및 변속 레버의 작동은 신속하게 한다.

58 여름철 교통사고 특징으로 옳지 <u>않은</u> 것은?

① 갑자기 소나기가 내리는 변덕스러운 기상변화 때문에 도로 노면의 물은 빙판 못지않게 미끄러워 교통사고를 유발시킨다.
② 수면부족과 피로로 인한 졸음운전사고의 위험이 높다.
③ 장마철에는 우산을 받치고 보행함에 따라 전·후방 시야를 확보하기 어려워 사고의 위험이 높다.
④ 해수온도가 높아 수면으로부터 증발로 습윤한 공기는 육지로 이동하면서 야간에 냉각되면서 이류안개가 빈번히 발생한다.

59 고속도로 교통사고 특성으로 옳지 <u>않은</u> 것은?

① 도로의 특성상 운전자들이 조심하므로 다른 도로에 비해 치사율이 낮다.
② 영업용 차량(화물차, 버스) 운전자의 장거리 운행으로 인한 과로로 졸음운전이 발생할 가능성이 매우 높다.
③ 화물차의 적재불량과 과적으로 도로상에 낙하물은 교통사고의 원인이 되고 있다.
④ 전방주시 태만과 졸음운전으로 인한 2차(후속)사고 발생가능성이 높아진다.

60 앞지르기 안전운전 및 방어운전에 대한 설명으로 틀린 것은?

① 앞지르기를 하는 경우 그 도로의 최고속도 범위를 초과해도 상관없다.
② 앞지르기에 필요한 충분한 거리와 시야가 확보되었을 때 앞지르기를 시도한다.
③ 앞차의 오른쪽으로 앞지르기하지 않는다.
④ 앞차가 앞지르기를 하고 있는 때는 앞지르기를 시도하지 않는다.

61 교차로 안전운전 및 방어운전에 대한 설명으로 옳지 않은 것은?

① 섣부른 추측운전은 하지 않는다.
② 언제든 정지할 수 있는 준비태세를 갖춘다.
③ 신호가 바뀌는 순간을 주의한다.
④ 신호등 없는 교차로의 경우 주변에 차가 별로 없는 경우 신속하게 진행한다.

62 다음 중 시선유도시설이 아닌 것은?

① 갈매기표지   ② 노면요철포장
③ 표지병   ④ 시선유도봉

63 회전교차로에 대한 설명으로 틀린 것은?

① 회전교차로에 진입하는 차에 회전차로에서 주행하는 차가 진로를 양보한다.
② 회전교차로는 상충 횟수가 적으며 유지관리 비용이 적게 든다.
③ 회전교차로는 지체시간이 감소되어 연료 소모와 배기가스를 줄일 수 있다.
④ 회전교차로는 감속 또는 방향분리를 위하여 분리교통섬을 설치해야 한다.

64 길어깨 역할에 대한 설명 틀린 것은?

① 측방 여유폭을 가지므로 교통의 안전성과 쾌적성에 기여한다.
② 유지관리 작업장이나 지하매설물에 대한 장소로 제공된다.
③ 보도 등이 없는 도로에서는 보행자 등의 통행장소로 제공된다.
④ 차량이 대향차로로 튕겨나가는 것을 방지한다.

65 도로에서 고속으로 주행하게 되면, 노면과 좌·우에 있는 나무나 중앙분리대의 풍경 등이 마치 물이 흐르듯이 흘러서 눈에 들어오는 느낌의 자극을 무엇이라 하는가?

① 명순응 현상   ② 암순응 현상
③ 유체자극 현상   ④ 페이드(Fade) 현상

66 올바른 서비스 제공을 위한 요소가 아닌 것은?

① 단정한 용모 및 복장
② 밝은 표정
③ 공식적인 말
④ 따듯한 응대

67 고객에 대한 올바른 기본예절과 가장 거리가 먼 것은?

① 신뢰관계가 상대에게 도움이 되어야 신뢰관계가 형성된다.
② 약간의 어려움을 감수하는 것은 좋은 인간관계를 유지하는 투자이다.
③ 상대에게 관심을 갖는 것은 상대도 나에게 호감을 갖게 한다.
④ 상대의 결점을 지적할 때는 직접적이고 간명하게 한다.

68 다음 중 올바른 인사가 아닌 것은?

① 고개는 반듯하게 들되, 턱은 내밀지 않고 자연스럽게 당긴다.

② 상대의 눈을 정면으로 바라보며 진심을 가진 눈빛으로 인사한다.

③ 머리와 상체는 일직선이 되도록 서서히 숙인다.

④ 인사는 아랫사람이 먼저 한다.

69 버스운전기사의 승객에 대한 호칭과 지칭에 대한 설명으로 옳지 않은 것은?

① '고객'이라는 표현보다는 '승객'이나 '손님'을 사용하는 것이 좋다.

② '아줌마', '아저씨'는 호칭이나 지칭으로 사용하지 않는다.

③ 중·고등학교 학생에게도 '승객'이나 '손님'의 호칭을 사용한다.

④ 할아버지나 할머니 등에게도 '손님'이라는 말을 사용한다.

70 운송사업자의 준수사항에 대한 설명으로 틀린 것은?

① 수요응답형 여객자동차운송사업자는 여객의 운행요청이 있는 경우 이를 거부하여서는 안 된다.

② 전세버스운송사업자는 안전띠 미착용 안내, 무단이탈 및 안전운행에 현저히 장애가 되는 소란행위를 제지해야 한다.

③ 전세버스운송사업자 및 특수여객자동차운송사업자는 운임 또는 요금을 받았을 때 영수증을 발급하여야 한다.

④ 우편물 등을 운송하는 전세버스운송사업자는 해당 영업소에 우편물 등의 보관에 필요한 시설을 갖춰야 한다.

71 운수종사자의 준수사항에 대한 설명으로 틀린 것은?

① 여객자동차운소사업에 사용되는 자동차 안에서는 금연이다.

② 관할관청이 필요하다고 인정하여 복장 및 모자를 지정할 경우에는 이를 착용해야 한다.

③ 운전업무 중 해당 도로에 이상이 있었을 경우에는 교대 시 다른 운전사에게 알려야 한다.

④ 어떠한 경우에도 여객의 승차를 거부하거나 여객을 중도에 내리게 해서는 안 된다.

72 버스준공영제에 대한 설명으로 틀린 것은?

① 표준운송원가를 통한 경영의 효율화를 추구한다.

② 버스의 소유와 운영은 각 버스업체가 유지한다.

③ 버스노선 및 요금의 조정 그리고 버스운행 관리는 지방자치단체가 개입한다.

④ 민영제에 비해서 서비스 수준이 떨어진다.

73 버스 민영제의 단점에 대한 설명으로 틀린 것은?

① 비수익노선의 운행서비스의 공급이 힘들다.

② 노선신설, 정류소 설치 등 외부간섭이 증가하여 비효율성이 증대된다.

③ 타 교통수단과의 연계교통체계 구축이 어렵다.

④ 과도하게 버스요금이 상승할 수 있다.

74 버스운임의 기준·요율을 '결정'하는 행정기관과 '신고' 행정기관이 각각 같은 것으로 묶인 것은?

① 시내버스, 전세버스

② 시외버스, 고속버스

③ 마을버스, 특수여객

④ 전세버스, 고속버스

75 도심과 외곽을 잇는 주요 간선도로에 버스전용차로를 설치하여 급행버스를 운행하는 대중교통 시스템은 무엇인가?

① 버스준공영제
② 버스전용차로
③ 간선급행버스체계
④ 버스정보시스템

76 버스정보시스템(BIS)과 버스운행관리시스템(BMS)을 비교·설명한 것으로 틀린 것은?

① BIS의 제공대상은 버스이용승객이고, BMS는 버스운전자, 버스회사, 시·군이다.
② BIS는 버스이용자에게 편의제공을 하는 것이고, BMS는 버스의 운행을 관리하는 것이다.
③ 버스운행관제, 버스정책 수립 등을 위한 기초자료를 제공하는 것은 BIS이다.
④ 버스운행 및 종료에 대한 정보를 제공하는 것은 BIS이다.

77 가로변버스전용차로에 대한 설명으로 틀린 것은?

① 종일 또는 출·퇴근 시간대 등을 지정하여 운영할 수 있다.
② 버스전용차로 운영시간대에는 가로변의 주·정차를 금지하고 있다.
③ 우회전하는 차량을 위하여 교차로 부근에서는 일반차량의 버스전용차로 이용을 허용해야 한다.
④ 차로분리시설과 안내시설 등의 설치가 필요하다.

78 중앙버스전용차로의 장점에 해당하지 않는 것은?

① 시행이 간편하다.
② 교통정체가 심한 구간에서 효과적이다.
③ 가로변 상업활동이 보장된다.
④ 대중교통 이용자의 증가를 도모할 수 있다.

79 다음 설명이 지칭하는 용어는?

> ㄱ. 2대 이상의 차가 동일방향으로 주행 중 뒤차가 앞차의 후면을 충격한 것을 말한다.
> ㄴ. 차가 추월, 교행 등을 하려다가 차의 좌우측면을 서로 스친 것을 말한다.

	ㄱ	ㄴ
①	충돌사고	접촉사고
②	추돌사고	충돌사고
③	추돌사고	접촉사고
④	접촉사고	추돌사고

80 교통사고 발생 시 운전자의 조치과정으로 옳은 것은?

① 탈출 → 인명구호 → 연락 → 후방방호 → 대기
② 탈출 → 연락 → 인명구호 → 후방방호 → 대기
③ 탈출 → 인명구호 → 후방방호 → 연락 → 대기
④ 탈출 → 연락 → 후방방호 → 인명구호 → 대기

CHAPTER 2 정답 및 해설

01 제1회 최종모의고사

1	2	3	4	5	6	7	8	9	10
②	④	③	④	③	③	④	②	①	④
11	12	13	14	15	16	17	18	19	20
②	②	③	①	③	①	②	②	④	②
21	22	23	24	25	26	27	28	29	30
③	④	④	②	②	④	②	④	③	③
31	32	33	34	35	36	37	38	39	40
①	③	④	②	①	③	②	④	②	④
41	42	43	44	45	46	47	48	49	50
③	③	④	③	②	④	④	②	①	②
51	52	53	54	55	56	57	58	59	60
④	③	①	③	③	③	④	①	②	④
61	62	63	64	65	66	67	68	69	70
④	②	③	④	②	③	③	②	①	③
71	72	73	74	75	76	77	78	79	80
③	②	③	③	②	②	④	②	①	①

01 정답 ②
② 시내버스운송사업은 **중형 이상의 승합자동차**가 사용된다.

02 정답 ④
④ 버스운전자격시험에 합격하고 자격증을 취득해야 한다. 그리고 버스운전자격시험을 통과하지 않고도 교통체험교육을 통한 취득이 가능하다.

03 정답 ③
③의 경우는 운전자의 과실이 인정되어 교통사고처리특례법상 철길건널목 통과방법 위반으로 처벌된다.

04 정답 ④
④ 황색신호에 모든 차는 정지선 바로 앞에 정지하여야 한다.

05 정답 ③
(i) 비가 내려 노면이 젖어있는 경우, (ii) 눈이 20mm 미만 쌓인 경우에는 최고속도의 100분의 20을 줄인 속도로 운행하여야 한다.

06 정답 ③
편도 3차로 이상의 고속도로에서 승용자동차 및 경형·소형·중형 승합자동차는 왼쪽 차로가 주행차로이다. 그리고 대형승합자동차, 화물자동차, 특수자동차 등은 오른쪽차로이다. 참고로 왼쪽차로가 주행차로인 차는 지정된 차로보다 오른쪽에 있는 차로로 통과할 수 있다.

07 정답 ④
④ 중앙선이 설치되지 아니한 도로와 편도 1차로인 도로에서는 반대방향에서 진행하는 차의 운전자도 어린이통학버스에 이르기 전에 일시정지하여 안전을 확인한 후 서행하여야 한다.

08 정답 ②
고속도로에서 버스전용차로를 통행할 수 있는 차 : 9인승 이상 승용자동차 및 승합자동차(승용자동차 또는 12인승 이하의 승합자동차는 6인 이상이 승차한 경우에 한함)

09 정답 ①
자동차의 운전자는 고속도로등에서 자동차의 고장 등 부득이한 사정이 있는 경우를 제외하고는 차로에 따라 통행하여야 하며, 갓길로 통행하여서는 아니 된다. 다만, 다음의 어느 하나에 해당하는 경우에는 그러하지 아니하다.
1. 긴급자동차와 고속도로등의 보수·유지 등의 작업을 하는 자동차를 운전하는 경우
2. 차량정체 시 신호기 또는 경찰공무원 등의 신호나 지시에 따라 갓길에서 자동차를 운전하는 경우

10 정답 ④
④ 승차정원 15인 이하의 승합자동차를 운전할 수 있다.

11 정답 ②
② 혈중알코올농도 0.08% 이상의 상태에서 운전한 때가 취소처분의 개별기준이다.

12 정답 ②
난폭운전은 다른 사람에게 위험과 장애를 주거나 불특정인에 불쾌감과 위험을 주는 행위로 「도로교통법」의 적용을 받는다. 그리고 **보복운전**은 의도적·고의적으로 **특정인을 위협하는 행위**로 「형법」의 적용을 받는다. ①, ④는 난폭운전이고 ③은 보복운전이다.

13 정답 ③

③과 운전 중 영상표시장치 조작, 운행기록계 미설치 자동차 운전금지 등의 위반, 속도위반(20km/h ~ 40km/h) 등이 범칙금 7만원이다.

④와 교차로에서 양보운전 위반, 보행자 통행방해 또는 보호의무 위반, 정차·주차금지 위반 등은 5만원이다.

14 정답 ①

① 편도 1차로에서의 최고속도는 **매시 80km/h** 이다.

15 정답 ③

③ 과거에는 후방 200m에 고장자동차의 표지를 두도록 규정되었으나 후방에서 접근하는 차량의 운전자가 쉽게 확인할 수 있는 위치에 고장자동차의 표지(안전삼각대)를 하면 되는 것으로 개정되었다.

16 정답 ①

① 서행하여야 하는 장소가 아니라 일시정지하여야 할 장소이다.

17 정답 ②

승합자동차와 여객자동차 운송사업용 승용자동차는 실내조명등까지 켜야 한다.

18 정답 ③

③ 주차가 금지된 장소이다.

19 정답 ④

✤ **중대한 교통사고**(여객자동차 운수사업법 제19조, 영 제11조)
1. 전복(顚覆) 사고
2. 화재가 발생한 사고
3. 대통령령으로 정하는 수 이상의 사람이 죽거나 다친 사고
- 사망자 2명 이상
- 사망자 1명과 중상자 3명 이상
- 중상자 6명 이상

✤ 운송사업자는 중대한 교통사고가 발생하였을 때에는 24시간 이내에 사고의 일시·장소 및 피해사항 등 사고의 개략적인 상황을 관할 시·도지사에게 보고한 후 72시간 이내에 사고보고서를 작성하여 관할 시·도지사에게 제출하여야 한다.

20 정답 ②

② 사기죄와 배임죄는 운전자격을 취득할 수 없는 범죄에 해당하지 않는다.

21 정답 ③

승합자동차의 전세버스운송사업용 또는 특수여객자동차운송사업용의 차령은 11년이고, 그밖의 사업용은 9년이다.

22 정답 ④

도로교통법상 **사고발생 후 72시간 내 사망**하면 벌점 90점과 형사적 책임이 부과된다. 「교통안전법상」 규정된 '교통사고에 의한 사망'은 교통사고가 주된 원인이 되어 교통사고 발생 시로부터 30일 이내 사람이 사망한 사고를 말한다.

23 정답 ④

④ 교차로 통행방법 위반 사고는 교통사고처리특례법이 적용되어 형사처벌 되지 않는다.

24 정답 ②

② 무사고·무벌점 기간이 5년 미만인 운수종사자가 **매년 4시간의 보수교육**을 받는다. 무사고·무벌점 기간이 5년 이상 10년 미만인 운전자는 **격년으로 4시간의 보수교육**을 받는다.

25 정답 ②

② 신호·지시 위반도 범칙금액은 13만원이다.

26 정답 ④

팬벨트의 장력은 전기계통(배터리의 방전)이나 엔진이 과열된 경우의 점검사항이다.

27 정답 ③

③은 변속기의 필요성이다.

28 정답 ②

② 타이어의 내부의 공기가 직접 림에 접촉하므로 주행 중에 발생하는 열의 발산이 좋아 발열이 적다.

29 정답 ③

③ 코일스프링은 단위중량당 에너지 흡수율이 판스프링보다 크고 유연하므로 **승용차에 많이 사용**된다. **화물자동차에는 판스프링이 많이 사용**된다.

30 정답 ③

연결 부위에서 가스가 누출되는 경우에는 **새는 부위의 너트를 누출이 멈출 때까지 조금씩 반복해서 조여 준다.** 만약 계속해서 가스가 누출되면 사람의 접근을 차단하고 실린더 내의 가스가 모두 배출될 때까지 기다린다.

31 정답 ①

① 조향핸들이 무거운 원인 중의 하나이다.
② 조향핸들이 한쪽으로 쏠리는 원인이지만, 동시에 조향핸들이 무거운 원인이기도 하다.

32 정답 ③

③ 조향핸들의 회전과 바퀴 선회 차이가 크지 않아야 한다.

33 정답 ④

④ 스테빌라이저에 대한 설명이다.

34 정답 ②

② 유압식은 중량의 제한을 받으나, 공기식은 차량 중량의 영향을 받지 않는다.

35 정답 ①

다른 차의 배터리에 점프 케이블을 연결하여 시동을 걸 때에는 다른 차의 시동을 먼저 건 후 방전된 차의 시동을 건다.

36 정답 ③

③ 시동모터가 작동하나, 시동이 걸리지 않는 경우의 조치이다.

37 정답 ③

바람을 등지고 분사한다.

38 정답 ④

* 종합검사의 대상과 유효기간

차종	구분	규모	차령	유효기간
승합자동차	사업용	경형·소형	4년 초과	1년
		중형	2년 초과	차령 8년까지는 1년, 이후부터는 6개월
		대형	2년 초과	8년까지는 1년, 이후부터는 6개월

차종	구분	규모	차령	유효기간
승합자동차	비사업용	경형·소형	4년 초과	1년
		중형	3년 초과	차령 8년까지는 1년 이후부터는 6개월
		대형	3년 초과	8년까지는 1년 이후부터는 6개월

39 정답 ②

40 정답 ④

④ 최대적재량의 증가를 가져오는 물품적재장치의 튜닝이 금지되는 튜닝이다.

41 정답 ③

③ 중심시에 대한 설명이다. 깊이지각은 양안단서(binoculer cues) 및 단안단서(monoculer cues)를 이용하여 물체의 거리를 효과적으로 지각(주시물체의 망막상을 3차원으로 지각)하는 능력이다.

42 정답 ③

43 정답 ④

① 주행 중 가속 페달을 놓거나, 저속기어를 사용하여 회전저항에 의한 제동력이 발생하는 것은 엔진브레이크이다.
② 제이크 브레이크는 피스톤 내부의 연료분사를 차단하는 등으로 엔진의 출력을 저하시키는 방식의 브레이크이다.
③ 배기 파이프 내 압력이 배기 스프링 장벽과 평형이 될 때까지 높게 하여 제동력을 얻는 방식은 배기 브레이크이다.

44 정답 ③

③ 교차로 내부에서 교통혼잡이 발생하지 않는다.

45 정답 ②

② 교차로에서 좌·우회전할 때 외륜차보다는 내륜차에 의한 사고에 주의한다.

46 정답 ④

④ 낯선 도로를 운전할 때에는 여유시간을 허용한다. 그리고 미리 갈 노선을 계획한다.

47 정답 ④

④ 교량, 터널 등 차로수가 갑자기 줄어드는 장소에는 속도를 줄이고 조심스럽게 진입한다.

48 정답 ②

② 가시거리가 100m 이내인 경우에는 최고속도를 50% 정도 감속하여 운행한다.

49 정답 ①

좌회전 차로가 2개 설치된 교차로에서 대형승합차는 오른쪽차로, 중·소형승합자동차는 왼쪽차로로 통행한다.

50 정답 ②

② 버스 주위에 접근하는 승용차나 이륜차 등을 볼 수 없는 사각지대가 넓다.

51 정답 ④

음주운전은 과속, 신호위반, 중앙선 침범 등 다른 법규위반과 함께 나타나는 경우가 많다.

52 정답 ③

③ 외륜차와 관련된다.

53 정답 ①

①은 편경사에 대한 설명이다. 측대는 길어깨(갓길) 또는 중앙분리대의 일부분으로 포장 끝부분 보호, 측방의 여유 확보, 운전자의 시선을 유도하는 기능을 갖는다.

54 정답 ③

③은 교차로 통과 전(Near-side) 정류소가 버스전용차로에 있는 자동차와 좌회전하려는 자동차의 상충이 증가한다.

55 정답 ③

③은 지방도로의 방어운전에 대한 설명이다. 시가지 이면도로에서는 언제 어디서든 보행자나 물체가 튀어나올 수 있으므로 주의를 집중해야 하고, 전방을 예측하면서 운전하는 것은 의미가 없다.

56 정답 ③

③ 오르막길에서의 안전운전 및 방어운전방법이다.

57 정답 ④

철길건널목에서 차단기가 내려져 있거나 또는 내려지고 있을 때, 경보음이 울리고 있을 때, 건널목 건너편이 혼잡하여 건널목을 안전하게 통과할 수 없게 될 우려가 있는 경우에는 진입하지 않는다.

58 정답 ①

① 고속도로에 진입할 때와 달리 본선 차로에서 **천천히 진출부로 진입하여 출구로 이동**한다.

59 정답 ②

60 정답 ④

고속도로 편도 3차로 이상에서 **경형·소형·중형 승합자동차의 통행차로는 왼쪽차로**이다. 그리고 대형승합자동차는 오른쪽차로이다.

61 정답 ④

④ 느린 속도의 앞차를 추월할 경우 앞지르기 차로를 이용하여 추월이 끝나고 **복귀할 때에는 뒤차가 거리가 충분히 벌어졌을 때** 안전하게 차로를 변경한다.

62 정답 ②

② 신속히 비상등을 켜고 다른 차의 소통에 방해가 되지 않도록 갓길로 차량을 이동시킨다. 차량이동이 어려운 경우 탑승자들은 안전조치 후 신속하고 안전하게 **가드레일 바깥 등의 안전한 장소로 대피**한다.

63 정답 ③

① 운전자가 브레이크 페달에 발을 올려 브레이크가 작동을 시작하는 순간부터 자동차가 완전히 정지할 때까지 이동한 거리를 **제동거리**라 한다.
② 운전자가 자동차를 정지시켜야 할 상황임을 인지하고 브레이크 페달로 발을 옮겨 **브레이크가 작동을 시작하기 전까지 이동한 거리를 공주거리**라 한다.

④ 정지거리는 운전자 요인(인지반응시간, 운행속도, 피로도, 신체적 특성 등), 자동차 요인(자동차의 종류, 타이어의 마모정도, 브레이크의 성능 등), 도로 요인(노면종류, 노면상태 등)에 따라 차이가 발생할 수 있다.

64 정답 ④

④ 대향차량과의 충돌 위험을 감소시키는 것은 중앙분리대이다.
①, ②, ③ 이외의 방호울타리의 기능으로 운전자의 시선을 유도하는 것을 들 수 있다.

65 정답 ②

① **가변차로**는 방향별 교통량이 특정시간대에 현저하게 차이가 발생하는 도로에서 **교통량이 많은 쪽으로 차로수가 확대**될 수 있도록 신호기에 의하여 차로의 진행방향을 지시하는 차로를 말한다.
③ **양보차로**는 양방향 2차로 앞지르기 금지구간에서 자동차의 원활한 소통을 도모하고, **도로 안전성을 제고하기 위해 길어깨(갓길) 쪽으로 설치하는 저속 자동차의 주행차로**를 말한다.
④ **앞지르기차로**는 2차로 도로에서 주행속도를 확보하기 위하여 오르막차로와 교량 및 터널구간을 제외한 구간에 설치된다.

66 정답 ②

'아줌마', '아저씨'는 상대방을 높이는 느낌이 들지 않으므로 호칭으로 사용하지 않는다.

67 정답 ②

① **하차문이 있는 노선버스**는 압력감지기 또는 전자감응장치, 가속페달 잠금장치를 설치해야 한다. 하지만 시외직행, 시외고속 및 시외우등고속은 제외한다.
③ 버스의 **앞바퀴**에는 재생한 타이어를 사용하지 않는다.
④ **시외우등고속버스, 시외고속버스 및 시외직행버스의 앞바퀴의 타이어는 튜브리스 타이어를 사용해야 한다.**

68 정답 ③

③ **준공영제는 수준 높은 버스 서비스를 제공할 수 있다는 점**이 장점이다.

69 정답 ①

차멀미 환자는 통풍이 잘되고 비교적 흔들림이 적은 **앞쪽으로 앉도록** 한다.

70 정답 ③

잘못된 직업관으로는 i) **생계유지 수단적 직업관**(직업을 생계를 유지하기 위한 수단으로 봄), ii) **지위 지향적 직업관**(직업생활의 최고 목표는 높은 지위에 올라가는 것이라고 생각하는 것), iii) **귀속적 직업관**(능력으로 인정받으려 하지 않고 학연과 지연에 의지함), iv) **차별적 직업관**(육체노동을 천시함), v) **폐쇄적 직업관**(신분이나 성별 등에 따라 개인의 능력을 발휘할 기회를 차단함)

71 정답 ③

시내·농어촌버스의 요금체계는 동일 특별시·광역시·시·군 내에서는 단일운임제, **시(읍)계 외 지역**에서는 **구역제·구간제·거리비례제**를 취한다.

72 정답 ③

③ 중앙버스전용차로의 설치에 대한 내용이다.

73 정답 ③

③ 가로변버스전용차로의 단점이다.

74 정답 ③

③ 정류소 및 승차대의 쾌적성이 향상된다.

75 정답 ②

② 버스정보시스템(BIS)에 대한 설명이다. **버스운행관리시스템(BMS)의 제공매체는 버스회사 단말기, 상황판, 차량단말기**이다.

76 정답 ②

② 시행이 간편하나, 시행효과가 바로 나타나지 않는다.

77 정답 ④

④ 소아의 가슴압박 부위이다. 성인의 경우는 **가슴의 중앙인 흉골의 아래쪽 절반부위**에 손바닥을 위치시킨다.

78 정답 ②

② 내출혈의 증상은 얼굴이 창백해지고 식은땀을 흘리며 **호흡이 얕고 빨라지는 쇼크증상**이 발생한다.

79 정답 ①

의식이 없거나 구토를 하는 경우에는 옆으로 눕힌다.

80 정답 ①

① 사고발생 시 조치사항의 순서는 **탈출 → 인명구조 → 후방방호 → 연락 → 대기**의 순으로 진행하면 된다.

02 제2회 최종모의고사

1	2	3	4	5	6	7	8	9	10
④	①	④	③	④	④	③	②	②	①
11	12	13	14	15	16	17	18	19	20
①	④	③	③	①	④	④	③	③	②
21	22	23	24	25	26	27	28	29	30
④	④	②	④	③	②	④	③	③	②
31	32	33	34	35	36	37	38	39	40
③	③	②	④	②	②	④	②	④	④
41	42	43	44	45	46	47	48	49	50
③	①	④	②	③	②	④	②	④	③
51	52	53	54	55	56	57	58	59	60
③	④	③	④	③	②	②	②	①	①
61	62	63	64	65	66	67	68	69	70
④	②	④	③	③	④	④	③	④	④
71	72	73	74	75	76	77	78	79	80
④	④	②	②	③	③	④	①	②	③

01 정답 ④

④는 목적에 해당하지 않는다. ①·②·③이외에도 **공공복리 증진**을 목적으로 더 들 수 있다.

02 정답 ①

03 정답 ④

④ 특수여객자동차운송사업이 아니라 수요응답형 여객자동차운송사업을 경영하려는 경우이다.
①·②·③ 이외에도 심야시간대에 승차정원이 11인승 이상의 승합자동차를 이용하여 여객의 요청에 따라 탄력적으로 여객을 운송하는 구역 여객자동차운송사업을 경영하려는 경우를 들 수 있다.

04 정답 ③

③ 상습절도죄, 상습강도죄 또는 그 미수죄와 상습장물죄를 범하여 집행이 끝나거나 면제된 날부터 2년이 지나지 않은 사람이 버스운전자격을 취득할 수 없는 경우이다.

05 정답 ④

06 정답 ④

③ 자격정지처분이 아니라 자격취소처분을 한다.

07 정답 ③

08 정답 ②

09 정답 ②

①·③·④는 서행하여야 하는 장소이다.

10 정답 ①

11 정답 ①
편도 3차로 이상의 도로에서 소형·중형 승합자동차는 왼쪽 차로로 통행 가능하고 대형승합자동차, 화물자동차, 특수자동차, 건설기계가 오른쪽 차로로 통행할 수 있다.

12 정답 ④
④ 노선을 운행하는 **통학·통근용 16인승 이상 승합자동차**가 버스전용차로를 통행할 수 있다.

13 정답 ③
③ 비가 내려 노면이 젖어 있는 경우는 최고속도의 20/100을 감속해야 한다.

14 정답 ③
① 동시에 진입하려고 하는 경우에는 우측도로에서 진입하는 차에 진로를 양보한다.
② 좌회전하려고 하는 경우에는 직전하거나 우회전하려는 차에 진로를 양보한다.
④ 도로의 폭이 좁은 도로에서 진입하려고 하는 경우에는 도로의 폭이 넓은 도로로부터 진입하는 차에 진로를 양보한다.

15 정답 ①
① 터널 주변이 아니라 **터널 안이 주차금지의 장소**이다. 다리 위는 주차금지의 장소이다.

16 정답 ④
④ 운전자가 **볼 수 있는 위치**에 영상이 표시되지 아니하도록 하여야 한다.

17 정답 ④
①·②·③은 범칙금 5만원이다. **주·정차 관련위반과 교차로 관련 위반은 5만원** 이라고 보면 된다.
④ 3만원이다.

18 정답 ③
③ 자동차운전면허증이 아니라 **자동차등록증을 보관**하고 운전의 일시정지를 명할 수 있다.

19 정답 ③

20 정답 ②
② 어린이가 승차 또는 하차하는 때에 **자동차에서 내려서 승하차하는 것을 확인**하여야 한다.

21 정답 ④
①·② 벌점 15점, ③ 벌점 40점, ④ 벌점 60점

22 정답 ④
④ 중앙선침범 차량에 충돌되어 **인적피해를 입힌 경우**에 특례가 적용되지 않는다.

23 정답 ②

24 정답 ④
④ 운전면허를 대신 응시하여 운전면허가 취소된 경우 **취소된 날부터 2년간 운전면허를 받을 수 없다.**

25 정답 ③

26 정답 ②
② 트랜스미션의 오일량이 적당한지를 확인하는 것은 변속기에 대한 점검내용이다.

27 정답 ④
④ 습기가 많고 통풍이 잘되지 않는 곳에 주차하지 않는다.

28 정답 ③
③ 유황분을 포함하지 않으므로 SO_2가스를 방출하지 않는다.

29 정답 ③
③ 경제속도를 준수하는 것이 경제적인 운행방법이나 급 가·감속은 경제적인 운행에 반하는 것이다. 서서히 가·감속을 하는 것이 경제적인 운행이다.

30 정답 ②
② 엔진룸은 시동을 켜고 점검이 필요한 경우를 제외하고는 일반적으로 엔진시동을 끄고 점검한다.

31 정답 ③
• 엔진오일압력계 : 엔진오일의 압력을 나타낸다.
• 회전계 : 엔진의 분당 회전수(RPM)을 말한다.

32 정답 ④
④ 휠 얼라이먼트의 정렬 불량으로 일어난다.

33 정답 ②
② 엔진을 충분히 냉각시킨 후 냉각수의 양의 점검이나 라디에이터 호스 부위의 누수 여부를 확인한다.

34 정답 ④
④ 서모스탯(온도조절기)을 교환하는 것은 오버히트가 발생한 경우 조치사항이다.

35 정답 ②

고무 같은 것이 타는 냄새가 날 때는 바로 차를 세워야 한다. 대개 엔진실 내의 전기 배선 등의 피복이 녹아 벗겨져 합선에 의해 전선이 타면서 나는 냄새가 대부분이다.

36 정답 ②

37 정답 ④

전자제어 현가장치 시스템은 자기진단기능을 가지고 있다.

38 정답 ④

클러치 페달의 유격이 없을 때 클러치가 미끄러진다.

39 정답 ④

④ 레디얼 타이어의 설명이다.

40 정답 ②

41 정답 ③

안전시설은 도로·환경요인과 관련이 있다.

42 정답 ①

두 눈을 동시에 뜨고 잰 시력이 **0.8 이상**, 양쪽 눈의 시력이 각각 **0.5 이상**이어야 제1종 운전면허를 취득할 수 있다.

43 정답 ④

④ 암순응과 관련된 내용이다.

44 정답 ②

② 빛이나 소음에 예민해진다.

45 정답 ③

③ 대형차의 회전반경은 넓으므로 충분한 공간 간격이 필요하므로 사각지점이 많아 시야확보가 불리하다.

46 정답 ②

어린이 보행자사고의 대부분(약 70% 내외)은 도로에 갑자기 뛰어들어 발생되고 있다.

47 정답 ③

무게가 가볍고 노면의 충격과 측력에 견딜 수 있는 강성이 있어야 한다.

48 정답 ②

③ 코일 스프링은 주로 승용자동차에 사용된다.

49 정답 ④

스탠딩 웨이브 현상을 예방하기 공기압을 높인다.

50 정답 ③

자동차가 전진 중 회전할 경우에는 내륜차에 의해, 또 후진 중 회전할 경우에는 외륜차에 의한 교통사고의 위험이 있다.

51 정답 ③

52 정답 ④

④ 길어깨(갓길) 기능에 대한 설명이다.

53 정답 ③

③ 중앙에 잔디나 수목을 심어 녹지공간을 제공하는 데 사용될 수 있는 중앙분리대는 연석형 중앙분리대이다.

54 정답 ④

④ 교차로 통과 후 정류소의 장점이다.

55 정답 ③

주행하는 차들과 물 흐르듯 속도를 맞추어 주행한다.

56 정답 ②

자동차나 자전거·손수레·사람 등 위험 대상물을 발견하였을 때에는 그의 움직임을 주시하여 안전하다고 판단될 때까지 시선을 떼지 않는다.

57 정답 ②

배기 브레이크를 사용하면 드럼의 온도상승을 억제하여 페이드 현상을 방지할 수 있다.

58 정답 ④

④ 가을철 교통사고 특징이다.

59 정답 ①

① 고속도로는 다른 도로에 비해 치사율이 높다.

60 정답 ①

앞지르기에 필요한 속도가 그 도로의 최고속도 범위 이내일 때 앞지르기를 시도한다..

61 정답 ④

신호등 없는 교차로의 경우 통행의 우선순위에 따라 주의하며 진행한다.

62 정답 ②

② 노면요철포장은 졸음운전 또는 운전자의 부주의로 차로이탈을 방지하기 위해 운전자의 주의를 환기시키는 장치이다.

63 정답 ①

① 회전교차로에 진입하는 자동차가 회전차로에서 주행하는 자동차에 진로를 양보한다.

64 정답 ④
차량이 대향차로로 튕겨나가는 것을 방지하는 것은 중앙분리대의 기능이다.

65 정답 ③
① 명순응현상은 일광 또는 조명이 어두운 조건에서 밝은 조건으로 변할 때 사람의 눈이 그 상황에 적응하여 시력을 회복하는 것을 말한다.
② 암순응현상은 일광 또는 조명이 밝은 조건에서 어두운 조건으로 변할 때 사람의 눈이 적응하여 시력을 회복하는 것을 말한다.
④ 페이드(Fade) 현상은 비탈길을 내려가거나 할 경우 브레이크를 반복하여 사용하면 마찰열이 라이닝에 축적되어 브레이크의 제동이 저하되는 것을 말한다.

66 정답 ③
③ 공식적인 말이 아니라 '친근한 말'이다. 그리고 공손한 인사도 포함된다.

67 정답 ④
④ 상대의 결점을 지적할 때는 진지한 충고와 격려를 통해서 해야 한다. 직접적이고 간명한 충고는 오해를 살 수 있다.

68 정답 ④
④ 인사는 아랫사람이 먼저 하는 것이 원칙은 아니다. **일단 본 사람이 먼저 하는 것**이며, 상대방이 먼저 인사하는 경우 응대하는 것이다.

69 정답 ④
④ 할아버지나 할머니 등에게는 '손님'이라는 말보다는 '어르신'이라는 호칭을 사용하는 것이 좋다.

70 정답 ④
④ 전세버스운송사업자가 아닌 시외버스운송사업자이다.

71 정답 ④
④ 정당한 사유없이 여객의 승차를 거부하거나 여객을 중도에 내리게 하는 행위를 하여서는 안 된다.

72 정답 ④
운영은 민간의 효율적인 관리를 하고 노선 조정 및 관리는 지방자치단체가 개입하여 수준 높은 버스 서비스를 제공할 수 있다.

73 정답 ②
② 공영제의 단점이다.

74 정답 ②
시외버스와 고속버스의 운임의 기준·요율을 결정하는 기관은 국토교통부장관이고, 운임을 신고하는 기관은 시·도지사이다. 참고로 전세버스와 특수여객은 자율요금이다.
② 이외에도 시내버스와 농어촌버스가 기준요율 결정기관(시·도지사)과 신고 행정기관(시장·군수)이 같다.

75 정답 ③

76 정답 ③
③의 기능을 제공하는 것은 BMS이다.

77 정답 ④
④ 역류버스전용차로에 대한 설명이다.

78 정답 ①
① 시행이 간편한 것은 가로변버스전용차로의 장점이다.

79 정답 ③

80 정답 ③

2026 초단기합격 버스운전자격시험
적중기출문제집

2026년 1월 23일 개정5판 인쇄
2026년 1월 27일 개정5판 발행

편저자 ┃ 교통지식연구회
펴낸이 ┃ 최 영 호
발행처 ┃ 지식과 실천
등록번호(일자) ┃ 제2014-000032호(2014년 5월 8일)
주 소 ┃ 서울시 관악구 양산길 33 성서빌딩 4F 412호
전 화 ┃ 02 - 6012 - 9800
팩 스 ┃ 02 - 2179 - 9810
ISBN ┃ 979 - 11 - 93835 - 20 - 3   13550

이 책의 내용과 편집디자인의 저작권은 지식과 실천과 지은이에게 있으므로 무단 전재 및 복제를 금합니다. 이 책을 무단 전재 또는 복제하면 관련법에 의하여 처벌될 수 있습니다.

정가 **14,000원**

파본은 구입하신 서점에서 교환하여 드립니다.

"사랑의 첫 번째 의무는 상대방에 귀 기울이는 것이다."
　　　　　　　　　　　　　　　　　　　　　　　　　　　　　　　　　　　- 폴 틸리히(Paul Tillich) -

"사람을 존경하라, 그러면 그는 더 많은 일을 해 낼 것이다."
　　　　　　　　　　　　　　　　　　　　　　　　　　　　　　　　　- 제임스 오웰(James Howell) -

"걱정거리를 두고 웃는 법을 배우지 못하면 나이가 들었을 때 웃을 일이 전혀 없을 것이다."
　　　　　　　　　　　　　　　　　　　　　　　　　　　　　　　- 에드가 왓슨 하우(Edgar Watson Howe) -

"과거를 애절하게 들여다보지 마라. 다시 오지 않는다. 현재를 현명하게 개선하라. 너의 것이니. 어렴풋한 미래를 나아가 맞으라. 두려움 없이."
　　　　　　　　　　　　　　　　　　　　　　　　- 헨리 워즈워스 롱펠로우(Henry Wadsworth Longfellow) -

"내가 보기에 사람들은 엄청난 잠재력을 가지고 있다. 많은 이들이 자신감을 갖거나 위험을 무릅쓴다면 위대한 일을 해낼 수 있다. 하지만 대부분 그러지 못한다. 사람들은 TV 앞에 앉아 삶은 영원할 것이라 생각한다."
　　　　　　　　　　　　　　　　　　　　　　　　　　　　　　　　　　- 필립 애덤스(Philip Adams) -

"무얼하든 주의 깊게 하라. 그리고 목표를 바라보라."
　　- 작자 미상 -

"미래에 사로잡혀있으면 현재를 있는 그대로 볼 수 없을 뿐 아니라 과거까지 재구성하려 들게 된다."
　　- 에릭 호퍼 -

"인생이란 폭풍우가 지나가길 기다리는 것이 아니라 빗속에서 춤을 추는 것이다."
　　- 석가모니 -

"행복으로 가는 길은 없다. 행복이 곧 길이다"
　　- 석가모니 -

"칭찬에 익숙하면 비난에 마음이 흔들리고, 대접에 익숙하면 푸대접에 마음이 상한다. 문제는 익숙해져서 길들어진 내마음이다."
　　- 백범 김구 -

"진짜로 인생을 즐기는 사람은 재미있는 것을 선택하는 사람이 아니었어요. 아무리 어려운 상황에 처해 있어도「재미있게 해낼 것」이라고 생각하는 사람입니다."
　　　　　　　　　　　　　　　　　　　　　　　　　　　　　　　　　　　　- 어느 노년의 정신과의사 -